交通环保系列丛书

港口散货粉尘污染防治理论与技术方法

Gangkou Sanhuo Fenchen Wuran Fangzhi Lilun yu Jishu Fangfa

张光玉　主　编
詹水芬
张晓春　副主编

人民交通出版社
China Communications Press

内容提要

本书是在多年理论研究和工程实践的基础上，详细阐述了港口散货粉尘污染防治的理论和技术方法。本书共分5篇20章，分别介绍了港口粉尘污染的污染源、分类、性质与危害，港口粉尘防治的基本知识、基本理论，港口粉尘的试验模拟和起尘扩散规律，主要除尘技术方法，主要抑尘技术方法等内容。

本书在编写上力求内容丰富详实，突出先进性和实用性，可为港口粉尘防治研究人员和工程应用人员提供技术参考，亦可供相关领域的教学、科研、设计、生产使用。

图书在版编目（CIP）数据

港口散货粉尘污染防治理论与技术方法 / 张光玉等主编．北京：人民交通出版社，2009.4

ISBN 978-7-114-07690-9

Ⅰ.港… Ⅱ.张… Ⅲ.散货港－粉尘－污染防治 Ⅳ.X513

中国版本图书馆 CIP 数据核字（2009）第 047698 号

书　　名：港口散货粉尘污染防治理论与技术方法
著 作 者：张光玉　詹水芬　张晓春
责任编辑：刘永芬
出版发行：人民交通出版社
地　　址：（100011）北京市朝阳区安定门外外馆斜街3号
网　　址：http：//www.ccpress.com.cn
销售电话：（010）59757969，59757973
总 经 销：北京中交盛世书刊有限公司
经　　销：各地新华书店
印　　刷：北京交通印务实业公司
开　　本：787×1092　1/16
印　　张：22
字　　数：538千
版　　次：2009年4月第1版
印　　次：2009年4月第1次印刷
书　　号：ISBN 978-7-114-07690-9
定　　价：60.00元

编 委 会

前言
Preface

港口，承担着国际贸易总运量的大半数，中国进出口货运总量的九成，是具有水陆联运设备和条件，供船舶安全进出和停泊的运输枢纽，水陆交通的集结点，国际运输链和国际生产贸易体系的活跃参与者和重要组成部分。

21世纪前8年，中国港口业以锐不可挡之势，创造了一个又一个奇迹。迄今，中国已成为世界上拥有亿吨港口最多的国家。当前，中国经济结构特点和工业化进程，决定了中国港口运输在今后较长时期内，将继续保持较快增长。

同时，港口大宗固体散货输运对港口及周边区域大气环境造成的影响越来越受到社会各界的关注。在多年理论研究和工程实践的基础上，我们拟通过本书阐述港口散货粉尘污染防治的理论和技术方法。

本书共分五篇二十章，分别介绍了港口粉尘污染的污染源、分类、性质与危害，港口粉尘防治的基本知识、基本理论，港口粉尘的试验模拟和起尘扩散规律，主要除尘技术方法，主要抑尘技术方法等内容。本书在编写上力求内容丰富翔实，突出先进性和实用性，可为港口粉尘防治研究人员和工程应用人员提供技术参考，亦可供相关领域的教学、科研、设计、生产使用。

希望能够通过本书为港口散货粉尘污染防治的理论研究和工程实践尽微薄之力。

鉴于编者水平有限，加之成文时间仓促，书中难免出现漏误之处，敬请各位专家和读者给予批评指正。

编　者

2009年3月

目　录

Contents

第一篇 总 论

第一章 港口粉尘污染概述

第一节 港口粉尘及分类

粉尘是主要的大气污染物之一，是能够悬浮于空气中的固体微粒，其粒径范围由 0.1μm 至百余微米。长期以来我国粉尘污染较为严重，仅 2006 年我国粉尘(工业粉尘、烟尘)排放总量为 1897.2 万吨，其中工业污染源产尘占 88.18%。粉尘中较小颗粒随气流进入空气坏境，形成气溶胶，严重影响大气环境和人身健康。稍大的粉尘在现场及周围沉积下来，但受到振动或气流影响时，易回到空气中形成二次扬尘。对于煤炭颗粒而言同样如此。因此，对于煤炭生产、储运地区而言，煤炭颗粒，尤其较小粒径粉尘颗粒污染环境，影响着正常的生产和生活。

1. 港口粉尘污染源

港口粉尘主要来源于煤炭、金属矿石、水泥、化肥和粮食等干散货物在装卸、运输过程产生的粉尘；煤炭、金属矿石的堆存受自然风力作用而产生的粉尘；此外，生活、生产辅助设施等使用燃料也产生一定的粉尘污染。

港口输运的大宗固体散货，主要是煤炭、矿石，在装卸过程中污染扩散已构成了港口粉尘污染的主体。据统计，2003 年世界干散货运量增量中 70% 来自中国。至 2007 年，中国港口除集装箱外的货物吞吐量为 52.64 亿吨，同比增长 14.5%，其中干散货 35.65 亿吨，占 68%，在干散货中，煤炭及其制品吞吐量为 10.63 亿吨，金属矿石 7.89 亿吨，两者占干散货物吞吐量的比例为 52%。

我国煤炭资源丰富，煤炭产量保持稳步增长。作为能源消费大国，煤炭在我国能源消费结构中占有 2/3 的比重，在我国港口散货吞吐量中所占比重也在 20% ~30% 左右。受国内经济拉动和国家鼓励煤炭出口政策影响，我国沿海主要港口煤炭吞吐量上升趋势加快，煤炭一次下水量已由 1995 年的 1.25 亿吨增长到 2003 年的 2.77 亿吨。“西煤东送、北煤南运”将是我国今后长时期煤炭运输的基本格局。据预测，2010 ~ 2020 年，我国需要 20 ~ 26 亿吨煤炭，每年至少需要净增产 5000 万吨。2010 年我国沿海港口煤炭一次下水量将在 4 亿吨以上，港口煤炭吞吐量将达 7 ~ 8 亿吨。此外，铁矿石进口量连续几年保持高速增长，2003 年达 1.5 亿吨，同比增长31.4%;2004年上半年达1.027亿吨,同比增长40.1%。预测到2010年全国外贸进口铁矿石为2.5亿吨左右。

中国经济结构特点和工业化进程,决定了沿海港口运输在今后一段时期内,还将保持较快增长。

我国煤炭北煤南运、西煤东运、铁海联运的基本格局与地理环境因素导致了与铁路相连接的水上运输的主要枢纽港口主要集中在沿海城市,我国主要枢纽港口的煤炭运量占整个沿海地区的95%以上;矿石的中转、贮运亦基本集中在几个沿海大港。

统计显示,1995年沿海港口煤炭吞吐量已达到2.3亿吨,煤炭产生的粉尘量为46万吨;金属矿石8500万吨,产尘量为67万吨;非金属矿石2200万吨,产尘量为4.5万吨。按此速度估算,到2010年,仅煤炭和矿石两项,沿海港口粉尘产生量分别达到100万吨和140万吨。当今正是我国沿海港煤炭、矿石吞吐量增长的高峰期,由此引起的粉尘排放和扩散污染问题十分严峻。

港口作业属敞开式露天作业。我国各主要煤港、矿石码头目前多采用露天堆存为主,而堆存状态在装卸、传输、堆存这几个主要产尘环节中所占比例最大,约占50%之多。在风力作用下,露天堆场源源不断地产生大量粉尘,对大气环境的危害最为严重。

生产、生活辅助设施产生的粉尘主要为有机物质燃烧或不完全燃烧时,排放物中含有大量微小的尘粒和烟雾。例如煤炭、油料及植物枝叶等有机物质燃烧时,氧气供应不足或其他原因使之不能充分燃烧,空气排出物中,除含有微小的炭粒外,还伴有不完全燃烧的游离炭黑(亦即烟尘),从而形成黑色烟雾。此外,在对粉状物料的混合、转运、筛分、包装等生产过程中,也有一定量尘粒从设备缝隙间逸出。

目前我国港口大气的TSP值普遍超标。根据近10年的降尘分布及TSP变化数据显示,国内许多港口城市综合污染达到中等至极重污染。据目前大气颗粒源解析的结果可知,港口粉尘污染已构成中国沿海城市大气TSP的主要成分之一,如某市,港口粉尘对该市大气污染贡献率为27.6%,仅次于建筑扬尘(其贡献率为32.1%)。由于历史原因,这些沿海港口的煤炭、矿石码头与居民区相距很近,一些敏感区域的日降尘值达到1.33g/m^2,远高出《环境空气质量标准》(GB 3095—1996)所规定的居民区的大气颗粒物二级标准日(平均0.15g/m^2)的限值,民众反映强烈。

在今后一个较长时期,港口粉尘的主要来源仍将是码头堆存的煤炭、矿石等干散货,港口粉尘污染的防治仍将是交通环保领域的重点。

2. 粉尘的分类

按粉尘的特征进行分类。根据粉尘的理化特性不同,可分为有机性粉尘和无机性粉尘;根据粉尘粒径的大小可分为降尘和飘尘等。

1)按化学性质分类

(1)有机性粉尘,主要包括:

植物性粉尘,如港口粮食散货的谷物粉尘等;

人工有机粉尘,如港口化肥散货装卸过程中产生的粉尘、港口生产和生活辅助设施所用燃料燃烧产生的烟尘等。

(2)无机性粉尘,主要包括:

矿物粉尘,各种矿物在卸货、装船和码头堆存过程中产生的粉尘,如煤炭、石英、铁矿石及其他矿物粉尘等。

人工无机性粉尘,如水泥等在装船和卸船过程中产生的粉尘。

2)按物理性质分类

(1)粉体:固体物质的细小颗粒,称为粒子,而固体粒子的堆集状态,称为粉体。

(2)粉尘:因运输、装卸、风蚀等过程而产生的微细粒子,能在气体中悬浮一定时间的固体粒子,称为粉尘。粉尘的粒径范围很广,由 0.1μm 到数百微米。

(3)烟尘:因物理化学过程而产生的微细固体粒子,称为烟尘。例如冶炼、燃烧、金属焊接等过程中,由于升华及冷凝而形成、烟尘的特点是粒度大多比较细,在 1μm 以下。

(4)烟雾:燃烧草料、木柴、油、煤等生成的黑烟,称为烟雾。烟雾粒径很细,甚至在 0.5μm 以下。

(5)粉末:工艺生产中的粉料,称为粉末。

3)按粉尘粒径的大小分类

(1)降尘

降尘一般指粒径大于 10μm 的尘粒。这种尘粒在静止的空气中,停留时间较短,比较容易沉降下来,一般认为这种尘粒按加速度沉降。这种尘粒用眼睛可以分辨,通常也称为可见性粉尘。

(2)飘尘

一般把粒径小于 10μm 的尘粒统称为飘尘。其中粒径介于 0.1 ~ 10μm 之间的尘粒,因其粒径较小,能长时间在空气中飘浮。一般认为这种尘粒在静止的空气中按斯托克斯定律作等速下降,下降速度相当缓慢,这种尘粒在显微镜下才可分辨,通常称之为显微粉尘。粒径小于 0.1μm 的微粒,因其粒径极微小,扩张能力极强,一般认为这种尘粒在空气中按布朗运动扩散,即在空气中能连续不断地进行无规则的扩散运动,在静止的空气中几乎不能下降,这种尘粒只有在超倍显微镜或电子显微镜下才能分辨,通常称之为超显微粉尘。

第二节　粉尘的物理性质

粉尘本身具有一定的物理、化学性质。粉尘具有的与防治技术关系密切的特性有:密度、粒径、粒径分布、安息角、粘附性、爆炸性、荷电性、浓度、凝聚等。

1. 粉尘密度

粉尘密度有堆积密度和真密度之分。自然堆积状态下单位体积粉尘的质量,称为粉尘堆积密度(或称容积密度)。密实状态下单位体积粉尘的质量,称为粉尘真密度(或称尘粒密度)。二者均可用下式表示

$$\rho = \frac{m}{V}$$

式中:m——粉尘的质量,g;

V——粉尘的体积,cm^3。

真密度和堆积密度之间有如下关系式:

$$\rho_{\varepsilon} = (1-\varepsilon)\rho$$

式中：ρ_{ε}——粉尘的堆积密度，g/cm^3；

ρ——粉尘的真密度，g/cm^3；

ε——粉尘的空隙率，%。

空隙率是指尘粒之间的空隙体积与整个尘粒所占总容积之比。因此空隙率的数值永远小于1。

了解粉尘的密度，对于港口粉尘污染防治途径的正确选择有重要意义。例如即使粉尘的真密度较大，但是若其堆积密度很小，而且粒径很细，要想利用以重力或惯性力为主的除尘手段来实现对港口粉尘污染的防治就相当困难；这些尘粒即使有一部分已被捕集下来，也很容易被气流卷起，产生二次扬尘，影响港口粉尘防治的效果。

2. 粉尘粒径

粉尘粒径是表征粉尘颗粒大小的最佳代表性尺寸。对球形尘粒，粒径是指它的直径。

实际的尘粒形状大多是不规则的，一般也用“粒径”来衡量其大小，然而此时的粒径却有不同的含义。同一粉尘按不同的测定方法和定义所得的粒径，不但数值不同，应用场合也不同。因此，在使用粉尘粒径时，必须了解所采用的测定方法和粒径的含义。例如，用显微镜法测定粒径时，有定向粒径、定向面积等分粒径和投影面积粒径等；用重力沉降法测出的粒径为斯托克斯粒径或空气动力粒径；用光散射法测定时，粒径为体积粒径。

在港口环境保护领域，几种常用的平均粒径为：

(1)算术平均径，用尘粒直径的总和除以尘粒的颗粒数，即

$$\overline{d_1} = \frac{1}{N}\sum d_i n_i$$

式中：N——尘粒颗粒总数；

d_i——第 i 种尘粒的直径；

n_i——粒径为 d_i 的尘粒颗数。

(2)平均表面积径，用尘粒表面积的总和除以尘粒的颗粒数，然后取其平方根。

$$\overline{d_2} = \left(\frac{1}{N}\sum d_i^2 n_i\right)^{1/2}$$

式中符号同上。

(3)面积长度平均径，用尘粒表面积的总和除以尘粒粒径的总和，即

$$\overline{d_3} = \frac{\sum d_i^2 n_i}{\sum d_i n_i}$$

(4)体积面积平均径，用全部尘粒的总体积除以全部尘粒的总表面积，即

$$\overline{d_4} = \frac{\sum d_i^3 n_i}{\sum d_i^2 n_i}$$

(5)质量中位径，在粉尘样品中，以某一尺寸为界将大于和小于该尺寸的粉尘分为质量相等的两部分，该直径称为质量中位径。

(6)计数中位径，在粉尘样品中，以某一尺寸为界将大于和小于该尺寸的粉尘分为颗粒数相等的两部分，该直径称为计数中位径。

3. 粒径分布

粉尘的粒径分布又称粉尘分散度。粉尘的粒径分布可用分组(按粉尘粒径大小分组)的质量百分数或数量百分数来表示。前者称为质量分散度,后者称为计数分散度。粉尘的分散度不同,对人体的危害以及除尘机理和采取的除尘方式也不同。因此,掌握粉尘的分散度是评价粉尘危害程序,评价除尘器性能和选择除尘器的基本条件。由于质量分散度更能反映粉尘的粒径分布对人体和除尘器性能的影响,所以在港口粉尘污染防治技术中普遍采用质量分布。我们遵从此惯例。

通过对筛分试验结果的分析,我们认为,粉尘的粒径分布存在真分布与表观分布的区别,具体将在理论基础的粉尘颗粒和粒径分布部分进行详细介绍。

表示尘粒粒径分布的方法很多,最简便而且最简单的方法是列表法。表 1.1 列出了某港口煤炭粉尘样品的粒径表观分布情况。

港口煤炭粉尘粒径表观分布　　表 1.1

分 段	1	2	3	4	5	6
粒径 d(μm)	28 ~ 45	45 ~ 75	75 ~ 125	125 ~ 250	250 ~ 500	>500
平均粒径 $\overline{d_p}$(μm)	35	58	97	177	354	707
煤炭样品 MRH	—	0.55	5.65	9	8.5	76.35
煤炭样品 FXY	0.1	0.7	2.5	5	5.5	86.24
煤炭样品 DDH	0.15	1.6	4	8.5	11.5	74.44

图 1.1a)表示粉尘中,某一粒径范围与该粒径范围内以百分数表示的相对质量数的关系,称为相对频率分布,简称为频率分布。

图 1.1b)表示粉尘群体中,某一粒径范围与大于(或小于)该粒径范围累计的质量数的关系,称为累计分布。

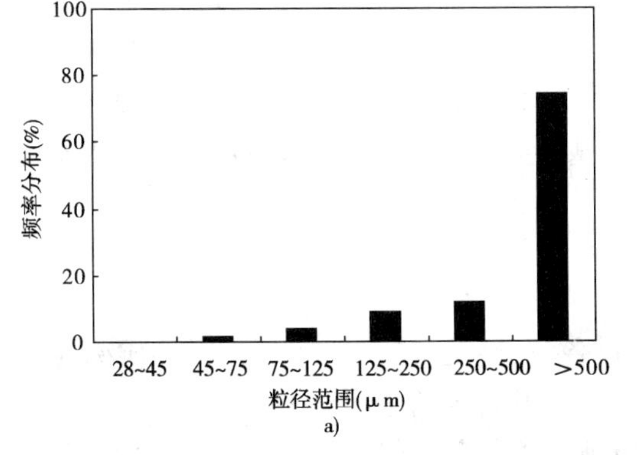

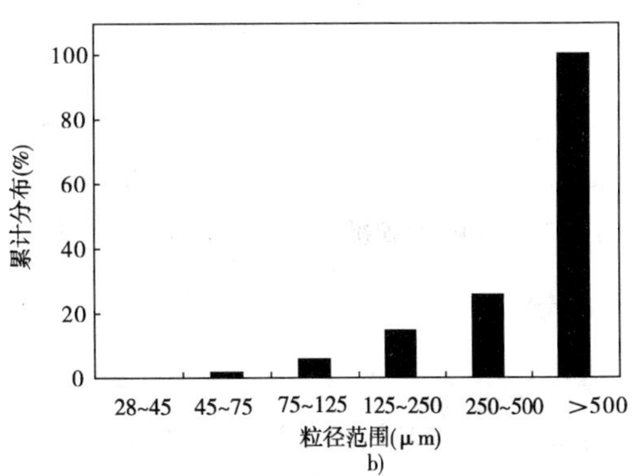

图 1.1　港口煤炭粉尘粒径表观分布(煤炭样品 DDH)

4. 粉尘安息角

将粉尘自然地堆放在水平面上,堆积成圆锥体的锥底角称为粉尘安息角。安息角也称休止角、堆积角,一般为 35° ~ 55°。将粉尘置于光滑的平板上,使此平板倾斜到粉尘开始滑动时的角度,为粉尘滑动角,一般为 30° ~ 40°。粉尘安息角和滑动角是评价粉尘流动特性的一个重要指标(表1.2)。

几种常见港口散货粉尘的安息角　　表1.2

	粉尘安息角(°)	粉尘滑动角(°)		粉尘安息角(°)	粉尘滑动角(°)
烟煤粉	37～45	30	白云石粉	—	35
无烟煤粉	37～45	27～30	水泥	40～45	35

安息角与粉尘粒径、含水率、尘粒形状、尘粒表面光滑程度、粉尘粘附性等因素有关。一般来说,粒径越小的尘粒,其比表面积越大,表面的吸附能力及粘性就越大,因而其安息角就大;表面比较粗糙或含水率高的尘粒,其安息角也较大;含水率小、表面光滑,接近球形的尘粒,其安息角相对就小。

安息角是设计港口煤炭、矿石等干散货的堆存方式以防治粉尘污染的主要依据之一。

5. 粉尘亲水性

粉尘的亲水性是指固体尘粒与液体界面接触时,液体对固体微粒表面的浸润程度,也即粉尘粒子被水(或其他液体)湿润的难易程度。

这一现象表现为液体分子对固体表面作用力的大小,这一特性与液体表面张力的大小有密切联系。对同一粉尘来说,一般液体表面张力越小,对粉尘粒子的表面作用力就越大,也就是说,粉尘越容易被浸润。

同一液体对不同粉尘的浸润程度是不相同的,有的粉尘(如矿石粉尘等)容易被水湿润,与水接触后会发生凝聚、增重,有利于粉尘从气流中分离,这种粉尘称为亲水性粉尘。有的粉尘(如炭黑、石墨等)很难被水湿润,这种粉尘称为疏水性粉尘。

此外粉尘的粒径和形状对粉尘的湿润性也有影响,也就是说亲水性和疏水性的分类是相对的。即使是亲水性粉尘,尘粒越细就越难被水所浸润。因为尘粒越细,其比表面积越大,对气体的吸附作用就强,尘粒表面就形成一层气膜,从而阻止尘粒被水浸润。尘粒的亲水性除与粒径有关外,与尘粒的形状也有一定关系。一般来说,不规则形状尘粒的亲水性要比球形尘粒的亲水性强。

粉尘的亲水性质,对于正确分析港口粉尘的起尘特征,选择适宜的除尘、抑尘措施有重要的现实意义。例如港口粉尘的化学抑尘方法中喷洒的抑尘剂即是为了改善所堆存的煤炭或矿物的亲水性,减少固液之间的表面张力,从而减缓堆表面水分的散失。

6. 粉尘粘附性

粉尘之间或粉尘与固体表面(如车船、装卸设备、存储设备等)之间的粘附性质称为粉尘粘附性。粉尘相互间的凝聚与粉尘在固体表面上的堆积都与粉尘的粘附性相关。粉尘的凝聚使粉尘粒径增大,在各种除尘、抑尘设备中有助于粉尘的捕集;粉尘对港口除尘、抑尘设备或装卸设备的粘附易使设备发生故障,并且不易清理。

粉尘的形状、组分特征、分散度等对粉尘的粘附性均有影响。

此外,与尘粒的含水率、荷电量及粒径大小有密切关系。一般来说,含水率高、荷电量大的尘粒,其粘性也就大;相互碰撞时,粒径越细的尘粒越易粘附凝聚成较大颗粒,对设备的粘附力也较大。

对于港口抑尘除尘设备,利用尘粒的粘附凝聚作用,可以提高设备的除尘效率。但是尘粒对器壁的粘附堆积，易造成设备的堵塞，致使设备发生故障。

因此，掌握港口粉尘的粘附性对选择设计适宜的除尘抑尘方式，制订合理的运行操作规范有积极意义。苏联研究人员曾根据粉尘层的断裂强度制定粉尘粘附性分类（表1.3）。

粉尘粘附性分类　　表1.3

类别	粘附性	断裂强度（Pa）	粉尘示例
Ⅰ	无粘附性	0～60	干矿渣粉、干石英粉等
Ⅱ	微粘附性	60～300	焦粉、干镁粉、干滑石粉等
Ⅲ	中等粘性	300～600	泥煤粉、湿镁粉、黄铁矿粉、氧化铅、氧化锌、炭黑、干水泥、粮食粉尘等
Ⅳ	强粘附性	>600	湿水泥、石膏粉、含盐的钠、石棉等

7. 粉尘爆炸性

悬浮在空气中的某些粉尘，当达到一定浓度时，如果存在着能量足够的火源（如火焰、电火花、炽热物体或由于摩擦、振动、碰撞等引起的火花）就会发生爆炸。

粉尘的爆炸在瞬间产生，伴随着高温、高压。热空气膨胀形成的冲击波具有很大的摧毁力和破坏性。

粉尘爆炸与气体爆炸相似，是一种连锁反应，即粉尘在火源或其他诱发条件作用下，局部化学反应释放能量，迅速诱发较大区域粉尘发生反应并释放能量，这种能量使空气提高温度，急剧膨胀，形成摧毁力很大的冲击波。

与气体爆炸相比，粉尘爆炸有3个特点：(1)必须有足够数量的尘粒飞扬在空中才能发生粉尘爆炸。尘粒飞扬与颗粒的大小和气体的扰动速度有关。(2)粉尘燃烧过程比气体燃烧过程复杂，感应期长。有的粉尘要经过粒子表面的分解或蒸发阶段，即便是直接氧化，这样的粒子也有由表面向中心延烧的过程。感应时间（接触火源到完成化学反应的时间）可达几十秒，为气体的几十倍。(3)粉尘点爆的起始能量大，几乎是气体的几十倍。

在粉尘爆炸的危害有以下两个主要特点：(1)粉尘爆炸有产生二次爆炸的可能性，因为粉尘初始爆炸的气浪会将沉积的粉尘扬起，在新的空间形成爆炸浓度而产生爆炸，这叫二次爆炸。这种连续爆炸会造成极严重的破坏。(2)粉尘爆炸会产生两种有毒气体：一种是一氧化碳；另一种是爆炸物自身分解的毒性气体。

影响粉尘爆炸的因素有粉尘自身形成的与外部条件形成的两方面因素（表1.4）。一般常见的粉尘爆炸形成的三个要素是：粉尘的可燃性、空气的存在和点火源。

粉尘爆炸的影响因素　　表1.4

粉尘的化学因素	粉尘的物理因素	外部环境条件
燃烧热	粉尘浓度	气流运动状态
燃烧速度	粒径分布	氧气浓度
与水汽及二氧化碳的反应	颗粒形状	温度
	比热容	可燃气体浓度
	表面状态	阻燃条件
	颗粒的凝聚性	点火源状态与能量
		惰性气体浓度

在一定的浓度和温度(或火焰、火花、放电、碰撞、摩擦等作用)下会发生爆炸的粉尘称为爆炸危险性粉尘。爆炸危险性粉尘(如煤炭粉尘、矿物粉尘、粮食粉尘等)在空气中的浓度只有在达到某一范围内才会发生爆炸,这个爆炸范围的最低浓度叫做爆炸下限,最高浓度叫做爆炸上限。粉尘的爆炸上限,由于浓度值过大,在大多数条件下都达不到,故在进行港口粉尘污染防治设计时,一般较多考虑粉尘爆炸的下限。表1.5给出了几种港口常见粉尘的爆炸下限。

港口常见粉尘的爆炸下限 表1.5

粉尘类型	爆炸下限(g/m^3)	粉尘类型	爆炸下限(g/m^3)
铝粉	58.0	煤炭粉尘	114.0
硫矿粉尘	13.9	泥炭粉尘	10.1
谷物粉尘	227.0		

粉尘的粒径越小,比表面积越大,粉尘和空气的湿度越小,爆炸危险性越大。对于有爆炸危险的粉尘,在进行港口粉尘防治系统设计时须给予充分考虑,采取必要的防爆措施,降低安全隐患。例如,对于煤炭、水泥、散粮等使用筒仓储存系统,其爆炸性一直是一个需要特别注意的问题。

8. 粉尘荷电性

港口粉尘在其装卸、运输过程中,由于相互之间的碰撞、放射线照射、与物体之间的摩擦、电晕放电及接触带电体等原因而带有一定电荷的性质,称为粉尘荷电性。

粉尘带电后,它的物理性质将有所改变,如凝聚性和附着性增强,并影响尘粒在气体中的稳定性等等。

粉尘的种类、温度与湿度影响尘粒的荷电性。粉尘的荷电量随温度的升高、比表面积的加大及含水率的减小而增大。

尘粒荷电后更容易沉附于肺泡和支气管中,对人体的危害性增强。因此,粉尘的荷电性在港口粉尘污染防治系统设计是可以作为考虑的因素之一,对荷电性强的粉尘采取较为严格并利于导出电荷的防治措施,以防止在粉尘防治过程中而使粉尘荷电,对人体产生更大的危害。

9. 粉尘浓度

港口粉尘污染研究中,粉尘浓度用于描述港口及周边地区空气受到粉尘物质污染的程度。粉尘浓度的质量体积浓度方式以粉尘颗粒物的质量与空气介质体积和粉尘体积的总和,单位为 mg/m^3,表示如下

$$C_{mv} = \frac{m_k}{V_1 + V_k}$$

式中:m_k——粉尘颗粒物的质量,mg;

V_k——粉尘颗粒物的体积,一般可略去,m^3;

V_1——空气介质的体积,m^3。

港口粉尘污染防治工程中,掌握港口区域的粉尘浓度情况,对于选择适宜的粉尘污染防治措施,以使港口工作环境和港区生活环境空气中的粉尘含量符合国家规定的卫生标准,使港口粉尘排放达到国家规定的排放标准等有重要的意义。

第三节　港口粉尘污染的特点和危害

1. 港口粉尘污染的特点

尽管各港口码头堆存散货的种类、数量、特性及装卸工艺流程各有不同,但港口粉尘污染具有共同的特点:

(1)港口粉尘污染源较为固定,且相对集中,对港口周边局部地区可以造成严重污染。

港口规划和建设过程中,散货码头和集装箱码头各有区域,散货码头在储存和装卸过程中也有各自的区域,一般来说,港口煤炭和矿石等会集中存放,相对而言,区域较为集中和固定(图1.2)。

(2)粉尘污染物的排放量大,局部浓度过高。

港口码头散货相对集中的布局,有利于货物的堆存、装卸和运输,便于进行作业管理和环境管理。但是,相对集中的存放方式,尤其露天堆存容易造成局部区域粉尘污染物的浓度过高(图1.3)。

图1.2　某港口码头区域设置

1-集装箱码头区域;2-煤炭堆存码头区域;3-矿石堆存码头区域

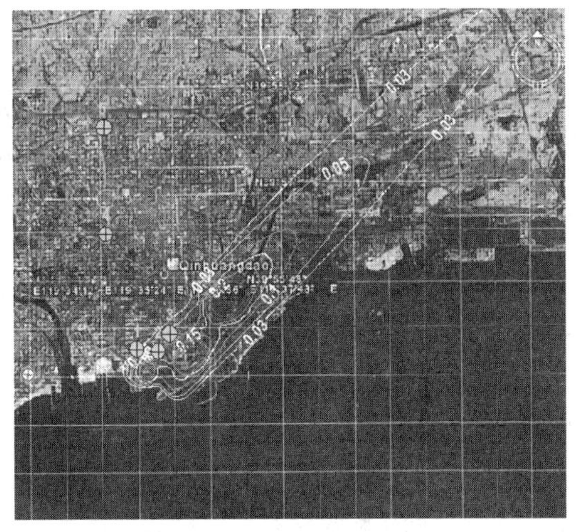

图1.3　某港口码头区域粉尘浓度分布图

(3)排放的粉尘污染物中含有害物成分,容易对人体产生潜在的危害。

2. 港口粉尘的危害

粉尘的危害是多方面的,它可以对人体、生产过程、产品质量、经济效益、环境、自然风景、生态平衡产生影响,其严重程度取决于粉尘的物化性质,粉尘量及尘源周围的情况。

粉尘的危害主要表现在以下几方面:

(1)对人体的危害

港口粉尘污染最为严重的危害是对处于粉尘污染环境的人体造成的生理危害。20世纪

90 年代以来，随着我国港口煤炭、矿物等干散货运输量的增加，港口粉尘污染也成为非常严重的灾害之一。

在港口干散货运输作业，如卸载、装船等过程中，均可产生大量粉尘，散货堆场上粉尘的产生量也急剧增加，危害人体最大的呼吸性粉尘浓度呈上升趋势。

粉尘对人体的危害程度，除与吸入量有关外，与粉尘的物理化学特性也有密切关系。

人体呼吸系统的不同部位对不同粒径尘粒的滞留、沉积作用是不相同的。图 1.4 表示不同粒径的尘粒在人体呼吸系统各部位的滞留、沉积情况。

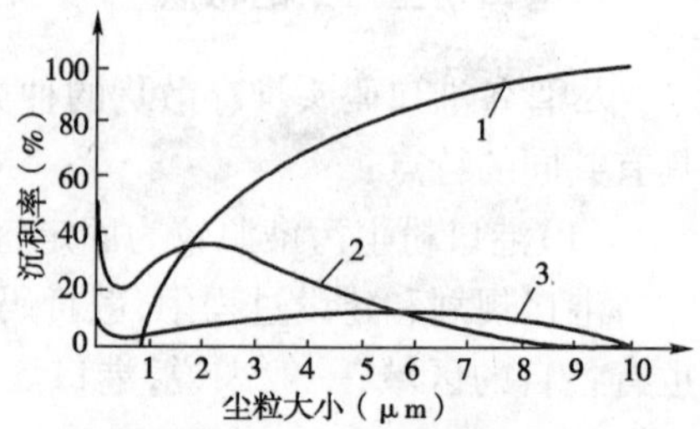

图 1.4　不同粒径尘粒在人体呼吸系统各部位的滞留、沉积率

1-鼻腔；2-肺部；3-气管及支气管

一般来说，粒径大于 10μm 的尘粒，在空气中停留时间较短，不易被人体吸入，即使被吸入到呼吸道，也往往被鼻腔、鼻咽及上部气管的粘膜或纤毛所阻留。粒径小于 10μm 的尘粒，可较长时间地悬浮在空气中，较易被人体吸入。这部分尘粒通过呼吸系统，可到达肺泡管，其中大部分 5～10μm 的尘粒，有可能被呼吸道的粘膜颤毛粘附或阻留下来，然后通过颤毛的生理活动，逐渐推移到咽喉部，最终经咳嗽、喷嚏等保护性反射作用，随痰咯出。小于 5μm 的微小尘粒可深入并滞留在肺泡内，从而对肺组织造成危害。一般悬浮在生产环境空气中的尘粒，其粒径绝大部分在 10μm 以下，其中小于 2μm 者约占 40%～90%。

粒度越细的尘粒其比表面积（即每克尘粒所具有的总表面积，以 m^2/g 表示）就越大，在体内的化学活性也就越强，造成肺组织纤维化的作用也越明显。此外，由于细尘粒其有极强的吸附能力，空气中许多有害气体或元素易被其吸附，吸附有害成分的尘粒一旦被人体吸入，则会加剧对人体的危害。例如，目前公认的有机物中的 3-4 苯并芘是一种极强的致癌物质，若吸附有致癌病原 3-4 苯并芘的微小尘粒被人体吸入，并滞留在体内，则有可能对人体产生潜在的危害。

粉尘中含有游离二氧化硅时，游离二氧化硅在肺组织中可形成胶体溶液，对肺组织产生毒害作用，引起纤维化病变，时间长久可形成尘肺病。这种尘粒的危害程度及病变进行速度，与尘中游离二氧化硅含量有直接关系，含量越高，危害性越大。

人们长期接触煤尘易得尘肺病或矽肺病，目前尘肺病仍占中国九大职业病中首位。2007 年，共诊断尘肺病 10963 例，占新职业病病例总数的 76.69%。它不仅严重地威胁着港口码头作业人员和周边居民的身体健康，而且还给国民经济造成巨大的损失，对社会文明进步也产生了不良影响。

据统计，截止到 2000 年底，全国累计发生尘肺病 55.8 万例，累计死亡 13.3 万例，病死率为 23.85%，尘肺病人已有 42.5 万例。无论从接尘人数、尘肺病患者累积数量、死亡数量还是新发现病人数量，我国都居世界首位，严重制约了我国经济的发展。

（2）对生产的危害

港口空气中的粉尘可使港口高级、精密仪器的精确度下降；使港口微型仪器、电子仪器等设备的质量下降；使港口机器、设备的磨损增快、工作寿命减少；使人的操作视线受影响，造成工作效率降低。

在港口作业场所，粉尘的积落影响环境卫生和文明生产，不利于管理者的检查和操作者对

设备的巡视与监控，大量粉尘由于在重力作用下自然沉降，加大了机器磨损，降低机器设备的使用寿命；大量的细小颗粒长期漂浮于空气中，影响职工的视力范围，使职工不能正常操作机器，给企业带来一定的经济损失；煤尘沉积在生产设备上，易发生电路中断、皮带打滑、阻碍照明和影响设备正常运转等机电事故。

(3)引起水污染

当产生的大量粉尘颗粒沉积在港口及周边的物体和地面时，往往要进行冲洗，不仅浪费了大量的水资源，且冲洗后的冲洗水还会带来二次污染，污染周围水体，也给企业带来一定的经济负担。

(4)引起局部地区的气候变化

由于大气污染，使得空气中飘尘和各种气态污染物增多，大气变得混浊，能见度降低。使大气中的微粒形成水蒸气凝结核的概率增大，会使局部地区大气温度、湿度和雨量等发生变化，温室效应的原因之一就是大气中颗粒污染物的增多。

在港口散货码头，粉尘还严重威胁着港口的生产安全。煤尘不仅自身具有可燃性，而其存在爆炸危险性。尤其在密闭存储的环境中，这种危险得以扩大。

港口粉尘污染还存在使得文物、古迹受到腐蚀和污染；使得景点的旅游价值降低；影响区域景观；破坏港口周边生态系统的生态平衡等危害。

第四节　港口粉尘防治的相关法律标准

1. 相关法律法规

港口粉尘污染防治的相关法律法规主要可以归纳为环境保护、港口建设、劳动保障三个方面：

(1)环境保护

中华人民共和国大气污染防治法(2000 年 9 月颁布)；

中华人民共和国海洋环境保护法(1982 年 8 月 23 日颁布)；

征收超标准排污费财务管理和会计核算办法(1984 年 5 月 13 日颁布)；

中华人民共和国环境保护法(1989 年 12 月 26 日颁布)；

环境标准管理办法(1999 年 1 月 5 日颁布)；

环境保护行政处罚办法(1999 年 7 月 8 日颁布)；

污染源监测管理办法(1999 年 11 月 1 日颁布)；

中华人民共和国大气污染防治法(2000 年 4 月 29 日颁布)；

排污费征收使用管理条例(2002 年 1 月 30 日颁布)；

中华人民共和国清洁生产促进法(2002 年 6 月 29 日颁布)；

建设项目环境影响评价文件分级审批规定(2002 年 7 月 19 日颁布)；

中华人民共和国环境影响评价法(2002 年 10 月 28 日颁布)；

专项规划环境影响报告书审查办法(2003 年 10 月 8 日颁布)；

污染源自动监控管理办法(2005 年 9 月 19 日颁布)。

(2)港口建设

中华人民共和国防治海岸工程建设项目污染损害海洋环境管理条例(1990年5月颁布);
中华人民共和国防治陆源污染物污染损害海洋环境管理条例(1990年5月25日颁布);
交通建设项目环境保护管理办法(2003年5月13日颁布);
港口规划管理规定(2007年12月17日颁布)。

(3)劳动保障

中华人民共和国职业病防治法(2001年10月27日颁布);
中华人民共和国安全生产法(2002年颁布);
劳动保障监察条例(2004年11月1日颁布);
中华人民共和国劳动法(2005年1月1日颁布);
安全生产标准制修订工作细则(2006年10月20日颁布);
生产安全事故报告和调查处理条例(2007年04月09日颁布);
安全生产事故隐患排查治理暂行规定(2007年12月28日颁布)。

2. 相关行业标准

(1)港口粉尘的卫生标准

一般来说,非毒性港口粉尘对人体健康的危害程度主要取决于尘中含有游离二氧化硅的数量。我国最新的工作场所有害因素职业接触限值标准(GBZ 2—2007)中,对作业环境空气中允许的粉尘浓度标准,就是根据粉尘中游离二氧化硅含量的不同来制定的。对于毒性粉尘,其卫生标准是根据不同有毒物质的毒性分别制定的。表1.6为我国卫生部卫生标准中与港口粉尘相关的规定。

港口粉尘污染相关的卫生标准 表1.6

标准号	标 准 名
GB 11667—89	居住区大气中可吸入颗粒物卫生标准
GB/T 17095—1997	室内空气中可吸入颗粒物卫生标准
GBZ 1—2002	工业企业设计卫生标准
GBZ 158—2003	工作场所职业病危害警示标识
GBZ 188—2007	职业健康监护技术规范
GBZ 2.1—2007	工作场所有害因素职业接触限值 第1部分:化学有害因素
GBZ 2.2—2007	工作场所有害因素职业接触限值 第2部分:物理因素
GBZ 70—2002	尘肺病诊断标准
GBZ/T 192.1—2007	工作场所空气中粉尘测定 第1部分:总粉尘浓度
GBZ/T 192.2—2007	工作场所空气中粉尘测定 第2部分:呼吸性粉尘浓度
GBZ/T 192.3—2007	工作场所空气中粉尘测定 第3部分:粉尘分散度
GBZ/T 192.4—2007	工作场所空气中粉尘测定 第4部分:游离二氧化硅含量
GBZ/T 192.5—2007	工作场所空气中粉尘测定 第5部分:石棉纤维浓度
GBZ/T 193—2007	石棉作业职业卫生管理规范
GBZ/T 194—2007	工作场所防止职业中毒 卫生工程防护措施规范
GBZ/T 197—2007	建设项目职业病危害—控制效果评价技术导则
GBZ/T 205—2007	密闭空间作业职业危害防护规范
WS/T 199—2001	公共场所卫生综合评价方法
WS/T 266—2006	职业接触可熔性铬盐的生物限值
GB 16238—1996	车间空气中呼吸性水泥粉尘卫生标准
GB 16196—1996	车间空气中凝聚二氧化硅粉尘卫生标准

资料来源:中华人民共和国卫生部 http://www.moh.gov.cn/publicfiles/business/htmlfiles/zwgkzt/pwsbz/index.htm

（2）港口粉尘的安全标准

目前，港口粉尘相关的主要安全标准见表1.7。

港口粉尘污染相关的安全标准 表1.7

标准号	标　准　名
GB 12476.3—2007	可燃性粉尘环境用电气设备标准
GB 15577—2007	粉尘防爆安全规程
GB 17440—2008	粮食加工、储运系统粉尘防爆安全规程
GB 17918—2008	港口散粮装卸系统粉尘防爆安全规程
GB/T 15605—2008	粉尘爆炸泄压指南
GB/T 17919—2008	粉尘爆炸危险场所用收尘器防爆导则

资料来源：中华人民共和国国家安全生产监督管理总局 http://www.chinasafety.gov.cn/newpage/flfg/flfg.htm

此外，笔者呼吁出台粉体储存设备防爆技术规范，煤仓防爆安全技术规范，煤粉生产防爆安全技术规范等，尽快完善港口粉尘相关安全标准。

（3）港口粉尘的环境标准

为了改善环境空气质量，防止生态被破坏，控制粉尘污染源向环境排放粉尘污染物质，国家环境保护部制定了一系列相关标准（表1.8）。

港口粉尘污染相关的环境标准 表1.8

标准号	标　准　名
GB 3095—1996	环境空气质量标准
GB 16297—1996	大气污染物综合排放标准
GB 20426—2006	煤炭工业污染物排放标准
GB 4915—2004	水泥工业大气污染物排放标准
GB 9137—1988	保护农作物的大气污染物最高允许浓度
GB/T 6921—1986	大气飘尘浓度测定方法

资料来源：中华人民共和国环境保护部 http://www.mep.gov.cn/tech/hjbz/bzwb/dqhjbh/index.htm

现行标准中，一般以单位产品所排放粉尘污染物的质量来表示，通常称为吨产品排放量，以kg/t为单位。这种表示方式反映了生产设备的能力和产量的多少与污染物排放量的关系，因而是比较合理、比较严格的一种表示方式。

1996年国家环境保护局根据《中华人民共和国大气污染防治法》的有关规定，在原有《工业"三废"排放标准》（GBJ 4—73）废气部分和有关其他行业性国家大气污染物排放标准的基础上，制定并发布了《大气污染物综合排放标准》（GB 16297—1996），作为国家强制性标准，从1997年1月1日起实施。

粉尘排放标准的制定除了要考虑由污染源排出的粉尘污染物经扩散稀释后，落到地面的污染物浓度仍能满足卫生标准中规定的最高允许浓度值以外，还要考虑到国家当前的经济条件、技术水平以及其他许多影响因素。

国家在控制大气污染物排放方面，除发布上述标准作为综合性排放标准外，还修订发布了若干行业性排放标准，两个标准并存使用，即除若干行业执行各自的行业性国家大气污染物排放标准外，其余均执行综合性排放标准。

对于本部分所列港口粉尘污染相关法律法规和标准规范，在阅读本书的过程中，如遇有港口粉尘污染相关的法律法规和标准规范新版本发布，请以新发布版本为准。

第二篇　港口粉尘污染防治理论基础

为了使港口单位排入到大气中的粉尘达到国家或地方排放标准,必须对大气中的粉尘加以处理,以采取措施防止大气粉尘污染。将粉尘从翻车机房和转接塔等港口作业车间被污染的空气中分离出来的技术称为除尘技术,将粉尘从被污染空气中分离并捕集下来的设备称为除尘装置或除尘器;而对港口堆场等作业场所采取措施预防粉尘对港口及周边地区的空气造成污染的技术称为抑尘技术,用于抑尘的设备称为抑尘装置或抑尘器。

在港口粉尘治理中,除尘抑尘技术研究的对象是流动状态的气溶胶,并涉及到颗粒物与流体的相对运动机理。因此,有关流体力学、空气动力学及气溶胶力学等基本原理是港口粉尘污染防治技术的理论基础。

第二章　流体力学理论

第一节　流体的类型

流体是气体和液体的统称。流体具有流动性,根据流体的特性,流体可分为以下三类:

(1)不可压缩流体和可压缩流体

在一般情况下,液体可视为不可压缩的流体,而气体是可压缩的流体。在港口粉尘防治工程上,对于气流速度远小于声速且处于常温常压条件下的气体,可近似地认为是不可压缩的流体。如在常温常压下工作的除尘器、风机、通风管道等装置中的气体都可按不可压缩流体进行处理。而对于在高温高压下流动的气体,则必须按可压缩流体处理,否则将会导致较大误差。

(2)粘性流体和非粘性流体

实际流体都具有粘滞性,其大小取决于流体的种类、温度和压力等。流体的粘滞性是导致流体流动中能量损失的原因之一。港口粉尘防治工程上有时不考虑粘性对流体的影响,忽略粘性影响的流体,称为非粘性流体。

不可压缩的非粘性流体称为理想流体。

(3)单相流体和多相流体

单组分气体、多组分气体或彼此能溶解的液体都是单相流体。而固体颗粒、液体颗粒悬浮

在气体介质中,这样的流体则为多相流体。在港口粉尘防治技术中,含尘气体在管道中的流动过程可以按单相流体处理,而粉尘在除尘器中的分离过程则必须按多相流体处理。

第二节　气体的状态参数

1. 气体的密度

单位体积气体具有的质量称为气体的密度,常用单位为:kg/m^3。

气体密度随气体温度、压强的变化而变化,因此,对气体密度必须标出其所处的状态。从工具书中查出的气体密度是某指定状态下的数值,应用时一定要换算到实际状态下的数值。在除尘技术中的含尘气体通常可按理想气体处理,此时可利用下式进行换算

$$\rho = \rho_0 \frac{p}{p_0} \cdot \frac{T_0}{T}$$

式中:ρ、p、T——实际状态下气体的密度、压强和热力学温度;

ρ_0、p_0、T_0——标准状态下气体的密度、压强和热力学温度。

在指定的温度和压强下,理想气体的密度也可以直接按下式求算

$$\rho = \frac{pM}{RT}$$

式中:ρ——气体的密度,kg/m^3;

p——气体的压强,Pa;

M——气体的分子量,kg/kmol;

R——气体常数,$R = 8314 J/kmol \cdot K$;

T——气体的热力学温度,K。

若气体为混合气体,计算其密度可将式中的气体相对分子质量换成混合气体的平均相对分子质量 M_m 进行计算即可,混合气体的平均相对分子质量可按下式计算

$$M_m = \sum M_i \cdot X_i$$

式中:M_m——混合气体的平均相对分子质量;

M_i、X_i——混合气体中某组分的相对分子质量和摩尔分数。

2. 气体的压强

压强有两种计算基准:绝对压强和相对压强。

以绝对真空为零点算起的压强,称为绝对压强,以 p' 表示。当地同高程的大气压强为零点算起的压强,则称为相对压强,以 p 表示。

采用相对压强基准,则大气压强的相对压强为零。即

$$p_a = 0$$

相对压强、绝对压强和大气压强的相互关系是

$$p = p' - p'_a$$

某一点的绝对压强只能是正值,不可能出现负值。但某一点的绝对压强可能大于大气压强(p'_a),也可能小于大气压强(p'_a),因此,相对压强可正可负。在港口散货粉尘防治技术中,

当相对压强为正值时，称该压强为正压，为负值时，称为负压。负压的绝对值又称为真空度。

以上几种压强的关系，详见图 2.1。

在港口散货粉尘防治技术中，压强俗称压力，常用单位为 Pa（即 N/m^2）、atm（大气压力）、mmH_2O（毫米水柱）、mH_2O（米水柱）、mmHg（毫米汞柱）等。它们间的换算关系为

$$1\ atm = 760mmHg = 10.33mH_2O = 10330mmH_2O = 101325Pa$$

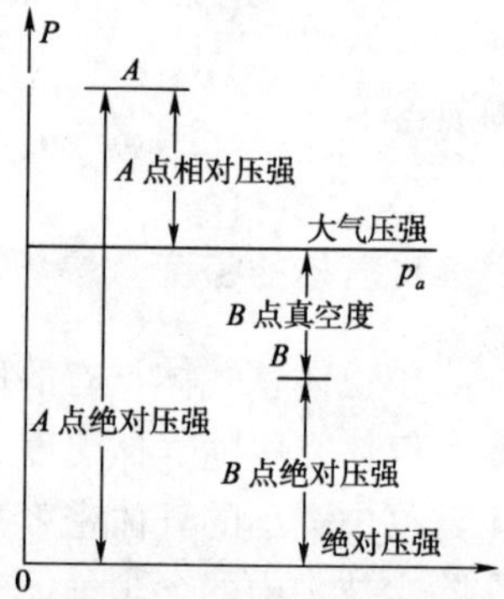

图 2.1　压强关系图示

3. 气体的湿度

气体的湿度可用绝对湿度（ρ_w）、相对湿度（ψ）、气体的含湿量（d 或 d_0）以及湿气中水蒸气的体积分数（φ_w）或摩尔分数（x_w）等表示。

（1）气体的绝对湿度

气体的绝对湿度指每立方米湿气体中所含有的水蒸气质量。由于湿气体中水蒸气的体积即为湿气体的体积，因此，湿气体的绝对湿度即等于在水蒸气分压下水蒸气的密度。故气体的绝对湿度可用理想气体状态方程式来表示，即

$$\rho_w = \frac{p_w}{R_w T} \qquad kg/m^3（湿气体）$$

式中：ρ_w——湿气体中水蒸气的分压，Pa；

R_w——水蒸气的气体常数，J/（kg · K）。

T——湿气体的温度，K。

可知，在一定温度下，湿气体中水蒸气的分压越大，其绝对湿度也越大。但水蒸气分压不会超过该温度下的饱和蒸汽压（p_v），因为当达到饱和蒸汽压时，水蒸气便开始凝结。达到饱和状态的湿气体称为饱和湿气体，其绝对湿度称为饱和绝对湿度（p_v）。

（2）气体的相对湿度

气体的绝对湿度与同温度下的饱和绝对湿度之比称为湿气体的相对湿度，即

$$\psi = \frac{\rho_w}{\rho_v}$$

亦可得

$$\psi = \frac{p_w}{p_v}$$

湿气体的相对湿度 ψ 表示湿气体中水蒸气接近饱和的程度，故也称饱和度。对于一定温度和压力的湿气体，相对湿度由湿气体中的水蒸气分压所决定。水蒸气分压可从 $p_w = 0$ 到 $p_w = p_v$，故气体的相对湿度 $\psi = 0 \sim 1$，$\psi = 0$ 时即为干气体，$\psi = 1$ 时即为达到饱和状态的湿气体。

（3）气体的含湿量

气体的含湿量系指每千克干气体中所含有的水蒸气的质量，气体的含湿量常用 d 来表示。根据定义，有

$$d = \frac{\rho_w}{\rho_d} \qquad kg（湿蒸汽）/kg（干气体） \qquad (a)$$

式中：ρ_d——每立方米湿气体中干气体的质量，kg/m^3。

根据气体状态方程式，可得

$$d = \frac{p_w}{R_w \cdot T} / \frac{p_d}{R_d \cdot T} = \frac{R_d}{R_w} \cdot \frac{p_w}{p_d} \quad \text{kg(湿蒸汽)/kg(干气体)} \tag{b}$$

式中：p_d、R_d——湿气体中干气体的分压和气体常数。

由道尔顿分压定律得

$$p_d = p_t - p_w \tag{c}$$

式中：p_t——湿气体的总压，$p_w = \psi p_r$。

将式(b)和式(c)代入式(a)得

$$d = \frac{R_d}{R_w} \cdot \frac{\psi \cdot p_v}{p_t - \psi \cdot p_v} \quad \text{kg(湿气体)/kg(干空气)} \tag{d}$$

若湿气体中的蒸汽为水蒸气，干气体为空气时，将气体常数 $R_d = 287.0\text{J/(kg} \cdot \text{K)}$；$R_w = 461.4\text{J/(kg} \cdot \text{K)}$代入式(d)中，可得

$$d = 0.622 \cdot \frac{\psi \cdot p_v}{p_t - \psi \cdot p_v} \quad \text{kg(水蒸气)/kg(干空气)}$$

在工程计算中，还经常用到另一种含义的含湿量，即每标准立方米干气体中所含蒸汽的质量，其单位为 kg(蒸汽)/m^3(干气体)，通常用 d_0 表示。则 d_0 与 d 的关系为

$$d_0 = d \cdot \rho_{Nd}$$

式中：ρ_{Nd}——标准状态下干气体的密度，kg/m^3。

(4)湿气体中水蒸气的体积分数和摩尔分数

对于总压一定的湿气体，其水蒸气的体积分数(φ_w)和摩尔分数(x_w)有

$$\varphi_w = y(\omega) = \frac{p_w}{p_t} = \frac{\psi \cdot p_v}{p_t}$$

式中各参数的含义同上。

4. 气体的粘度

气体在流动状态时具有抵抗剪切变形的能力，这一特征即为气体的粘滞性。气体的粘滞性是形成气体流动阻力的原因之一。用来描述粘滞性大小常压下混合气体的粘度可按下式计算

$$\bar{\mu} = \frac{\sum(\mu_i \cdot x_i \cdot M_i^{\frac{1}{2}})}{\sum(x_i \cdot M_i^{\frac{1}{2}})}$$

式中：μ_i——混合气体中 i 组分的粘度，Pa · s；

x_i——混合气体中 i 组分的摩尔分数；

M_i——混合气体中 i 组分的相对分子质量。

对于常压下，温度不太高时的气体粘度可按下式计算

$$\mu = \frac{A \cdot T^{\frac{1}{2}}}{1 + \frac{C}{T}}$$

式中：A——肖捷兰德常数，无因次；

T——气体的热力学温度，K；

C——由气体特性决定的常数。

第三节　气体流动的基本方程

1. 连续性方程

流体在管道中连续流动时，若流动过程中不存在流体质量的变化，则根据质量守恒定律，管道的任一截面的质量流量是恒定的。即

$$\rho \cdot A \cdot u = \text{常数}$$

式中：ρ——某一截面处的流体密度，kg/m^3；

A——某一截面处的流通截面积，m^2；

u——截面处的流体流速，m/s。

上式称为连续性方程。若流体被视为不可压缩流体，则ρ为常数，上式可简化为

$$A \cdot u = \text{常数}$$

当流体在管道中从截面1连续稳定地流动到截面2时，若在两截面间不存在流体的增减，则依据式可得

$$\rho_1 \cdot A_1 \cdot u_1 = \rho_2 \cdot A_2 \cdot u_2$$

若$\rho_1 = \rho_2$，上式简化为

$$A_1 \cdot u_1 = A_2 \cdot u_2$$

由上式可知，在如上所述的条件下，流体流速与流通截面积成反比关系。

2. 能量方程

当气体在管道内作稳定流动，从截面1流动到截面2时，根据能量守恒定律有

$$p_1 + \frac{\rho u_1^2}{2} + (\rho_a - \rho)(Z_2 - Z_1)g = p_2 + \frac{\rho u_2^2}{2} + p_{1-2}^1$$

式中：p_1、p_2——截面1、2的相对压强，Pa，在港口散货粉尘防治技术中习惯称为静压；

$\frac{\rho u_1^2}{2}$、$\frac{\rho u_2^2}{2}$——在港口散货粉尘防治技术中习惯称为动压，Pa（其中ρ为气体密度，kg/m^3；u_1、u_1分别为气体在截面1、2处的平均流速，m/s）；

$(\rho_a - \rho)(Z_2 - Z_1)g$——截面1的位压，Pa（此处是以截面2为基准得出的，截面2的位压为零，其中ρ_a为空气密度，$(Z_2 - Z_1)$为截面1、2的高差，m）；

p_{1-2}^1——气体从截面1流动到截面2的能量损失，Pa。

在实际的管道计算中，当位压相对较小时，可以忽略不计，则气流的能量方程可简化为

$$p_1 + \frac{\rho u_1^2}{2} = p_2 + \frac{\rho u_2^2}{2} + p_{1-2}^1$$

在港口散货粉尘防治技术中，习惯将某一截面的静压和动压之和称为全压，并以p_q表示。即

$$p_q = p + \frac{\rho u^2}{2}$$

则可表示为

$$p_{1-2}^1 = p_{q_1} - p_{q_2}$$

第三章　空气动力学

悬浮于气体中的固体和液体颗粒物称为气溶胶粒子，国内习惯上统称粉尘。港口散货粉尘防治技术是交通环保污染控制领域的一个重要组成部分。它的基础理论是空气动力学和气溶胶力学。因此，了解与港口散货粉尘防治技术相关的空气动力学基础知识是必要的。

第一节　气体的物理性质

1. 气体的密度和质量体积

室外的正常空气成分为氧气、氮气、二氧化碳及少量的其他气体、杂质和水汽。

单位体积气体的质量称为气体密度 ρ（kg/m^3），其数学表达式为

$$\rho = \frac{m}{V}$$

式中：m——气体质量，kg；

V——气体体积，m^3。

质量体积为密度的倒数，即

$$v = \frac{1}{\rho}$$

2. 气体的体积、压力和温度

气体的物理状态取决于3个要素：体积 V、压力 p 及温度 T。其中任意两个量发生变化将会引起第三个量的变化。它们之间的关系可通过状态方程来确定

$$\frac{pV}{T} = \frac{p_0 V_0}{T_0} = 常数$$

式中：V_0、p_0 和 T_0——标准状态下气体的体积、压力和温度。还可写成

$$\frac{pV}{T} = Rm \quad 或 \quad \rho = \frac{p}{RT}$$

式中：R——气体常数，J/(kg·K)；

m——气体的质量，kg。

可以看出：知道气体常数、压力及温度即可算出密度。在空气净化中，常用标准状态进行计算。所谓标准状态，即：温度 $T_0 = 273K$，压力 $p_0 = 1atm = 1.013 \times 10^5 Pa$。故标准状态下气体的密度为

$$\rho_0 = \frac{p_0}{RT_0} = \frac{372}{R}$$

在温度和压力相同的条件下，不同气体在相同容积中所包含的分子数目相同。在标准状

态下,1mol(摩尔)任何气体的体积均相同,它等于 22.41×10^{-3} m^3。

当已知某气体的摩尔质量为 M_0,质量为 m,则摩尔数 n 为

$$n=\frac{m}{M_0}$$

所以该气体在标准状态下的体积为

$$V_0=22.41\times10^{-3}\frac{m}{M_0}$$

密度为

$$\rho_0=\frac{M_0}{22.41}\times10^3$$

于是,如果知道气体常数或气体的摩尔质量,便可求得标准状态下气体的密度。若求非标准状态下气体的密度,R 可按下式计算

$$R=8.314/M_0$$

混合气体的气体常数 R_T可按下式确定

$$R_T=\frac{m_1R_1+m_2R_2+\cdots}{M}=\omega_1R_1+\omega_2R_2\cdots$$

式中:$m_1,m_2,\cdots$——各组分气体的质量,kg;

$R_1,R_2,\cdots$——各组分气体的气体常数,J/(kg·K);

$\omega_1,\omega_2,\cdots$——各组分气体的质量分数,%;

M——混合气体的总质量,kg。

例如,常温下干空气的密度是我们经常用到的一个基本数据。干空气由 75.5% 的 N_2、23.1% 的 O_2、1.3% 的 Ar、0.05% 的 CO_2 组成,其气体常数和气体密度分别为

$$R_T=0.755\times296.9+0.231\times259.8+0.013\times207.9+0.005\times189=287$$

$$\rho_0=\frac{372}{R_T}=\frac{372}{287}=1.296$$

对于混合气体,当没有化学反应和处于平稳过程时,混合气体的总压力等于各气体的分压之和,即

$$p_T=p_1+p_2+\cdots+p_n$$

式中: p_T——混合气体的总压力,Pa;

$p_1,p_2\cdots,p_n$——各气体的分压,Pa。

若已知各组分气体的体积分数 $\psi_a,\psi_b,\psi_c,\cdots$和各组分气体的摩尔质量 $M_a,M_b,M_c,\cdots$时,则在标准状态下混合气体的密度为

$$\rho_T=\frac{1}{22.41}(\psi_aM_a+\psi_bM_b+\psi_cM_c+\cdots)$$

3. 气体的连续性和压缩性

(1)连续性

气体的连续性假设是指我们不必研究大量分子的瞬间状态,而只要研究描述流体宏观状态下的物理量,如密度、速度、温度、压力等即可。在连续介质中,可以把这些物理量看作是空间坐标和时间的连续函数。

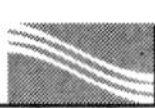

在港口散货粉尘防治中，连续性的假设是适用的，它是一个最基本的假设。

(2)压缩性

实际上，任何气体都是可以压缩的，也就是说气体的密度是随着压力与温度的改变而发生变化。但是，在港口散货粉尘防治中，如果在管道内或净化设备内气体的温度和压力在整个流动过程中变化不大，那么，引起密度的变化也就很小。理论计算结果表明，对于气体速度和其音速之比小于0.3的绝热流动，就可以当作不可压流动来处理。港口散货粉尘防治所讨论的气体流速远小于音速，通常都可看作不可压缩流体，这对工程计算是十分便利的。

4. 气体的粘性

气体在流动过程中，在两相邻流层之间，由于存在相对运动，而在接触面上产生切向作用力，这种力称为内摩擦力。根据牛顿内摩擦定律，单位面积上的内摩擦力 τ 可用下式表示

$$\tau = \mu \frac{\mathrm{d}v}{\mathrm{d}y}$$

式中：τ——内摩擦应力，Pa；

μ——动力粘度，Pa·s。

有时，动力粘度还可用运动粘度 η 来替代，两者的关系为

$$\eta = \frac{\mu}{\rho}$$

动力粘度与气体的温度有关，随气体的温度升高而增大。气体的压力对动力粘度的影响，在常压下可以不考虑。

在常压下，气体动力粘度 μ 与温度 T 的关系可由下列经验式表示

$$\mu = \mu_0 \frac{273 + C}{T + C}\left(\frac{T}{273}\right)^{1.5}$$

式中：μ_0——0℃时气体的动力粘度，Pa·s；

C——与气体性质有关的常数。

对于混合气体的动力粘度 μ_T 可由下式计算

$$\frac{M_T}{\mu_T} = \frac{M_a\psi_a}{\mu_a} + \frac{M_b\psi_b}{\mu_b} + \cdots$$

式中：ψ_a，ψ_b——各组分气体的体积分数，%；

M_a，M_b，…——各组分气体的摩尔质量，kg；

μ_a，μ_b，…——各气体组分的动力粘度，Pa·s。

而混合气体的摩尔质量 M_T 由下式计算

$$M_T = M_a\psi_a + M_b\psi_b + \cdots$$

5. 气体的湿度

气体湿度是表示气体中含有水蒸气的量，一般有两种表示方法：绝对湿度和相对湿度。

(1)绝对湿度

绝对湿度 ρ_w 是指单位体积或单位质量气体中所含水蒸气的质量（kg/m^3 或 kg/kg）。当湿气体中水蒸气含量达到在该温度下所能容纳的最大值时的气体状态，称为饱和状态。

(2)相对湿度

相对湿度ψ是指单位体积气体中所含水蒸气的质量ρ_x与同温同压下饱和状态时气体所含水蒸气的质量ρ_s之比。这一比值也等于湿气体中水蒸气分压p_x与同温度的饱和蒸气压p_s之比。相对湿度一般用百分数表示

$$\psi = \frac{\rho_x}{\rho_s} \times 100\% = \frac{p_x}{p_s} \times 100\%$$

第二节　流体一维流动的基本方程

港口散货粉尘防治技术所研究的气体虽然是多相的、可压缩的粘性流体,但是,很多工程上的问题,气体按单相的不可压缩低速流体来处理,本节将介绍港口散货粉尘防治中可能应用到的气体动力学方程。

所谓一维流动是指垂直于流动方向的各截面上的流动参数(如速度、压力、温度、密度等)都均匀一致而且只是空间坐标的函数。若流动情况随时间变化,称为非定常流动。反之,则为定常流动。港口散货粉尘防治中所遇到的许多问题可看作一维定常流动。

1. 连续性方程

气体动力学所要回答的问题之一是流动过程中,各项流动参数(速度、压力、温度、密度等)是怎样变化的。联系这些参数变化的是物理学中的三条基本规律:质量守恒、动量的变量等于作用力的冲量、能量守恒。这些规律在气体动力学中有两种表达形式:微分形式和积分形式。

一维定常流动的质量守恒方程,又称连续方程,其微分形式为

$$\frac{d\rho}{\rho} + \frac{dS}{A} + \frac{dv_A}{v_A} = 0$$

式中:ρ——气体密度,kg/m^3;

S——流管截面积,m^2;

v_A——垂直于截面A处的流速,m/s。

对于不可压缩流体,ρ = 常数,简化为

$$\frac{dS}{S} + \frac{dv_A}{v_A} = 0$$

对上述方程积分,可得到连续方程的积分形式

$$M = \rho vS = 常数$$

$$Q = vS = 常数$$

式中:M——质量流量,kg/s;

Q——体积流量,m^3/s。

连续方程式是港口散货粉尘防治中最基本的、最常用的方程式之一。

2. 欧拉运动方程与伯努利公式

粘性力可忽略的情况下,微分形式的流体能量方程称为欧拉运动方程,其表达式为

$$dp + \rho v dv + \rho g dz = 0$$

式中：p——压力增量，Pa；

g——重力加速度，m/s^2；

dz——流管微段在重力方向上的投影距离。

将上式积分，对于不可压缩流体，ρ = 常数，得

$$p + \frac{\rho}{2}v^2 + \rho gz = 常数$$

上式称为伯努利公式。在港口散货粉尘防治计算中，考虑到气体密度很小，常忽略高度 z 的影响。在实际管道系统中，有沿程阻力损失 Δp，因此，伯努利方程可写为

$$p_1 + \frac{1}{2}\rho v_1^2 = p_2 + \frac{1}{2}\rho v_2^2 + \Delta p$$

3. 动量定理

动量方程是把牛顿第二运动定律应用于运动流体所得到的关系式(图 3.1)

$$\sum F = M(v_2 - v_1)$$

式中：$\sum F$——作用于运动流体的合外力；

M——流体的质量流量，kg/s；

v_1, v_2——流管截面 1 和截面 2 的流速，m/s。

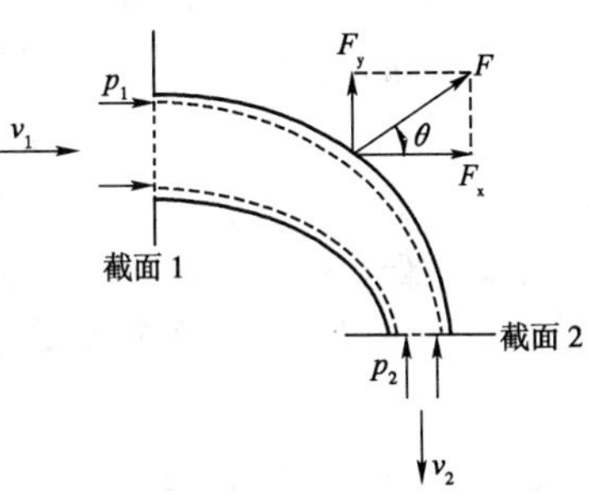

图 3.1　由动量方程求对管壁作用力示意图

第三节　流体多维流动的基本方程

多维流动包括二维和三维流动。二维流动是指只有两个空间坐标的流动，如平面流和轴对称流。港口散货粉尘防治技术中的许多问题常可以化为二维流动。但在个别场合(如旋风除尘器、绕球体的流动)，又必须用三维流动来描述。

1. 连续方程

在直角坐标系下的连续方程为

$$\frac{\partial \rho}{\partial t} + \frac{\partial(\rho v_x)}{\partial x} + \frac{\partial(\rho v_y)}{\partial y} + \frac{\partial(\rho v_z)}{\partial z} = 0$$

式中：t——时间，s；

v_x, v_y, v_z——x, y, z 方向上的分速度，m/s。

对于不可压缩定常流，ρ = 常数，则

$$\frac{\partial v_x}{\partial x} + \frac{\partial v_y}{\partial y} + \frac{\partial v_z}{\partial z} = 0$$

对于不可压缩流体，在柱坐标系下的连续方程为

$$\frac{\partial(r v_r)}{r\partial r} + \frac{\partial v_\theta}{r\partial \theta} + \frac{\partial v_z}{\partial z} = 0$$

式中：v_r, v_θ, v_z——坐标 r, θ, z 方向上的分速度，m/s。

2. 旋流与势流

流体微团的运动可以分解为平移、变形及转动。直角坐标系下，流体微团绕各个轴的旋转角速度 ω 由下述方程描述

$$\omega_x = \frac{1}{2}\left(\frac{\partial v_z}{\partial y} - \frac{\partial v_y}{\partial z}\right)$$

$$\omega_y = \frac{1}{2}\left(\frac{\partial v_x}{\partial z} - \frac{\partial v_z}{\partial x}\right)$$

$$\omega_z = \frac{1}{2}\left(\frac{\partial v_y}{\partial x} - \frac{\partial v_x}{\partial y}\right)$$

某一流动中，有一个旋转角速度不为零，这种流动称为旋流。若某流动在研究范围内，所有的旋转角速度分量全都为零，即

$$\frac{\partial v_z}{\partial y} - \frac{\partial v_y}{\partial z} = 0, \frac{\partial v_x}{\partial z} - \frac{\partial v_z}{\partial x} = 0, \frac{\partial v_y}{\partial x} - \frac{\partial v_x}{\partial y} = 0$$

那么，这一流动称为无旋流动。这正是 $v_x \mathrm{d}x + v_y \mathrm{d}y + v_z \mathrm{d}z$ 这样一个式子成为全微分的充分必要条件。令 $\mathrm{d}\phi$ 代表这个全微分，即

$$\mathrm{d}\phi = v_x \mathrm{d}x + v_y \mathrm{d}y + v_z \mathrm{d}z$$

$\phi = \phi(x, y, z)$ 称势函数。依此定义，有

$$v_x = \frac{\partial \phi}{\partial x}, v_y = \frac{\partial \phi}{\partial y}, v_z = \frac{\partial \phi}{\partial z}$$

由于无旋流动中，速度分量可以由势函数导出。所以，无旋流又称为势流。

在柱坐标下，流体微团的角速度分量分别是

$$\omega_r = \frac{1}{2}\left(\frac{\partial v_z}{r\partial \theta} - \frac{\partial v_\theta}{\partial z}\right)$$

$$\omega_\theta = \frac{1}{2}\left(\frac{\partial v_r}{\partial z} - \frac{\partial v_z}{\partial r}\right)$$

$$\omega_z = \frac{1}{2}\left[\frac{\partial v_\theta}{\partial r} - \left(\frac{\partial v_r}{r\partial \theta} - \frac{v_\theta}{r}\right)\right]$$

当流场上到处无旋时，有势函数以 $\phi, (r, \theta, z)$ 存在

$$\mathrm{d}\phi = v_r \mathrm{d}r + r v_\theta \mathrm{d}\theta + v_z \mathrm{d}z$$

其中

$$v_r = \frac{\partial \phi}{\partial r}, v_\theta = \frac{\partial \phi}{r\partial \theta}, v_z = \frac{\partial \phi}{\partial z}$$

3. 流线与迹线

流动流体的各流体微团的位置随时间的延续而不断变动。同一瞬间，与各流体微团速度矢量相切的连线称为流线。如图 3.2a）所示的流线上任意点 P 的切线方向，与该点的速度 $v(v_x, v_y, v_z)$ 的方向是一致的。流线的微分方程为

$$\frac{\mathrm{d}x}{v_x} = \frac{\mathrm{d}y}{v_y} = \frac{\mathrm{d}z}{v_z}$$

在非定常流中，流线与某一流体微团质点所经过的轨迹（又称迹线）是不一致的。如图3.2b）所示，在时间 s 流线1上的点 P_1 沿流线1的切线方向移动，经时间段 $\mathrm{d}t$ 后到达 P_2，该瞬时的速度方向不再是流线1的切线方向，而是新流线2的切线方向。但对于定常流，因速度矢量不随时间变化，故流线与迹线完全重合。

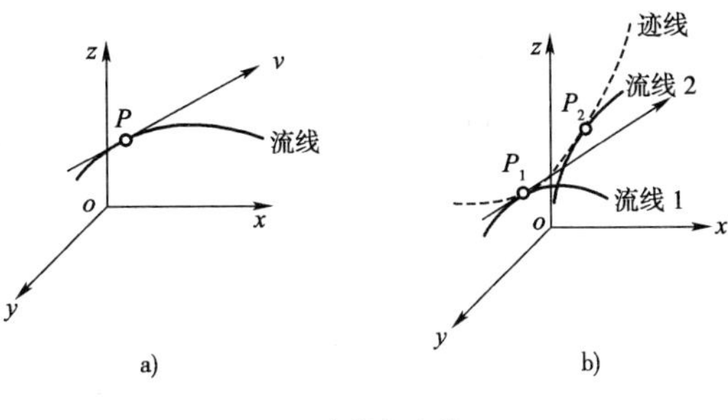

图3.2 流线与迹线

4. 平面势流与流函数

严格地说，在实际工程中并不存在平面流动。不过，在港口散货粉尘防治中的很多情况下，为简化起见，可近似作为平面流动来处理，然后再按实际条件加以修正。

选平面直角坐标 x,y，使速度分量 v_z 以及关于 z 的偏导数都等于零。若流动为势流和定常流。则这个流场就成为平面势流。得

$$v_x = \frac{\partial\phi}{\partial x}, v_y = \frac{\partial\phi}{\partial y}$$

式中：ϕ——平面势流函数。

连续方程为

$$\frac{\partial v_x}{\partial x} + \frac{\partial v_y}{\partial y} = 0$$

这个式子可以看作是 $-v_y\mathrm{d}x + v_x\mathrm{d}y$ 成为全微分的充分必要条件，这个全微分为

$$\mathrm{d}\psi = \frac{\partial\psi}{\partial x}\mathrm{d}x + \frac{\partial\psi}{\partial y}\mathrm{d}y = -v_y\mathrm{d}x + v_x\mathrm{d}y$$

ψ 称为流函数，定义为

$$\frac{\partial\psi}{\partial x} = -v_y, \frac{\partial\psi}{\partial y} = v_x$$

根据连续方程，容易得到极坐标下 ψ 的定义

$$v_r = \frac{\partial\psi}{r\partial\theta}$$

$$v_\theta = -\frac{\partial\psi}{\partial r}$$

θ 和 ψ 两函数之间的关系为

$$\frac{\partial\phi}{\partial x} = \frac{\partial\psi}{\partial y}$$

$$\frac{\partial\phi}{\partial y} = -\frac{\partial\psi}{\partial x}$$

对于一个平面无旋不可压缩流动，流线与等势线是正交的。这个结论可用两组曲线的斜率关系去证明。流线的斜率是$(\mathrm{d}y/\mathrm{d}x) = v_y/v_x$。沿等势线，得平面流 $v_x\mathrm{d}x + v_y\mathrm{d}y = 0$。其斜率是 $\mathrm{d}y/\mathrm{d}x = v_y/v_x$。二者互为负倒数，故正交。要描写某一不可压缩流，$\phi$ 和 ψ 之中只要找到一个，就可以立即确定流场上各点的流速。

设有一种平面不可压缩流的势函数 $\phi = -\frac{a}{2}(x^2 - y^2)$，式中 a 为待定常数。求流场上的速度分布和压强分布，并作出流线和等势线的网图。

给了 $\phi(x,y)$，易得流速分布

$$v_x = \frac{\partial \phi}{\partial x} = -ax$$

$$v_y = \frac{\partial \phi}{\partial y} = ay$$

流线的微分方程

$$\frac{dx}{v_x} = \frac{dy}{v_y}$$

将 v_x 和 v_y 代入上式，积分，得 xy = 常数。

流线是等边双曲线族，以 z 轴和 y 轴为其共同的渐近线。图 3.3 上只给出了右半平面的流动情况。图 3.3 上也画了等势线族 $\phi = a(x^2 - y^2) = c$。等势线也是等边双曲线，而以 $x = y$，$x = -y$ 两条斜线为共同渐近线。轴线是流线之一，而流线是不可逾越的线。所以，我们可以把 y 轴作为一个固定边壁看。这相当于气流从正 x 轴过来，直向一块竖板冲去。中间有一条流线是 x 轴，x 轴上下两边气流各转 90°的弯，分别向 y 的正向和 y 的负向流去。也可以把 x 轴当作另一个固壁。流动只限于第一象限中，这就是气流遇到折壁的拐弯流动的情况。流场各点的压强 p 可用伯努利公式计算

$$p = p_0 - \frac{1}{2}\rho v^2 = p_0 - \frac{1}{2}\rho a^2 (x^2 + y^2)$$

式中，p_0 是流动的总压，即流速为零处（称驻点）的压强。

等压线是一系列以 o 点为圆心的圆。

在空气污染净化中，分析气体对固定边壁的绕流对研究粉尘的惯性具有重要的意义。在此，我们给出几种固定边壁绕流的流函数和势函数表达式。

流动情况如图 3.4 所示。这些流动可在极坐标下表达为

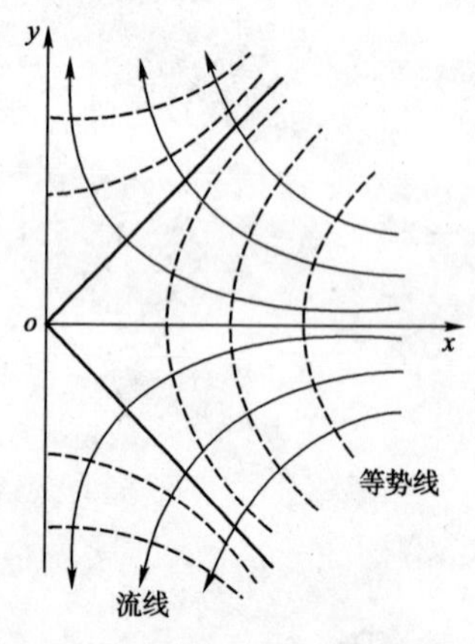

图 3.3　流线和等势线网图

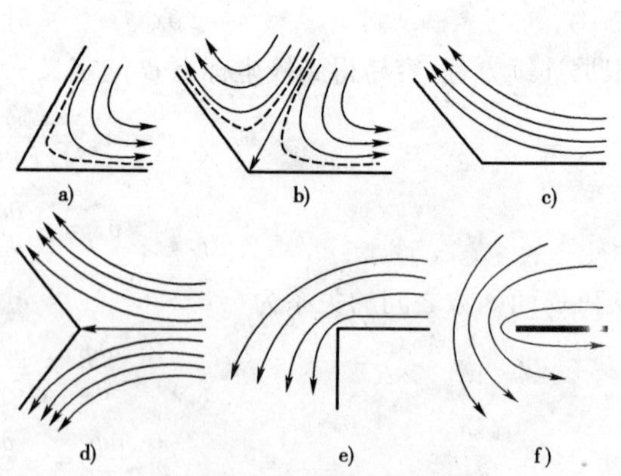

图 3.4　流体经固定边壁的绕流

$$\phi(r,\theta) = -\frac{a}{n} r^n \cos n\theta$$

$$\psi(r,\theta) = -\frac{a}{n} r^n \sin n\theta$$

式中：n——实数；

r——极坐标半径；

a——待定常数。

流线可按 $\psi = c$ 画出来，即令

$$r^n \sin n\theta = c$$

零流线 $\psi = 0$ 是 $\sin n\theta = 0$，即 $\theta = k\pi / n$

式中的 k 可以是

$$k = 0, 1, 2, \cdots, 2n - 1$$

这些零流线都是过原点的直线，具体的位置由 n 值所决定。当 $n = 2$，$k = 0,1,2,3,4$ 条直线彼此相隔 $\pi/2$，是绕凹直角的流动，如图 3.3 所示。如果，$n > 2$，是绕凹角的流动，凹角小于 $\pi/2$，图 3.4a）是 $n = 3$ 的流动。图 3.4b）是两个 a）图拼在一起的流动，凹角等于 60°。如果 $1 < n < 2$，还是绕凹角的流动，凹角大于 $\pi/2$，图 3.4c）是 $n = 3/2$ 的流动。图 3.4d）是两个 c）图拼在一起的流动，如果只把 $\theta = 2\pi/3$ 和 $4\pi/3$ 两条流线当作壁面的话，也可以算是绕凹角的流动。图 3.4 中的 e）和 f）是 $n < 1$ 的绕凸角的流动。前者，$n = 2/3$，后者，$n = 1/2$。请注意，凡是绕凹角的流动，凹角顶点是驻点，即 $v = 0$，凡是绕凸角的流动，凸角顶点处，$v \to \infty$。这些特点都是符合实际流动的。

5. 旋涡流与源汇流

如切向入口的旋风除尘器或类似的切向入口的流体机械，里面的流场明显存在着两种不同性质的流动，强制涡和自由涡。强制涡是有旋流动，而自由涡是无旋势流。考虑平面流动，旋涡流的切向速度分布为

$$v_\theta r^n = \text{常数}$$

式中，当 $n = 1$ 时为自由涡，当 $n = -1$ 时为强制涡。

在平面流中，从中心点径向向外四周流动称为源流。反之，由四周径向向内对中心点的流动称汇流。其径向速度分布为

$$v_r = \pm \frac{q}{2\pi} \cdot \frac{1}{r}$$

式中：q——流量，m/s。当流动为源流取正值，汇流取负值，表示与正向相反。

6. 绕封闭体的流动

在空气污染控制中，过滤方法是一种常用的净化技术。因过滤材料置于气流中，所以，其周围的流场会对其捕集性能产生影响。从应用的角度考虑，这里直接给出绕封闭体的流动的流函数和速度分布表达式，而不作过多的推导。对于纤维过滤，可近似为绕圆柱体的流动；对于颗粒层过滤，可近似为绕球体的流动；对于较大的非规则形状的填料过滤，可近似为绕钝体的流动。

（1）绕静止圆柱体的流动

势流情况下，用极坐标表示的绕圆柱体的流动的流函数为

$$\psi = v_0 \left[1 - \left(\frac{a}{r}\right)^2\right] r \sin\theta$$

式中：a——圆柱半径，m。

其径向和切向速度分布分别为

$$v_r = \frac{1}{r} \cdot \frac{\partial \psi}{\partial \theta} = v_0\left(1 - \frac{a^2}{r^2}\right)\cos\theta$$

$$v_\theta = -\frac{\partial \psi}{\partial r} = -v_0\left(1 + \frac{a^2}{r^2}\right)\sin\theta$$

在粘性流情况下，流函数为

$$\psi = \frac{v_0}{2La}\left[2\ln\left(\frac{r}{a}\right) - 1 + \left(\frac{r}{a}\right)^2\right] r\sin\theta$$

其中，参数 La 由下式给出

$$La = 2.002 - \ln Re_D$$

其中，Re_D为绕直径 D 圆柱体流动的雷诺数

$$Re_D = \frac{\rho v_0 D}{\mu}$$

式中：ρ——气体密度，kg/m^3；

v_0——来流速度，m/s；

D——圆柱体直径，m；

μ——气体动力粘度，Pa · s。

径向和切向速度分别为

$$v_r = \frac{v_0}{2La}\left[2\ln\left(\frac{r}{a}\right) - 1 + \frac{a^2}{r^2}\right]\cos\theta$$

$$v_\theta = -\frac{v_0}{2La}\left[2\ln\left(\frac{r}{a}\right) + 1 - \frac{a^2}{r^2}\right]\sin\theta$$

（2）绕静止球体的流动

势流情况下，用球坐标表示的绕球体的流动的流函数为

$$\psi = \frac{v_0}{2}\left[1 - \left(\frac{a}{r}\right)^3\right] r^2 \sin^2\theta$$

式中：a——球体半径，m。

其径向和切向速度分布分别为

$$v_r = v_0\left(1 - \frac{a^3}{r_3}\right)\cos\theta$$

$$v_\theta = -v_0\left(1 - \frac{a^3}{r_3}\right)\sin\theta$$

在粘性流情况下，流函数为

$$\psi = \frac{v_0}{2}\left[1 - \frac{3}{2}\left(\frac{a}{r}\right) + \frac{1}{2}\left(\frac{a}{r}\right)^3\right] r^2 \sin^2\theta$$

径向和切向速度分别为

$$v_r = v_0\left(1 - \frac{3}{2} \cdot \frac{a}{r} + \frac{1}{2}\frac{a^3}{r^3}\right)\cos\theta$$

$$v_\theta = -v_0\left(1 - \frac{3}{4}\cdot\frac{a}{r} + \frac{1}{4}\frac{a^3}{r^3}\right)\sin\theta$$

7. 管道中的实际流动与边界层流动

(1)管道中的层流和紊流流动

一维流动假设各项流动参数在流管各截面上是均一的。但实际上,由于实际流体都有粘性,其流速绝不是均一的。和管壁接触的那一层流体必然粘在管壁上,流速是零。往管中心,流速逐渐增大,中心处达到最大值。管道内的流动状态,可以是层流,也可以是紊流。其判别标准是雷诺数 Re。

$$Re = \frac{\rho\bar{v}d}{\mu}$$

式中:$\bar{v}$——管内平均流速,m/s;

d——管道内径,m;

其他符号同前。

当 $Re < 2300$ 时,管内流动为层流,当 $Re > 2300$ 时,则流动由层流向紊流过渡。紊流充分发展,Re 约大于 10^4。一般的港口散货粉尘防治技术上所遇到的管道流动,$Re = 10^5 \sim 10^6$,因而都属于紊流范围。管道层流速度分布特征是抛物线分布

$$v = 2\bar{v}\left(1 - \frac{r^2}{R^2}\right) = v_{max}\left(1 - \frac{r^2}{R^2}\right)$$

式中:R——管道半径,m;

v——距管道中心 r 处的速度,m/s;

v_{max}——管道中心处的流速,m/s。

紊流状态下,管道内流速分布取决于 Re 的大小。用指数律来表达具有很好的近似

$$v = v_{max}\left(1 - \frac{r}{R}\right)^{1/n}$$

式中,指数 n 由 Re 确定:当 $Re = 10^5$, $n = 7$;当 $Re = 2\times10^5$, $n = 8$;当 $Re = 10^6$, $n = 9$。

由于有粘性力(摩擦力)的存在,实际管道流动沿程都有阻力损失 Δp

$$\Delta p = \lambda\frac{l\rho v^2}{d^2}$$

式中:l——管长;

λ——沿程阻力系数,对于层流流动,$\lambda = 64/Re$。

对于紊流流动,沿程阻力系数可用 Colebrook 内插式计算

$$\frac{1}{\lambda^{1/2}} = -2\lg\left(\frac{k/d}{3.7} + \frac{2.51}{Re\lambda^{1/2}}\right)$$

式中:k——粗糙度,即管壁因凹凸不平而突出的平均高度。

(2)边界层流动

污染物被捕集、沉降和再吹扬通常在边壁处发生,因此有必要了解边界层中的流动状态。主要是边界层厚度和速度分布。图 3.5

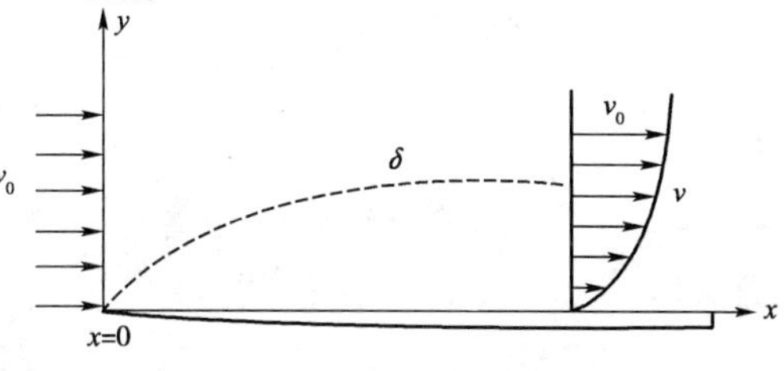

图 3.5　平面流流过平板的边界层

是平面流流过平板的边界层流动的示意图。

在层流时，Blasius 用动量积分估计法得出边界层厚度计算式

$$\frac{\delta}{x} \approx \frac{5}{Re_x \lambda^{1/2}}$$

式中：δ——边界层厚度，m；

x——流经距离，m；

Re_x——雷诺数。

$$Re_x = \frac{\rho v_0 \delta}{\mu}$$

式中：v_0——来流平均速度；

其他符号意义同前。

层流边界层速度分布，Karman 用抛物线分布近似

$$v = v_0\left(\frac{2y}{\delta} - \frac{y^2}{\delta^2}\right)$$

对于紊流边界层，Prandtl 分别给出边界层厚度和速度分布为

$$v = v_0\left(\frac{y}{\delta}\right)^{1/7}$$

$$\frac{\delta}{x} \approx \frac{0.16}{Re_x^{1/7}}$$

第四章　气溶胶力学

气溶胶力学是将颗粒污染物从气体中分离出来的基本理论。所谓气溶胶是指气体介质中加入固态或液态粒子而形成的分散体系。以分散相处于悬浮状态的粒子叫做气溶胶粒子。

第一节　气溶胶粒子的基本性质

1. 粒状污染物的来源

港口粉尘污染包括两方面:室外大气污染和封闭作业现场空气污染。空气污染物的来源如图 4.1 所示。

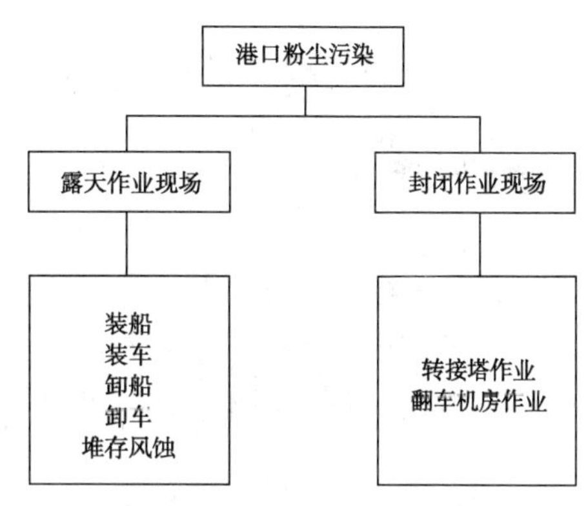

图 4.1　空气污染源

2. 粒状污染物的分类

粒状污染物的分类方法有多种,在大气污染方面常用德林卡—哈奇的分类方法。按德林卡—哈奇分类法,粉尘属于固体粒子,其分类方法见表 4.1。

德林卡—哈奇的粒状污染物分类方法　　表 4.1

分类	名称	粒径	生成方式
固体粒子	粉尘	1 ~ 100	破碎、筛分、运输、机械加工、扬尘等
	凝结固体烟雾	0.1 ~ 1	燃烧焊接、金属冶炼、熔融、蒸发、升华、凝聚
	烟	0.001 ~ 0.3	木材、纸张、布、煤、油、香烟等燃烧
液体粒子	霭	1 ~ 100	蒸汽凝结、化学反应、液体喷雾等
	雾	5 ~ 50	水蒸气凝结

不同粒径的粒子所服从的空气动力学规律是不同的,为了讨论在不同粒径范围内气溶胶粒子的空气动力学性能,在气溶胶力学研究方面,根据粒子的大小分 4 个区。其分类见表4.2。还可以用克努森数 K_n 作为分类依据

$$K_n = 2\lambda / d_p$$

式中:λ——气体分子平均自由程,m;

d_p——粒径,m。

由分子动力理论,气体分子平均自由程为

$$\lambda = \frac{\mu}{0.499\rho}\sqrt{\frac{\pi M}{8RT}}$$

式中:M——气体分子的摩尔质量,kg;

R——气体常数,J/(kg · K);

T——绝对温度,K;

μ——动力粘度,Pa · s;

ρ——气体密度,kg/m^3。

根据不同粒径范围定义的气溶胶力学分类方法　　表4.2

名　称	粒径范围			
	自由分子区	过渡区	滑动区	连续区
K_n	>10	10~0.3	<0.3	<0.1
d_p(μm)	<0.01	0.01~0.4	>0.4	>1.3

3. 气溶胶粒子的基本性质

(1)粒子的密度

颗粒表面和内部吸附着一定的空气。设法将吸附在粒子表面内部的空气排出后测得的粒子自身的密度称为颗粒的真密度 ρ_p。呈堆积状态存在的粒子,将包括颗粒之间气体空间在内的粉体密度称为堆积密度 ρ_b,若空隙率为 ε,则真密度和堆积密度存在如下关系

$$\rho_b = (1-\varepsilon)\rho_p$$

式中:ρ_p——粒子真密度,kg/m^3;

ρ_b——粒子堆积密度,kg/m^3。

颗粒的真密度用于研究粒子的运动行为等方面,堆积密度用于存储或运输的容积确定等方面。

在港口散货粉尘防治技术中,粉尘的润湿性是设计或选用除尘设备的主要依据之一。对于润湿性好的亲水性颗粒物,可考虑湿式净化(表4.3)。

水对粉尘的润湿性　　表4.3

粉尘类型	I	II	III	IV
润湿性	绝对憎水	憎水	中等亲水	强亲水
v_{20}(mm · min^{-1})	<0.5	0.5~2.5	2.5~8.0	>8.0
颗粒物举例	石蜡、沥青	石墨、煤、硫	石英矿石	飞灰、钙

(2)粒子的磨损性

固体颗粒物的磨损性是气溶胶粒子在流动过程中对器壁或管壁的磨损性能。粒子对壁的磨损是一个较复杂的现象。对刚性壁表现为碰撞磨损,对塑性壁表现为切削磨损。在粒子的净化或输运中,经常遇到的是对塑性材料的磨损。其磨损率与粉尘入射角、入射速度、粉尘硬度、粒径、球形度和浓度等因素有关,如图4.2所示。

Zhu 等人曾在 H_P=40~590kg/mm^2 的粉尘硬度范围内对7种不同塑性材料做了大量试验,得出磨损率的经验计算公式

$$E = kMd_p^{1.5}v^{2.3}(1.04-\phi)(0.448\cos^2\theta+1)$$

式中:E——磨损率;

k——系数;

d_p——粒径,mm;

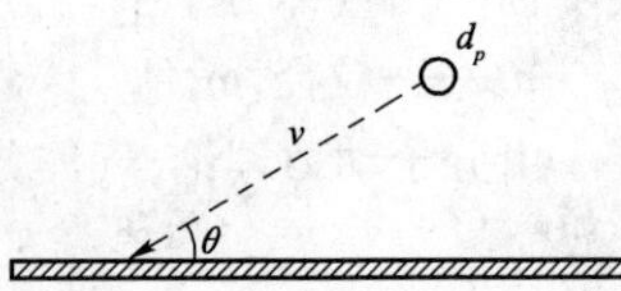

图4.2　固体颗粒对塑性壁的磨损

v——入射速度,m/s;

ϕ——球形度;

M——向被磨损材料冲击的粒子通量,kg/(m^2.s)。若已知含尘质量浓度 c(kg/m^3),M 可由下式计算

$$M = vc\sin\theta$$

(3)粒子的电性

气溶胶粒子通常都带有电荷,这是由于碰撞、摩擦、放射性照射、电晕放电等原因而带电的。粒子的电性对净化设备的捕集和清灰都有很大的影响。物质都有较固定的介电率(相对介电常数)。

粉尘的导电性与金属的导电性类似,也用电阻率表示。但粉尘层的导电不仅靠粉尘颗粒本体内的电子或离子产生的所谓体积导电,还靠颗粒表面吸附的水分和化学膜发生的所谓表面导电。对于电阻率高的粉尘,温度较低时(100 ℃以下)主要是表面导电;温度较高时(约200 ℃以上)主要是体积导电。因此,粉尘的电阻串与测定时的条件有关,如气体温度、湿度和成分,粉尘的粒径、成分和堆积的松散度等,所以,粉尘的电阻率仅是一种可以互相比较的表观电阻率,通常称比电阻。

(4)粒子的自燃性和爆炸性

当物料被研磨成粉料时,总表面积增加,表面能增大,从而提高了颗粒物的化学活性,特别是提高了氧化产热的能力,在一定条件下会转化为燃烧状态,但各种粉尘的自燃温度相差很大。根据不同的自燃温度可将可燃性粉尘分为两类。第一类粉尘的自燃温度高于环境温度,因而只能在加热时才能引起自燃。第二类粉尘的自燃温度低于环境温度,甚至在不加热时都可能自燃。这种粉尘造成火灾的危险性最大。

在封闭空间内可燃性悬浮粉尘的燃烧会导致化学爆炸。引起可燃性粉尘爆炸必须具备两个条件:一是可燃性粉尘的浓度在爆炸限内;二是存在能量足够且具有一定温度的火源。能引起爆炸的最低浓度称为爆炸下限,最高浓度称为爆炸上限。可燃混合物的浓度低于爆炸下限或高于爆炸上限时,均无爆炸危险。爆炸下限对防爆更有意义。表 4.4 列出了某些尘粒爆炸浓度的下限。

某些尘粒爆炸浓度的下限(g/m^3)　　表 4.4

粉尘名称	爆炸浓度	粉尘名称	爆炸浓度
铝粉末	58.0	页岩粉	58.0
亚麻皮屑	16.7	泥炭粉	10.1
煤粉	114.0	硬橡胶尘末	7.6
松香	5.0	谷仓尘末	227.0
硫矿粉	13.9		

(5)粒子的光学性质

由于大气中气溶胶粒子对光的散射,使可见度大为降低,这也是一种空气污染现象,城市中这种污染最强烈。粒子对光的散射是测定气溶胶粒子的浓度、大小和决定气溶胶云的光行为的主要方法之一。

概括地说,单个粒子对光的散射与其粒径、折射指数、粒子形状和入射光的波长有关。空间中任何一点的辐射强度是由光源和汇的布置、气溶胶的空间分布、粒径分布和组成决定的。

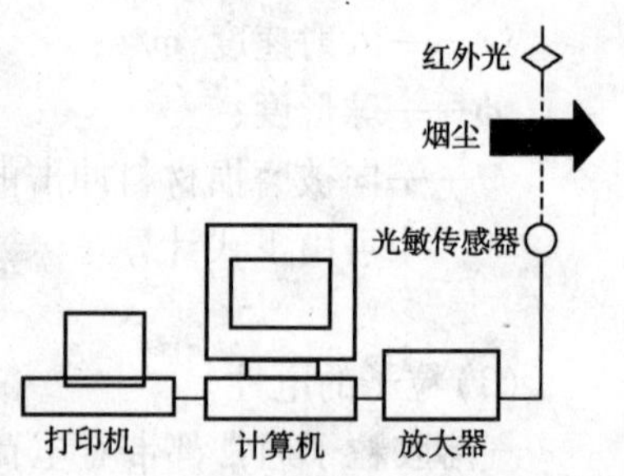

图 4.3 红外光粉尘浓度自动测定系统（ICMS）

光线射到气溶胶粒子上以后，有两个不同过程发生：粒子接受到的能量可被粒子以相同的波长再辐射，再辐射可交生在所有方向上，但不同方向上有不同的强度，这个过程称为散射。另一方面，辐射到粒子上的辐射能可变为其他形式的能，如热能、化学能或不同波长的辐射，这个过程称为吸收。在可见光范围内，光的衰减对黑烟是吸收占优势，而对水滴，散射占优势。气溶胶粒子对光的吸收和散射机理较为复杂。实际中，常利用光强衰减特性来测定粉尘的浓度。图 4.3 所示为一粉尘浓度测定系统。其工作原理是：红外光通过粉尘流时，光强发生变化，光敏传感器的光电流将随之变化，通过放大器将这个较弱的电流增强并变为计算机中 A/D 卡接口所能接受的 ±5V 范围内的电压。显然，计算机显示的是电压值。如果空气的浓度变化与电压值的变化是线性相关的，其电压值就可表示浓度的大小。

因此，为较精确地进行粉尘浓度测定，测试系统的标定是重要的。

第二节　气溶胶粒子的粒径分布

1. 粒径的表示方法

港口作业过程中产生的固体颗粒物通常是非球形的。对于不规则粒子的形状可概括为三大类：块状、板状、针状。实际中，大多数粒子属于第一类。对于不规则粒子，为评价其对球形的偏离程度，采用球形度 ϕ 的概念。球形度的定义为同样体积的球形粒子表面积与粒子实际表面积之比。ϕ 值永远小于 1。

不规则粒子的大小可用等效径，又称当量径表示。表 4.5 列出了一些主要等效径的表示方法。

不规则形状粒子的等效直径　　表 4.5

等效直径	定　义	数学表达式
长度径	直径在一给定方向上测量	$d=l$
平均径	在多个方向上测量后取平均	$d=\frac{1}{2}\sum_{i=1}^{n}d_i$
投影—周长径	有与粒子同样周长的圆的直径	$d=P/\pi$
投影—面积径	有与粒子同样投影面积的圆的直径	$d=\sqrt{4A_p/\pi}$
表面积径	有与粒子同样表面积的固的直径	$d=\sqrt{A_s/\pi}$
体积径	与粒子同体积的球的直径	$d=\sqrt[3]{6V/\pi}$
斯托克斯径	与粒子同密度和同沉降速度的球的直径	$d=\sqrt{\frac{18\mu v}{(\rho_p-\rho_a)g}}$

注：P——粒子的投影周长；A_p——粒子的投影面积；As——位子的表面积；V——粒子的体积；v——粒子的沉降速度；ρ_p——粒子的密度；ρ_a——空气的密度；μ——空气的动力粘度；g——重力加速度。

2. 粒径分布

气溶胶粒子是由各种不同粒径的颗粒组成的集合体，显然，单纯用平均粒径来表征这一集合体是不够的。粒径分布又称分散度，是指在不同粒径范围内颗粒所含数量或质量分数。通常使用的是质量累积分布。

掌握粒径分布对选择净化设备、评价净化性能、粒子群的扩散与凝聚行为，以及对环境造成的污染影响等方面具有重要的意义。

粒径分布的表示方法有表格法、图形法和函数法。下面以测定数据的整理过程说明粒径分布的表示方法和相应的定义。

(1)频率分布

表4.6列出了粒径 d_P 在 0 ~ 30μm 范围内粒子数量的实测值。据此，可作直方图4.4。数量频率分布 f 和质量频率分布 g 分别定义为

图4.4　粒子分布直方图

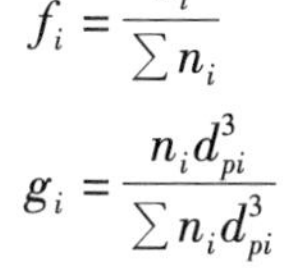

$$f_i = \frac{n_i}{\sum n_i}$$

$$g_i = \frac{n_i d_{pi}^3}{\sum n_i d_{pi}^3}$$

式中：n_i——第 i 区间里观测到的粒子数目；

d_{pi}——第 i 区间里粉尘粒径。

频率分布计算结果见表4.6中。

粒径分布计算表　　表4.6

区间编号 i	1	2	3	4	5	合计
粒径范围 Δd_p(μm)	0 ~ 2	2 ~ 5	5 ~ 10	10 ~ 20	20 ~ 30	
粒径中位径 d_p(μm)	1	3.5	7.5	15	25	
粒子数目 n	50	110	150	120	70	500
数量频率分布 f	0.1	0.22	0.3	0.24	0.14	1
质量频率分布 g	3.2×10^{-5}	3×10^{-3}	4×10^{-2}	0.258	0.698	1
数量密度分布 p	0.05	0.073	0.06	0.024	0.014	1
质量密度分布 q	1.5×10^{-4}	9.9×10^{-3}	8×10^{-3}	0.0259	0.0698	1
数量筛下累积分布 F	0.1	0.32	0.62	0.86	1	
质量筛下累积分布 G	3.2×10^{-5}	3.03×10^{-3}	0.043	0.302	1	

(2)密度分布

数量密度分布 p 和质量密度分布 q 分别定义为

$$P = \frac{f_i}{\Delta d_p} = \frac{\mathrm{d}F}{\mathrm{d}d_p}$$

$$q = \frac{g_i}{\Delta d_p} = \frac{\mathrm{d}G}{\mathrm{d}d_p}$$

式中：F——数量筛下累积分布；

G——质量筛下累积分布。

各区间的密度分布计算结果列于表4.6中。由此结果可绘出密度分布图，见图4.5。

(3)累积分布

数量筛下累积分布 F 和质量筛下累积分布 G 分别定义为

$$F=\sum_{i=1}^{i} f_i=\int_0^{d_p} p\mathrm{d}d_p$$

$$G=\sum_{i=1}^{i} g_i=\int_0^{d_p} q\mathrm{d}d_p$$

由定义可知,筛下累积分布是指小于某一粒径 d_p 的所有粒子的质量(或数量)占总质量(或数量)分数。根据已有数据,可得数量筛下累积分布 F 和质量筛下累积分布 G,见表 4.6 和图 4.6。

累积分布为 50% 的地方称为中位径 d_{p50}。由图 4.6 可近似读出数量中位径为 8.5μm,质量中位径为 22μm。

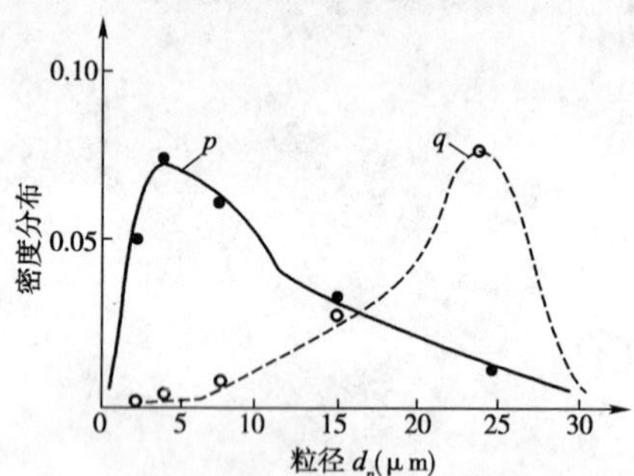

图 4.5 数量密度和质量密度分布图

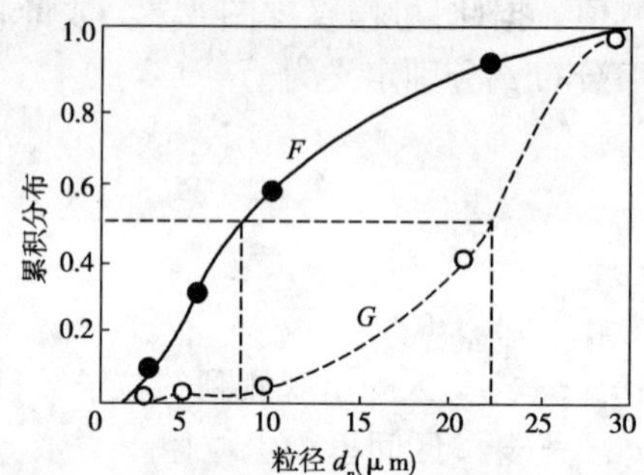

图 4.6 数量累积分布和质量累积分布

(4)分布函数

尽管粒径分布可以用表格和图形表示,然而,在某些场合下用函数形式表示,对于数学分析要方便得多。根据实际测定,大多数粉尘呈对数正态分布。其密度分布函数 p 或 q 的对数正态分布为

$$q=\frac{1}{d_p \ln\sigma_g \sqrt{2\pi}} \exp\left[-\frac{(\ln d_p-\ln d_g)^2}{2(\ln\sigma_g)^2}\right]$$

式中:d_g——几何平均径,可用中位径 d_{p50} 近似代替;

σ_g——几何标准偏差,由下式确定

$$\sigma_g=\frac{d_p(G=84.1\%)}{d_{p50}}=\frac{d_{p50}}{d_p(G=15.9\%)}$$

如果粒子服从对数正态分布,其累积分布曲线在对数概率坐标纸上呈一条直线。

把原始数据画到对数概率坐标纸上,得到两条直线,二者相互平行。说明几何标准偏差 σ_g 相等。如果某种粉尘的粒度分布符合对数正态分布,则无论是质量分布、数量分布,还是表面积分布,它们的几何标准偏差 σ_g 相同,累积分布曲线在对数概率坐标纸上为相互平行的直线,只是沿粒径坐标平移一个常量距离。若用 *MMD* 表示质量中位径,*NMD* 表示数量中位径,*SMD* 表示表面积中位径,三者的关系为

$$MMD=NMD\cdot\exp(3\ln^2\sigma_g)$$

$$MMD=SMD\cdot\exp(2\ln^2\sigma_g)$$

从图 4.7 中直接读出：

质量：d_{p50} = 30μm，$d_{p84.1}$ = 41.7μm，$d_{p15.9}$ = 21.7μm；

数量：d_{p50} = 21.5μm，$d_{p84.1}$ = 29.7μm，$d_{p15.9}$ = 15.5μm。

于是可得几何标准偏差 σ_g 为：质量 σ_g = 41.7/30 = 1.39；数量 σ_g = 29.7/21.5 = 1.39。

得到 d_{p50} 和 σ_g 后，便可直接写出某种气溶胶粒子的分布函数。

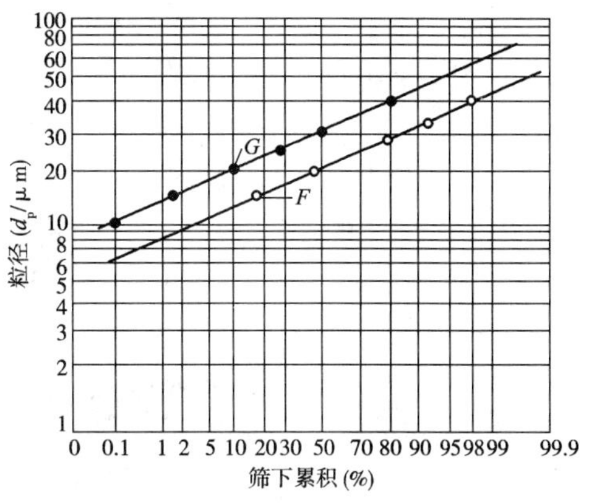

图 4.7　某粉尘筛下累积分布

气溶胶粒子的分布还可用其他一些分布函数来表示，如韦伯（Weiber）分布、罗森—拉姆勒（Rosin Rammler）分布和洛莱尔（Roller）分布等。对数正态分布则是用于描述气溶胶粒子的粒径分布较多的一种分布函数。

第三节　气溶胶粒子的分形几何特征

我们知道在自然界及人类活动中所产生的尘粒极少是球形的。气溶胶科学与技术的研究对象主要是悬浮于气体中的固体颗粒，无论是研究粒子的光学性质、电学性质、力学性质、运动行为和分布特征，还是研究净化设备的分离机理和捕集性能，无不与粉尘的大小有关。然而，对于形状不规则的尘粒，人们提出了平均径、等效径、球形度、形状系数等概念，其中等效径用得最普遍。但人们随即发现，这种等效径是粗糙的、有条件的。例如：靠空气动力分离机理除尘时，同等密度的球形尘粒比等效体积径相同的扁平或条形尘粒易分离；在静电及过滤分离机理中。无论用空气动力径，还是等效体积径，不规则尘粒比接近球形的尘粒易捕集。另外人们还得出一个结论，就某种除尘器，其分级效率随产尘的生产工艺不同而不同，即与产尘的物理、化学过程有关。对于多个尘粒凝聚在一起所形成的松而不散的链状粉尘团，似乎引人任何概念都失去了效力。多少年来，人们一直被这样一个分布范围为 10^{-8} ~ 10^{-3} m 的形状不规则的气溶胶系统所困惑。从 20 世纪 70 年代分形几何的出现到八九十年代分形理论的发展，为描述自然界及科学研究中常见的复杂多变的图形提供了有效的手段，无疑也为较好地描述不规则粉尘的几何特征带来了光明。

在港口散货粉尘防治技术领域，研究凝聚尘和单一尘的几何特征都具有重要的理论和应用价值。分形几何之所以能用来描述某一粉尘群的几何特征，是因为：无论是凝聚尘还是单一尘，在适当地放大与缩小的尺度下，粉尘形态可用一个简单的数值—分形维数（简称分维）来表征。

1. 分形理论简介

1）自相似与分维

欧氏几何学中，线、面、体的维数，分别为 1、2、3。在图 4.8 中的任意图形是由分割尺度比为 r 的 $N = (1/r)^{-D}$ 个相似图形构成，指数 D 称为相似维数。由图中结果可归纳为

$$D = \log N / \log(1/r)$$

上式为相似维数的定义,D 可以不是整数。

在图4.9 中把1 条一维直线等分成3 段,将中间的一段用夹角为60°的两条等长的折线来代替,形成一个生成元,然后再把每个直线段用生成元进行代换,经无穷多次迭代后就呈现出一条无穷多弯曲的曲线,这就是有名的 Koch 曲线。显然在这种情况下,是把全体缩小 1/3 的4 个相似形构成的:$N=4$,$r=1/3$,则其维数为:$D=\lg4/\lg3=1.2618\cdots$。这个数大于拓扑维数1。人们常把这种维数是分数的物体称为分形,把此时的 D 称为该分形的分形维数,简称分维。

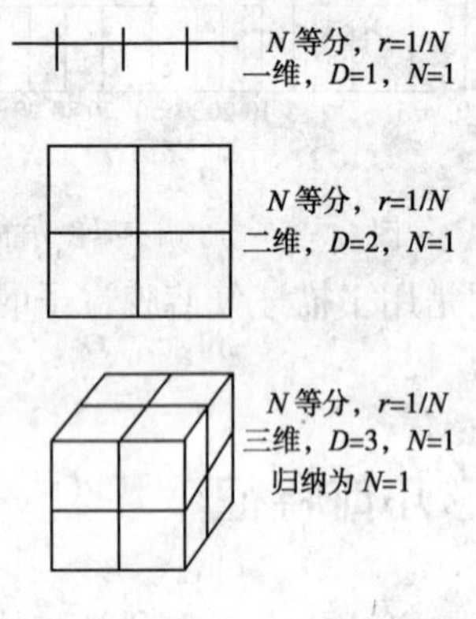

图4.8　维数的定义

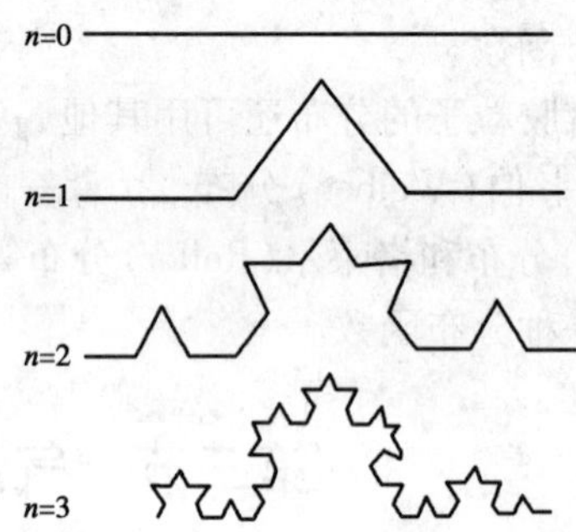

图4.9　Koch 曲线的构造

Koch 曲线是个分形,具有严格的自相似性,这种结构从不同的空间尺度来看都是相似的,其分维不因放大或缩小而改变,即分维与尺度无关。而在自然界中的分形,只有统计意义下的自相似性,如海岸线、云朵、河流、粉尘等。

大部分维数的定义都基于用尺度 r 进行量度这样的指导思想:忽略尺寸小于 r 时的不规则性,并且观察当 $r\to0$ 时,这些测量值的变化。如豪斯多夫(Hausdorff)维数的定义

$$D=\lim_{r\to0}\frac{\lg N}{\lg(1/r)}$$

对 Koch 曲线,$N=4^n$,$r=(1/3)^n$ 代入同样得:$D=\lg4/1\text{g}3=1.2618\cdots$。由式可知:分维的数学定义中要求码尺趋于零时的极限存在,Koch 曲线满足这一条件。但对于自然界中存在的分形,要求码尺 r 趋于零,在测量中难以实现。如:研究凝聚尘,r 可取到纳米(nm),即接近物质分子的量级;研究单一尘,r 可取到颗粒直径 d_p 的1/20。因此,粉尘在满足统计自相似性的条件下,适当地选取测量尺度 r,就可以确定粉尘的分维以讨论其几何特征。

2)分维的测定

为便于下面讨论凝聚尘和单一尘的分维,先介绍一些测定物体分维的方法。

(1)改变观测尺度求分维

本方法是用线段、正方形、立方体、圆和球等具有特征长去度量分形图。例如用长度为 r 的线段去度量海岸线这样的复杂曲线。如海岸线是笔直的,即是一维的,有下式成立

$$N(r)\propto1/r=r^{-1}$$

式中,$N(r)$为海岸线,具有线段 r 的总数。但海岸线复杂曲折,较大的码尺 r 会漏掉较多的细节,所以需要更小的线段来度量海岸线,于是会发现海岸线变长了。这时我们说海岸线具有分形特征。由前面的讨论,有

$$N(r)\propto r=r^{-D}$$

这里,D 称为分维数。如要测量岛屿的周长 p,显然有

$$p = N(r)r \propto r^{1-D} \quad 或 \quad \ln p \propto (1-D)\ln r$$

于是根据不同的步长 r 所得的周长 p,在双对数坐标上,由直线的斜率可求周边分维数 D,用 D_p 表示。

此方法可扩展到平面和空间,即此法还可求二维平面的分维 D_s 和三维空间的分维 D。扩展方法是,把平面或空间分割成边长为 r 的细胞,把具有分形几何特征形状的物体置于该平面或空间中,数出在分形体中所包含的细胞数 $N(r)$。改变 r 的长度,然后再数出在分形体中所包含的细胞数 $N(r)$,可建立两方程,从而可求解得分维。为减少误差,可取多个不同的步长 r 求分维 D。

(2)由测度关系求分维

设长度为 L,面积为 S,体积为 V 时,一分形具有 D 维测度的量假定为 X,则有如下关系

$$L \propto S^{1/2} \propto V^{1/3} \propto X^{1/D}$$

可分别得出分形的长度、面积和体积分维。下面按式求单一尘的分维。设单一尘的投影面积为 S,周长为 X,于是根据 $S^{1/2} \propto X^{1/D}$ 即可求粉尘的二维平面分维 D_s 方法如下,如图 4.10 所示,把方格网覆盖于粉尘剖面上,数出处于粉尘剖面上的全部方格数 S_N 以及处在轮廓线上的全部方格数 X_N,如果方格足够小,可认为 $S \propto S_N$,$X \propto X_N$ 有

$$S_N^{1/2} \propto X_N^{1/D_s}$$

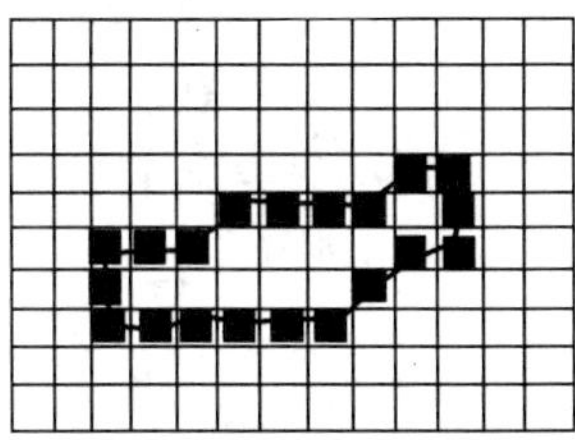

图 4.10　由测度关系求单一尘的分维

于是,D_s 就是单一尘的分维,$1 < D_s \leqslant 2$。此法的优点是能一次确定分维而无需改变观测尺度,只要事先把单位正方形选的足够小,如取正方形边长 $r \approx (1/10 \sim 1/20)\ d_p$。

(3)由分布函数求分维

设粉尘服从 R-R(Rosin-Lamler)分布

$$\omega = 1 - \exp[-(x/k)^m]$$

式中:ω——x 粒径的筛下质量分数,%;

k——与产尘方式有关的常数;

m——与物料性质有关的常数。颗粒的分维可由下式计算

$$D = E - m$$

式中:E——颗粒的拓扑维,如 x 为等效体积径,$E=3$,则 $D<3$。

2. 粉尘的分形几何特征

描述某一类粉尘的分形几何特征的前提是:(1)对于凝聚尘,若组成该尘团的颗粒数超过数十个,无论多少,满足近似自相似;(2)对于单一尘,无论大小,满足统计自相似。理论上,当测量尺码趋于零时,不论尘粒大小,其投影周长和表面积都趋于无穷大,但尘粒存在最小自相似结构,其周长和表面积是存在的,于是尘粒的分维是确定的。

1)凝聚尘的分形几何特征

众多的研究者首先是用分形几何研究凝聚尘,不仅是因为凝聚尘有很好的自相似特征,更重要的是因为气溶胶科学亟待讨论微粒凝聚后的物理现象、凝聚过程中粒度分布随时间的变

化规律以及凝聚尘的分离与收集。

凝聚尘如同一串葡萄,通常难以用等效径的概念加以描述。Witten 和 Sander 提出有限扩散凝聚模型,简称 DLA,试图用它来解释观察到的粉尘微粒的分形凝聚。模拟结果得三维 DLA 的分维 $D=2.5$。Tokuyama 和 Kawasaki 计算出二维和三维凝聚尘的 DLA 分维分别为 1.7 和 2.5。Schaefer 等人用光散射法测得半径为 2.7nm 硅珠布朗凝聚的凝聚尘分维 $D=2.12\pm0.05$。Schmidt-Ott 对气溶胶发生装置及测试手段做了进一步改进,实验结果得凝聚尘分维$D=2.18$。

Schmidt-Ott 还讨论了凝聚尘的某些等效径和分维的关系

$$d_{opt}=C_1d_b^{1/3},d_{ads}=C_2d_b,d_a=C_3d_b^{2-D}$$

式中: d_b——迁移率等效径,即其沉降速度与球形尘粒相同的粒径(如 Stokes 径),m;

d_{opt}——投影等效径,m;

d_{ads}——吸附等效径,m;

d_a——空气动力等效径,m;

C_1,C_2,C_3——常数。

可见,只要确定了 d_b 和 D,则可求得其他几何特征。关系式同样适用于单一尘。

Chou 和 Lee 还研究了凝聚尘的动力形状系数 K 与分维 D 的关系,由实验结果得

$$K=-0.53D+2.62,相关系数\ r=0.915。$$

由上述理论与实验研究结果表明:对于单体布朗扩散凝聚,凝聚尘的三维空间分维 $D=2.10\sim2.18$。

2)单一尘的分形几何特征

粉尘的粒度和形态是港口散货粉尘防治技术的主要研究内容之一,而粉尘几乎不存在完全规则的几何形状。为描述粉尘的粒度和形态,人们引入了等效径、形状系数、球形度等概念。这些概念都是与规则球体相比较来定义的,因此,无法反映出粉尘粒子复杂多变的几何特征。

粉尘具有分形表面早为人们所认识,但用分形理论研究粉尘粒子的几何特征只是近几年的事。分形颗粒粒度计算式为

$$p=\lambda_1d_p^{D_p},S=\lambda_2d_p^{D_A},D_A=D_p+1$$

式中:p——颗粒周长,m;

S——颗粒表面积,m^2;

λ_1,λ_2——与最小自相似结构有关的常数;

D_p——周边分维数;

D_A——表面积分维数。

Xie 和 Hopke 引用式研究了单一尘周边分维数 D_p。几乎与此同时,Volodymyr 等人用同样的方法研究了单一尘的分维,得出飞灰的分维 $D_p=1.268\pm0.02$,相关系数 $r=0.9757$。

单一尘的分形几何特征研究较晚,前面所提到的许多确定分维的方法尚未得到应用,关于单一尘的分形几何特征还需更深入的探讨。

3)粉尘分形几何特征在港口散货粉尘防治技术中的应用探讨

我们已经知道粉尘颗粒具有分形结构,根据前面的讨论,常用的尘粒分维数归纳在表 4.7 中。采用分维可以更科学地描述粉尘的几何特征,主要用于以下几方面:

(1)分维数的不同表征了粉尘表面曲折变化的复杂程度。如周边分维 D_p 或表面积分维

D_A 越大，表示周边越曲折多变或表面积越大；如果二维平面分维 D_s 或三维空间分维 D 越小，表示粉尘越不规则。

(2)引入分维的粉尘粒度分布函数更能从数学上精确严格地反映实际粉尘的分布特征。例如，粉尘服从 R-R 分布，则更为严格的表达式为 $\omega = 1 - \exp[-(x/k)^{3-D}]$

(3)对于不同类型的粉尘，只要分维数相同，在相同的运行条件下，某种除尘设备对它们的收尘性能相同，这样，就增强了不同除尘设备之间的可比性。

各种分维数及变化范围　　表 4.7

周边分维	表面积分维	二维平面分维	三维空间分维
$1 < D_p < 2$	$2 < D_p < 3$	$1 < D_p \leqslant 2$	$1 < D_p \leqslant 3$

关于气溶胶粒子的分形几何特征可总结如下：

(1)港口生产过程中产生的粉尘和颗粒物具有分形结构，采用传统的颗粒学中的粒度定义是有条件的，分维数能更合理地表示粉尘的几何特征，如粉尘的粒度及分布；

(2)对某一类粉尘，因无论大小，满足统计自相似，则整个粉尘群的分维近似为一常数，因此，只要测取若干个(最好不少于 20 个)大小不同的单一尘的分维，取其平均值即代表整个粉尘群的分维。若有多个尘粒胶结在一起，仍可当单一尘处理，这不会影响其统计结果；

(3)在确定粉尘分维时，测量码尺存在一个合理的取值范围，对于凝聚尘，测量码尺 δ 可取单体直径的 0.1 ~ 1；对于单一尘，δ 可取颗粒直径 d_p 的 1/20 ~ 1/5；

(4)表面积分维 D_A 和三维空间分维 D 对描述粉尘的几何特征尤为重要，D_A 可由 $D_A = D_p + 1$算出，D 可由测度关系 $V^{1/3} \propto V^{1/D}$求得。确定了单一尘的分维之后，可由粉尘的周长、面积、体积与分维的关系，以及其他几何特征与分维的关系求粉尘的粒度。

(5)在港口散货粉尘防治技术中，确定单一尘分维是重要的，但关于单一尘的分形几何特征研究还处在刚起步阶段，所以，在单一尘分维的测试方法上，在不同种类粉尘的最小自相似结构的确定及各类粉尘的分维数数据库的建立等方面有着广泛的研究课题。

第四节　气溶胶粒子的运动

1. 气体对球形粒子的阻力

作用于气溶胶粒子上的力有重力、离心力、静电力以及介质的阻力等。在气固分离过程中，运动粒子所受到的介质阻力始终存在，该阻力的确定对分析粒子的运动行为是必不可少的。气体对球形粒子的阻力可用一通式表示

$$f = C_s \frac{\pi d_p^2}{4} \cdot \frac{\rho v^2}{2}$$

式中：d_p——粒子直径，m；

ρ——气体密度，kg/m^3；

v——粒子与气体的相对运动速度，m/s；

C_s——阻力系数。

因此，只要知道阻力系数，则可计算气体对球形粒子的阻力。因次分解后，只取决于雷诺数

$$Re = \frac{\rho d_p v}{\mu}$$

C_s 和 R 的关系如图 4.11 所示。根据 Re 的大小可近似分 3 个区段来考虑。

(1)斯托克斯(Stokes)区

$$C_s = 24/Re \qquad Re \leqslant 1$$

代入阻力通式,得著名的斯托克斯阻力公式

$$f = 3\pi\mu d_p v$$

(2)艾伦(Allen)区

$$C_s = 10.6/\sqrt{Re} \qquad 1 < Re \leqslant 500$$

(3)牛顿区

$$C_s = 0.44 \qquad 500 < Re < 2 \times 10^5$$

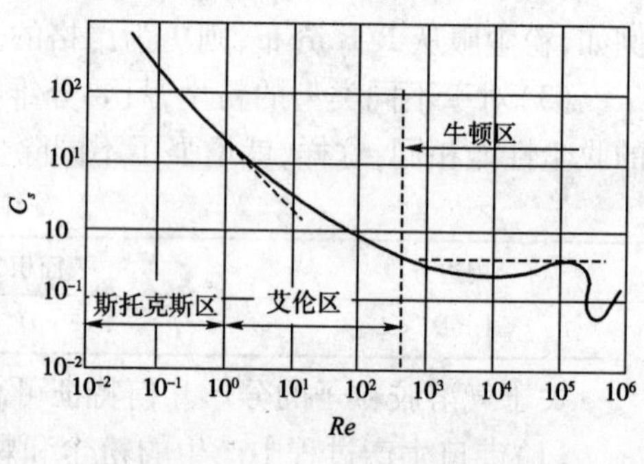

图 4.11　球的阻力系数和雷诺数

在实际粉尘净化中,斯托克斯阻力公式适用于大部分情况。例如在常温时,对于 1μm 粒子,为使 $Re \leqslant 1$,速度 $v \leqslant 15$m/s,对于 10μm 粒子,要求 $v \leqslant 1.5$m/s,对于过滤方法、电除尘方法等都能满足。个别情况下,会落入艾伦区。通常,进入牛顿区的可能性很小,除非在大颗粒的空气动力输送等特殊情况下才可能出现。

2. 滑移修正与非球形粒子的阻力特征

当粒子小于 1μm 时,其大小已接近分子平均自由程(标准状态下,$\lambda = 0.0667$μm),会发生滑动现象,导致实际阻力低于前面公式的计算值,于是,需要对斯托克斯阻力公式加以修正,即

$$f = 3\pi\mu d_p v / C_u$$

式中:C_u——库宁汉(Cunningham)修正系数。

常温常压下,斯特劳斯(Strauss)和 Davis 均给出了相同的库宁汉修正系数

$$C_u = 1 + \frac{2\lambda}{d_p}\left[1.257 + 0.4\exp\left(-1.1\frac{d_p}{2\lambda}\right)\right]$$

$$= 1 + K_n[1.257 + 0.4\exp(-1.1/K_n)]$$

式中:K_n——克努森数;

λ——气体分子平均自由程,μm;

d_p——粒子直径,μm。

固体粒子一般都不是球形的。其阻力特征趋向于最大阻力面的位置。非球形粒子的阻力大于球形粒子的阻力(运动速度相等时)。当雷诺数 $Re < 1$ 时,非球形粒子的阻力可用动力形状系数 K 加以修正,即

$$f = 3\pi\mu d_n v k / C_u$$

式中:动力形状系数 K 等于粒子的等效径与斯托克斯径之比的平方。

$$K = (d_e/d_s)^2$$

式中:d_e——等效体积径,μm;

d_s——斯托克斯径,μm。

3. 重力作用下粒子的运动

在重力作用下,如果忽略浮力,粒子的运动方程是

$$\frac{\pi}{6}d_p^3\rho_p\frac{\mathrm{d}v}{\mathrm{d}t}=\frac{\pi}{6}d_p^3\rho_p g-f$$

式中：f——气体阻力；

其他符号意义同前。

经过一段时间后，阻力最终会等于重力，粒子保持匀速运动。此时的速度称为最终沉降速度。将式代入上式，得最终沉降速度

$$v_i=\sqrt{\frac{4\rho_p g d_p}{3\rho C_s}}$$

对于不同的阻力区范围，可代入相应的阻力系数，得到不同的阻力区内粒子的最终沉降速度。如在斯托克斯区，粒子的最终沉降速度为

$$v_t=\frac{\rho_p d_p^2}{18\mu}g=\tau g$$

式中：τ——张弛时间，s。

$$\tau=\frac{\rho_p d_p^2}{18\mu}$$

对于不稳定运动，设粒子向下初始速度为 v_0，解微分方程，可得在斯托克斯区粒子经过时间 t 后在垂直方向的速度为

$$v=v_t+(v_0-v_t)e^{-t/\tau}$$

在仅有气体介质阻力作用下，或考虑以初始速度 v_0 运动的粒子水平射出时，在水平方向上速度随时间变化为

$$v=v_0e^{-t/\tau}$$

由上式积分得粒子的运动距离

$$x=\tau v_0(1-e^{-t/\tau})$$

粒子速度衰减为零的运动距离称为停止距离，易得粒子的停止距离

$$x_s=\tau v_0$$

4. 离心力作用下粒子的运动

悬浮粒子以半径为 r 作圆周运动时，其离心力为

$$F_c=\frac{\pi}{6}\rho_p d_p^3\frac{u^2}{r}$$

式中：u——旋转气流的切向速度，m/s。如图 4.12 所示。

如果把粒子运动看作稳态的，并采用斯托克斯流体阻力公式，得离心沉降速度为

$$w=\tau\frac{u^2}{r}$$

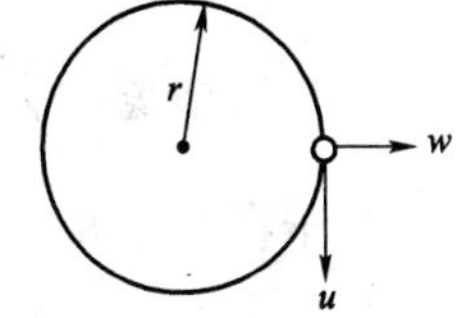

图 4.12　离心力作用下粒子的运动

5. 电场力作用下带电粒子的运动

带电量为 q 的粒子在场强为 E 的均匀恒电场中所受的力为

$$F_e=qE$$

式中：F_e——电场力，N；

q——粒子荷电量,C;

E——电场强度,V/m。

如果把粒子运动看作稳态的,并采用斯托克斯流体阻力公式,得粒子在电场力作用下的运动速度,又称驱进速度为

$$w = qW/3\pi\mu d_p$$

式中符号意义同前。

如果研究带电量为 q 的粒子在交变电场中振动,可由牛顿运动方程讨论粒子的运动速度。

在场强为 $E = E_0\sin\omega t$ 的交变电场中,带电尘粒所受电场力为

$$F = qE_0\sin\omega t = F_0\sin\omega t$$

式中:E_0——峰值场强,V/m;

ω——角频率,rad/s;

F_0——峰值电场力,N;

t——时间,s。

设在交变电场中,粒子所受阻力仍服从斯托克斯公式,则粒子的运动方程为

$$\frac{\mathrm{d}v}{\mathrm{d}t} + \frac{v}{t} - \frac{F_0}{m}\sin\omega t = 0$$

式中:m——粉尘质量,kg。

微分方程满足初始条件 $t=0$,$v=0$ 的解为

$$v = \frac{\tau F_0}{m\sqrt{1+\tau^2\omega^2}}[\sin(\omega t - \varphi) + \exp(-t/\tau)\sin\varphi]$$

$$\sin\varphi = \frac{\tau\omega}{\sqrt{1+\tau^2\omega^2}}, \cos\varphi = \frac{1}{\sqrt{1+\tau^2\omega^2}}$$

式中右边 $\exp(-t/\tau)\sin\varphi$ 随时间增加很快衰减为零,在稳定状态下,粒子的振动速度变为

$$v = \frac{\tau qE_0}{m}\cos\varphi\sin(\omega t - \varphi)$$

式中,$\tan\varphi = \omega\tau = 2\pi\tau/T$,对于大粒子,高频率,$\tau/T$ 很大时,$\tan\varphi\to\infty$,$\varphi\to\pi/2$,粒子在电场力方向上几乎静止不动。对于小尘粒,τ/T 很小,$\tan\varphi\to 0$,于是尘粒的振动速度变为

$$v = \frac{\tau qE_0}{m}\sin\omega t$$

在交变电场中测量粒子的振幅可以方便地确定粒子的带电量。另外,利用交变电场力可有效地提高带电粒子群的凝聚速率。

6. 热泳现象

粒子在具有温度梯度的气体中,由于较高温部分的气体分子要比较低温部分的气体分子以更高的动能与粒子相碰撞,所以粒子从高温部分向低温部分移动,这种现象称为热泳现象。作用在粒子上的力称为热流力。许多研究者根据热流力和流体阻力的平衡关系提出了不同的热速计算式。对于克努森数 $K_n < l(d_p > \lambda)$时,实验表明 Deriaguir 的热速计算式更接近实际

$$v_T = -3\frac{\mu}{\rho T}\cdot\frac{C_k + C_t K_n + 3.2C_m K_n(C_k + C_t K_n - 1)}{1 + 2C_k + 2C_t K_n}\cdot\frac{\text{grad}T}{1 + 2C_m K_n}$$

式中：T——绝对温度，K；

C_k——气体与粒子的传热系数比；

C_t——热滑动系数，$C_t = 3.32$；

C_m——运动滑动系数，$C_m = 1.13$；

其他符号物理意义同前。

第五节　气溶胶粒子的扩散

气溶胶粒子的扩散是由于气体分子的随机热运动，碰撞粒子，并使其内系统的一部分输到另一部分的过程。在这一过程中，粒子没有特定的运动方向。随机运动的结果使粒子总是由较高浓度的区域向较低浓度的区域扩散。

本节根据扩散理论所建立的浓度分布规律数学模型对通风工程、港口散货粉尘防治和空气质量评价等方面都具有十分重要的实用价值，其中吸收壁扩散模型对于粒子输运与沉降过程的研究，以及用多孔填料吸收污染物的净化机理研究均具有重要指导意义。

1. 扩散的基本定律

在各向同性的物质中，单位时间内通过单位面积的扩散物质的量（又称通量）与浓度梯度成正比，即

$$F = -D\frac{\partial c}{\partial x}$$

式中：F——通量，kg/（m^2 s）；

D——扩散系数，m^2/s；

c——质量浓度，kg/m^3。

称为费克（Fick）第一扩散定律。对于布朗扩散，其扩散系数 D 由斯托克斯—爱因斯坦公式给出

$$D = k_B T C_u / 3\pi\mu d_p$$

式中：k_B——玻耳兹曼常数，$k = 1.38\times10^{-23}$J/K；

T——绝对温度，K；

C_u——Cunningham 滑移修正系数。

其他符号意义同前。

对于各向同性的介质，应用费克第一扩散定律和质量守恒定律可导出人们所熟悉的扩散方程式，即费克第二扩散定律

$$\frac{\partial c}{\partial t} = D\left(\frac{\partial^2 c}{\partial x^2} + \frac{\partial^2 c}{\partial y^2} + \frac{\partial^2 c}{\partial z^2}\right)$$

当在 x 方向上有速度为 u 的介质运动时，流动项通常远大于在该方向上的扩散项，有

$$\frac{\partial c}{\partial t} = D\left(\frac{\partial^2 c}{\partial y^2} + \frac{\partial^2 c}{\partial z^2}\right) - \frac{\partial(uc)}{\partial x}$$

对于柱坐标,上式为

$$\frac{\partial c}{\partial t} = D\left(\frac{\partial^2 c}{\partial r^2} + \frac{\partial c}{r\partial r}\right) - \frac{\partial(uc)}{\partial x}$$

2. 在静止介质中气溶胶粒子的扩散

关于分子扩散引起的气溶胶粒子在壁上的沉降问题具有很大的实际意义。这里所述的壁是指气溶胶粒子所接触的固 体或液体表面。可以认为:只要粒子与壁接触,粒子就粘在上面。这时和壁相碰撞的粒子在瞬间离开了气体空间,于是沿着壁面的粒子浓度等于零。所以我们可以应用扩散理论来解决很多实际问题。

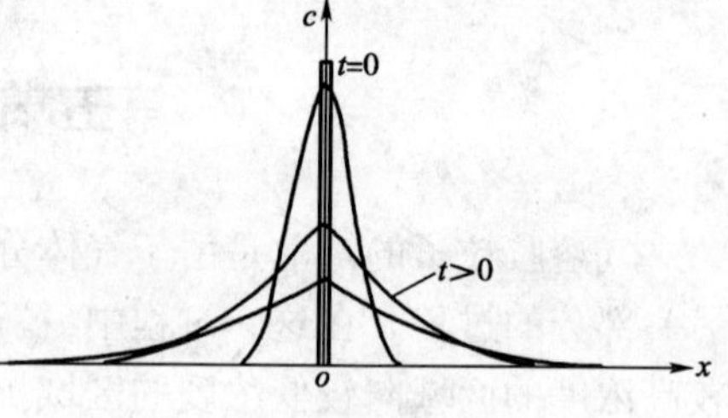

图 4.13　平面源浓度变化曲线

(1)平面源

在 $x=0$ 处存在一平面源的扩散物质,如图 4.13 所示。

这是一维扩散问题。设扩散系数 D 为常数,则可简化为

$$\frac{\partial c}{\partial t} = D\frac{\partial^2 c}{\partial x^2}$$

该方程的解为

$$c = \frac{A}{t^{1/2}}e^{-x^2/4Dt}$$

该式对 $x=0$ 是对称的,为得到特解,需确定待定常数 A。对 $t>0$,当 $x\to\pm\infty$ 时,浓度趋于零。在单位截面无限长方体中扩散物质的总量 M 为

$$M = \int_{-\infty}^{\infty} c\mathrm{d}x = \int_{-\infty}^{\infty}\frac{A}{t^{1/2}}e^{-x^2/4Dt}\mathrm{d}x = 2AD^{1/2}\int_{-\infty}^{\infty}e^{-x^2/4Dt}\mathrm{d}\left(\frac{x}{(4Dt)^{1/2}}\right) = 2A(D\pi)^{1/2}$$

于是,可写成

$$c = \frac{M}{2(\pi Dt)^{1/2}}e^{-x^2/4Dt}$$

如果在 $x=0$ 处有一不渗透边界(反射壁),所有的扩散发生在 x 的正方向,这时

$$c = \frac{M}{(\pi Dt)^{1/2}}e^{-x^2/4Dt}$$

(2)对垂直吸收壁的扩散

在垂直壁 $x=0$ 处与含有静止气溶胶的很大空间相连,此处初始浓度是均匀的,如图 4.14 所示。

这仍是一维问题。其初始边界条件为

$$t = 0, x > 0, c = c_0;\ x = 0, t > 0, c = 0$$

满足此边界条件的解是

$$c = \frac{2c_0}{\sqrt{4\pi Dt}}\int_0^x e^{-\xi^2}\mathrm{d}\xi = \frac{2c_0}{\sqrt{\pi}}\int_0^{x/\sqrt{4Dt}} e^{-\eta^2}\mathrm{d}\eta = c_0\mathrm{erf}\left[\frac{x}{\sqrt{4Dt}}\right]$$

式中,erf 为误差函数,可查表求得。

人们更关心在单位时间、单位面积壁上的粒子沉降量。由费克第一定律和上式得

$$F = -D\left(\frac{\partial c}{\partial x}\right)_{x=0} = -D\frac{\partial}{\partial x}\left[\frac{2c_0}{\sqrt{4\pi Dt}}\int_0^x e^{-\xi^2}\mathrm{d}\xi = -c_0\left(\frac{D}{\pi t}\right)^{1/2}\right]$$

式中负号表示与 x 正向方向相反的扩散。于是，在时间间隔 $t_0 - t$ 内到达单位面积壁面上的粒子数量为

$$N = \int_{t_0}^{t} F\mathrm{d}t = 2c_0\left[\frac{D(t-t_0)}{\pi}\right]^{1/2}$$

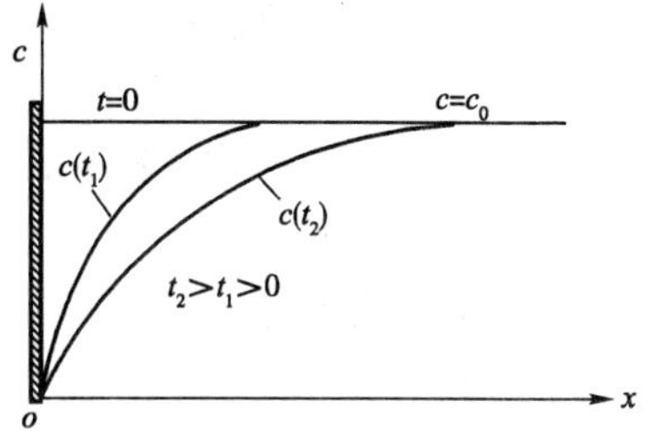

图 4.14　吸收壁面附近气溶胶的浓度分布

3. 在流动介质中气溶胶粒子的扩散

(1)定常流气溶胶在反射壁管道中的扩散

对于定常流，$\partial c/\partial t = 0$。设速度均一，则可简化为

$$u\frac{\partial c}{\partial x} = D\left(\frac{\partial^2 c}{\partial y^2} + \frac{\partial^2 c}{\partial z^2}\right)$$

对此微分方程，由高斯(Gauss)公式给出浓度分布的解

$$c = Kx^{-1}\exp\left[-\frac{u}{4Dx}(y^2 + z^2)\right]$$

对于点源向无限大空间的扩散，设单位时间释放物质的量(源强)为 M，则必有

$$M = \int_{-\infty}^{\infty}\int_{-\infty}^{\infty} uc\mathrm{d}y\mathrm{d}z = \int_{-\infty}^{\infty}\int_{-\infty}^{\infty} uKx^{-1}\exp\left[-\frac{u}{4Dx}(y^2 + z^2)\right]\mathrm{d}y\mathrm{d}z$$

采用极坐标，令 $r^2 = y^2 + z^2$，于是，上式化为

$$M = uKx^{-1}\int_0^{2x}\int_0^{\infty}\exp\left[-\frac{u}{4Dx}r^2\right]r\mathrm{d}r\mathrm{d}\theta = 4DK\pi$$

于是，对于点源向无限大空间的扩散，可写成

$$c = \frac{M}{4\pi Dx}\exp\left[-\frac{u}{4D_x}(y^2 + z^2)\right]$$

上式也是空气在大气中的扩散模式。

上面的讨论并未考虑流态，实际上，无论是层流还是紊流，都满足微分方程式。只不过紊流扩散系数远高于层流扩散系数而已。对于紊流扩散，扩散系数 D 用总扩散系数 $D_T = D + D_E$ 代替，D 为布朗扩散系数，D_E 为紊流扩散系数，$D_T \approx D_E$。

如果在有两无限大平面边界影响下点源在定常流中的扩散，设边壁为反射壁，可用镜像法得出浓度分布。如图 4.15 所示的在两平面壁间的扩散，当扩散物质碰到边壁时，粒子不被吸收，将被反射。在反射区内的浓度是实源浓度分布和虚源浓度分布的叠加。对于图 4.15 所取的坐标，一实源浓度分布和两虚源浓度分布分别为

$$c_0 = \frac{M}{4\pi D_x}\exp\left[-\frac{u}{4D_x}(y^2 + z^2)\right]$$

$$c_1 = \frac{M}{4\pi D_x}\exp\left\{-\frac{u}{4D_x}\left[y^2 + (z + 2z_1)^2\right]\right\}$$

$$c_2 = \frac{M}{4\pi D_x}\exp\left\{-\frac{u}{4D_x}\left[y^2 - (z - 2z_2)^2\right]\right\}$$

于是，由叠加原理，在反射区内的浓度为

$$c = c_0 + c_1 + c_2$$

注意到在图4.15中，随 x 的增大，会出现多次叠加。实际中取一次叠加后，浓度分布已有很好的近似。

对于半径为 R 的圆管，若点源位于管中心，如图4.16所示，实源浓度分布为

$$c_0 = \frac{M}{4\pi D_x}\exp\left[-\frac{u}{4D_x}r^2\right]$$

利用对称性，在反射区内虚源对半径为 r 点的浓度的贡献，相当于实源在半径为 $2R-r$ 的浓度值。即

$$c_1 = \frac{M}{4\pi D_x}\exp\left[-\frac{u}{4D_x}(2R-r)^2\right]$$

在反射区内的浓度为

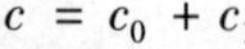

$$c = c_0 + c_1$$

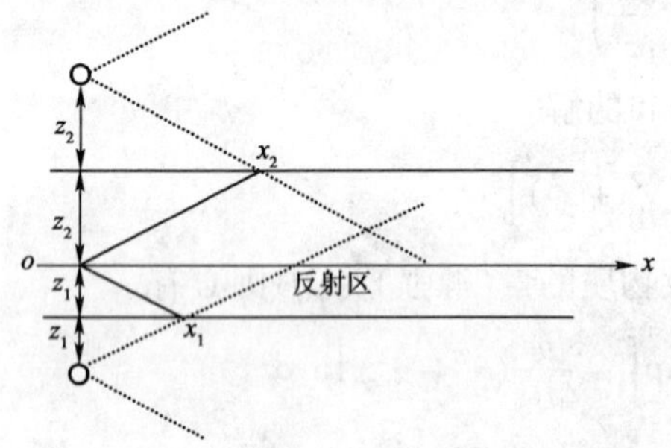

图4.15　两无限大平面边界间点源在定常流中的扩散

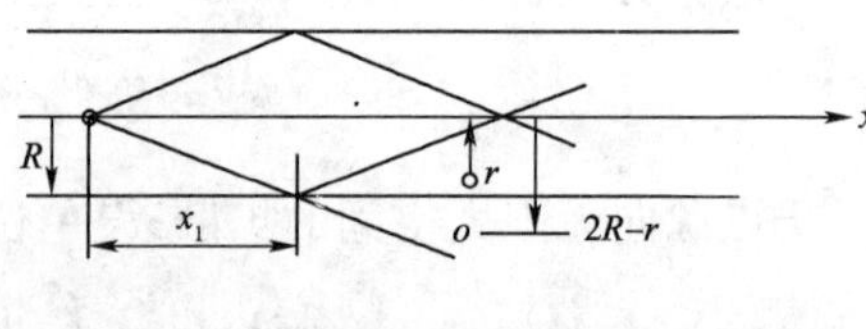

图4.16　圆管中气溶胶粒子的扩散

如果流动为紊流，理论确定紊流扩散系数是困难的，这里给出一种实验确定 D_T 的方法。在图4.16所示的圆管中，如果已知源强 M，测定在 $r=0, 0<x\leqslant x_1$ 的浓度，可得到紊流扩散系数 D_T。这种方法简单而可靠。

(2)定常流气溶胶在吸收壁管道中的扩散

对于圆形管道边壁吸收气溶胶粒子的情况，问题要复杂些。在定常流中，其扩散方程为

$$u\frac{\partial c}{\partial x} = D\left(\frac{\partial^2 c}{\partial r^2} + \frac{\partial c}{r\partial r}\right)$$

在层流情况下，管道流速为抛物线分布

$$u = 2U\left[1 - \left(\frac{r}{a}\right)^2\right]$$

式中：U——平均速度，m/s；

a——管道半径，m。

作为边界条件，我们要求浓度在进口处均匀，在管壁上的浓度为零(吸收壁假设)。即

$$x = 0(r < a), c = c_0; r = a, c = 0$$

为方便起见，将方程写成无量纲形式

$$\frac{u_1\partial c_1}{2\partial x_1} = \left(\frac{\partial^2 c_1}{\partial r_1^2} + \frac{1}{r_1}\cdot\frac{\partial c_1}{r_1\partial r_1}\right)$$

这里，$u_1 = u/U = 2(1-r^2)$，$r_1 = r/a$，$c_1 = c/c_0$，$x_1 = (x/a)/(2aU/D) = (x/a)Pe$，$Pe$ 为皮克

莱特征数。

边界条件变为 $x_1=0, c_1=1; r_1=1, c_1=0$

分离变量，设满足上述边界条件的方程的解为

$$c_1 = R(r_1)X(x_1)$$

代入方程，得到两个普通微分方程

$$X' + \lambda^2 X = 0$$

$$R'' + \frac{1}{r_1}R' + \lambda^2 R(1 - r_1^2) = 0$$

式中：λ^2——分离常数。

方程的解是

$$X = C\exp(-\lambda_{x_1}^2)$$

式中：C——积分常数。

边界条件和对称性要求 $R'(0)=R(1)=0$。在这样的条件下，只有 λ 取某些特定的不连续值 λ_n（称为本征值）时，方程才有解。每一个 λ_n 值对应于一个新函数 $R_n(r_1)$。方程的解是相应于每个本征值的解的总和，即

$$c = \sum_{i=0}^{\infty} C_n R_n(r_1)\exp(-\lambda_{x_1}^2)$$

式中：C_n ——对应于不同级数项 i 的积分常数；

$R_n(r_1)$ ——每一个本征值 λ_n 对应的新函数。

实际上，用上式求管中任意点的浓度是困难的，但可通过弗雷德兰德（Friedlander）提出的方法求管中的平均浓度。由定义，令管壁吸收粒子的量为

$$-D\left(\frac{\partial c}{\partial r}\right)_{r=a} = k_x \bar{c}$$

式中：k_x——局部质量转移系数；

$\bar{c}$——流体中粒子的混合平均浓度

$$\bar{c} = \frac{2}{a^2 U}\int_0^a unr\mathrm{d}r$$

在长度为 $0 \sim x$ 的管道表面上的平均质量转移系数 $\bar{k}_x$ 为

$$\overline{k_k} = \frac{1}{x}\int_0^x k_x \mathrm{d}x$$

由以上各式得任意断面上的平均浓度 $\bar{c}$为

$$\bar{c} = 8c_0 \sum_{i=0}^{\infty} \frac{G_n}{\lambda_n^2}\exp(-\lambda_n^2 x_1)$$

式中，$G_n = (G_n/2)R'$。下面给出求平均浓度时，无穷级数解中的常数值。

当 $i=0, \lambda_n=2.70, G_n=0.75; i=1, \lambda_n=6.68, G_n=0.54; i=2, \lambda_n=10.67, G_n=0.46$；当 $i>2, \lambda_n=4i+\frac{8}{3}, G_n=1.01276\lambda_n^{-1/3}$。

若假定半径为 a 的圆管中速度均匀分布，问题大为简化，可给出浓度分布的分析解。对方程直接用分离变量法，得两常微分方程

$$X' + \frac{D\lambda^2}{u}X = 0$$

$$r^2R'' + rR' + \lambda^2 r^2 R = 0$$

方程的解是

$$X = C\exp\left(-\lambda^2 \frac{D}{u}\right)$$

式中 :C——积分常数。

方程称为贝塞尔(Bessel)方程,其解为

$$R = B\left[1 - \frac{1}{2^2}(\lambda_r)^2 + \frac{1}{2^2 4^2}(\lambda_r)^4 - \cdots\right] = B\sum_{i=0}^{\infty}\frac{(-1)^i}{[2^i(i!)]^2}(\lambda_r)^{2i}$$

式中:B——积分常数。

所以,方程的一般解为

$$c = RX = A\left\{\sum_{i=0}^{\infty}\frac{(-1)^i}{[2^i(i)!]^2}(\lambda_r)^{2i}\right\}\exp\left(-\lambda^2 \frac{D}{u}x\right)$$

式中:A——常数,$A = BC$。

根据第 2 个边界条件,得待定常数 λ 的值为

$$\lambda^2 \approx 5.78/a^2$$

常数 A 的确定,采取如下近似方法。设源强为 M,根据第 1 个边界条件,有

$$M = \pi a^2 u c_0 = \int_0^a 2\pi u A\left[\sum_{i=0}^{\infty}\frac{(-1)^i}{[2^i(i)!]^2}(\lambda_r)^{2i}\right] r\mathrm{d}r$$

取无穷级数的前 3 项求待定常数 A,已有足够的精度。得

$$A = \frac{c_0}{1 - \frac{\lambda^2 a^2}{4\times 2} + \frac{\lambda^4 a^4}{4\times 16\times 3}} = \frac{c_0}{1 - \frac{5.78}{8} + \frac{5.78^2}{192}} = 2.22c_0$$

如果设在矩形管中为定常均匀流,其扩散方程需要满足以下 5 个边界条件

$$x = 0, c = c_0$$
$$y = a/2, c = 0$$
$$z = b/2, c = 0$$
$$y = 0, \partial c/\partial y = 0$$
$$z = 0, \partial c/\partial z = 0$$

其中,a 为矩形管宽,b 为矩形管高。令

$$c = X(x)Y(y)Z(z)$$

代入后,有

$$\frac{uX'}{DX} = \frac{Y''}{Y} + \frac{Z''}{Z}$$

必有以下各式成立

$$\frac{uX'}{DX} = -\lambda^2;\frac{Y''}{Y} = -\mu^2;\frac{Z''}{Z} = -(\lambda^2 - \mu^2) = -k^2$$

式中各微分方程的解分别为

$$X \propto \exp\left(-\frac{D}{u}\lambda^2 x\right);Y \propto \cos\mu y + B\sin\mu y;Z \propto \cos kz + C\sin kz$$

式中,C 为待定常数。

将各微分方程的解代入，得一般解

$$n = A(\cos\mu y + B\sin\mu y)(\cos kz + C\sin kz)\exp\left(-\frac{D}{u}\lambda^2 x\right)$$

由第 4 个和第 5 个边界条件得 $B=0, C=0$；由第 2 个和第 3 个边界条件得

$$\mu = \frac{\pi}{a}, k = \frac{\pi}{b}, \lambda^2 = \left(\frac{\pi}{a}\right)^2 + \left(\frac{\pi}{b}\right)^2$$

于是气溶胶粒子在矩形管中的浓度分布为

$$c = A\left(\cos\pi\frac{y}{a}\right)\left(\cos\pi\frac{z}{b}\right)\exp\left\{-\frac{D}{u}\left[\left(\frac{\pi}{a}\right)^2 + \left(\frac{\pi}{b}\right)^2\right]x\right\}$$

设源强为 M，由第 1 个边界条件

$$M = abuc_0 = 4\int_0^{a/2}\int_0^{b/2} uA\cos\left(\frac{\pi}{a}y\right)\cos\left(\frac{\pi}{b}z\right)\mathrm{d}y\mathrm{d}z = 4\frac{ab}{\pi^2}uA$$

于是，$A=\frac{\pi^2}{4}c_0 \approx 2.46c_0$。将 A 代入得浓度分布的特解。

4. 在外力作用下气溶胶粒子的扩散

在外力作用下扩散问题是一个特例。假定在外力作用下（如电场力），使某一粒径的气溶胶粒子具有横向速度 v，分别在垂直于 $y=0$ 的平面向两侧运动，如图 4.17 所示。气溶胶粒子在电除尘器中的运动与扩散就是这种情况。

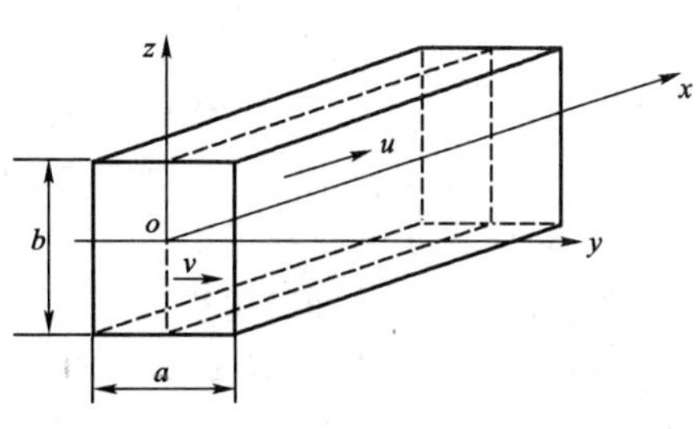

图 4.17　外力作用下气溶胶粒子在短形管中扩散

显然，该问题的扩散方程是

$$u\frac{\partial c}{\partial x} + v\frac{\partial c}{\partial y} = D\left(\frac{\partial^2 c}{\partial y^2} + \frac{\partial^2 c}{\partial z^2}\right)$$

由对称性可知该方程满足同样的边界条件。应用分离变量法可得到如下微分方程

$$\frac{(u/D)X'}{X} = -\lambda^2; \frac{Y'' - (v/D)Y'}{Y} = -\mu^2; \frac{Z''}{Z} = -(\lambda^2 - \mu^2) = -k^2$$

式中各微分方程的解分别为

$$X \propto \exp\left(-\frac{D}{u}\lambda^2 x\right); Y \propto (\cos\beta y + B\sin\beta y)\exp\left(\frac{v}{2D}y\right); Z \propto \cos kz + C\sin kz$$

其中

$$\beta = -\frac{1}{2}\sqrt{4\mu^2 - \left(\frac{v}{D}\right)^2}$$

代入后，有一般解

$$c = A(\cos\beta y + B\sin\beta y)(\cos kz + C\sin kz)\exp\left(-\frac{D}{u}\lambda^2 x + \frac{v}{2D}y\right)$$

由第 3 和第 5 个边界条件得 $C=0, k=\frac{\pi}{b}$。由第 2 和第 4 个边界条件得

$$\cos\frac{a}{2}\beta + B\sin\frac{a}{2}\beta = 0$$

$$B\beta + \frac{v}{2D} = 0$$

联立解方程组,得

$$\tan\left(\frac{a}{2}\beta\right) = \frac{2D}{v}\beta$$

由此可求β,得常数μ为

$$\mu^2 = \beta^2 + \left(\frac{v}{2D}\right)^2$$

于是常数λ为

$$\lambda^2 = \mu^2 + k^2 = \beta^2 + \left(\frac{v}{2D}\right)^2 + \left(\frac{\pi}{b}\right)^2$$

将以上各常数代入,得气溶胶粒子在矩形管中的浓度分布为

$$c = A\left(\cos\beta y - \frac{v}{2D\beta}\sin\beta y\right)\left(\cos\pi\frac{z}{b}\right)\exp\left\{-\frac{D}{u}\left[\beta^2 + \left(\frac{\pi}{b}\right)^2 + \left(\frac{v}{2D}\right)^2\right]x + \frac{v}{2D}y\right\}$$

式中,待定常数A可由式第1个边界条件确定。

研究在外力作用下气溶胶粒子的扩散规律具有重要的实际意义,如应用扩散模型研究在除尘设备中粒子的收集、在填料(管栅填料、环状填料、多孔填料等)塔中有毒有害气体的吸收、吸附的机理与性能;由扩散规律预计需要多长的净化段能够达到排放标准所规定的污染物浓度;计算机模拟以指导工程设计等。在外力作用下气溶胶粒子的扩散模型的研究对空气污染控制领域的科学研究者尤为重要。

第六节　气溶胶粒子的凝聚

分散的微细粒子通过物理的或化学的作用互相接触而结合成较大颗粒的过程称为凝聚。研究凝聚机理对间接收集微细粒子具有特别重要的意义。对于气溶胶粒子,根据凝聚机理的不同,凝聚主要分为热凝聚、声凝聚及电凝聚等。

1. 热凝聚基本理论

热凝聚又称为热扩散凝聚,是在没有外力情况下产生的。关于热凝聚的研究已经较为成熟。Smoluchowski 很早就导出了在静止连续介质中球形尘粒热凝聚公式。设有计数浓度为C,半径为r_1的尘粒向半径为r_2的中心粒子碰撞,那么单位时间r_1粒子的减少量应等于单位时间这两种粒子的碰撞次数。

Smoluchowski 给出

$$\frac{\mathrm{d}c}{\mathrm{d}t} = -4\pi r D_1 r_1\left(\frac{c^2}{2}\right)$$

式中:D_1——半径r_1粒子的扩散系数,除2是为了避免重复计算两次碰撞;

c——m数量浓度,个/m^3。

考虑到两种粒子相互扩散,因此D_1和r_1应该用$D_1 + D_2$和$r_1 + r_2$替代。于是,合量的浓

度变化率是

$$\frac{dc}{dt} = -2\pi(r_1 + r_2)(D_1 + D_2)c^2$$

对于布朗扩散过程，爱因斯坦给出

$$D = k_B T/6\pi\mu r$$

式中：k_B——玻耳兹曼常数，$k_B = 1.3810^{-23}$J/K；

T——绝对温度，K；

μ——气体动力粘度，Pa·s。

若粒子大小接近空气分子自由程 λ 时，则需乘 Cunningham 滑移修正系数 C_u，于是更一般的热凝聚方程是

$$\frac{dc}{dt} = -\frac{K_t}{2}c^2$$

这里，K_t称为热凝聚系数。显然有

$$K_t = \frac{2k_B T}{3\mu}\left[\frac{C_u r_1}{r_1} + \frac{C_u r_2}{r_2}\right](r_1 + r_2)$$

可解得

$$c = c_0/\left(1 + \frac{1}{2}K_t c_0 t\right)$$

式中，c_0为 $t=0$ 时初始尘粒的计数浓度（个/m^3）。这是经典的凝聚理论公式。

一般来说，在起始含尘质量浓度高，粒径相差较大的多分散性尘粒，热凝聚效应是较为明显的，即使这样，热凝聚的凝聚过程仍十分缓慢。如使 1μm 的尘粒群增大一倍，需要 100min 以上的时间。因而这种凝聚一般在港口中很难得到应用。

2. 声凝聚

在声场和超声场中，对细小粒子的声凝聚机理有不同的解释。其中一种认为由于声波引起的振动，使不同大小的粒子间被带动的程度不同而产生不同的移动速度。小粒子由于质量小将参与到大振幅的声波振动，并与难以振动的大颗粒相碰撞而产生凝聚。然而这种理论并不完善，有些现象不能得到解释。例如，频率很高时，几乎所有粒子都静止不动，但仍有凝聚现象。通常认为超声凝聚的机理是因下列 3 个方面的原因所造成的：

(1)在声场中不同大小尘粒振动的振幅不同而导致粒子间的碰撞；

(2)由于气流和颗粒间的相对速度在粒子之间造成的流体吸引力；

(3)由于声辐射压的作用，使粒子沉积到声驻波的波腹上。

利用声凝聚可以大大提高微粒的凝聚速率。实验室的声波除尘装置由声波发生器、声凝聚箱和分离器组成。含尘气流在凝聚箱的滞留时间往往不超过 10s。声凝聚方法收集亚微米粉尘是有效的，曾一度引起除尘界的极大关注。声场凝聚虽然适合于各种物料和各种大小的尘粒，然而为了产生几十千赫甚至更高频率的声波，需耗用大量的电能，约为 37.3～522W/(m^3·min)$^{-1}$，同时还需要消除噪声的危害，因而限制了它的实际应用。Mednikob 认为经过合理设计，最低能量消耗约为 12～240W/(m^3·min)$^{-1}$。这比一般除尘器中消耗的能量还要高很多。

3. 电凝聚

电凝聚包括带电粒子间的库仑凝聚和外电场力作用下带电粒子间的凝聚。可知,凝聚速度取决于凝聚系数的大小。对于库仑凝聚,Williams 和 Loyalka 给出了较严格的库仑凝聚系数 K_c 计算式

$$K_c = \frac{z(e^x + 1)}{2(e^x - 1)}K_t$$

$$z = \frac{q_1 q_2}{2\pi k_B T \varepsilon_0 (d_{p1} + d_{p2})}$$

式中:d_{p1}、d_{p2}——尘粒 1 及尘粒 2 的粒径,m;

q_1,q_2——粒径为 r_1、r_2 的尘粒所带的电量,C;

k_B——玻耳兹曼常数,J/K;

T——气体的绝对温度,K;

ε_0——空气介电常数,$\varepsilon_0 = 8.85 \times 10^{-12}$ C/(V·m)。

Eliasson 等人的实验结果表明:在对称异极荷电情况下,亚微米粒子的电凝聚速率比中性粒子的热凝聚速率高 $10^2 \sim 10^4$ 倍。对于 1μm 的尘粒,库仑凝聚系数 $K_c = 10^{-13} \sim 10^{-14}$ m^3/s,这一研究结果引起气溶胶科学界的广泛兴趣。不过,这些研究往往只限于在凝聚箱中的静态无外力场情况下粒子的电凝聚过程。为再进一步增强凝聚速率,引入外电场力是必要的。关于外电力场作用下带电粒子间的凝聚将在以后的章节中讨论。

第五章　粒径分布理论

第一节　粉尘的粒径

港口粉尘污染中产生的粉尘的形状多数是不规则的，只有极少数呈球状。对于球形粉尘，其粒径等于球形粉尘的直径。对于非球状粉尘，其粒径常根据不同的测定方法规定出不同的粉尘定义而确定的，根据不同的粉尘粒径定义得出的粒径数值是不同的。因此，粉尘的粒径实质上是表示粉尘大小的一种特征尺寸。粉尘粒径大小不同，其物理、化学性质不同，对人和环境的危害亦不同，而且对除尘装置的设计和运行效果影响很大，所以粒径是粉尘的基本特性之一。

由于粉尘的存在形式有两种，即单个地分散在气体介质中或集合在一起呈堆积状态，因此粒径定义也分为两类，即代表单个粉尘大小的单一粒径和代表由不同大小粉尘组成的集合体大小的平均粒径。粒径的单位多用微米(μm)来表示。

1. 单一粒径

下面介绍几种常用的单一粒径定义方法。

1)投影粒径

是指用光学显微镜或电子显微镜测得的粒径。

(1)定向粒径 d_F：粉尘在某一确定方向上的最大投影距离(图 5.1a)。

(2)定向面积等分粒径 d_M：粉尘在某一确定方向上将粉尘投影面积二等分的线段长度(图 5.1b)。

(3)投影圆等值粒径 d_H：与粉尘投影面积相等的圆的直径(图 5.1c)。

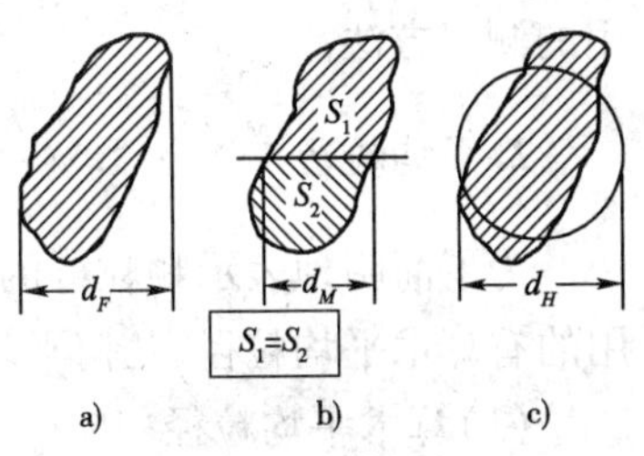

图 5.1　粉尘的投影粒径

因定向粒径测定方法较简便，故较为常用。

2)物理当量径

物理当量径是指与被测粉尘的某一物理量相同的球形粉尘的直径。

(1)斯托克斯(Stokes)粒径 d_s：指与被测尘粒密度相同、沉降速度相同的球形粒子直径。当尘粒沉降的雷诺数 $Re_p \leq 1$ 时，可得到斯托克斯粒径的定义式为

$$d_s = \left[\frac{18\mu \cdot u_s}{g(\rho_p - \rho)}\right]^{\frac{1}{2}} \qquad \mathrm{m}$$

式中：μ——流体介质的动力粘度，$\mathrm{p_a \cdot s}$；

u_s——全粒的沉降速度，m/s；

g——自由落体加速度，$g = 9.81\mathrm{m/s^2}$

ρ_p——尘粒的密度,kg/m³;

ρ——流体介质的密度,kg/m³。

(2)空气动力径 d_a:指与被测尘粒在空气中的沉降速度相同、密度为1000kg/m³的球形粒子的直径。

斯托克斯粒径和空气动力径是港口散货粉尘防治技术中应用最多的两种粒径,原因在于它们皆与尘粒在流体中运动的动力特性有关。两者的关系为

$$d_a = d_s \cdot (\rho_p - \rho)^{\frac{1}{2}}$$

因为 $\rho_p >> \rho$,故上式可简化为

$$d_a = d_s \cdot (\rho_p)^{\frac{1}{2}}$$

3)球等体积粒径

球等体积粒径 d_v 指与被测尘粒体积相等的球形粒子的直径,其定义式为

$$d_v = \left(\frac{6V}{\pi}\right)^{\frac{1}{3}} \approx 1.24 \cdot V^{\frac{1}{3}}$$

式中:V——尘粒的体积,m³。

4)分割粒径

分割粒径 d_{c50} 指某除尘器的分级效率为50%的尘粒粒径。它是一种表示除尘器性能的很有代表性的粒径。

5)筛分粒径

即尘粒能够通过的最小筛孔的宽度。

从上述可以发现,同一粉尘按不同测定方法和定义所得到的粒径,不但数值不同,应用场合也不同。所以在选取粒径测定方法时,除需考虑方法本身的精度、操作难易程度及费用等因素外,还应特别注意测定的目的和应用场合,在给出或应用粒径测定结果时,应说明或了解所用的测定方法。

2. 平均粒径

为了简明地表示颗粒群的某一物理特性,往往需要按照应用目的求出其平均粒径。最常用的有算术平均粒径、几何平均粒径、众径、中位径等。

(1)算术平均粒径

算术平均粒径 $\bar{d}_L$ 是指所有单一颗粒粒径的算术平均值。定义式为

$$\bar{d}_L = \frac{\sum(d_i n_i)}{\sum n_i} = \frac{\sum(d_i n_i)}{N}$$

式中:d_i——第 i 种粉尘的粒径;

n_i——粒径为 d_i 的粉尘的颗粒数;

N——被测粉尘的颗粒总数。

(2)几何平均粒径

几何平均粒径 $\bar{d}_g$ 的定义式为

$$\ln \bar{d}_g = \frac{\sum(n_i \ln d_i)}{\sum n_i}$$

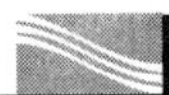

(3)众径

众径 d_d 为粒径分布中频度最大时对应的粒径。

(4)中位径

中位径 d_{50} 为粒径分布的累积频率(质量)等于 50% 时对应的粒径。

第二节　粉尘的粒径分布

粉尘的粒径分布是在某种粉尘中,不同粒径的粉尘所占的百分数,也称粉尘分散度。可用质量分数或个数百分数来表示,前者称为质量分布,后者称为粒数分布。因质量分布更能反映不同粒径粉尘对人体和除尘器性能的影响,所以在港口散货粉尘防治技术中多采用质量分布。

粉尘的分散度高,即表示小粒径粉尘占的比例大,反之则小。分散度的高低,与尘源情况及附近气流的流动情况有关。

粒径分布的表示方法有列表法、图示法和函数法,下面分别予以介绍。

1. 粒径分布的列表法和图示法

下面以粒径测定数据的获得、整理过程来说明粒径分布的表示方法及相关定义。

从含尘气体中通过采样获得具有代表性并符合统计学所规定的粉尘样本,并对其测定,将观测到的粉尘按照粒径或粒径区间分成若干个等间距或不等间距的组,并以表格的形式将各组中的粉尘个数或质量记录下来。为了保证粒径分布的精确性,尽可能地使分组的数量多一些。然而,分组过多,会使测定的工作量及难度加大,反而使准确度降低。

(1)频率分布

频率分布 g,指粒径由 d_p 至 $d_p+\Delta d_p$ 之间的尘样质量占尘样总质量的百分数。即

$$g_i = \frac{\Delta m_i}{m_0} \times 100\%$$

式中:Δm_i——某粒径间隔内尘样的质量;

m_0——尘样的总质量。

显然有:$\sum g_i = 100\%$, $\sum \Delta m_i = m_0$

由表 5.1 中的 g 值可绘出频率分布直方图,如图 5.2a)所示。

频率分布 g 值与选取的粒径间隔的大小有关。

(2)频率密度分布

频率密度分布 f 简称频度分布,系指单位粒径间隔宽度时的频率分布。即粒径间隔宽度为 1μm 时尘样质量占尘样总质量的百分数。即

$$f_i = \frac{g_i}{\Delta d_{pi}}$$

由表 5.1 中的 f 值可绘出频度分布的直方图,连接粒径间隔中值即可得到频度分布曲线,如图 5.2b)所示。

图 5.2b)中频度分布达到最大值的粉尘粒径 d_p 称为众径。

(3)筛下累积频率分布

粉尘粒径分布的测定和计算结果　　表 5.1

序号	粒径间隔(μm)	间隔中值(μm)	粉尘质量 Δm (g)	频率分布 g (%)	间隔宽度 Δd_p (μm)	频度分布 f (%/μm)	间隔上限(μm)	筛下累积分布 G (%)
1	0-5	2.5	1.95	19.5	5	3.90	5	19.5
2	5-10	7.5	2.05	20.5	5	4.10	10	40.0
3	10-15	12.5	1.50	15.0	5	3.00	15	55.0
4	15-20	17.5	1.00	10.0	5	2.00	20	65.0
5	20-30	25	1.20	12.0	10	1.20	30	77.0
6	30-40	35	0.75	7.5	10	0.75	40	84.5
7	40-50	45	0.45	4.5	10	0.45	50	89.0
8	50-60	55	0.25	2.5	10	0.25	60	91.5
9	>60	—	0.35	8.5	—	—	∞	100

注：$\sum \Delta m_i = m_0$，$\sum g_i = 100\%$。

筛下累积频率分布 D 简称筛下累积分布，指小于某一粒径 d_p 的尘样质量占尘样总质量的百分数。

$$D_i = \sum_{0}^{d_{pi}} g_i = \sum_{0}^{d_{pi}} f_i \cdot \Delta d_{pi}$$

由此可计算出各 G_i 值，并绘出筛下累积分布曲线，如图 5.2c)所示。

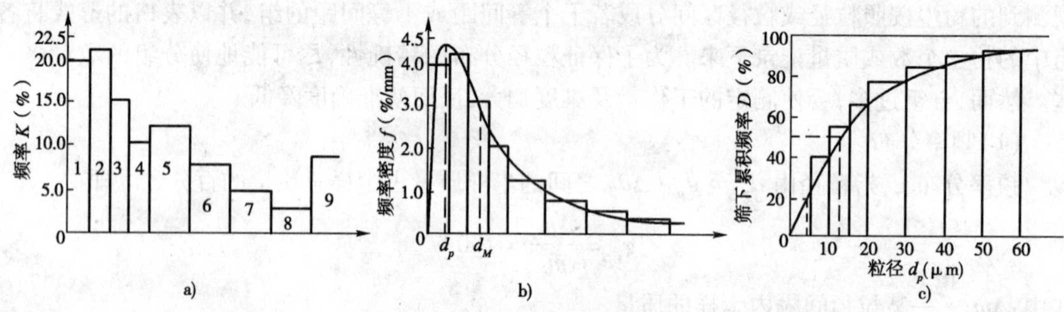

图 5.2　粒径的频率、频度和累积频率分布图

(4)筛上累积频率分布

筛上累积频率分布 R 简称筛上累积分布，指大于某一粒径 d_p 的尘样质量占尘样总质量的百分数。

$$R_i = \sum_{d_{pi}}^{\infty} g_i = \sum_{d_{pi}}^{\infty} f_i \cdot \Delta d_{pi}$$

可计算出各 R_i 值，并可绘出筛上累积分布曲线，如果对同一尘样同时在一个坐标内绘出 D 曲线和 R 曲线，则两曲线交点的纵坐标必为 50%，而交点的横坐标即为 d_{50}(中位径)。

如果粒径间隔宽度 Δd_p 趋近于 0，则可改写为积分形式

$$D_i = \int_{0}^{d_{pi}} f_i \cdot \mathrm{d}d_{pi}$$

$$R_i = \int_{d_{pi}}^{\infty} f_i \cdot \mathrm{d}d_{pi}$$

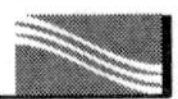

由累积分布定义可知

$$D_i + R_i = \int_0^{\infty} f_i \cdot \mathrm{d}d_{pi} = 100\%$$

2. 粒径分布函数

尽管粉尘的粒径分布可以用表格或图形表示，然而在某些场合下用函数形式表示则有利于进行数学分析。一般而言，粒径的分布是随机的，但研究结果表明它还是近似具有某种规律，因而可以用一些分布函数表示。常用的有正态分布函数、对数正态分布函数、罗辛—拉姆勒分布函数等。

(1)正态分布(即高斯分布)函数

正态分布的频率密度函数为

$$f(d_p) = \frac{100}{\sigma\sqrt{2\pi}}\exp\left[-\frac{(d_p - \bar{d}_L)^2}{2\sigma^2}\right]$$

式中：d_L——粉尘的算术平均粒径；

d_p——粉尘的粒径；

σ——标准差，是衡量 d_p 的测定值与均值 $\bar{d}_L$ 偏差的量度。

$$\sigma^2 = \frac{\sum(d_p - \bar{d}_L)^2}{N-1}$$

式中：N——粉尘粒子的总个数。

正态分布的频率密度分布曲线是关于平均粒径对称的钟形曲线。因而众径 d_d、中位径 d_{50} 和算术平均粒径 $\bar{d}_L$ 互相重合，即 $d_{50} = d_d = \bar{d}_L$。σ 和 $\bar{d}_L$ 是正态分布函数的两个特征数，σ 和 $\bar{d}_L$ 一旦确定，则函数 $f(d_p)$ 就确定了。标准差 σ 可以反映曲线的形状和特点。σ 越大，曲线越平缓，说明粒径分布比较分散；σ 越小，曲线越陡直，说明粒径分布比较集中，大多集中在算术平均粒径附近。

从图5.3 可以看出，筛上累积频率分布在概率坐标图上为一直线。所以利用概率坐标纸表示正态分布曲线和求取特征数 $\bar{d}_L$ 和 σ 值非常简便。由该直线可以得到，在相应于累积频率为50% 的尘粒直径(中位径)即为算术平均粒径，而标准差为：

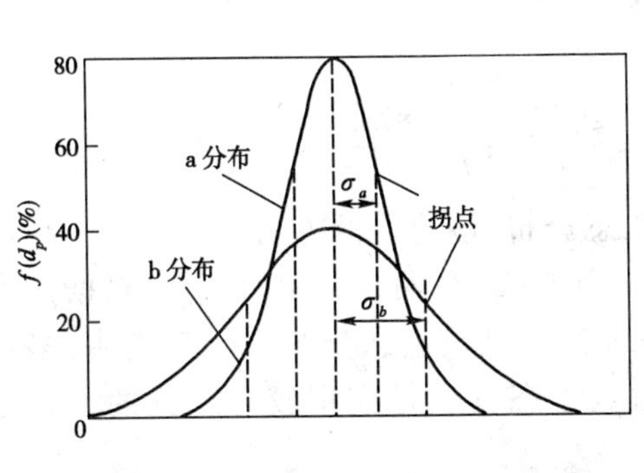

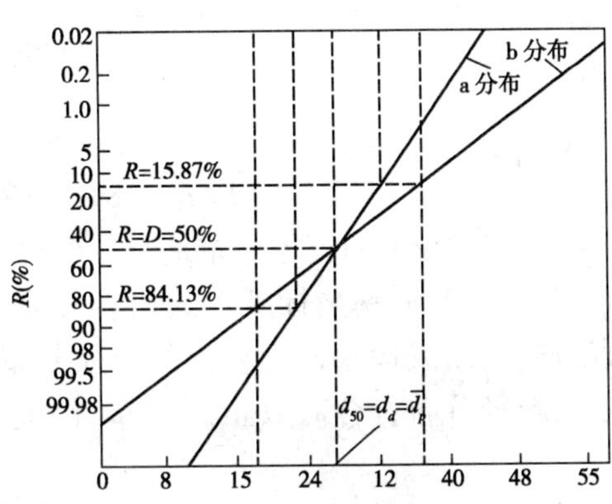

图5.3　正态分布曲线及特征数的估计

$$\sigma = \frac{1}{2}[d_p(R = 15.87\%) - d_p(R = 84.13\%)]$$

或

$$\sigma = d_{50} - d_p(R = 84.13\%) = d_p(R = 15.87\%) - d_{50}$$

(2)对数正态分布函数

实际中,符合正态分布的粉尘是很少的,大多数粉尘的粒径分布并不是对称的,而是像图5.4上图的曲线那样呈非对称状态。

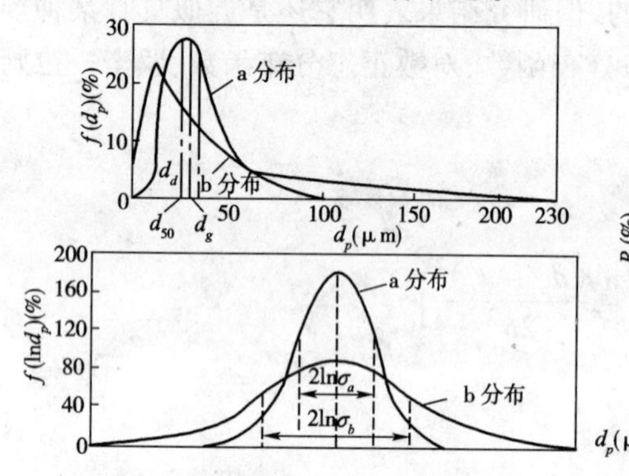

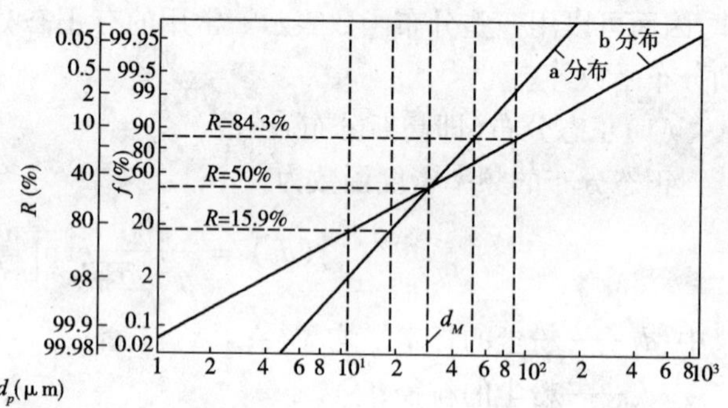

图 5.4　对数正态分布曲线和特征数的估计

如果横坐标用对数坐标代替,即变量 d_p 用 $\ln d_p$ 代替,则频率密度曲线就可以转化为近似正态分布的对称曲线,如图 5.4 所示。所形成的曲线称为对数正态分布曲线,其分布函数式为

$$f(\ln d_p) = \frac{100}{\ln\sigma_g \cdot \sqrt{2\pi}}\exp\left[-\frac{(\ln d_p - \ln \bar{d}_g)^2}{2(\ln\sigma_g)^2}\right]$$

式中:d_p——粉尘的粒径;

$\bar{d}_g$——粉尘的几何平均径,等于中位径 d_{50},即$\bar{d}_g = d_{50}(R=50\%)$;

σ_g——几何标准差。

与正态分布曲线相类似,若将筛上累积频率分布绘于对数正态概率坐标纸上,即可以得出一条直线,如图 5.4 所示。$\bar{d}_g = d_{50}$,而几何标准差可根据下列关系式求得

$$\sigma_g = \left[\frac{d_p(R = 15.87\%)}{d_p(R = 84.13\%)}\right]^{\frac{1}{2}}$$

或

$$\sigma_g = \frac{d_{50}}{d_p(R = 84.13\%)} = \frac{d_p(R = 15.87\%)}{d_{50}}$$

判断某一种粉尘的粒径分布是否符合对数正态分布,最简便的方法就是利用粉尘粒径分布数据,在对数概率坐标纸上绘出粒径累积分布曲线(D 曲线或 R 曲线),根据其是否为一直线来判断或检验该种粉尘的粒径分布是否符合对数正态分布。研究表明,多数港口粉尘的粒径分布符合对数正态分布,因此,对数正态分布是应用较为广泛的一种分布函数。

如果某种粉尘的粒径分布符合对数正态分布,则其质量分布、粒数分布也都符合对数正态分布。它们的几何标准差相同,因而它们的频度分布曲线形状相同,如将它们绘于对数概率纸

上,则呈两条相互平行的直线。因此有

$$d'_{50}=\frac{d_{50}}{\exp(3\ln^2\sigma_g)}=\frac{5.7}{\exp(3\ln^2 1.6)}=2.9\mu m$$

$$\bar{d}_L=d'_{50}\exp(0.5\ln^2\sigma_g)=2.9\times\exp(0.5\times\ln^2 1.6)=3.2\mu m$$

式中:d'_{50}——以粒子个数表示的对数正态分布函数的中位径;

$\bar{d}_L$——算术平均径。

例:经测定某城市大气中飘尘的质量分布符合对数正态分布,且中位径 $d_{50}=5.7\mu m$,筛上累积分布 $R=15.87\%$ 时,粒径 $d_p(R=15.87\%)=9.0\mu m$,试确定几何标准差 σ_g、个数中位径 d'_{50} 和算术平均径 $\bar{d}_L$。

解: $\sigma_g=\dfrac{d_p(R=15.87\%)}{d_{50}}=\dfrac{9.0}{5.7}\approx 1.6\ \mu m$

$$d'_{50}=\frac{d_{50}}{\exp(3\ln^2\sigma_g)}=\frac{5.7}{\exp(3\ln^2 1.6)}=2.9\ \mu m$$

$$\bar{d}_L=d'_{50}\exp(0.5\ln^2\sigma_g)=2.9\exp(0.5\times\ln^2 1.6)=3.2\mu m$$

(3)罗辛—拉姆勒(R-R)分布函数

尽管对数正态分布函数可以表征多种粉尘的粒径分布,但对破碎、研磨、筛分过程中产生的细粉尘和分布很宽的各种粉尘,常有不相吻合的情况。这时可以采用适应范围更广的罗辛—拉姆勒分布函数,简称 R-R 分布函数,其分布函数的一种形式为

$$R=100\exp(-\beta\cdot d_p^n)\quad \%$$

式中:β——粒径的分布系数;

n——粒径的分布指数。n 值越大,表示粒径的分布范围越窄。

对罗辛—拉姆勒分布函数式加以数学变换,就可以找出中位径 d_{50}、分布系数 β、分布指数 n 之间的关系。

两边取二次对数可得

$$\lg\left(\ln\frac{100}{R}\right)=n\lg d_p+\lg\beta$$

若以 $\lg d_p$ 为横坐标,$\lg\left(\ln\dfrac{100}{R}\right)$ 为纵坐标作图,即可得到一条直线。直线的斜率为分布指数 n,$d_p=1\mu m$ 时的纵坐标截距即为 $\lg\beta$ 值。

$$\beta=\ln\frac{100}{R(d_p=1)}$$

若将 d_{50} 代入上式可求得

$$\beta=\frac{\ln 2}{d_{50}^n}=\frac{0.693}{d_{50}^n}$$

则得到一个常用的 R-R 分布函数表达式

$$R=100\exp\left[-0.693\left(\frac{d_b}{d_{50}}\right)^n\right]\quad \%$$

世界上也有些国家标准采用 RRS 分布函数,其表达式为

$$R=100\exp\left[-\left(\frac{d_p}{d'_p}\right)^n\right]\quad \%$$

式中:d'_p——粒径特征数,为筛上累积频率 $R=36.8\%$ 时的粒径。

粒径特征数 d'_p 与中位径 d_{50} 的关系,可导出

$$d_{50} = d'_p(0.693)^{\frac{1}{n}}$$

如果某种粉尘的粒径分布符合 R-R 分布,则在 R-R 坐标纸或 RRS 坐标纸上均为直线。利用该坐标纸,可以方便地求出 n、β、d_{50} 及 d'_p 等的值。

此外,可以看出 β 与 d_{50} 的关系,中位径 d_{50} 越小,即粉尘越细,则粒径分布系数 β 值越大。图 5.5 给出了港口上常见的一些粉尘的粒径分布图(R-R 分布线图)。

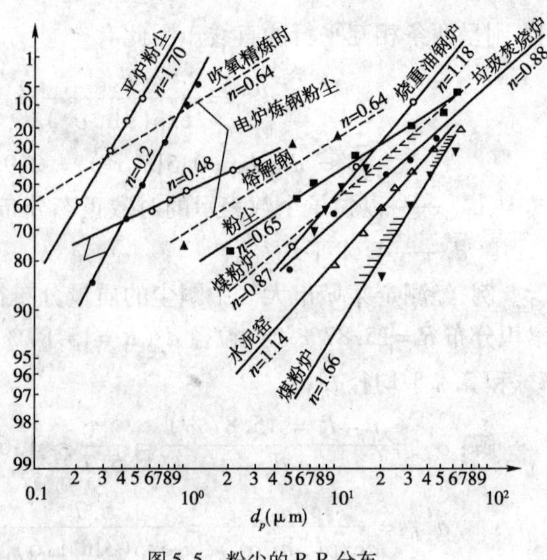

图 5.5　粉尘的 R-R 分布

第三节　粉尘的物理性质

1. 粉尘的湿润性

粉尘粒子能被水(或其他液体)湿润的现象,叫做湿润性。所有粉尘可根据被水湿润的程度分为疏水性粉尘和亲水性粉尘。但是湿润性还随粒径的减小和温度的升高而降低。例如悬浮于空气中小于 1.0μm 的尘粒很难被水湿润而凝聚,因为微小尘控和水滴在空气中均存在着环绕气膜现象,尘粒与水滴在空气中必须冲破环绕气膜才能接触凝聚。为此尘粒与水滴必须具有足够的相对速度。此外,表面能愈小的液体愈容易湿润固体表面,反之则不易。各种湿式除尘器,就是主要依靠粉尘与水的湿润效果来除尘的。为减小水的表面能,可以加入少量的皂角素、平平加等湿润剂,以提高其湿润效果,从而使微小尘粒甚至布朗运动很明显的微粒分散系(属胶体溶液)也凝聚为较大的尘粒而除去。

粉尘的导电性在除尘工程中用比电阻(或称视电阻)来表示,单位为 Ω · cm。它是自然堆积的断面为 1.0cm^2、高为 1.0cm 的粉尘圆柱,沿其高度方向测得的电阻值。

粉尘的比电阻与组成粉尘的各种成分的电阻有关,而且与粉尘的粒径、分散度、湿度、温度、空隙率以及空隙气体的导电性等因素有关,它对电除尘器的除尘效率有着重要的影响。

现在已知粉尘的比电阻值在一定范围内能获得理想电除尘效果,而比电阻低于 10^4 或高于 10^{11} Ω · cm 都将使除尘效果恶化。

2. 粉尘的比表面积

粉尘的比表面积定义为单位体积(或质量)粉尘所具有的表面积。以粉尘的自身体积表示的比表面积 a 可表示为

$$a = \frac{S}{V} \quad \text{cm}^2/\text{cm}^3$$

式中:S——粉尘的表面积;

V——粉尘自身的体积。

以堆积体积表示的比表面积 a_b 可表示为

$$a_b = \frac{S(1-\varepsilon)}{V} = (1-\varepsilon) \cdot a \qquad \mathrm{cm^2/cm^3}$$

以粉尘的质量表示的比表面积 a_m 可表示为

$$a_m = \frac{S}{\rho_\rho \cdot V} \qquad \mathrm{cm^2/g}$$

粉尘的比表面积越大,说明粉尘的粒径越小,其物理性能越显著,化学活性越强。粉尘的比表面积值的变化范围很大,如大部分粉尘的质量比表面积在 1000 ~ 10000$\mathrm{cm^2/g}$ 的范围内变化。

3. 粉尘的安息角与滑动角

粉尘自漏斗连续落到水平面上,堆积成圆锥体,圆锥体的母线与水平面的夹角称为粉尘的安息角,也有文献称之为堆积角或静安置角,一般粉尘的安息角为 35° ~50°。如图 5.6 所示。

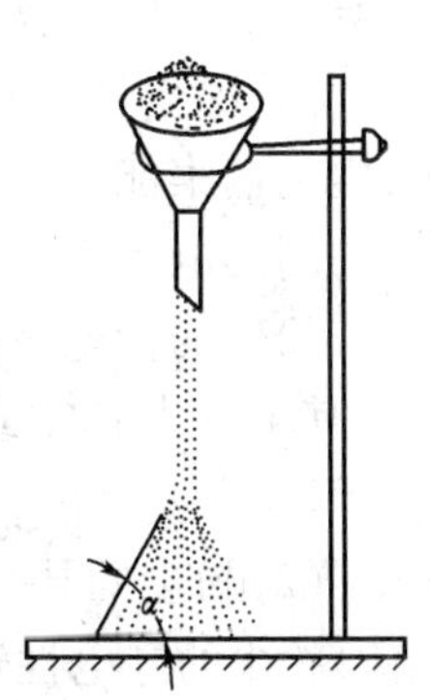

图 5.6 安息角

自然堆放在光滑平板上的粉尘,随光滑平板以其一端为轴转动,平板上粉尘开始发生滑动时平板相对于水平面的倾斜角称为粉尘的滑动角,也有文献称之为动安置角,一般粉尘的滑动角为 30° ~40°。如图 5.7 所示。

安息角及滑动角是粉状物料物特有的性质,与物料的种类、粒径、形状、含水率、粘附性等因素有关。对同一种粉尘,粒径越大、形状越接近于球体、含水率越低,表面越光滑,则安息角越小。粉尘的安息角和滑动角是设计除尘装置灰斗、料仓的锥角和除尘系统管路、输灰管路的倾角的重要依据。

4. 粉尘的粘附性

粉尘附着在固体表面上或粉尘彼此相互附着难易程度的性质称为粉尘的粘附性。产生粘附的原因是由于粘附力的存在。在气态介质中,产生的粘附力主要有范德华力(即分子间作用力)、静电引力和毛细管作用力等。影响粉尘粘附性的因素很多,一般情况下,粉尘的粒径小、形状不规则、表面粗糙、含水率高、带电量大时,易于产生粘附现象。粘附现象还与周围介质的性质有关,如在液体介质粉尘的粘附性比在气体中弱得多。粉尘的粘附性在不同情况下有利有弊。例如,如果粉尘没有粘附性,降落到地面的粉尘就会连续地被气流带回空中,而达到很高的浓度。就除尘过程而言,许多除尘装置依赖于分离下来的粉尘在捕集体表面上的粘附。但在含尘气流管道和某些设备中,又要防止粉尘在壁面上的粘附,以免造成管道和设备的堵塞。

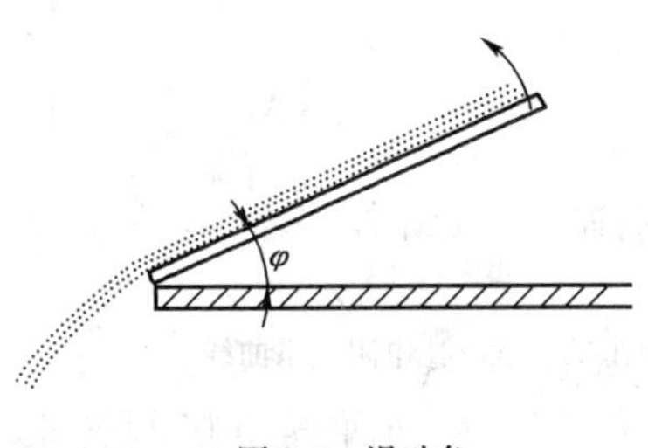

图 5.7 滑动角

5. 粉尘的磨损性

粉尘的磨损性是指粉尘在流动过程中对器壁和管壁的磨损程度的性质。硬度大、密度高、粒径大、带有棱角的粉尘磨损性大。粉尘的磨损性还与含尘气流的流动速度有关,研究表明,磨损量与含尘气流速度的2~3次方成正比,因此在高气流速度下,粉尘对管壁和器壁的磨损就会更为严重,这在除尘系统的设计中是必须考虑的问题。

6. 粉尘的荷电性和导电性

(1)粉尘的荷电性

粉尘的荷电性系指粉尘荷电能力的性质。粉尘在其产生及运动过程中,由于相互碰撞、摩擦等原因,几乎总会带有一定量的静电荷,通常把这一荷电过程称为粉尘的自然荷电。研究表明,粉尘自然荷电的荷电量很少。粉尘荷电后会改变其某些物理性质,如凝聚性、粘附性等。此外,粉尘的荷电量随温度升高、比表面积增大及含水率减小而增大,还与其化学成分等因素有关。电除尘器就是利用粉尘的荷电性而进行工作的。目前在其他除尘器(如袋式除尘器、湿式除尘器等)中也越来越多地利用粉尘的荷电性,在除尘器中加入电的作用来提高对粉尘的捕集能力。在除尘器中所加入的电的作用不是指粉尘的自然荷电,而是通过设置专门的高压电场而使粉尘荷电,通常称作电场荷电,粉尘的电场荷电量要比自然荷电量大得多。粉尘的荷电量的大小,通常用荷质比 p 来表示。荷质比即单位质量粉尘所带有的电荷量,其单位为 C/g 或 C/kg。粉尘的荷电量是有限度的,其最大荷电量通常用最大荷质比来表示。

(2)粉尘的导电性

粉尘的导电性通常用粉尘层的比电阻表示。粉尘层的比电阻可定义为截面积为 $1cm^2$、厚度为1cm的粉尘层所具有的电阻值,单位为 Ω · cm。粉尘的导电性主要取决于粉尘、气体的温度和组成成分。在温度较高时(约高于200℃),粉尘的导电主要靠粉尘内部的电子或离子进行(即容积导电);而在较低温度时(约低于100℃),则主要靠粉尘表面吸附的水分和化学膜进行(即表面导电)。因此,粉尘的比电阻与测定条件有关。

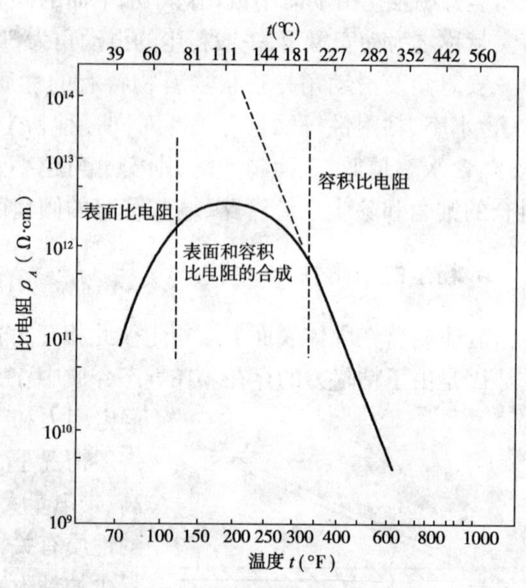

图5.8 典型的温度-比电阻关系曲线

图5.8为一典型的温度—比电阻曲线。在表面导电占优势的低温范围内,粉尘比电阻称为表面比电阻,其值随温度升高而增大,随含水率增大而减小;在容积导电占优势的高温范围内,粉尘比电阻称为容积比电阻,其值随温度升高而减小;在两种导电机制皆重要的中间温度范围内,粉尘比电阻是表面比电阻和容积比电阻的合成,其值最高。港口粉尘的比电阻值变化范围很广,低者(炭黑)约为 10^3Ω · cm,高者(10^5℃ 石灰石粉)可达 10^{14}Ω · cm。

粉尘的比电阻对电除尘器的工作有很大影响,过低或过高都会使除尘效率显著下降,最适宜的范围为 $10^4 \sim 5 \times 10^{10}$Ω · cm。当粉尘的比电阻不利于电除尘器捕集粉尘时,需要采取措施来调节粉尘的比电阻,使其处于适合于电除尘器捕集的范围。

7. 粉尘的爆炸性

一般而言,凡是可燃的粉尘都具有爆炸性。爆炸的实质是可燃物的剧烈的氧化反应,爆炸的过程会在空间造成很高的温度和压力,故称为化学爆炸。爆炸会导致设备损坏及人员伤亡,因此在可能爆炸的系统必须采取防爆措施。

不同种类及存在状态的粉尘爆炸条件不同。悬浮在空气中的可燃粉尘发生爆炸的条件是:(1)由可燃粉尘与空气构成的可燃混合物的粉尘浓度达到爆炸浓度;(2)存在能量足够的火源。通常粉尘的爆炸浓度均有一个范围,能够引起含尘气体爆炸的最低粉尘浓度,称为爆炸下限浓度;能够引起含尘气体爆炸的最高粉尘浓度称为爆炸上限浓度。在可燃粉尘浓度低于爆炸下限浓度或高于爆炸上限浓度时,均不会发生爆炸。由于通常粉尘实际浓度均在爆炸下限之下,故一般很少涉及爆炸上限浓度。粉尘的爆炸下限浓度值越低,说明该种粉尘越容易在空气中爆炸。表5.2 列出了某些粉尘的爆炸下限浓度。

某些粉尘的爆炸下限　　单位:g/m^3　　表5.2

粉尘名称	爆炸下限	粉尘名称	爆炸下限
铝粉	58	谷仓尘末	227
煤粉	114	亚麻皮屑	16.7
木屑	65	硫矿粉	13.9
面粉	30.2	泥炭粉	10.1

对同一种类的可燃粉尘而言,粉尘的粒径越小,比表面积越大,粉尘和空气的湿度越小,则爆炸危险性越大。

需要指出的是,在很多场合下,及时清理沉积的粉尘都是预防粉尘爆炸的重要措施。

此外,有些粉尘与水接触后会引起自燃或爆炸,如碳化钙等;有些粉尘互相接触或混合后也会引起爆炸。

粉尘爆炸的后果往往极为严重,伤亡严重,损失惊人。从表面看来,粉尘爆炸事故不像慢性中毒或粉尘作业那样可以预先被人们感知,在其发生前,似乎没有任何危害,但事故的形成条件在逐渐积累,一旦爆炸往往使麻痹大意的人们措手不及,造成严重后果。

可燃性粉尘的筛分和运输系统中经常存在着爆炸危险,除尘系统中的粉尘爆炸危险更不容忽视。在港口粮食存储系统、煤炭存储系统都出现过除尘系统中的可燃性粉尘着火、爆炸事件。

除尘系统中的粉尘积累,常常使得粉尘浓度处于爆炸浓度范围内,并与流动的气流混合形成粉尘云,如与能量足够的火源相遇,即可引起爆炸。因此在除尘系统的设计和应用中要特别注意粉尘爆炸的危险,并采取相应的措施。

8. 气体物性

作为气体的物性与除尘关系最密切的是密度与粘度。气体密度与绝对压力成正比而与绝对温度成反比;粘度则几乎与压力无关,但随着温度上升而增大。所以高温时重力除尘器、惯性除尘器和离心除尘器的除尘效率比常温时为低。在进行粉尘浓度测定时,一定要预先测定其含尘气体的温度、压力、流量和湿度。湿度在高温和减压情况下不易测定。

在操作温度与压力下的气体重度以及气体混合物的重度与粘度可分别如下进行计算:

(1)操作温度与压力下的气体密度,通常可根据理想气体状态方程式进行计算。

由

$$pV=\frac{G}{M}R_0T$$

得

$$\rho=\frac{G}{V}=\frac{pM}{R_0T}$$

式中:ρ——气体密度,kg/m^3;

G——气体质量,kg;

V——气体体积,m^3;

p——气体压力,N/m^2;

M——气体分子量,kg/kmol;

T——气体的绝对温度,K;

R_0——气体常数,等于8314.41J/(kmol·K)。

如果操作温度很低或压力很高,气体的p-V-T关系与理想气体偏离较大,需按真实气体看待,其密度通常可以由普遍化压缩因子法计算

$$\rho=\frac{PM}{ZR_0T}$$

式中:Z——压缩因子,无因次,其值随气体的种类及温度和压力而变化(可从有关手册中查得其计算方法与数据)。

如果采用MKS重量单位制,在此单位制中密度(ρ)与重度关系及其因次应由下式得出

$$\rho=\frac{\gamma}{g}\quad kg/m^3$$

式中:g——重力加速度,m/s^2。

例如,标准状态下空气的密度为$\rho=1.293kg/m^3$,其重度应为:$\gamma=1.293\times9.81=12.648kg/(s^2\cdot m^2)$

(2)港口生产中含尘气体多为混合气体,混合气的平均密度也可以计算,但此时式中的分子量M应代之以混合气体的平均分子量M_m,而$M_m=M_AY_A+M_BY_B+\cdots+M_nY_n$

于是混合气的平均密度,应表示为

$$\rho_m=\frac{PM_m}{R_0T}$$

式中:$M_A,M_B,\cdots,M_n$——气体混合物中各组分的分子量,kg/kmol;

$Y_A,Y_B,\cdots,Y_n$——气体混合物中各组分的分子分数。

(3)混合气体的粘度,可采用下述经验公式进行估算,最大误差约为1.5%。在计算加压下混合气体的粘度时,须注意在索取各组分粘度数据时,应取系统总压而不是各组分的分压下的数据。混合气体粘度μ_m计算式为

$$\mu_m=\frac{\sum Y_i\mu_iM_i^{1/2}}{\sum Y_iM_i^{1/2}}\quad 或\quad \mu_m=\frac{M_m}{\sum Y_iM_i/\mu_i}$$

式中:Y_i——混合气体中某一组分的分子数;

μ_i——混合气体中某一组分的粘度;

M_i——混合气体中某一组分的分子量。

(4)气体粘度随温度有很大变化,在缺乏所需温度下的粘度数据时,可按下式进行计算

$$\mu_t = \mu_0 \frac{273 + C}{T + C}\left(\frac{T}{273}\right)^{3/2} \quad \text{Pa} \cdot \text{s}$$

式中：T——操作绝对温度，K，$T = 273 + t$；

t——操作温度；

μ_t——操作温度下气体粘度，Pa · s；

μ_0——在 0℃、760mmHg 时的气体粘度；

C——常数。

此外，气体粘度的数据，还可以用粘度 μ 与密度 ρ 的比值来表示，称为运动粘度，以 ν 表示

$$\nu = \frac{\mu}{\rho} \quad \text{m}^2/\text{s}$$

由于含尘气体的露点对干式除尘存在着粉尘的粘附、堵塞与腐蚀等问题。因此有必要使除尘器在露点以上进行运转。特别当气体中含有二氧化硫时，只要有过剩氧存在，二氧化硫就将发生向三氧化硫的转移变化；三氧化硫占到百万分之几就会变成硫酸蒸气，而使露点显著提高。

含尘气体中的水蒸气凝缩温度，即含尘气体的露点一般为 50℃左右，但由于有三氧化硫存在有时露点可达 160℃，这就引起了腐蚀或热损失等一系列问题。为防止低温金属表面的腐蚀，使含尘气体温度必须高于这种含酸蒸气的露点，这样热损失就将增大。由于这个原因，应采取措施防止二氧化硫向三氧化硫的转变。

9. 粉尘的形状

粉尘粒子的形状是多种多样的。常见的形状有球形如（炭黑粉尘）、棱形如（石英粉尘）、叶片形如（云母粉尘）、纤维形如（石棉粉尘、棉花、玻璃纤维、矿物纤维）等，此外还有凝聚体等形状。粉尘的形状在某种程度上也影响粉尘的悬浮性，如密度相同的粉尘，其形状愈接近球形，沉降时所受到的阻力愈小，沉降速度愈快。粉尘形状接近球形的程度可用球形度来表示，球形度的定义为与粉尘体积相等的球的表面积与实际颗粒表面积之比，通常用 ϕ 表示。$\phi \leqslant 1$，ϕ 值越接近于 1，说明粉尘形状越接近于球体。

第四节　粉尘捕集理论基础

1. 粉尘沉降过程中的阻力

此处所谓的粉尘沉降过程即指粉尘被捕集的过程，其实质是粉尘与气体载体之间产生了相对运动。此处所探讨的阻力即是粉尘与气体载体之间产生相对运动过程中的能量损失。在空气动力学的研究中，空气与固体物质以相对速度 u 流动时产生的阻力等同于固体物质以速度 u 在静止空气中运动时产生的阻力，亦等同于空气以速度 u 经过静止的固体物质时所产生的阻力。产生阻力的原因，一是固体物质具有一定的形状，空气流经时，导致固体物质前面较后面的压力大，即产生压力差，即产生形状阻力 f_r；二是气体与固体物质作相对运动时，二者之间存在摩擦阻力 f_a。即粉尘沉降过程中的阻力为形状阻力和摩擦阻力之和。

对于球形颗粒，可得

$$F_D = 3\lambda\mu d_p\mu \quad \text{N}$$

上式即是著名的斯托克斯(Stokes)阻力定律。通常把 $Re_p \leqslant 1$ 的区域称为斯托克斯区域。在实际工程应用中,当 $Re_p \leqslant 2$ 时,仍可近似采用。由于在除尘设备中,粉尘与气流的相对运动状态一般不超出斯托克斯区域,因而上式可作为分析除尘器内粉尘与气流相对运动和计算粉尘沉降速度的基本公式。

①当 $1 < Re_p < 500$ 时,颗粒运动处于紊流过渡区,C_D 与 Re_p 呈曲线关系,C_D 的计算式有多种,如伯德(Bird)公式

$$C_D = \frac{18.5}{Re_p^{0.6}}$$

②当 $500 < Re_p < 2 \times 10^5$ 时,颗粒运动处于紊流状态,C_D 几乎不随 Re_p 变化,近似取 $C_D = 0.44$,为通常所述的牛顿区域。此区域有

$$F_D = 0.055\pi\rho \cdot d_p^2 \cdot u^2$$

可以看到,在斯托克斯区域,阻力与相对速度 u 的一次方成正比;在牛顿区域,阻力与相对速度 u 的平方成正比。当颗粒尺寸小到与气体分子平均自由程大小差不多时,颗粒开始脱离与气体分子接触,颗粒运动发生所谓滑动。这时,相对颗粒来说,气体不再具有连续流体介质的特性,流体阻力将减小。为了对这种滑动条件进行修正,将一个称为坎宁汉(Cunningham)修正因数的系数 C,引入斯托克斯定律,即

$$F_D = \frac{3\pi u d_p u}{C} \quad \text{N}$$

坎宁汉因数的值取决于努森(Knudsen)数 $K_n = 2\pi/d_p$,可用戴维斯(Davis)建议的公式计算

$$C = 1 + K_n\left[1.257 + 0.400\exp\left(-\frac{1.10}{K_n}\right)\right]$$

气体分子平均自由程 k 可按下式计算

$$\lambda = \frac{\mu}{0.499\rho\bar{v}} \quad \text{m}$$

其中 $\bar{v}$ 是气体分子的算术平均速度

$$\bar{v} = \sqrt{\frac{8RT}{\pi M}} \quad \text{m/s}$$

式中:R——通用气体常数,$R = 8.314\text{J/(mol} \cdot \text{K)}$;

T——气体热力学温度,K;

M——气体的摩尔质量,kg/mol。

坎宁汉因数 C 与气体的温度、压力和颗粒大小有关,温度越高、压力越低、粒径越小,C 值越大。

2. 重力沉降

重力沉降是指含尘气体中的粉尘在重力作用下自然沉降时得以分离的过程。静止空气中的单个球形颗粒,在重力作用沉降时,在重力的方向上所受到的作用力有重力 F_c、空气浮力 F_f 和空气阻力 F_D,其合力可表示为

$$F = F_G - F_f - F_D$$

当 $F>0$ 时,颗粒做加速运动。随着颗粒运动速度的增加,气体对颗粒的阻力 F_D 相应增加,使合力 F 值不断减小,直至 $F=0$,此时作用在颗粒上的重力 F_c、浮力 F_f、阻力 F_D处于平衡状态,颗粒开始做等速运动,这一运动速度称为终末沉降速度,简称沉降速度,以 u_s 表示。

若颗粒的运动属于斯托克斯区域,当 $F=0$ 时,则

$$\frac{\pi}{6}d_p^3(\rho_p - \rho)g - 3\pi\mu d_p u_s = 0$$

$$u_s = \frac{d_p^2(\rho_p - \rho)g}{18\mu} \quad \text{m/s}$$

由于 $\rho_p > \rho$,可以忽略气体浮力的影响,上式简化为

$$u_s = \frac{d_p^2\rho_p g}{18\mu} \quad \text{m/s}$$

对于小颗粒,应修正为

$$u_s = \frac{d_p^2\rho_p g}{18\mu}C \quad \text{m/s}$$

式中:C——坎宁汉滑动修正系数。

如果颗粒以速度 u_s 沉降时,遇到垂直向上的速度为 u_w 的均匀气流,当 $u_w = u_s$时,颗粒将处于悬浮状态,这时的气流速度 u_w 称为悬浮速度。因此,对某一颗粒而言,其沉降速度与悬浮速度两者数值相等,但意义不同。沉降速度是颗粒在重力作用下所能达到的最大速度,而悬浮速度是指上升气流使颗粒悬浮所需的最小速度。如果上升气流速度大于颗粒的悬浮速度,颗粒必然上升;反之,则必定下降。

3. 静电沉降

在电场中流动的含尘气体中粉尘若带有一定极性的静电量时,便会受到静电力的作用。在静电力 F_E 和气流阻力 F_D 的综合作用下粉尘产生的沉降过程称为静电沉降。静电力为

$$F_e = qE \quad \text{N}$$

式中:q——颗粒的荷电量,C;

E——颗粒所处位置的电场,V/m。

当颗粒所受到的静电力和流体阻力达到平衡时,颗粒的静电沉降速度便达到最大值,习惯上称为驱进速度,对于静电沉降属于斯托克斯区域的球形颗粒,其驱进速度为

$$\omega = \frac{qE}{3\pi\mu d_p} \quad \text{m/s}$$

同样,对于处于滑流区的颗粒的驱进速度应乘以坎宁汉滑动修正系数,即

$$\omega = \frac{qE}{3\pi\mu d_p}C \quad \text{m/s}$$

4. 惯性沉降

当含尘气体在运动过程中遇到障碍物(如液滴或纤维等)时,气体则产生绕流,而气体中

的粉尘因具有一定的质量而存在一定的惯性，在惯性的作用下，粉尘有保持原来运动方向的倾向，这种倾向随粉尘惯性的增大而增加。通常认为，粉尘的粒径越大（即质量越大）、运动速度越大，则粉尘的惯性越大。这就使得惯性大的粉尘因保持原来的运动方向而撞到障碍物（港口散货粉尘防治技术中称之为捕集体），是为惯性沉降，如图5.9中之颗粒3。图中颗粒5虽刚好避开障碍物，但其表面与障碍物表面接触而被捕集，称为拦截或截留。

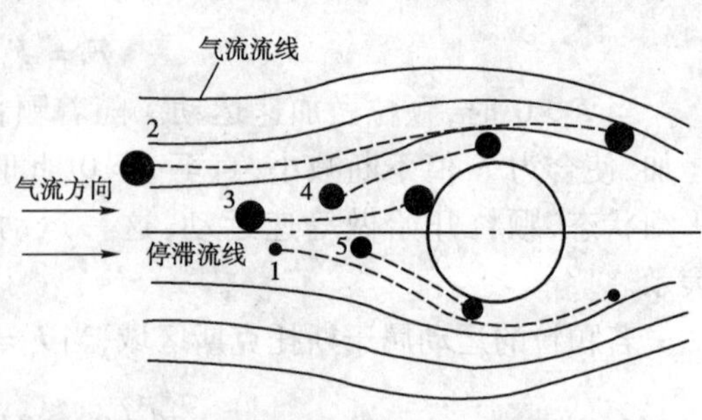

图5.9　运动气流接近障碍物时的粒子运动

5. 扩散沉降

微细的粉尘随气流运动过程中常伴随有布朗运动（即运行轨迹不规则的运动）。由于布朗运动而使微细粉尘撞到捕集体上而被捕集的机理，称为扩散沉降。粉尘的粒径越小，含尘气体的温度越高，则发生扩散沉降的概率越大。

6. 筛分作用

当含尘气体流经网孔或缝隙时，粒径大于网孔和缝隙的粉尘被截留（即被捕集），并使得网孔和缝隙进一步变小，更小粒径的粉尘也会因此而被截留，以上捕尘机理可称之为筛分作用。

7. 凝聚作用

粉尘的凝聚，是指微细粉尘通过不同途径互相接触（不一定是由于粉尘自身的粘性）而结合成较大颗粒的过程。显然，凝聚作用本身并不是一种除尘机理，但它可以使微小的粉尘凝聚增大，有利于采用各种除尘方法去除。

可以有多种途径使微细粉尘产生凝聚作用，如紊流凝聚、动力凝聚、声场凝聚等。凝聚作用与各种除尘机理联合使用可以获得良好的效果。例如在电除尘器前设置声场凝聚装置，可将小于1μm的细尘凝聚成1～2μm甚至更大些的较大尘粒，以便于被电除尘器捕获。

需要指出的是，工程上常用的各种除尘装置往往不是简单地依靠某一种除尘机理，而是几种除尘机理的综合运用。

第五节　除尘装置的性能指标

除尘装置的性能指标包括技术指标和经济指标两大类。技术指标主要包括处理气体流量、除尘效率、压力损失（或称阻力）、漏风率等；经济指标主要包括设备费、运行费、维修费、占地面积、占用空间体积、使用寿命等。若对除尘装置进行全面评价，除应包括上述技术指标和经济指标外，还应考虑除尘装置的安装、操作、检修的难易等因素。但是，低阻（阻力低）高效（除尘效率高）仍是目前评价除尘装置的主要指标。本节主要介绍除尘效率等技术指标的表示方法。

1. 处理气体流量

处理气体流量是表示除尘装置在单位时间内所能处理的含尘气体的流量，一般用体积流量 Q（单位：m^3/s 或 m^3/h）表示。实际运行的除尘装置由于不严密而漏风，使得进出口的气体流量往往并不一致。通常用两者的平均值作为该除尘装置的处理气体流量，即

$$Q = \frac{1}{2}(Q_1 + Q_2) \qquad m^3/s$$

式中：Q_1——除尘装置进口气体流量，m^3/s；

Q_2——除尘装置出口气体流量，m^3/s。

净化装置漏风率 σ 按下式表示

$$\sigma = \frac{Q_1 - Q_2}{Q_1} \times 100 \qquad \%$$

2. 压力损失

压力损失也称为阻力。净化装置的压力损失是表示能耗大小的技术指标，可通过测定净化装置进口与出口气流的全压差而得到。其大小不仅与净化装置的种类和结构型式有关，还与处理气体通过时的流速大小有关。通常压力损失与装置进口气流的动压成正比，即

$$\Delta p = \xi \frac{\rho u^2}{2} \qquad Pa$$

式中：Δp——含尘气体通过净化装置的压力损失，Pa；

ξ——净化装置的压力损失系数（或称阻力系数）；

ρ——含尘气体的密度，kg/m^3；

u——装置进口的平均气流速度，m/s。

净化装置的压力损失，实质上是气流通过装置时所消耗的机械能，它与通风机所耗功率成正比，所以净化装置的压力损失越小越好。多数除尘装置的压力损失在 2000Pa 以下。

根据除尘装置的压力损失，除尘装置可分为：（1）低阻除尘器 $\Delta p < 500Pa$；（2）中阻除尘器 $\Delta p = 500 \sim 2000Pa$；（3）高阻除尘器 $\Delta p = 2000 \sim 20000Pa$。

3. 除尘效率

除尘效率是表示除尘装置净化含尘气体效果的重要技术指标。

（1）总除尘效率

总除尘效率系指在同一时间内除尘装置捕集的粉尘质量占进入除尘装置的粉尘质量的百分数。通常以 η 表示。

如图 5.10 所示，若除尘装置进口的气体流量为 Q_1、粉尘的质量流量为 S_1、粉尘浓度为 C_1，装置出口的相应量为 Q_2、S_2、C_2，装置捕集的粉尘质量流量为 S_3，则有

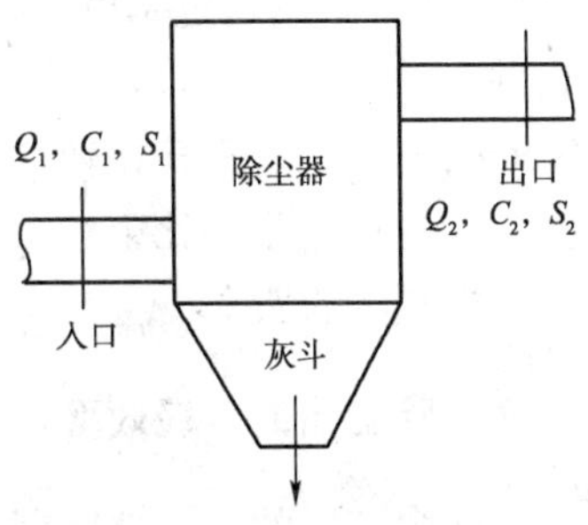

图 5.10　除尘效率计算示意图

$$S_1 = S_2 + S_3$$

$$S_1 = Q_1 C_1$$

$$S_2 = Q_2 C_2$$

根据总除尘效率的定义有

$$\eta = \frac{S_3}{S_1} \times 100\% = \left(1 - \frac{S_2}{S_1}\right) \times 100\%$$

即

$$\eta = \left(1 - \frac{Q_2 C_2}{Q_1 C_1}\right) \times 100\%$$

如果除尘装置本身的漏风率为零,即 $Q_1 = Q_2$,则上式为

$$\eta = \left(1 - \frac{C_2}{C_1}\right) \times 100\%$$

利用此式通过称重可求得总除尘效率,这种方法称为质量法,用这种方法测出的结果比较准确,主要用于实验室。在现场测定除尘器的总除尘效率时,通常先同时测出除尘器前后的空气含尘浓度,再利用公式求得总除尘效率,这种方法称为浓度法。由于含尘气体在管道内的浓度分布既不均匀又不稳定,要测得准确的结果是比较困难的。

有时由于除尘器进口含尘浓度很高,或者使用单位对除尘系统的除尘效率要求很高,用一种除尘器不能满足要求或达不到所要求的除尘效率时,可采用两级或多级除尘,即在除尘系统中将两台或多台不同类型的除尘器串联起来使用。根据除尘效率的定义,两台除尘器串联时的总除尘效率为

$$\eta_{1-2} = \eta_1 + \eta_2(1 - \eta_1) = 1 - (1 - \eta_1)(1 - \eta_2)$$

式中:η_1——第一级除尘器的除尘效率;

η_2——第二级除尘器的除尘效率。

n 台除尘器串联时其总效率为

$$\eta_{1-n} = 1 - (1 - \eta_1)(1 - \eta_2)\cdots(1 - \eta_n)$$

在实际应用中,多级除尘系统通常不超过三级。

(2)透过率

除尘效率是从除尘器捕集粉尘的能力来评定除尘器性能的,也可以用未被捕集的粉尘(即排出的粉尘)来表示除尘器的性能。未被捕集的粉尘量占进入除尘器粉尘量的百分数称为透过率(又称穿透率或通过率),用 P 表示,显然

$$P = \frac{S_2}{S_1} \times 100\% = (1 - \eta) \times 100\%$$

可见除尘效率与透过率是从不同的方面说明同一个问题,但是在有些情况下,特别是对高效除尘器,采用透过率可以得到更明确的概念。例如有两台在相同条件下使用的除尘器,第一台除尘效率为 99.99%,第二台除尘效率为 99.0%,从除尘效率比较,第一台比第二台只高 0.9%;但从透过率来比较,第一台为 0.1%,第二台为 1%,相差达 10 倍,说明从第二台排放到大气中的粉尘量要比第一台多 10 倍。因此,从环境保护的角度来看,用透过率来评定除尘器的性能更为直观。

4. 除尘器的分级效率

除尘装置的除尘效率因处理粉尘的粒径不同而有很大的差别,表 5.3 列出了各种除尘器对不同粒径粉尘的除尘效率。从表中可以看出,各种除尘器对粗颗粒的粉尘都有较高的效率,

但对细粉尘的除尘效率却有明显的差别，例如惯性除尘器对 1μm 粉尘的除尘效率仅为 3%，而高效旋风除尘器的除尘效率不过 27%，而像袋式除尘器等高效除尘器的除尘效率都可达到很高，甚至达到 99%。因此，仅用总除尘效率来说明除尘器的除尘性能是不全面的，要正确评价除尘器的除尘效果，必须采用分级除尘效率。

分级除尘效率简称分级效率，就是除尘装置对某一粒径，或某一粒径范围粉尘的除尘效率。实际生产中产生的粉尘的粒径分布是千差万别的，因此，了解除尘器的分级效率，有助于正确地进行除尘器的选择。分级效率通常用 η_i 表示。

除尘装置的分级效率常用表格（表 5.3）或曲线的形式表示。

各种除尘器对不同粒径粉尘的除尘效率　　表 5.3

除尘器名称	除尘效率（%）		
	50μm	5μm	1μm
惯性除尘器	95	26	3
中效旋风除尘器	94	27	8
高效旋风除尘器	93	73	27
冲击式洗涤器	98	85	38
自激式湿式除尘器	100	93	40
空心喷淋塔	99	94	55
干式除尘器	>99	97	85
湿式除尘器	>99	98	92
中能文氏管除尘器	100	>99	97
高能文氏管除尘器	100	>99	99
振打袋式除尘器	>99	>99	99
逆喷袋式除尘器	100	>99	99

根据定义，除尘装置的分级效率可表示为

$$\eta_i = \frac{S_{3i}}{S_{1i}} \times 100\%$$

或

$$\eta_i = \frac{S_3 g_{3i}}{S_1 g_{1i}} \times 100\% = \eta \frac{g_{3i}}{g_{1i}} \times 100\%$$

式中：S_{1i}、S_{3i} 分别为除尘器进口和除尘器灰斗中某一粒径或粒径范围的粉尘质量流量（即频率分布）。

因为有 $S_{1i} = S_{2i} + S_{3i}$

所以分级效率也可以表达为

$$\eta_i = \left(1 - \frac{S_2 g_{2i}}{S_1 g_{1i}}\right) \times 100\% = \left(1 - P\frac{g_{2i}}{g_{1i}}\right) \times 100\%$$

根据除尘装置净化某粉尘的分级效率计算该除尘装置净化该粉尘的总除尘效率，其计算公式为

$$\eta = \sum(\eta_i g_{1i}) \quad \%$$

式中 g_{1i} 的意义同前。

第三篇　港口粉尘起尘扩散规律

第六章　港口粉尘粒径分布规律

第一节　粉尘粒径分布的测试方法

粒径分布的测试方法很多，有计重法、计数法、面积法、体积法等等；港口粉尘污染防治中最常用的是计重法。用计重法测得的粒径分布通常是以粉尘样品中各种粒径大小组分所占的重量百分率表示。计重法包括筛分析法(对较粗的粉尘)、液体沉降法(简称湿法)、气流分级法(简称干法)等。

用计数法分析的粒径分布则是以粉尘颗粒个数为计算单位来表示粉尘样品中各种粒径大小组分的百分串。可进行计数法测试的仪器有光电粒子计数器、光学显微镜、各种电子显微镜等。

由于测试方法所用仪器结构和基本原理不同，其最佳适用范围、测试精度以及最终测试结果互有差异。对不同使用者来说，根据需要选择更为适用的测试方法相仪器规格是相当重要的。下面简单介绍粉尘粒径分布的测试方法。

1. 筛分法

各国筛分分析所用筛系是不同的；美国有国家标准局筛系和泰勒筛系；英国有 BS 标准筛；此外还有国际标准筛(表 6.1)。

我国采用国际标准筛系列，基本上沿用泰勒筛系列。筛子标准直径为 200mm，高度为 50mm。筛面由青铜或黄铜丝编织而成。国际标准筛的筛孔尺寸及档次级数与泰勒筛系稍有区别。泰勒筛系是以 200 目为基准来确定它的筛孔比率的，即每英寸(25.4mm)长度上开孔数为 200 个。而国际标准筛系中没有 200 目档次，在其附近有开孔尺寸为 0.090mm 和 0.0063mm(泰勒筛 200 目的筛孔尺寸为 0.075mm)与泰勒筛系中的 170 目、250 目相对应。

筛分析原理为把一定数量的粉末样品 G(如 100g)仔细称重记录后，倒入预选好的一套筛子最上一层内，套筛依粗细顺序自上而下码放好，置于振筛机上，加好盖，固定稳妥。选好振筛时间(如 15min)，开启振筛机，使之按预设的持续时间进行筛分。在振动过程中，样品按其粒

径粗细依序通过各级筛孔,并作记录。

各国标准目数以及微米、毫米对照表　　表 6.1

英国标准筛目数	美国标准筛目数	泰勒标准筛目数	国际标准筛目数	微米对照	毫米对照
4	5	5	—	4000	4.000
6	7	7	280	2812	2.810
8	10	9	200	2057	2.050
10	12	10	170	1680	1.680
12	14	12	150	1405	1.400
14	16	14	120	1240	1.200
16	18	16	100	1003	1.000
18	20	20	85	850	0.850
22	25	24	70	710	0.710
30	35	32	50	500	0.500
36	40	35	40	420	0.420
44	45	42	35	355	0.350
52	50	48	30	300	0.300
60	60	60	25	250	0.250
72	70	65	20	210	0.210
85	80	80	18	180	0.180
100	100	100	15	150	0.150
120	120	115	12	125	0.120
150	140	150	10	105	0.100
170	170	170	9	90	0.090
200	200	200	8	75	0.075
240	230	250	6	63	0.063
300	270	270	5	53	0.053
350	325	325	4	45	0.045
400	400	400	—	37	0.037
500	500	500	—	25	0.025
625	625	625	—	20	0.020

筛后总质量和与样品原质量的误差值小于1%,则计算可以继续进行,求出每级筛的孔径界限处筛余率,纳入表格或画入坐标相应交点。

连接各点的曲线就是所测样品的粒径分布线。

在港口粉尘监测中,所得结果可用作对比。作为正式分析对比,筛分应反复进行三次以上,取其平均值作为分析结果。

筛分析是历史久远、应用广泛、操作简单的分析方法,它适于对较粗颗粒进行分析。这里涉及的标准粉尘属于大气污染领域中的常见粉尘。

2. 液体沉降法

对单一材料的粉尘颗粒,其真密度、形状结构相同,在液体介质中,颗粒沉降速度将随粒径

大小不同而不同。如果忽略颗粒下降的加速过程,可以按斯托克斯公式表示。假如所给定的液体介质(比如经常使用的蒸馏水),如能测知其温度及查得该液体的密度和粘滞系数,则只要测知颗粒在单位时间内沉降下来的距离,便可求得沉降速度。即可以计算出该颗粒的斯托克斯径。这就是液体的沉降法测试粒径的基本原理。

SA-CP3 型粒径分析仪是应用颗粒沉降与光度测量综合原理来测量粒径大小的。它可以用 4 种沉降模式进行工作:重力沉降、离心力作用、多模沉降(即重力与离心力作用相结合)、离心力上升。测试粒径范围很宽从 0.01 ~ 100μm。仪器的原理结构如图 6.1 所示。它由离心机、光度探测器、数据处理和输入/输出机构等四部分组成。工作原理为离心机转盘装在电机的水平轴上,转盘内安放着要测试的粉尘悬浮液槽,它是可以透光的。光度探测器由光源与硅光电池探头组成,测量的样品槽安放在光源和光电池探头之间。

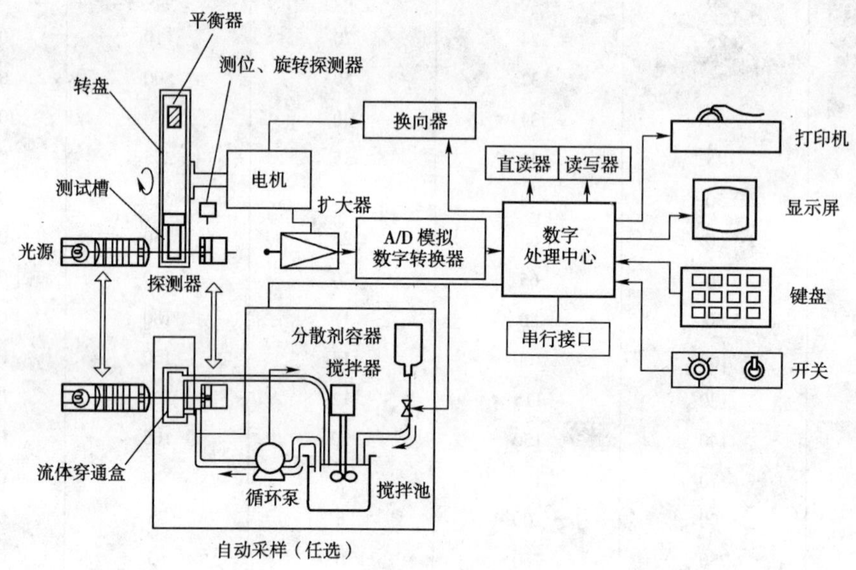

图 6.1 SA-CP3 型粒径分析仪的原理和结构

SA-CP3 型粒径分析仪可以测知粉尘颗粒的累积分市、微分分布、中位径和最高频率径、给出清晰的分布图和计算结果。

3. 气流分级法

1)气流分级法原理和特点

利用垂直上升气流的速度变化进行粉尘颗粒大小分级的方法属气流分级法。处在上升气流中的固体微粒同时受到自身重力、气体浮力和气流阻力的共同作用,当三种力的合力为零时,颗粒才能呈悬浮状态或被气流携带,吹出该流速区。能使颗粒保持悬浮状态的最低流速就是该颗粒的悬浮速度。对于大小不同的颗粒,其悬浮速度不同。按照需要分离的粒级大小、通过计算,从低到高依次改变气流速度,就可将多分散的粉尘样品分出若干粗细不同的级别,分别称重,并与原样品相比,即可求出粉尘样品的(计重法)粒径分布。

气流分级法分析粉尘粒径有如下特点:

(1)以气流速变为分割界限,所选粒径是斯托克斯当量径。如果用来分析密度不同、材质不匀、形状不规则的混合性颗粒物,所得粒径只能是等效直径。与用筛分、显微观察和其他方

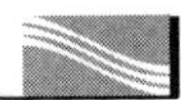

式所测结果会有一定差异。

(2)所测粉尘颗粒可能有以凝集状态存在的，而不像液体沉降法那样分散得完全。然而，这种状态与一般通风除尘和粉体材料工艺过程中的工况更接近，更具实用意义。

(3)这种方法分析速度较慢，比较费时。

2)离心式粉尘分级仪的应用特点

离心式粉尘分级仪是利用空气流速和处于高速旋转中的颗粒的离心力相互作用来进行粉尘粒径分布试验的一种仪器。

离心式粉尘分级仪是以气流的极限速度来分割粉尘的粒径大小，所衡量的是空气动力径。这种分割方法实际上包括了粉尘的形状和密度等因素影响，所以，可以测量单一性粉尘，也可以测量不同成分、不同形状的混合件粉尘的粒径分布。

离心式粉尘分级仪的结构及作用原理见图6.2。当落在旋转盘上的粉尘样品获得高速旋转离心力后，它要向圆周方向辐射甩出，进入分离室，与此同时，由于转盘上方的叶轮与转盘作同步旋转，使分离室内形成一个旋转汇流场(图6.2)，进入分离室的粉尘粒子同时受到离心力与空气流阻力的作用，该两力方向相反。于是，风力的大小就决定了它能吹分出去的颗粒的大小。

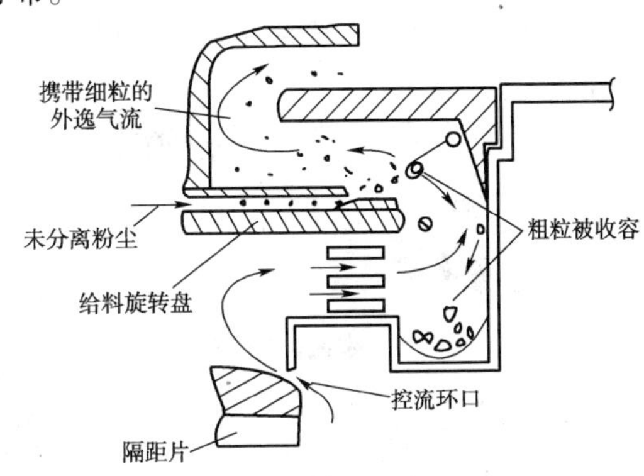

图6.2　离心式粉尘分级仪分离室内的分级原理

离心惯性力小于气流阻力的颗粒，被气流吹出分离室，而惯性力大于气流阻力的颗粒则继续外甩，于转盘周边设置的储尘容器中被收集下来。

被气流吹失的细粒部分是筛下物，收集起来的粗粒是本档吹选的筛余(或叫筛上)累积部分。筛分完毕后，对筛余部分称重、记录。然后换档，加大风量，重复操作，继续分离。这样，依次改变隔距片，逐次分离粉尘成分。最后将每档所失重量依次累加，分别与原样品质量相比，求出该样品的粒径分布。

根据分离原理，对在一定风速个能够悬浮起来的最大等效粒径，或称为分割粒径，从理论上，可计算得知。由于无法确知各种相关参数(如仪器内部确切尺寸、运行转数和空气吸入流率等)，在实际操作中无法进行计算，只有靠随仪器提供的标定数据解决同题，仪器配用的隔距片是控制风量的标尺，附有编号相应的空气动力径。在仪器应用时，只需根据所分析样品的真密度和当时采用的隔距片号进行粒径数值的修正即可。

粒径修正按下式进行

$$d = \frac{d_1}{\sqrt{\rho_p}}$$

式中：d——离心式粉尘分级仪所测真实分割径，相当于前述的斯托克斯径；

d_1——仪器标定的空气动力径；

ρ_p——所测粉尘样品的真密度。

4. 显微计数法

对于单个粉尘颗粒的形状及尺寸，只有用显微镜才能直接进行观测。结合测微计数，计算出各种粒径区段内尘粒个数所占的百分率，即可表达该样品的计数粒径分布。

1）显微镜类型

（1）光学显微镜（图6.3）：这是过去最常用的工具，放大倍数一般为10～600倍，分辨率可达约1μm。如果采用特殊措施，其分辨率还可能提高，但操作烦琐，进行视野选择更为不便，在粒径计数统计中不宜采用。对颗粒进行尺寸衡量和分级必须通过目镜测微尺。测微尺有网格式、十字线形或直线和花样形多种。在每种放大倍数下，测微尺每格所代表的确切长度应在测试前用标准缩尺进行校准。标准缩尺是特制的载玻片，刻有标准尺寸，一般为100格/mm，即每格为10μm。校准时，使物镜下的标准格与目镜测微尺刻度平行对比，即可算出测微尺的单位长度。

普通光学显微镜采用透射光工作，所观察到的图像是物体的平面投影；若采用侧光照射样品，形成暗视野，可以观察到样品立体图像。采用投影法或照相测量，可作为显微镜观测发的一种简单补充。

（2）电子显微镜（图6.4）：简称电镜，是使用电子来展示物件的内部或表面的显微镜。高

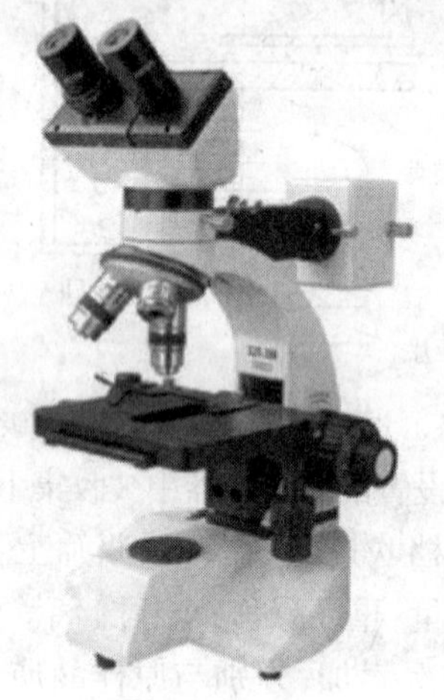

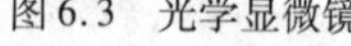

图6.3　光学显微镜

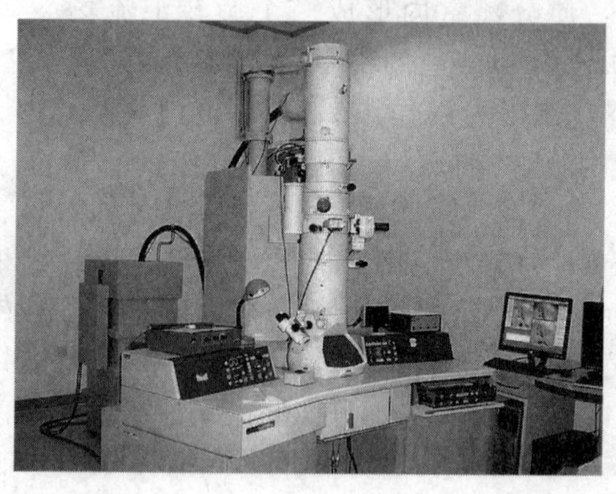

图6.4　电子显微镜

速的电子的波长比可见光的波长短（波粒二象性），而显微镜的分辨率受其使用的波长的限制，因此电子显微镜的分辨率（约0.1nm）远高于光学显微镜的分辨率（约200nm）。电子显微镜的放大倍数比一般光学显微镜高几个数量级。

利用透射电子显微镜（Transmission Electron Microscopy，TEM）可以直接获得一个样本的投影。在这种显微镜中电子穿过样本，因此样本必须非常薄。组成样本的原子的原子量、加速电子的电压和所希望获得的分辨率决定样本的厚度。样本的厚度可以从数纳米到数微米不等。原子量越高、电压越低，样本就必须越薄。

通过改变物镜的透镜系统人们可以直接放大物镜的焦点的像。由此人们可以获得电子衍射像。使用这个像可以分析样本的晶体结构。

在能量过滤透过式电子显微镜（Energy Filtered Transmission Electron Microscopy，EFTEM）中人们测量电子通过样本时的速度改变。由此可以推测出样本的化学组成，比如化学元素在样本内的分布。

扫描电子显微镜（Scanning electron microscope，SEM）中的电子束尽量聚焦在样本的一小块地方，然后一行一行地扫描样本。入射的电子导致样本表面散发出电子，显微镜观察的是这

些每个点散射出来的电子。由于这样的显微镜中电子不必透射样本,因此其电子加速的电压不必非常高。场发射扫描电子显微镜是一种比较简单的电子显微镜,它观察样本上因强电场导致的场发射所散发出来的电子(图6.5)。

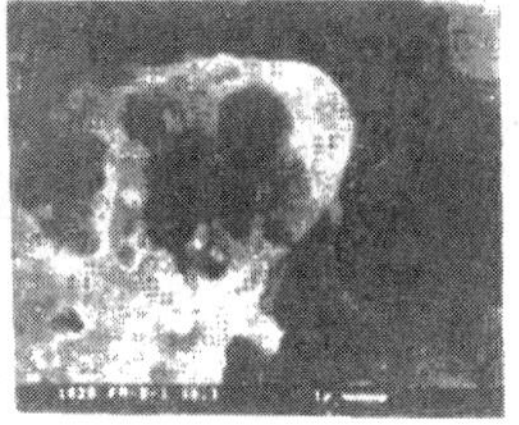

图6.5　对粒径为12μm的煤炭粉尘颗粒的扫描电镜照相

假如观察的是透过样本的扫描电子的话,那么这种显微镜被称为扫描透射电子显微镜(Scanning Transmission Electron Microscopy,STEM)。

(3)图像仪(图6.6):图像分析是把电子技术、计算机技术和显微技术综合起来又加以发展的分析技术。它是通过对样品的投影尺寸测量计算样品原始尺寸及其大小分布数据的。观察和统计计算方便快捷,是粉尘颗粒粒径分析的较先进仪器。由于基本投资、专业管理等方面原因,图像仪暂时还难于达到普及使用。

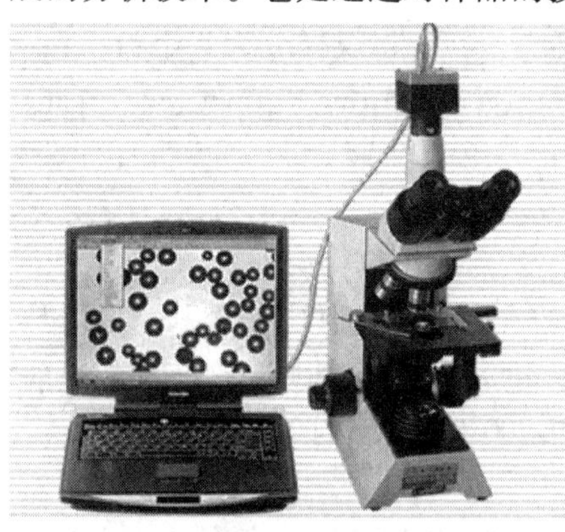

图6.6　图像仪

2)粒径测试

港口散货粉尘中大部分属于不规则颗粒物。在进行显微观察时,其粒径有三种表示方法(图6.7d)。

定向径指在固定方向上测量颗粒的最大投影尺寸。在测量视野内,将测微尺固定好一个方向(如水平放好)。

观察的颗粒依次通过测微尺,作垂直移动(图6.7b),将颗粒投影面上最宽处的刻度记录下来,随机变换视野,让计数达到千个以上,分档累加,即为粉尘的计数粒径分布。

等分面积径指将颗粒投影面积划分为两个相等部分的直线长度。

等圆投影面积径即与颗粒投影面积相等的圆面积直径。有的国家以这种粒径作为制定显微镜法测量粒径分布的基准。

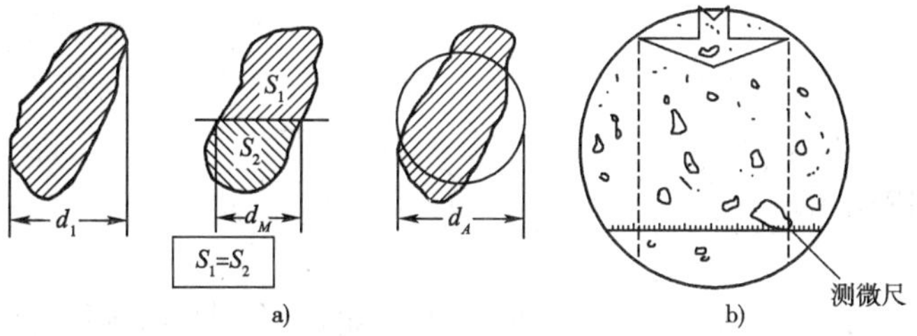

图6.7　显微镜法测量粉尘粒径

a)粒径区别(d_1 定向径;d_M 面积等分径;d_A 投影面积径);b)定向移动分档计数

3)计数测试结果换算为计重法结果

为检验不同测试方法的差异和进行计数效果可信程度试验,曾作过大量计数测试,这里举其中一组为例。换算的假设条件如下:

被测尘粒结构均匀,密度相同,形状为正方体。

测量分如下几步完成:

(1)用扫描电镜拍好的样品照片和所带标尺逐个测量颗粒定向径,分档记入表格;

(2)用每分级区间算术平均径,求出该区间颗粒的平均体积和颗粒总体积;

(3)用各分级区间内颗粒平均体积与颗粒总体积之比计算质量粒径分布。

以此求得的粉尘粒径分布,可与其他直接以计重法所测的结果相近。

第二节 港口煤炭和矿石的粒径分布

我们采用筛分法对港口煤炭和矿石样品进行港口粉尘粒径分布试验测试。因为,筛分法的分析结果是相当稳定的,粉尘的分析具较好重复性,操作简单,为国家标准方法。

1. 实验设计

根据港口粉尘防治实际情况要求,本次实验共准备6种实验筛,将煤样分为7个粒径段:$d \geqslant 500\mu m$、$250\mu m \leqslant d \leqslant 500\mu m$、$125\mu m \leqslant d \leqslant 250\mu m$、$75\mu m \leqslant d \leqslant 125\mu m$、$45\mu m \leqslant d \leqslant 75\mu m$、$28\mu m \leqslant d \leqslant 45\mu m$、$d \leqslant 28\mu m$。粒径分布试验设计如下:

(1)干燥

取盛煤样的容器,上下左右摇晃几分钟,使其混合均匀。然后取出煤样(现场取煤样300~500g),放入温度为70~75℃的干燥箱内1.5h。取出试样,放在室温下使其完全冷却,并称量。然后把它放在室温下进行自然干燥,并经常搅拌。每隔1h称量一次,直至其质量变化不超过前次称量的0.1%,则认为完全干燥。用电子台秤称取干燥煤样200.0g,精确到0.1g。

(2)水浴

选用直径为实验筛直径2倍的金属盆5个,盆内盛水高度约为实验筛高度的1/3。将45μm的筛子放入第一个盆内。将一种煤样倒入烧杯内,加少量清水,用玻璃棒搅拌,使煤样完全润湿。然后倒入第一个盆的实验筛内,用清水冲洗烧杯和玻璃棒上所粘者的煤粒至筛内。在水中轻摇实验筛进行筛分,尽量筛净后,再把实验筛连同筛上煤粒放入第二个盆内(在换盆前,一定要将筛内的水连同煤粒沥净,在换盆过程中不要有漏水的情况发生),继续筛分,直至在某一个盆内水清为止。

(3)烘干

将筛上物倒入金属盘内(并将筛上物也一并冲洗下来,沥净水后,放入筛上物金属盘内)。金属盆内的筛下物用滤纸过滤干净放入另一金属盘内,筛上物筛下物单独标号,并一同放入70~75℃的干燥箱内烘干。

(4)筛分

把实验筛按筛孔由大到小自上而下排列好,套上筛底,把烘干的筛上物倒入最上层实验筛内,盖上筛盖。用手轻筛实验筛,每隔5min停一小会儿,然后再筛。感觉筛净后,从上到下依次取下实验筛放在较大的实验盘上,手筛1min,筛下物质量不超过筛上质量的1%时,即为筛净。筛下物倒入下一粒级中,实验过程中保证各粒径级别都筛净。

(5)称量

筛完后,进行逐级称量。筛分后各粒级产物质量之和与筛分前煤样质量的相对差值不超过2.5%,记录结果。

(6)干式筛分

筛分过程中,同时也使用干式筛分方法,即先按照步骤(1)进行干燥,再根据步骤(4)进行

筛分,最后进行称量。

2. 港口煤炭和矿石粉尘的粒径分布

港口粉尘粒径的真分布指在无颗粒凝聚现象发生状态下的粉尘颗粒粒径分布,湿式筛分试验所测粒径分布为粉尘粒径的真分布。通过真分布我们可以分析粉尘的最大污染潜势。粉尘粒径的表观分布指在自然状态下的粉尘颗粒粒径分布,干式筛分试验所测粒径分布为粉尘颗粒的表观分布。通过表观分布我们可以分析自然条件下粉尘对大气环境的影响(表6.2和图6.8)。

港口煤炭和矿石粉尘粒径分布(平均值%)　　表6.2

粒　径	表观分布(干法)		真分布(湿法)	
	煤样	矿石	煤样	矿石
>500μm	81.07	40.22	75.95	49.23
250~500μm	6.58	9.75	5.61	6.08
125~250μm	7.00	18.63	6.58	9.98
75~125μm	4.26	15.79	2.01	4.97
45~75μm	0.99	10.85	2.58	6.65
<45μm	0.17	4.94	7.26	23.09

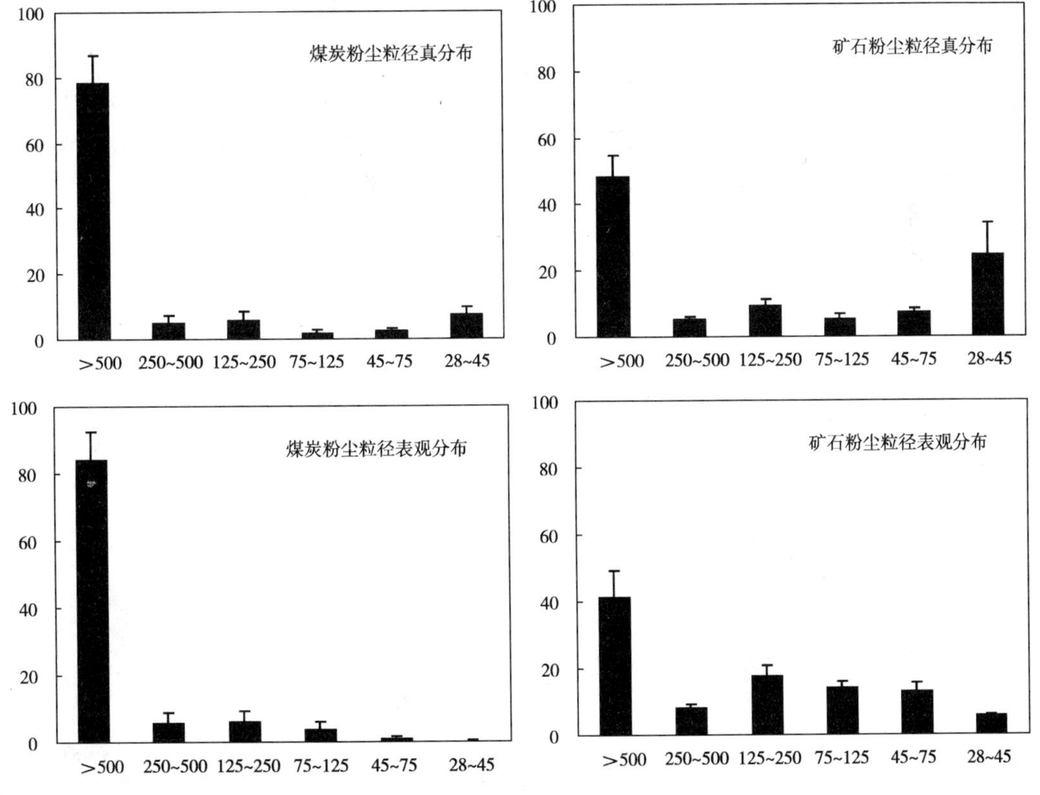

图6.8　港口煤炭和矿石粉尘粒径分布(质量百分数,%)

(1)港口煤炭粉尘粒径的真分布

港口煤炭粉尘粒径的真分布,即湿式分析法中,粒径大于500μm的含量处于50%~97%

之间，多数处于60%～95%之间，平均为76%；粒径为250～500μm的含量基本都处于0%～15%之间，多数处于2%～6%之间，平均为5.6%；粒径为125～250μm的含量基本都处于2%～18%之间，多数处于2%～8%之间，平均为6.58%；粒径为75～125μm的含量基本都处于0%～5%之间，多数处于0.5%～3%之间，平均为2.0%；粒径为45～75μm的含量基本都处于2%～10%之间，多数处于1%～3%之间，平均为2.58%；粒径为小于45μm的含量基本都处于3%～12%之间，多数处于5%～8%之间，平均为7.26%。

(2)港口矿石粉尘粒径的真分布

港口矿石粉尘粒径的真分布，即湿式分析法中，粒径大于500μm的含量处于39%～59%之间，平均为49.23%；粒径为250～500μm的含量基本都处于4%～10%之间，多数处4%～6%之间，平均为6.08%；粒径为125～250μm的含量基本都处于5%～13%之间，多数处于8%～10%之间，平均为9.95%；粒径为75～125μm的含量基本都处于3%～6%之间，平均为4.97%；粒径为45～75μm的含量基本都处于2%～8%之间，平均为6.65%；粒径小于45μm的含量基本都处于13%～40%之间，平均为23.09%。

(3)港口煤炭粉尘粒径的表观分布

港口煤炭粉尘粒径的表观分布，即干法煤样中，粒径大于500μm的含量平均为81.07%；粒径为250～500μm的含量平均为6.58%；粒径为125～250μm的含量平均为7.0%；粒径为75～125μm的含量平均为4.26%；粒径为45～75μm的含量平均为0.99%；粒径小于45μm的含量平均为0.17%。

(4)港口矿石粉尘粒径的表观分布

港口矿石粉尘粒径的表观分布，即干法矿石中，粒径大于500μm的含量平均为40.22%；粒径为250～500μm的含量平均为9.75%；粒径为125～250μm的含量平均为18.63%；粒径为75～125μm的含量平均为15.79%；粒径为45～75μm的含量平均为10.85%；粒径小于45μm的含量平均为4.94%。

第七章　港口粉尘起尘扩散试验模拟

第一节　概　　述

在颗粒状矿物(如煤炭)的堆置、装卸生产作业中,矿物颗粒的扬起和扩散是必然发生的过程。在一定风速的作用下,静止堆栈和动态装卸过程产生的扬尘会影响到作业区周围大气的环境质量,严重情形下可能影响到周边生活区的大气质量。

针对以煤堆为主的港口码头,掌握港口粉尘的起尘规律,科学地预测港口煤尘的总排放量是控制环境污染的重要内容之一。利用环境风洞实验,研究煤堆在静置和动态装卸过程中的起尘和扩散规律,对当前港口码头运输生产过程中的起尘量进行预测,并对扬尘的扩散规律进行预测,是本研究项目的主要任务。

本部分的研究对象是发生在煤堆的静止堆置和动态装卸状态下的煤颗粒物的起尘和降尘过程。这个过程经历三个阶段:(1)起动,即颗粒物由静止状态转为向空中跃起;(2)空中漂浮或跃动;(3)尘降至地面。相应初步研究的内容主要关注三个方面:起动风速、起尘量、降尘量。

根据煤堆所处的状态,可分为静置和动态装卸两大类。这样,本项研究的技术内容按静置和动态装卸来分别进行起动风速、起尘量和降尘量的研究。

第二节　风洞模拟矿物颗粒起降尘的理论分析

1. 近地面大气边界层流动的风洞模拟理论和技术

矿物颗粒的堆置一般在远离城市的乡村地区,其堆置高度在数米到数十米范围,而这个高度范围属于典型的近地面大气边界层范围。因此,在进行相应的风洞模拟实验时,模拟的流动属于近地面大气边界层流动。

1)风洞物理模拟的基本理论

风洞物理模拟的理论基础是量纲分析与相似理论,其基本假设有两个:

(1)物理过程的本质与所选取的测量单位无关;

(2)两现象相似的充分必要条件是它们满足同一个微分方程及其初边条件。

下面的讨论即以此两个基本假设为前提。量纲分析与相似理论内容参考了相关书籍。

从流体力学方程出发经分析可得到风洞物理模拟所需要满足的一些相似条件,然后再根据大气边界层的特征可以给出其他相似条件。

首先,如下定义取笛卡儿坐标系:

x 轴正方向向东,指标 $i=1$;y 轴正方向向北,指标 $i=2$;z 轴正方向垂直向上,指标 $i=3$;坐

标原点在地表。在这样定义的坐标系中,大气边界层流动的基本方程组如下:

连续方程

$$\frac{\partial\rho}{\partial t}+(\rho u_i)_{,t}=0$$

动量方程

$$\frac{\partial u_i}{\partial t}+u_j u_{i,j}+2\varepsilon_{ijk}\omega_j u_k=-\frac{\delta p_i}{\rho_0}-\frac{\Delta T}{T_0}g\delta_i+\nu u_{i,j}$$

能量方程

$$\frac{\partial\Delta T}{\partial t}+u_j\Delta T_{i,j}=k\frac{\Delta T_k}{\rho_0 C_p}+(\overline{-\theta' u'_j})_{i,j}+\frac{\Phi}{\rho_0 C_p}$$

式中用到约定求和法则,Kronecher 符号 δ_{ij} 以及置换张量 ε_{ijk},动量方程用到了 Boussinesq 近似(空气密度与质量力相比其变化可忽略,理想气体,要求 p,ρ 和 T 只在由静水压力决定的 p_0,ρ_0 和 T_0 附近轻微变化)。

方程式中其他符号含义如下:

u_i:速度张量;

u'_i:脉动速度张量;

ρ:空气密度;

ρ_0:中性层结大气空气密度;

ω_j:科氏力系数;

g:重力加速度;

ν:动力学粘性系数;

T:大气温度;

T_0:中性层结大气温度;

ΔT:空气温度与中性大气层结温度的差;

K:空气的传热系数;

C_p:空气的定压比热;

θ':脉动温度

Φ:耗散函数

由上述大气边界层流动的基本方程组出发,对其中物理量的无量纲作如下处理

$$x_i^*=\frac{x_i}{L},\quad t^*=\frac{tU}{L},\quad u_i^*=\frac{u_i}{U},\quad T^*=\frac{T}{T_0},\quad \delta p^*=\frac{\delta p}{\rho_0 U^2}$$

$$\rho^*=\frac{\rho}{\rho_0},\quad \omega_j^*=\frac{\omega_j}{\Omega},\quad u'^*_i=\frac{u'_i}{U},\quad \Delta T^*=\frac{\Delta T}{T_0},\quad \theta'^*=\frac{\theta'}{T_0}$$

其中,L 为特征长度,U 为特征速度,T_0 为特征温度。

代入无量纲量经推导可得无量纲形式的方程:

连续方程

$$\frac{\partial\rho^*}{\partial t^*}+(\rho^* u_i^*)_{,t}=0$$

动量方程

$$\frac{\partial u_i^*}{\partial t^*} + u_j^* u_{i,j}^* + \frac{2\varepsilon_{ijk}\omega_j^* u_k^*}{Ro} = -\delta p_i^* - Ri\Delta T^* \delta_i + \frac{u_{i,j}^*}{Re}$$

能量方程

$$\frac{\partial T^*}{\partial t^*} + u_j^* T_{i,j}^* = \frac{T_k^*}{Pr \cdot Re} + (\overline{-\theta' u_j'^*})_{i,j} + \Phi^* Re \cdot Ec$$

其中，$Re = \dfrac{UL}{\nu}$，$Ri = \dfrac{\Delta T}{T_0} \cdot \dfrac{Lg}{U^2}$，$Ro = \dfrac{U}{L\Omega}$，$Pr = \dfrac{\rho_0 C_p \nu}{K}$，$Ec = \dfrac{U^2}{C_p T_0}$

这5个无量纲参数原则上是模拟应当考虑的参量。不同的无量纲化方法会得到不同的相似准则，以上无量纲方法为Cermak所用，Plate无量纲化时单独引入时间尺度，得到Strouhal数，对于恒定来流的物理模拟此相似准则可略去。

模型流动和原型流动的无量纲运动方程在形式上相同，若再能保证上述5个无量纲参数和方程对应的边条件相似（下边界条件即地面起伏状况、温度分布；上边界条件即自由流速、边界层顶温度分布等；对应模拟区域的水平压力梯度等），则模型流动和原型流动从原则上就满足了严格的相似性。但这样的要求只有在几何缩比为1的量级时才能达到（Snyder，1981），模拟也就失去了其意义。实际上具体做模拟实验时用不着全部模拟所有的相似条件，只需根据具体情况满足其主要的控制条件即可，许多相似条件经分析可以放松。下面逐一分析这5个相似条件及对应的边条件。

（1）Re数

$Re = \dfrac{UL}{\nu}$，可改写为 $Re = \dfrac{U^2}{L} : \dfrac{\nu U}{L^2}$，代表惯性力与粘性力之比。早期湍流的研究正是从$Re$数开始的。风洞中流动所能达到的$Re$数远远低于实际大气的$Re$数，Cermak建议环境风洞模型流动的$Re$只要大于某临界值$Re_c$即可，他取$Re_c = 10^4 \sim 10^6$。其依据是$Re$足够大时，边界层湍流结构已经充分发展，阻力系数与$Re$无关，湍流结构的相似性得到满足，达到所谓雷诺数自模拟。因此，足够大的Re数可作为Re相似的准则，当模拟的雷诺数大于临界雷诺数Re_c时，称模拟的湍流流动进入雷诺数无关状态。边界层风洞模拟时这项相似准则很容易达到。

另一个也曾被广泛使用的有关Re的相似准则是所谓Nemoto相似准则。Nemoto认为若模型和原型流动的湍流结构几何相似则此两个流动的平均流型相似。他用到两个基本假设：

①模型和原型流动是局地各向同性的；

②流场中每点的湍流结构由该点的Kolmogorov速度ν和微尺度η决定。

事实上，假设①在雷诺数很大时自动满足（Hinze，1975），而对假设② Nemoto认为可用下面的表达式表示模型与原型的相似

$$v_m : v_p = U_m : U_p$$

$$\eta_m : \eta_p = L_m : L_p$$

由耗散率 $\varepsilon = v^3/\eta$，进一步可导出

$$U_m : U_p = (\varepsilon_m : \varepsilon_p)^{1/3} (L_m : L_p)^{1/3}$$

上式被称为Nemoto相似准则。实际应用时许多研究人员假设耗散率相同，这样就得到一个更简洁的表达式

$$U_m : U_p = (L_m : L_p)^{1/3}$$

可看出，对于缩小后的模型流动，其风速也降低了。这对小尺寸低流速的风洞很有吸引

力。不过，Snyder 认为 $\eta_m : \eta_p = L_m : L_p$ 难以在模型实验中得到满足。

风洞中能达到的最小湍流微尺度在 0.1mm 量级，若取几何缩比 1:1000 则对应现场为 0.1m量级的涡，而实际大气微尺度量级在 1mm，故对湍流微尺度的模拟有所失真，对湍流粘性耗散的模拟有所失真。目前对雷诺数相似条件的模拟中应用较广泛的是保证足够大 Re 达到雷诺数自模拟。

(2)Ri 数

$Ri = \frac{\Delta T}{T_0} \cdot \frac{Lg}{U^2}$，代表低层大气热力学稳定度。因 $Fr = \frac{U}{\sqrt{gL\Delta T/T_0}}$，故有 $Ri = Fr^{-2}$。在大气近地面层的 Ri 数一般在 $-1 \sim 1$ 之间，设 $L = 10\text{cm}$，$U = 1.0\text{m/s}$，$T_0 = 300\text{K}$ 则 $\Delta T = 300\text{K}$。因为实现上的困难，Ri 数的模拟仅限于大的 ΔT，小的来流速度 U。由于维持温度层结的费用很高，一般的工程应用不对此作风洞模拟，中性层结实验则不考虑此项。不过，对 Ri 数风洞模拟的工作一直在继续。相比之下，用拖曳水槽可以方便地模拟 Ri 数，而多数实验工作者用 Fr 数做相似参数。因为在大气温度梯度的变化可反映为其密度的变化，Fr 又可写为$Fr = \frac{U}{L\ \sqrt{g\Delta\rho/\rho L}}$，其中 L 可取为温度层结高度。这说明温度梯度可用密度梯度来代替，即选用合适的密度的液体(如盐水)分层，达到对 Ri 数或 Fr 数的模拟。

(3)Pr 数

$Pr = \frac{\rho_0 C_p \nu}{K}$，代表动量传输与热传输之比。风洞模拟中使用的介质就是大气，与原型相同，此项相似条件自动满足。

(4)Ro 数

$Ro = \frac{U}{L\Omega}$，可改写为 $Ro = \frac{U^2}{L} : (U\Omega)$，代表惯性力与科氏力之比。对小尺度地形和建筑物的扰动流场，科氏力的作用可以忽略。Snyder 将 Csanady 的观测结果和风洞实验结果进行了对比，发现扩散区域超出 5km 以上后，科氏力的影响变得重要起来。这一结论限定了风洞模拟区域的几何上限。若有必要模拟超出 5km 范围的区域，可采用风洞侧壁打孔注气或吸气的办法，以形成要求的横向流动，或者用一大的旋转箱来模拟(Caldwell，1970)，一般的环境风洞考虑到这样做的费用及操作的复杂性而放弃了对 Ro 的模拟。对于复杂地形，由于支配流动的主要因素是地形，5km 的模拟限制还可放松。

(5)Ec 数

$Ec = \frac{U^2}{C_p T_0}$，代表动能与内能之比。在空气中，$Ec = \frac{0.4 Ma^2 T_0}{\Delta T}$，$Ma$ 为马赫数。实际大气中 $Ec \leqslant 1.0$，在大气边界层流动中，该项对气流的动力学特性不会有很大影响(Cermak，1984)，故模拟时一般可忽略。

(6)边界层下部固壁边条件相似性要求

模型远上游的地面起伏与粗糙度情况不必完全严格相似。因为充分发展的湍流有很强的忘性，其边条件状况对流场的扰动在经过较长距离的充分发展湍流的运动后，所生成涡运动一部分因湍涡的串级输送而失去边条件的烙印，一部分因压力的平均作用而被均匀，故可用一般的粗糙元(在风洞中一般用可调节的鱼鳞板阵列)造成对平均流动同样的动量损失。

模型附近及下游则要求：

①粗糙度几何相似(Jensen,1958),$(z_0/L)_m=(z_0/L)_p$,其中 z_0 为地表粗糙度,L 为特征长度,下标 m 表模型参量,p 表原型参量。

②粗糙度雷诺数 $\left(\frac{z_0u_f}{\nu}\right)_m=Re^*>2.5$,$u_f$ 为摩擦速度,此即保证壁面附近的流动为空气动力学粗糙,因为只有在空气动力学粗糙的前提下,近地面流动才满足相似性。在此要求与粗糙度几何相似要求有矛盾时,以满足空气动力学粗糙为先。

③地形起伏满足几何相似。

④地表温度要求在中性层结条件下不予考虑。

(7)边界层上部边条件

要求模型流动径向压力梯度 $-\mathrm{d}p/\mathrm{d}x=0$,因为真实大气流动的上边界为自由流动。风洞中因有上壁与侧壁限制,随着它们形成的边界层厚度的增长,风洞实验段的有效横截面积会缩小,根据连续方程,风洞中心的流速会加大,相应径向压力梯度 $-\mathrm{d}p/\mathrm{d}x>0$。为保证自由流速不随下风距离改变而加大,有必要对风洞的顶板或侧壁进行调整,一般是调节顶板。

因此边条件中需满足:$Re^*>2.5$,关心区域地形起伏及粗糙度的几何相似,$-\mathrm{d}p/\mathrm{d}x=0$。

2)中性大气边界层的近似模拟

通过放松相似要求,对相互有矛盾的相似要求进行必要的取舍而进行的风洞模拟是一种近似模拟。综合上述讨论,这里给出近似中性边界层大气模拟的相似性要求:

(1)$Re>10^4\sim10^6$;

(2)$Re^*>2.5$,在此前提下,再尽可能满足粗糙度几何相似;

(3)关心区域地形起伏和地物的几何相似;

(4)风洞轴向压力梯度 $-\mathrm{d}p/\mathrm{d}x=0$;

对近似模拟出的边界层需要与实际大气边界层进行对比检验,检验内容通常包括在上游来流和模拟关心区域的平均风廓线相似、湍流度廓线相似、湍流谱相似。

这里平均风廓线采用两种形式,即常用的对数律和指数律形式。

(1)对数律

$$\frac{u}{u_f}=\frac{1}{\kappa}\ln\left(\frac{z}{z_0}\right)$$

(2)指数律

$$\frac{u}{u_1}=\left(\frac{z}{z_1}\right)^n$$

其中,u 为来流平均风速,u_f 为摩擦速度,z 为从地面算起的相对高度,z_0 为粗糙度,u_1 为高度 z_1 的对应风速,κ 为 von Karman 常数,中性层结风洞中一般取 $\kappa=0.4$。

对湍流谱的模拟即要求模型与原型的湍流谱谱形相似。据湍流统计理论,对湍流脉动量进行处理可得两种涡尺度,即表征大尺度湍涡的湍流积分尺度 I 和表征小尺度涡的湍流微尺度 η(或称为湍流耗散尺度、Kolmogorov 微尺度)。理想的模拟是模型和原型流动中的这两个尺度的缩比应当与几何缩比相同,且谱区间谱形完全得到模拟,但在雷诺数未精确模拟的情况下,这一点得不到满足。由于放松了雷诺数严格相等的要求,粘性耗散的模拟有所失真,相应的湍流微尺度的模拟也不满足几何相似,不过,足够高的雷诺数下可以做到对较大尺度的湍流含能涡区和惯性区的谱形与现场相似。

3)环境风洞

大气边界层流动的物理模拟主要是在环境风洞里进行。Snyder 讨论了环境风洞的尺寸问题,他认为风洞实验段的高度至少得 2m。根据 Robins 提出的决定风洞实验段长度的 4 个因素,他总结出实验段长度的决定公式

$$L=8\delta+40H_s+20\Delta h$$

式中,δ 为边界层厚度,H_s 为感兴趣建筑物高度,Δh 为气流抬升高度。取 $\delta=600\text{mm}$,$H_s=300\text{mm}$,$\Delta h=20\text{mm}$,则 L 估计在 20m 左右。根据美国规范《建筑物和其他结构最小设计荷载(ANSI/ASCE7—95)》,对风洞试验段的尺寸要求为:宽 6 ~ 12ft(2 ~ 4m),高 6 ~ 10ft(2 ~ 3m),长 50 ~ 100ft(15 ~ 30m),最大风速为 25 ~ 100mile/h(10 ~ 45m/s)。本次试验使用的风洞满足这个要求。

大气边界层模拟要求环境风洞的径向压力梯度为 0,而由于风洞的侧壁和顶板产生的边界层会使得风洞实验段的有效截面积减小,若风洞的截面积保持不变,则由于截面积的减小,据连续方程风洞实验段中心的风速会随下游的增加而不断加大,相应即有压力梯度的不为 0,故使顶板可调以消除风洞实验段的径向压力梯度是必要的。

图 7.1、7.2 为我们实验所用环境风洞的结构示意图。该风洞实验段长 32m,宽 3m,高 2m,顶板可调,最高到 2.5m,风速在 0.2 ~ 20m 连续可调,实验段起始处有粗糙元,实验段设有两个直径 2m 的转盘,可用于模拟来流风向。风机驱动功率 160kW。

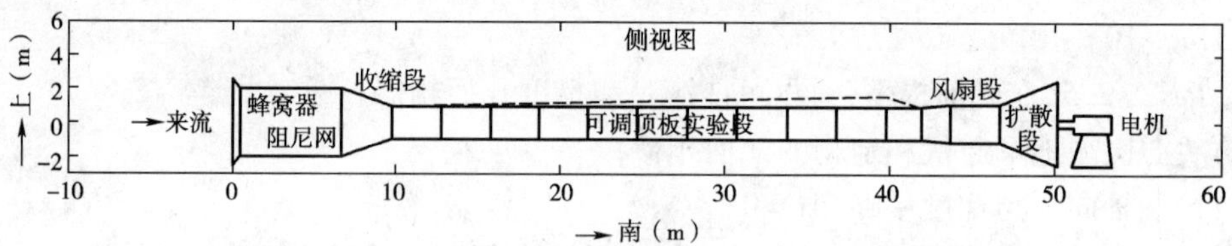

图 7.1　实验所用环境风洞侧视图

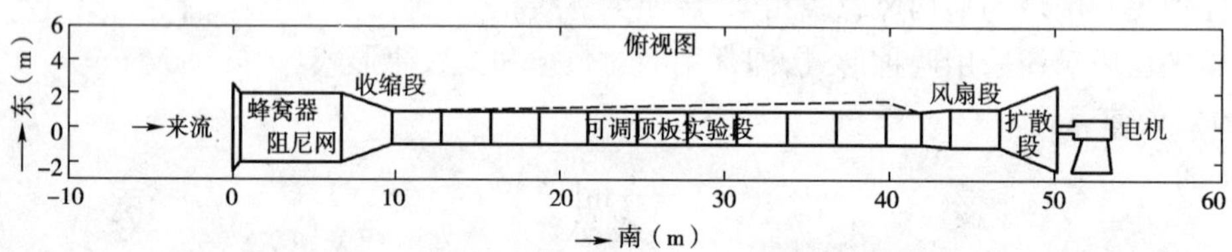

图 7.2　实验所用环境风洞俯视图

2. 近地面大气边界层中颗粒物的迁移机理及模拟理论

尽管从 20 世纪 40 年代英国物理学家 Bagnold 就创立了风沙物理学,对颗粒物在近地面大气流动中的迁移运动进行了论述,经过几十年众多科学工作者的艰苦努力,也取得了一定的进展,但对于颗粒物在气流中运动的比较细致的过程仍缺乏全面和精确的了解。

颗粒物从地表静止状态到进入大气飞行,再在重力和其他力的作用下沉降到地面静止,可以人为地分作三个阶段:起动阶段、飞行阶段、沉降阶段。事实上,这三个阶段从时间上和空间上都不能够非常明确地区分,一个单个的颗粒物可能在起动之后马上又恢复静止,空中飞行的颗粒物也会处于不断沉降的运动状态,沉降中的颗粒物也可能受到湍流猝发的影响继续飞行。这样区分是考虑到颗粒物受力的特点有所区别。

起动阶段，颗粒物同时受到重力 G、气流作用力 F、地表支撑力 N、其他力 X（如静电场力、表面吸附力等）的作用。重力 G 是颗粒物自身的特性，不随颗粒物的运动状态和空间位置发生变化；气流作用力 F 是颗粒物所在空间的气流运动状态的函数（假设颗粒物还没有相对地表的位移和速度，或者位移非常小）；地表支撑力 N 是颗粒物空间状态的函数，它随着颗粒物与地表的接触程度而发生变化。

飞行阶段，颗粒物同时受到重力 G、气流作用力 F、其他力 X（如静电场力、表面吸附力等）的作用。这种状态下，气流作用力 F 是颗粒物运动状态的函数，在不定场流动中也是时间和空间的函数，它随着颗粒物与空气的相对运动状态而发生变化，表现在如果颗粒物受到的阻力总是与相对周围气体的运行速度的方向相反，还表现在湍流场中气体微团强烈的随时间空间变化等特点上。这个阶段颗粒物没有来自地表的支撑力 N 的作用。

沉降阶段，颗粒物受到的来自气流的作用力 F 不足以继续支持着在空中飞行，重力 G 以及其他力 X 的作用使得颗粒物沉降。

从颗粒物的空间状态上看，至少有以下几个我们现在仍无法确切确定的力的作用存在：

气流作用力 F，气流对颗粒物作用的微观解释可以用分子运动论，那是一种分子碰撞的结果。但对它的量化确实是一个非常困难的事情。气流作用力 F 是颗粒物运动状态的函数，又是气流自身湍流运动的函数。出于湍流研究的困难性，至今还没有成熟的理论可以定量地准确估算出气流作用力 F 的大小。比较成熟的对空间尺寸远大于细小颗粒物的固体的经验公式是有的，比如对航天器受力的各种经验参数，但是由于颗粒物受力在时间和空间上的迅速变化的特点，很显然是不能够直接应用的。

对湍流流动结构的研究已经证明，壁面湍流有强烈的大涡结构和间歇性、猝发性的特点，而间歇性和猝发性的湍流作用与层流中的作用有很大的不同。一个明显的区别就是，层流中流体对其中颗粒物的作用力持续，脉动量很小，而湍流对颗粒物的作用则有强烈的脉动特性，在猝发的流体微团以时间和空间上都具有的随机性特点强烈地作用在颗粒物上。忽视了这一点，对湍流中颗粒物的受力分析就脱离了客观实际。

地表支撑力 N，地表支撑力是颗粒物空间状态的变量，只要颗粒物与地表有接触，这个力一直存在。在颗粒物维持静止状态过程中，地表支撑力参与到颗粒物的平衡过程中去，即使颗粒物发生滚动或者振动，这个力一直在起作用。由于来自气流的作用力和随机性，这也是一个飘忽不定的作用力。在颗粒物没有完全离开地表前，地表支撑力的大小与颗粒物的重力及来自气流和其他颗粒物的碰撞力相平衡。

其他力 X，其他力之所以无法确定地给出是因为小尺寸的颗粒物受到的作用异常复杂，这里研究人员能够考虑到的因素有以下一些：

静电作用：颗粒物或多或少带有静电，而大气本身的静电场又十分复杂。对于大尺寸的物体，静电相对于其本身的重力可以忽略，而小尺寸的颗粒物就必须考虑静电的影响。空气中如果充满细小的颗粒物甚至会引起爆炸。

表面液体的吸附：在大气环境背景下，湿度总是处于变化过程中的。固体颗粒物表面如果存在细小水滴（或者其他液体），液体与固体之间的吸附现象是必然的。在潮湿的天气里，颗粒物不容易被风吹到空中，这是一个重要的原因。

颗粒物之间的吸附：细小颗粒物之间的分子作用力可能超过其颗粒物的重力，表现在粉尘吸附在天花板；另一种可能情况是，细小颗粒物之间通过水滴吸附而形成并不稳固的连接体

(随着湿度的降低相互之间的作用力减弱)。

这样,在风洞中模拟颗粒物的起动、飞行及降落,要考虑的因素至少是:真实地模拟大气湍流流动状态,尽可能地用颗粒物实际尺寸进行实验,并且尽可能地降低其他力的影响,比如选择相对干燥的季节或者空气湿度比较小的天气进行实验。

1)颗粒物的起动机理

颗粒物的起动机理有各种假说,总结归纳起来有风压起动说、升力起动说、冲击起动说、压差起动说、振动起动说、斜面飞升说、猝发起动说、湍流起动说、负压起动说和涡旋起动说等10种假说。这些假说中,有的相互之间有交叉,有的则是已经被证实有局限性。本研究认为,猝发起动说比较符合颗粒物的实际运动过程,因而在实验、测量和分析中采用猝发起动说。

按湍流研究中的定义,把非常靠近地表的这层流动称之为壁面层。研究表明,壁面层流动具有猝发性特点,有强烈的剪切应力,包括粘性切应力和湍流切应力。猝发性湍流的瞬时雷诺切应力可比平均雷诺切应力高一个量级。对于单个沙尘颗粒的作用,除了颗粒物与颗粒物的空中的碰撞,考虑到壁面层平均风速较低,瞬时的雷诺切应力成为支配性的作用力。

为考察瞬时雷诺应力,比较方便的数学工具是象限分析。定义的下扫、抛射、内交换和外交换行为其瞬时雷诺切应力比平均雷诺应力高一个量级,时间贡献率大致在20%左右,而对平均雷诺应力的贡献率却达到50%。

应用雷诺(Reynolds)平均运算,假设流动中的物理量可分解成平均项与脉动项的和,如$u_i = \overline{u}_i + u'_i$,对Navier-Stokes方程经平均化运算后得到雷诺方程

$$\overline{u}_{i,t} + \overline{u}_j \overline{u}_{i,j} = -\frac{\overline{p}_{,i}}{\rho} + v\overline{u}_{i,kk} + (-\rho\,\overline{u'_i u'_l})_{,l}$$

$\tau_{ij} = -\rho\,\overline{u'_i u'_j}$称为湍应力或雷诺应力,它有别于粘性应力,纯粹是由速度的脉动引起。为方便起见,研究人员也把$\overline{u'_i u'_j}$称为雷诺应力,仍以$\tau_{ij} = -\overline{u'_i u'_j}$表示。由于雷诺应力张量为对称张量,一定存在一个坐标变换使得变换后的雷诺应力张量只有对角线分量,构成diag$(-\rho\sigma_u^{*2}, -\rho\sigma_v^{*2}, -\rho\sigma_w^{*2})$。在壁面边界层中雷诺应力的最大正应力与地表成一定角度α,范围在0°~45°之间,且α随离开壁面的高度不同而变化。湍流脉动倾向于沿着主轴方向进行,而主轴方向是与地表有一定的倾角的,对应于最大正应力的方向更容易发生动量的传输。

颗粒物如何受到雷诺应力的作用目前尚不清晰,但平均化运算后的雷诺应力已经失去猝发性湍流的特点,为研究时间和空间上尺度都比较小的颗粒物的受力,有必要仔细考察瞬时雷诺应力。如果把平均化运算中的时间平均取得足够小也能满足要求。更精细的瞬时雷诺应力能否揭示湍流的结构,进而揭示壁面湍流对颗粒物的作用机制,进行雷诺应力的象限分析是一种手段。

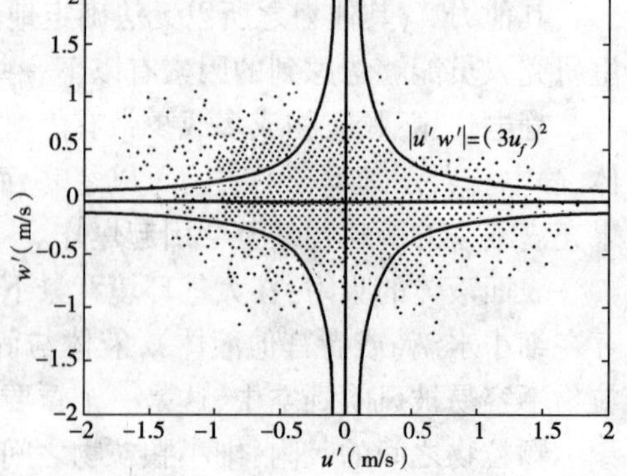

图7.3 (u', w')平面的孔区和四象限划分

象限分析由Willmarth提出,是一种简单的条件采样技术,它可以从单个空间点的时间序列信号得到湍流结构的信息。将(u', w')平面分为5个区域,即由原点附近的孔区(hole)和以双曲线$|u'w'| =$ const为边界的4个象限(图7.3)。

图7.3中,由曲线$|u'w'| =$ const围成的十字形

区域称为孔区，而不包含孔区的四个象限分别构成四个区。根据脉动速度的物理意义，这四个区从直观上分别代表了不同的湍流行为：

(1)第Ⅰ象限为外交换区(Outward interactions)，相应的 $u'>0, w'>0$，高速流体抬升；

(2)第Ⅱ象限为抛射区(Ejections)，相应的 $u'<0, w'>0$，低速流体抬升；

(3)第Ⅲ象限为内交换区(Inward interactions)，相应的 $u'<0, w'<0$，低速流体下洗；

(4)第Ⅳ象限为下扫区(Sweeps)，相应的 $u'>0, w'<0$，高速流体下洗。

孔区、外交换区、抛射区、内交换区、下扫区内流动的行为分别用下标0,1,2,3,4来区分。这样，各行为引发的雷诺切应力对平均雷诺切应力的贡献分别为

$$P_{i,Hs}=\lim_{T\to+\infty}\frac{1}{T}\int_0^{+\infty}\frac{u'(t)w'(t)}{\overline{u'w'}}I_{i,Hs}(t)\,\mathrm{d}t$$

其中，$P_{i,Hs}$表示贡献率，$I_{i,Hs}$为行为归属指标，满足

$$I_{i,Hs}(t)=\begin{cases}1,(u'w')\text{在象限}\ i(i\neq0)\ \text{且}\ |u'w'|>H_s|\overline{u'w'}|\\0 \qquad\qquad i=0,|u'w'|\leqslant H_s|\overline{u'w'}|\end{cases}$$

H_s 为孔区尺寸指标，表示瞬时雷诺应力与平均雷诺应力之比。

同样，可定义各象限行为时间上的分担率

$$F_{i,Hs}=\lim_{T\to+\infty}\frac{1}{T}\int_0^{+\infty}I_{i,Hs}(t)\,\mathrm{d}t$$

显然有

$$\sum_{i=0}^{4}P_{i,Hs}=1$$

$$\sum_{i=0}^{4}F_{i,Hs}=1$$

对于离散的数据点

$$P_{i,Hs}=\frac{\sum_{k=1}^{N}u'(k\Delta t)w'(k\Delta t)I_{i,Hs}(k\Delta t)}{N\cdot\overline{u'w'}}$$

$$F_{i,Hs}=\frac{\sum_{k=1}^{N}I_{i,Hs}(k\Delta t)}{N}$$

从图7.4可以看出，地表附近在孔区尺寸指标 $H_s<5$ 时，抛射和下扫行为对雷诺应力的贡献比内外交换行为大。从数值上看，抛射和下扫的贡献的大致是内外交换贡献的绝对值的两倍。这说明，地表附近边界层流动中，抛射和下扫占主导地位。甚至 $H_s=10$ 时，孔区行为贡献率才到50%，其余的份额由其他象限行为贡献。

从图7.5可以看出，在孔区尺寸指标 $H_s<5$ 时，抛射和下扫占用的时间也比内外交换的要多，但在 $H_s>1$ 后，从时间分担率看，孔区行为占绝对支配的地位。以 $H_s=3$ 为例，孔区行时间分担率为65%，而抛射和下扫行为占用的总时间不到25%；$H_s=10$ 时，非孔区的猝发行为时间分担率仅为5%，但对平均雷诺应力的贡献达到50%。而这说明，对雷诺应力贡献更多的抛射和下扫行为发生在比较少的时间里。各行为在时间上的另一个特点是，在各孔区尺寸指标下，抛射和下扫行为占用的时间基本相当，内外交换行为占用的时间基本相当。

综合考虑地表附近湍流瞬时雷诺应力的特点，可以认为，大的动量交换发生在短时间的猝发行为里。结合雷诺应力对颗粒物的作用，湍流猝发起尘过程的物理描述如下：

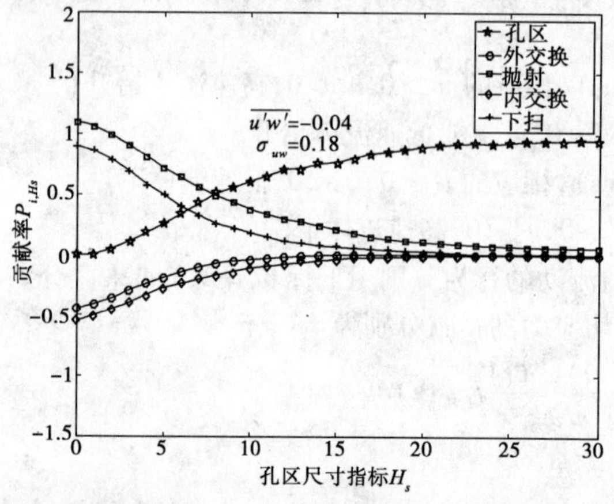

图7.4　各象限行为对平均雷诺应力的贡献率

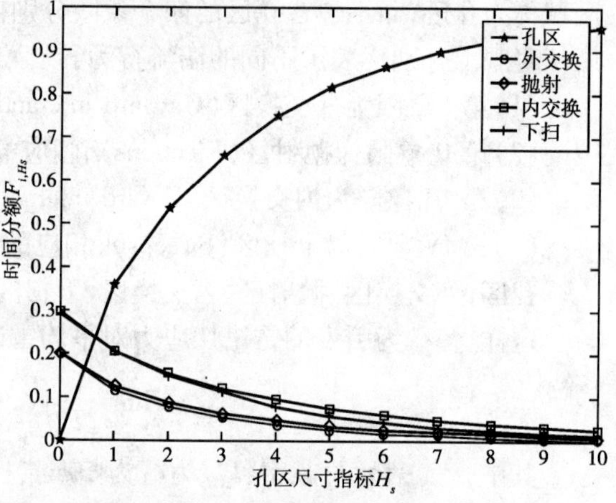
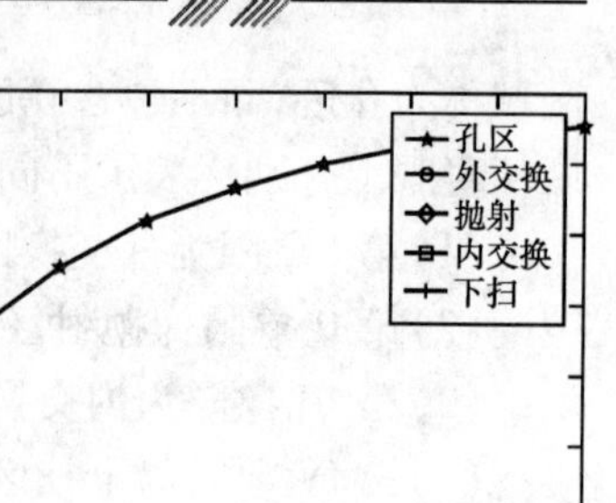

图7.5　各象限行为的时间分担率

颗粒受到来自壁面湍流的作用有强烈的猝发特点。瞬时猝发的雷诺应力使颗粒物飞起。单个颗粒物获得的来自湍流的向上的冲量主要与当时猝发湍流的抛射和外交换行为的强度及持续时间有关。

在瞬时雷诺应力的主轴坐标系中。雷诺应力简化为只在坐标轴上有数值的正应力($-\rho\sigma_u^{*2}$, $-\rho\sigma_v^{*2}$, $-\rho\sigma_w^{*2}$),其物理意义是在主轴方向的压力(应用到实际压力时需要除以2)。考虑到壁面附近垂直方向平均风速几乎为零,颗粒物受到气流垂直方向的力应当就是来自于由脉动速度导致的瞬时雷诺应力。

产生切应力的根本原因在于速度梯度,在假设了瞬时切应力的作用后,对气流动量的考虑就着重放在垂直动量上,或者在瞬时较大的垂直脉动速度 w' 上。假设 $u'w'$ 服从均值为$\overline{u'w'}$,方差为σ_{uw}^2的正态分布,某瞬时切应力以95%的概率落在区间 $|uw-\overline{u'w'}|\leqslant 1.96\sigma_{uw}$。以本次实验的结果,$\overline{u'w'}=-0.04\mathrm{m^2s^{-2}}$,$\sigma_{uw}=0.18\mathrm{m^2s^{-2}}$,临界切应力的最大绝对值为 $|uw|=0.39\mathrm{m^2s^{-2}}$,几乎是平均雷诺应力的10倍。

对颗粒物表面除了侧面的切应力外,还有上下表面的压差阻力。同样以最大瞬时切应力对应的瞬时摩擦速度估计其大小,相应的数值也是由平均摩擦速度估计的10倍。这样,颗粒物在垂直方向的瞬时切应力为

$$\tau_p=0.5\rho\cdot 4\pi r^2\cdot 10|\overline{u'w'}|=20\rho\pi r^2u_f^2$$

瞬时压差升力为

$$p_p=0.5\rho\cdot \pi r^2\cdot 10|\overline{u'w'}|=5\rho\pi r^2u_f^2$$

由于颗粒物密度比空气高3个数量级,忽略颗粒物受到的浮力。这样,考察颗粒物起动的条件即得到相应的临界摩擦速度为

$$u_f=0.16\sqrt{\rho_s dg/\rho}$$

这样估计临界摩擦速度产生的误差来自对切应力和压差阻力的计算上。如果考虑到垂直方向切应力的作用面积不足整个颗粒物的球面面积,而以半球面面积计算,相应瞬时切应力为

$$\tau_p=0.5\rho\cdot 2\pi r^2\cdot 10|\overline{u'w'}|=10\rho\pi r^2u_f^2$$

得到的临界摩擦速度为

$$u_f=0.21\sqrt{\rho_s dg/\rho}$$

如果统一用 $u_f = A\sqrt{\rho_s dg/\rho}$ 形式的公式表达，A 的取值应当在 0.16 ~ 0.21 之间。这个结果与 Lyles & Krauss 的实验结果 A = 0.17 ~ 0.20 一致。

由于平均雷诺应力主轴方向与地表成一角度，可悬浮尘粒倾向于以一定的角度进入空中。这个特性已被用于 PIV 技术来探测壁面湍流的猝发性。

这样，在进行风洞模拟实验时应当模拟出符合实际情形的湍流行为。至少，在满足风速廓线、湍流度廓线以及湍流谱的前提下，风洞模拟的湍流应当是充分发展的湍流。

2）颗粒物在空中的迁移及沉降

固体颗粒物在空中的迁移规律十分复杂，其影响因素包括颗粒物的密度、粒径、气流的流动状态、大气湿度、温度等。为研究的方便，进行以下假设：

固体颗粒物在空中以单个颗粒状态存在，不考虑颗粒物的破碎和凝聚；

固体颗粒物被动地随气流运动，受重力作用沉降到地面；

空中颗粒物相互之间的碰撞不计。

模型堆栈以一定的几何比例缩小，但模型颗粒物的几何尺寸不变。这样做是考虑到颗粒物在起动、迁移和沉降过程中，其粒径大小是一个决定性的变量，在风洞模拟实验时不宜进行几何缩小。对于实际煤堆中较大的固体块状物在模拟时有一个几何上的上限。根据实际起尘起沙的情况，这个几何尺寸上限可在 1mm 左右。

本报告中涉及到的是堆栈的起降尘量，因而笼统地以测量堆栈质量的改变作为起尘量，测量堆栈下游采样器上质量的改变作为降尘量。

第三节　试验设备和仪器

1. 环境风洞

近地面大气边界层的模拟使用环境风洞。该风洞实验段长 32m，宽 3m，高 2m，顶板可调（最高调节范围 2.5m），风速在 0.2 ~ 20m/s 连续可调，实验段起始处有粗糙元，实验段设有两个直径 2m 的转盘，可用于模拟来流风向。风机驱动功率 160kW。

2. 实验筛

不同煤粉粒径的筛选使用标准 ϕ200 金属丝编织网试验筛。根据粒径分布数据，并依据风洞实验的要求，选用 20#、35#、60#、120#、200#、325# 试验筛，相应的网孔基本尺寸见表 7.1。

ϕ200 金属丝编织网试验筛网孔基本尺寸　　表 7.1

筛号 No.	筛孔尺寸（μm）	丝径 d（μm）	筛号 No.	筛孔尺寸（μm）	丝径 d（μm）
20#	850	500	120#	125	90
35#	500	315	200#	75	50
60#	250	160	325#	45	32

3. 干燥箱

实验用煤粉为随机取样的煤进行筛分，之后进行烘干。

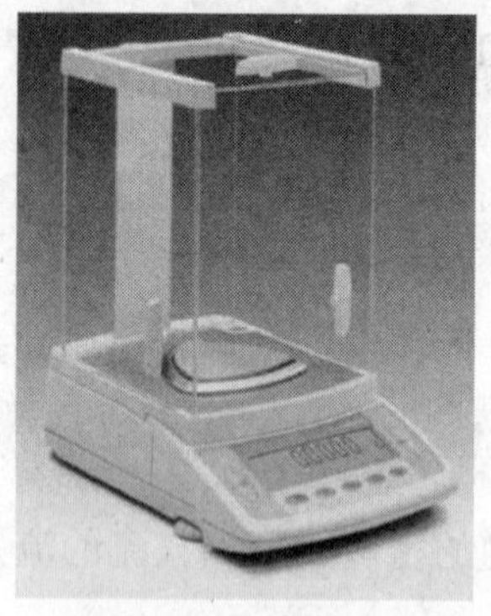
图 7.6 试验所用 CP225D 天平

煤粉的烘干使用电热鼓风干燥箱，其内容积为 65cm × 50cm × 50cm，温度范围 5 ~ 220℃，功率 2.8kW。

为保证烘干效果，同时避免煤粉的燃烧，维持温度在 90℃ 左右 12h 以上。

4. 天平

本次实验使用了 3 种不同精度不同规格的天平，分别为：

高精度微量天平，德国产 CP225D，最大感量 40g，最小分辨感量 0.01mg（图 7.6）。

精密天平，日本产 GX-4000，最大感量 4100g，最小分辨感量 0.01g。

台式天平，中国产 BWSS-15，最大感量 15kg，最小感量 0.5g。

5. 加湿装置

不同含水量起动风速测定实验前，考虑到煤粉量较小，为了对煤粉颗粒配水，使用亚都超声波加湿器对颗粒物加湿；对于煤堆的加湿，由于其量较大，采用喷雾方式加湿，使用喷雾水珠粒径在微米量级的美国产喷雾枪加湿。加湿过程从 GX-4000 精密天平读数，以控制含水量。

6. 堆取料机

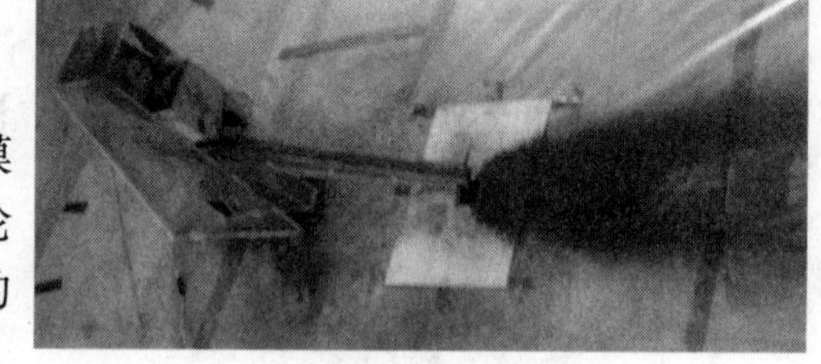
图 7.7 堆取料机模型

为模拟煤堆的装卸，本研究研制了堆取料机模型（图 7.7）。以一个电机控制传送带的运动及斗轮转动，以另一电机控制料斗的震动（以保证物料的连续下落）。

模型设计时参考堆场堆取料机的规格按 1∶100 比例缩小，保证传送带宽度 14mm，带速 0.025m/s，相应角速度为 4.08rad/s。

斗轮以齿轮状斗模拟，共 9 个斗，单个斗的几何尺寸见图 7.8。

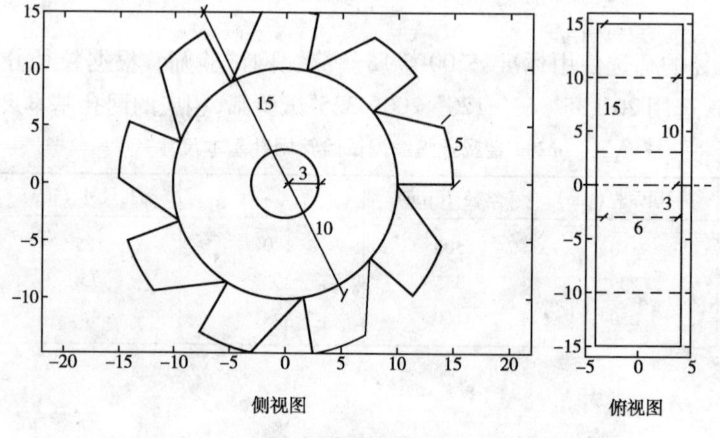

图 7.8 模型斗轮示意图

7. 热线风速仪

风速的测量使用丹麦产 DISA 热线(膜)风速仪,使用前用 DISA 自带的射流风洞进行校准。风速廓线的测量使用热膜风速仪,雷诺应力的测量使用 V 型热膜风速仪。图 7.9 为单丝热膜校准曲线,图 7.10 为 V 型热膜校准曲线。

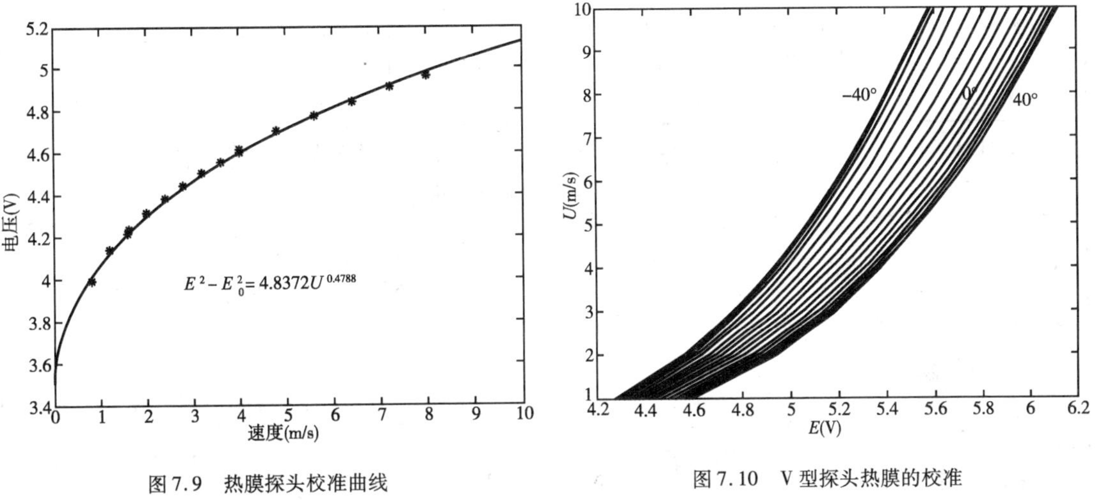

图 7.9　热膜探头校准曲线

图 7.10　V 型探头热膜的校准

8. 录像放大设备

测量起动风速时采用远距离观察方法。这样做是为了避免靠近颗粒物的障碍流动对局部流场的干扰。有些文献中使用显微镜观察,镜头距离颗粒物只有若干厘米,其结果会对颗粒物所在流场造成严重的干扰。

使用的数码录像机具备 16 倍光学放大,20 倍数码放大功能,133 万像素。具体应用时,以视频线连接到电视上,由电视屏幕上放大颗粒物的状态来判断起动与否。

第四节　港口粉尘起尘扩散规律的试验设计

1. 单多堆起降尘实验布置

静置煤堆的起降尘分为单堆和多堆情形,其几何比例均为 1∶100,见图 7.11、7.12。

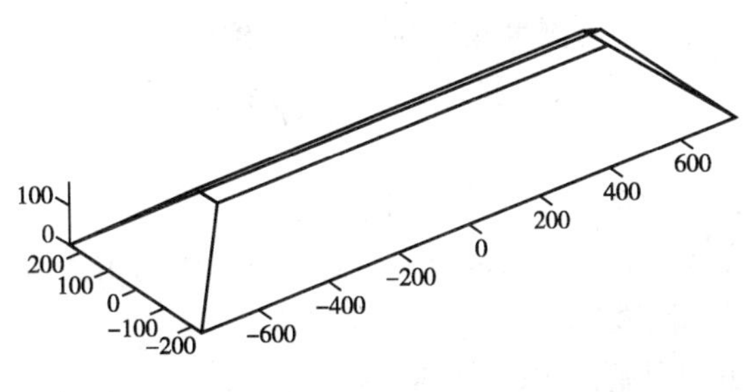

图 7.11　煤堆模型

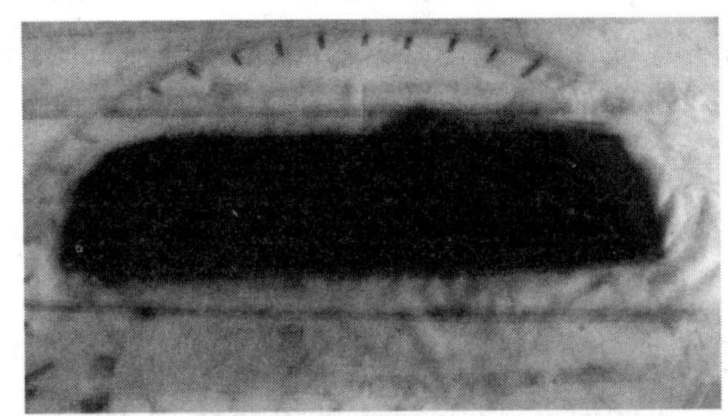

图 7.12　置于风洞中的单煤堆模型

依据表7.2配置4种类型煤堆:YM样品、DK样品、SX样品和JM样品。配置时都以干燥或含水率为零的基础上进行。

不同煤粉类型的粒径分布百分数(%)　　表7.2

粒　径(μm)	>500	250~500	125~250	75~125	45~75	28~45
筛子(目)	35上	60上	120上	200上	325上	325下
YM样品	69.2	7.11	8.38	2.54	3.36	9.4
DK样品	76.98	4.77	6.34	1.78	2.34	7.79
SX样品	83.97	3.18	3.26	1.18	1.9	6.51
YZ样品	94.21	0.96	1.07	0.39	0.55	2.82

分别对不同煤粉类型不同含水率的煤堆进行起尘和降尘的测量,详细安排见表7.3。

煤堆起降尘的实验安排　　表7.3

类　型	单　堆				多　堆
含水率	含水率1	含水率2	含水率3	含水率4	含水率1
YM样品	√	√	√	√	√
DK样品	√	—	—	—	—
SX样品	√	—	—	—	—
YZ样品	√	—	—	—	—

起降尘实验分5步进行:

(1)按要求配置不同类型煤堆,使之符合含水率要求,记录煤粉质量M_{c0}以及堆架的质量M_{f0};尘采样片表面涂凡士林,称量尘采样片质量,记录M_{si_0},并在风洞轴线按离开煤堆底座外沿距离一定间隔放置采样片;

(2)按不同来流风速分吹蚀15min;

(3)收集尘采样片,称量降尘后的总重M_{si_d},并计算降尘量$d_{d_i}=M_{si_d}-M_{si_0}$;

(4)称量吹蚀后的煤堆煤粉质量M_{cr}及堆架质量M_{fr},计算起尘量$d_e=M_{c0}+M_{f0}-M_{cr}-M_{fr}$

(5)清洁采样片。

从起尘过程看,在空间上是在煤堆的表面,在时间上可以大致认为起降尘量与时间成正比。这个过程中的变量为:

d_e:起尘量;d_d:降尘量;T:持续时间;S:煤堆表面积;U:来流风速;U_c:临界风速;w_h:煤粉含水量;ρ_c:煤粉密度;H_a:大气相对湿度。

需要说明的是,大气湿度对于风洞试验中煤粉起尘量和降尘量的测量有比较严重的影响。由于大气湿度的影响,配置好一定含水量的煤粉可能在实验中吸水或者失水,因而改变煤堆的含水量。这是在实验中无法克服和避免的困难。大气相对湿度较大时,起尘受到严重抑制,而悬浮空中的尘颗粒则因为吸湿而迅速变大进而沉降。因此,实验过程中尽可能选取干燥的天气进行实验。

考虑局部小体积元,长宽高分别为$\delta x,\delta y,\delta z$,其中有$n$个等直径$d$的颗粒物。相应有:

这些颗粒物的总重量为Mg,它之所以能够悬浮空中并迁移是因为受到来自气流的雷诺剪应力,总大小为$n\cdot 4\pi r^2\cdot c_1\rho_a u_f^2$,其中$c_1$为某无量纲系数。

再假设$n=c_2\delta x\delta y\delta z$,即该小体积元中颗粒数正比于该体积元体积,有

$$Mg=c_2\delta x\delta y\delta z\cdot 4\pi r^2\cdot c_1\rho_a u_f^2$$

或

$$\frac{M}{\delta x\delta y}=\frac{4\pi r^2 c_1 c_2 \rho_a u_f^2 \delta z}{g}$$

在此小体积元中，$\delta z = u_f \delta t$

变为

$$\frac{M}{\delta x\delta y\delta t}=\frac{4\pi r^2 c_1 c_2 \rho_a u_f^3}{g}$$

上式左侧即单位面积单位时间内的起尘量，而 $c_2 4\pi r^2$ 的含义是单位体积中颗粒物的表面积，对于某固定粒径分布的煤堆，可以近似地把 $c_1 c_2 4\pi r^2$ 看作一个参数 c。这样，有

$$\frac{M}{\delta x\delta y\delta t}=\frac{c\rho_a u_f^3}{g}$$

假设实际大气流动中

$$(U-U_c)\propto u_f$$

近似以煤堆的表面积取代 $\delta x\delta y$，可得到起尘量 $Q(\mathrm{kg/m^2 s})$ 的表达式

$$Q=\frac{c\rho_a(U-U_c)^3}{g}$$

具体到测量值 d_e 时

$$Q=d_e/ST$$

其中，S 为模型煤堆的表面积，T 为采样时间段长。

降尘量的表达式为

$$p=\frac{d_d}{S_s T}$$

其中，S_s 为采样片的面积。

由于速度与现场相同，空气密度和重力加速度也相同，单位体积的颗粒物的表面积在近地表中估计也大小近似。

2. 装卸过程模拟实验安排

图 7.7 为堆取料机的模型。堆取料机模型制作过程中考虑到的参数见表 7.4，斗轮、传送带和悬臂几何尺寸按 1∶100 模拟，传送带的速度按1∶100缩小，堆取料机其他部分设置动力机构和传动机构，主要采用齿轮机构将电动机的动力传到传送带和斗轮上。

堆取料机的模型参数　　表 7.4

参　数	尺　寸		速　度
传送带	长 400	宽 14	0.25
斗轮	15	宽 14	—
装堆实验斗轮高度	10	20	30
卸堆实验斗轮高度	170	煤堆顶	

为了避免模型堆取料机在装堆过程中煤堆高度的变化，夹杂落下煤粉对装堆过程起降尘的干扰，煤粉落在风洞转盘的中心孔里。测量装堆起尘量时，以经吹蚀后离开堆底宽度方向以外的煤粉为参考量。

堆取料机卸堆时,模型斗轮只在模型煤堆顶的一个一定宽度(稍大于斗轮宽)的槽内转动,带起煤粉颗粒,但并不送到传送带上。

表7.5给出了试验分组。装堆前称量一定量的自然含水率的煤粉 $M_{前煤}$,同时测量模型堆取料机的质量 $M_{前机}$,以及转盘中心孔承料桶的质量 $M_{前桶}$;启动风洞,风速达到要求后启动模型堆取料机,煤粉开始降落,吹蚀15min后停风,称量剩余煤粉和模型堆取料机的总重 $M_{后机}$,以及转盘孔中的煤粉量 $M_{后桶}$(堆底座线内的煤粉扫入承料桶),获得起尘量 $d_e = M_{前煤} + M_{前机} + M_{前桶} - M_{后机} - M_{后桶}$。

煤堆起降尘的试验安排　　表7.5

类　型	装　堆		卸　堆
	高　度	风　速(m/s)	风　速(m/s)
含水率YM样品	对应现场1,2,3m	1.5,2,3,4,5,6,7	1.5,2,3,4,5,6,7
含水率1DK样品	对应现场1,2,3m	1.5,2,3,4,5,6,7	1.5,2,3,4,5,6,7
含水率1SX样品	对应现场1,2,3m	1.5,2,3,4,5,6,7	1.5,2,3,4,5,6,7
含水率1YZ样品	对应现场1,2,3m	1.5,2,3,4,5,6,7	1.5,2,3,4,5,6,7

卸堆模拟时,将堆取料机斗轮置于模型煤堆顶含煤槽中,其余煤堆模型架表面不放置煤粉(以避免取料起尘与煤堆起尘的混杂)。取料前称量一定量的煤粉连同煤堆架一起称量得 $M_{前煤}$,同时称量斗轮的质量 $M_{前斗}$;启动风洞,当风速达到要求后,启动斗轮使之转动,吹蚀15min后停风,称量煤堆模型架及剩余煤粉得质量 $M_{后煤}$,称量斗轮质量 $M_{后斗}$;获得起尘量 $d_e = M_{前煤} + M_{前斗} - M_{后架} - M_{后斗}$。

降尘量的测量同单堆情形,下风距离仍以离开煤堆底座外沿起。

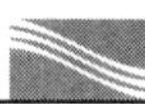

第八章　港口粉尘起尘规律

第一节　概　　述

1. 港口粉尘起尘规律的研究意义

长期以来，大气污染一直是严重的环境问题之一。从工业革命大量使用煤作为能源开始，大气污染就已存在。300多年前著名科学家约翰·伊凡林曾描述了伦敦的大气污染以及烧煤所造成的危害。

上溯至20世纪，全球大气污染问题日益严重。马斯河谷烟雾事件、多诺拉烟雾事件、伦敦烟雾事件、洛杉矶光化学烟雾事件、四日市事件等一些臭名昭著的大气污染事件接连发生。造成的危害也逐步得到了科学证实，大气污染问题才日益受到各国政府和人民的重视，并成为全球关注的重大环境问题。

时至21世纪，联合国环境规划署（UNEP）在综合了美国和欧盟的研究，以及墨西哥城和智利首都圣地亚哥的实际经验后，于2006年第9次特别埋事会暨全球环境部长论坛上发布《全球环境展望年鉴》，指出减少空气污染带来的经济效益是所需投资的6倍。空气污染减少后，社会用于治疗因环境污染引起的疾病的开支会减少，农业及生态环境损失会降低，腐蚀性污染物对基础设施及公共建筑的损耗会减缓。美国推行《清洁空气法案》在1990～2010年间预计会带来6900亿美元的经济利益；而圣地亚哥在推行其港口散货粉尘防治计划的15年里共产生出40亿美元的收益。

我国大气污染不容乐观。截止2000年，我国最主要的大气污染物仍为总悬浮颗粒物（Total Suspended Particle）。在338个城市中有202个城市的TSP浓度年均值超过国家二级标准（$0.20mg/m^3$）占统计城市的60%。其中97个测试城市的年均TSP对城市空气的综合污染指数的年均贡献率超过46%，而另外两种污染物（二氧化硫和氮氧化物）贡献率只有28%和25%。这主要因为颗粒物污染成分复杂，来源众多，加之近年来生态环境的不断恶化，使得颗粒物污染在总的大气污染的贡献日益突出，已成为导致我国多数城市空气污染的首要因素。

粉尘是大气污染物中能够悬浮于空气中的固体微粒，其粒径范围由0.1μm至百余微米，是港口及周边地区的主要大气环境污染灾害之一。

煤炭粉尘对人体、生产、环境、自然景观、生态平衡、经济效益都有影响，危害的程度取决于从尘源散发的粉尘量，粉尘的物理、化学性质，以及尘源周围的情况。港口主要的产尘源有煤炭静态堆存过程和卸堆、装船、取料等作业过程。研究颗粒起动规律，可以定性、定量地分析粉尘的起动特征及尘源强度，为港口煤炭粉尘防治工作提供必要的技术指导和理论依据。

长期以来，人们在重视港口经济发展建设的同时，从不同角度对煤炭、矿石等散装货物的起尘规律和治理措施进行了大量的研究，并取得了一定的成效。但是随着经济的快速发展和技术水平的提高，取料装船机等各种大型机械已经应用于现代化的港口、码头。现代港口的吞吐量、作业方式、作业效率早已今非昔比。建立在传统作业方式基础上的各研究结论是否还适宜于现状；各起尘规律假设是否有所不足需要补充、完善；起尘模型如何修正以适应于今日的港口发展状况，抑或需要模型重建等等一系列棘手的问题摆在我们面前，制约着港口煤炭粉尘防治、港口城市环境保护、沿海经济发展和对内对外经济贸易的进行。因此本章以港口煤炭码头为研究对象，对煤粉尘起尘规律进行研究，不仅对港口粉尘的大气环境污染控制具有重要的指导意义，而且对整个大气颗粒物的污染治理具有较高的应用价值，有利于促进环境保护与经济发展、社会进步的和谐统一。

2. 粉尘起尘规律研究进展

开放性尘源的污染实质上是自然风力作用下粉尘颗粒的起动迁移问题，而粉尘颗粒的受力起动规律对这一问题的研究具有最基本的意义：它是粉尘颗粒运动的起始环节，也是粉尘污染防治的基础之一。粉尘起动规律包括两个基本问题：其一是临界起动风速的确定；其二是尘源强度的确定。

Bagnold 首先对在风洞中尘粒的起动风速进行了研究，提出了流体起动值和冲击起动值的概念。所谓流体起动值是指来流中完全无尘，颗粒的起动完全出于风对颗粒的直接作用下的临界风速；若来流中含有部分颗粒，地表颗粒的运动将主要是由于风中原有跃移颗粒的冲击作用所致，这时的临界风速称为冲击起动值。在风洞实验中可以这样实现：开始时用不含尘的气流吹过尘面，当气流速度增大到某一值时，颗粒开始运动而产生粉尘流，这一风速就是颗粒的流体起动风速。粉尘流一经形成，逐渐将风速降到起动风速时，粉尘运动并不中止，直到风速降低于流体起动风速的某个值时，粉尘才完全中止运动，这一风速就是颗粒的冲击起动风速。

为求得尘颗粒的起动风速值，人们展开了各种风洞实验，Bagnold 首先给出了经验表达式。Chipil W. S，Zigg A. W，Lyles. L 和 Krauss R. K 先后对此问题进行探讨，但由于受到早期实验设备的限制，他们给出的结果相差很大。主要是在如何判别颗粒的起动上，存在很大的主观性，通过肉眼直接观测进行判断有一定数量的颗粒发生了运动，使得在判断的标准上存有很大的偏差。Nickling 在颗粒起动实验中采用了激光技术，但他在颗粒起动速度的判定上仍没有给出确定的、定量化的标准。

尘源强度系指开场空间内尘源在单位时间单位面积上向大气所排放的尘量。这一参数不仅具有理论意义；而且也是抑尘防尘的主要依据，具有相当重要的实践意义。长期以来国内外众多学者提供了众多的经验和半经验公式。最早探讨风蚀量的学者是 Bagnold 和河村龙马。Bagnold 假定粒子的发尘与具有临界摩阻速度 u^* 高次方的量级，这一假设为后来的一些实验结果所证实。

河村龙马作了与 Bagnold 相似的假定，并进一步考虑到颗粒起动摩阻速度对尘源强度的影响。之后，各学者在现场观测或风洞实验的基础上，提出各种尘源强度的公式。对各位学者的公式作出评估认为，在颗粒起动摩阻速度较小时，河村龙马的公式比较可靠，而在颗粒起动摩阻速度较大时则以 Bagnold 公式更为可靠。他们的实验结果得到了国内外学者的广泛认同，从而为选择合适的尘源强度估算公式提供了依据。

目前，在颗粒物的行为过程及环境效应评价方面，各国科学工作者开展了大量的工作。应当指出，尽管较大粒子的蠕动跃动和较小粒子的悬浮运动是同时发生的，二者的运动机理和规

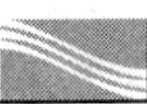

律以及实际的应用都很不同。前者的例子如颗粒与雪粒的运动，前人已经作了较多的理论和实验研究。空气的粉尘污染主要是由直径小于 100μm 的极微小的悬浮颗粒造成的。固体粒子被风吹起的过程极为复杂，迄今人们对其机理的了解极为贫乏。在大气现场直接测定起尘量几乎是不可能的，通过风洞模拟实验，人们确定了影响该过程的一些因子，如平均风速、湿度、粒子的直径等，并总结了一些半经验的规律。然而，计算实际地面起尘因子时，需使用标准的气象学和固体颗粒学数据，与实验室情况又有很大的区别。现在应用较为广泛的是美国 EPA、中国环境保护部分别推荐的几个半经验公式。

煤炭堆场属于开放性尘源，具有源强不确定性，因此，开放源起尘规律对于解决空气颗粒物开放源问题具有十分重要的意义。煤场二次扬尘计算方法及其应用研究认为物料在堆放过程中的起尘量主要与堆放形状、堆场排列及物料堆与风向夹角和风速密切相关，并进行了煤炭装卸时起尘量的估算和煤堆起尘量的估算。结果表明，堆场起尘是散装物料的主要粉尘污染源，堆场起尘量随风速的变化远远大于作业起尘量随风速的变化。煤炭在堆放过程中，起尘量的大小取决于煤堆的表面积、颗粒粒径、含水率及风速。煤炭在作业过程中，起尘量的大小取决于作业量、颗粒粒径、含水率及风速。粉尘起尘除与其物理性质（粒径、密度、含水率）有关外，与气象条件的关系甚密。影响尘源强度的因素是复杂的，要精确地表示风速与尘源强度地关系是相当困难的，所以到目前为止，关于尘源强度仍没有统一的定论。与之相类似，开放性尘源的尘源强度也同样受到各种因素的影响和自身的复杂性，只能通过实验进行模拟测定。

第二节　起尘试验的主要结果

1. 煤炭颗粒的起动风速

（1）主要试验结果

煤炭颗粒的起动风速风洞试验结果表明，显微镜中观察到的粉尘颗粒，细小颗粒一般是粘结在一起的；煤粉颗粒并非真正的球形，而多数为类球形片状，故认为细小煤炭颗粒的起动风速（摩擦速度）迥异于经验公式。

对于小于 500μm 的煤粉颗粒普遍存在随着含水率提高其起动风速显著增加的现象。对于粒径超过 500μm 大煤粉颗粒，其起动风速几乎不随含水率的变化而发生改变；极细小的煤粉颗粒，其起动风速随着含水率的增大迅速增大。这与直观的判断是吻合的。大颗粒比表面积小，颗粒之间的吸附作用小，含水量的提高不会促成更大颗粒的出现，而细小煤粉颗粒会因含水量的增加而凝聚成较大的颗粒，此时的起动风速反映了更大粒径的物理行为。至于在含水率大于 5% 之后，对于粒径在 45 ~ 125μm 之间的颗粒，临界起动风速反而随着粒径的增大而下降，这是因为粒径越小越容易凝聚成大颗粒。

（2）结果分析

图 8.1 和图 8.2 分别给出了相同含水率不同粒径下煤炭颗粒的起动风速和相同粒径不同含水率下煤炭颗粒的起动风速。起动风速不仅与粒径有关，还与含水率有关。含水率对小粒径颗粒的影响要高于大粒径颗粒。

对于小于 500μm 的煤粉颗粒普遍存在随着含水率提高其起动风速显著增加的现象。对于

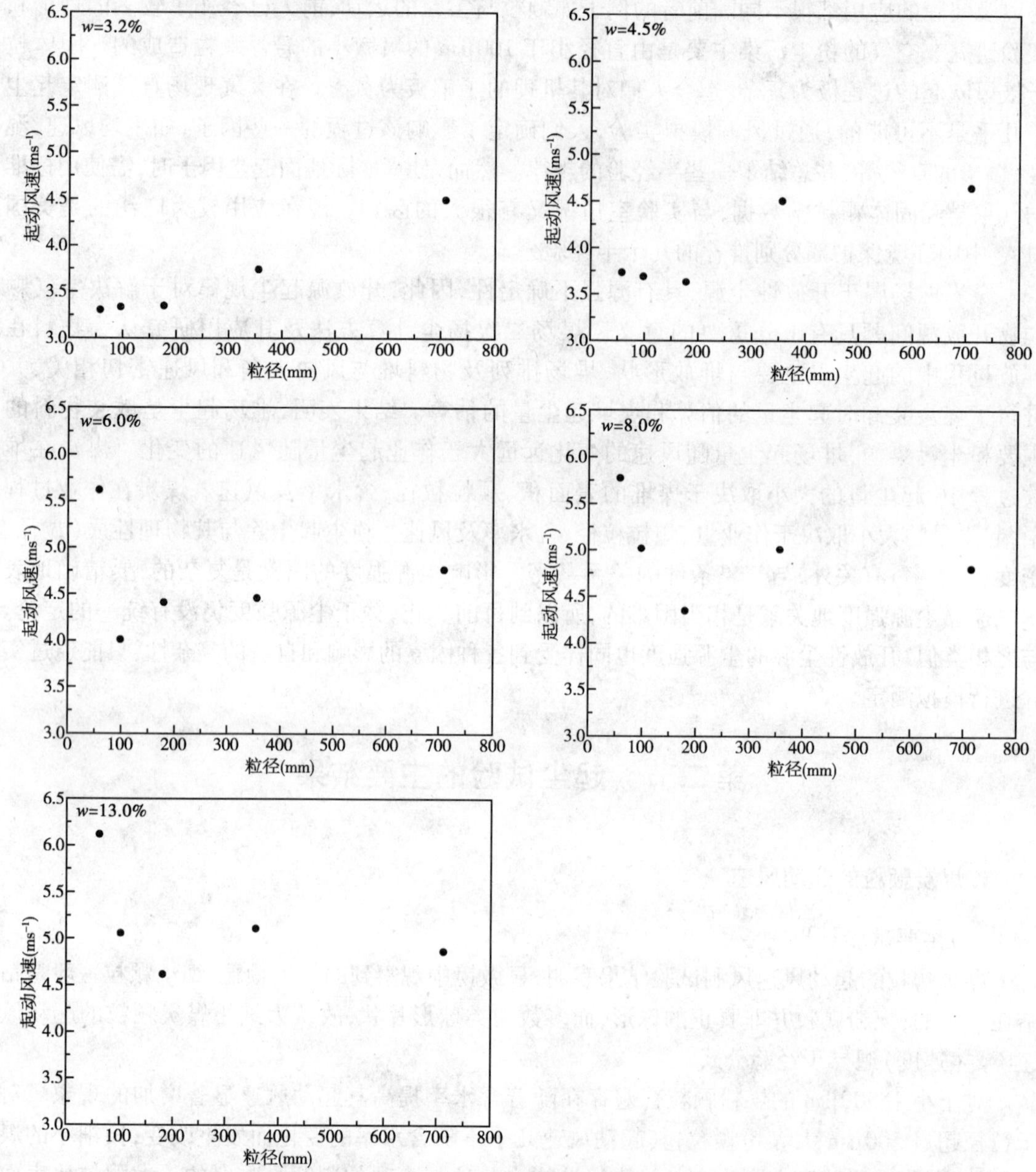

图 8.1　相同含水率不同粒径下煤炭颗粒的起动风速

粒径超过 500μm 大煤粉颗粒，其起动风速几乎不随含水率的变化而发生改变；极细小的煤粉颗粒，其起动风速随着含水率的增大迅速增大。结合试验结果，初步认为该现象为亲水作用结果。

对于小于 100μm 的煤粉颗粒存在随着含水率提高其起动风速增加骤变，甚至明显接近或超过同条件下 500μm 大颗粒起动风速的现象。结合试验结果，此处初步认为该现象为凝聚作用（小颗粒粘结而凝聚成较大团粒）结果。

对于特定粒径范围的颗粒似乎存在一个发生明显凝聚作用的含水率阈值。对于粒径为 58μm 的颗粒，这个阈值在含水率 1 与含水率 2 之间；对于 97μm 的颗粒，这个阈值在含水率 2 与含水率 3 之间。

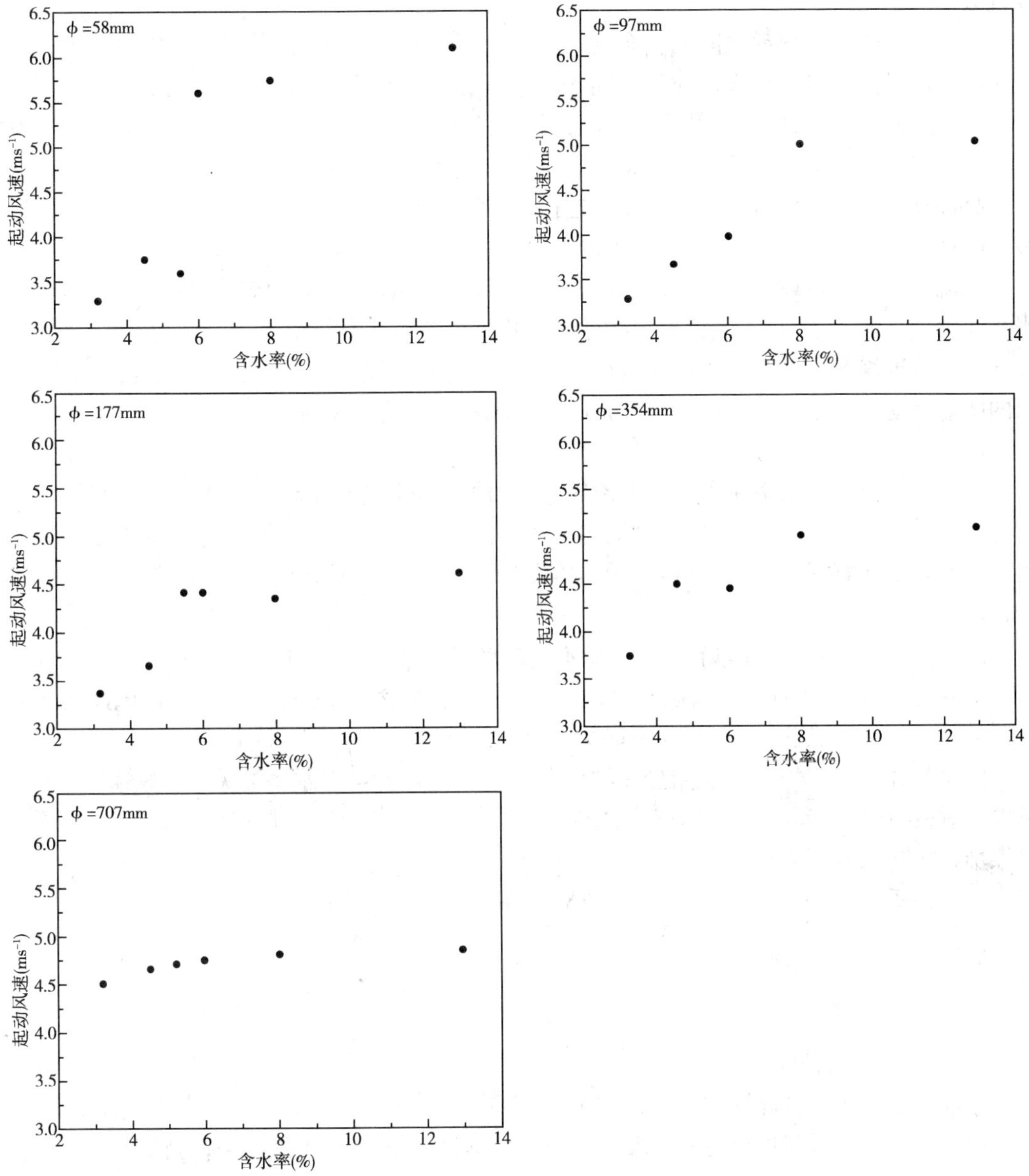

图 8.2　相同粒径不同含水率下煤炭颗粒的起动风速

亲水作用和凝聚作用对颗粒起动风速的影响在建模时应该给予考虑。

2. 煤炭堆存起尘试验结果

(1)试验结果

煤炭堆存起尘试验结果表明,现场风速超过一定风速的情况下,所选几种煤粉的起尘量没有大的变化,但在低风速下,JM 样品煤堆更容易起尘,其原因可能是 JM 样品粗颗粒较多,夹杂其中的细颗粒不像其他煤粉那样更不容易暴露在猝发气流中。

多堆情形从整体上说比单堆起尘稍严重,其原因是上游堆对气流的扰动加大,有更强烈的垂直方向的脉动。

水的加入改变了煤粉之间的粘合度，使得细小颗粒物因水滴的表面吸附作用而组成大的颗粒物。但风洞试验研究人员对于不同含水率煤堆在相同风速下的起尘量大小几乎相同感到疑惑，可能是加水之后的煤粉凝聚成某粒径较大的颗粒，尽管含水量较大，但有限的风干时间内不至于完全干燥变成自然含水的状态。同样，对于含水率并不高的煤堆，因为空气相对湿度大，煤堆表面会吸水，使得含水率提高。这样，对于表面起尘界面，其颗粒物大小差不多，尽管底层的煤粉含水率有变化，其真正起尘的却只是表面颗粒。

来流风速在一定风速时，靠近煤堆的采样片降尘量最大，而后随着距离的增大逐渐减小；当风速大于一定风速后，下风距离轴线上的煤粉沉降量存在峰值位置，这个位置随着风速的提高会逐渐靠近煤堆。试验中通过观察得知，一定风速时在煤堆后看不到地表颗粒在堆长度方向的明显运动，但在风速提高后，煤堆下游背风区有显著的横风向摆动。

(2)结果分析

图8.3给出了含水率在含水率1条件下，各种类型煤炭堆存起尘量随风速的变化。在风速为$2ms^{-1}$时，各种类型煤堆的起尘量均超过$1gm^{-2}s^{-1}$；起尘量达到10 $gm^{-2}s^{-1}$的风速分别为：YM样品、SX样品4.0~5.0 ms^{-1}，DK样品4.0 ms^{-1}，JM样品3.0 ms^{-1}，多堆YM样品2.0~3.0 ms^{-1}。

图8.4给出了YM样品堆存起尘试验不同含水率下起尘量与风速关系。在含水率为含水率1时，风速为4.0~5.0 ms^{-1}时，起尘量发生显著变化；在含水率为含水率2时，风速为6.0~7.0ms^{-1}时，起尘量显著增加。含水率对粉尘的大量起尘有一定的抑制作用。

图8.5给出了YM样品堆存起尘试验不同风速下起尘量与含水率的关系。风速在5.0ms^{-1}及以上时，含水率对起尘量的影响明显。而并非如风洞试验研究人员所感到疑惑的不同含水率煤堆在相同风速下的起尘量大小几乎相同。

综上分析，湿度为含水率1条件下，YM样品堆存显著起尘风速可定。

3. 煤炭作业起尘试验结果

1)试验结果

(1)装堆(装船，堆料)

装堆的起尘与静置煤堆的起尘机理不同，它是垂直方向煤粉直接受到来自气流的冲量导致。煤粉的起降尘量与单位时间内暴露于空气中的颗粒物表面面积相关，与颗粒物在空中维持的时间相关。

①在低风速时，装堆起尘率随高度没有明显变化；

②在风速U超过一定风速后，装堆起尘率随高度增加而显著增大；

③对于含细煤粉较多的YM样品，其起尘率在3~5m/s风速时，起尘率较其他类型的煤在数值偏大；

④装堆卸料高度为1m和2m的起尘率变化不大；

⑤大颗粒煤粉含量越高，起尘率越低。

(2)取料

取料又称卸堆，试验结果表明，卸堆起尘量应当与斗轮带动煤粉倒入传送带的过程有关，认为风力作用到处于空中的煤粉颗粒表面时才能把动量传给煤粉，促使其偏离自由落体的轨

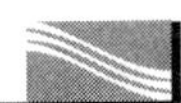

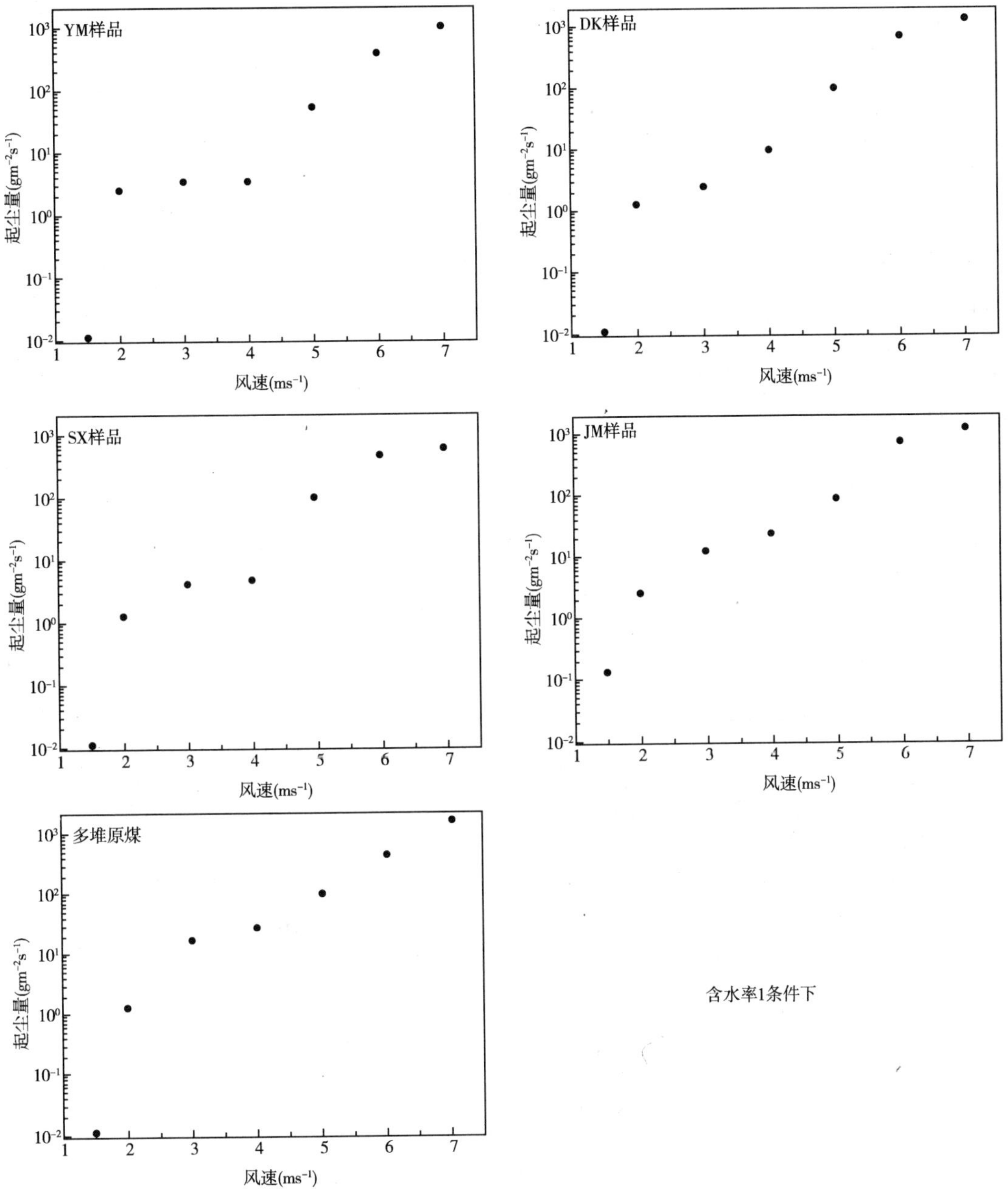

含水率1条件下

图 8.3 单多堆起尘试验起尘量分析

道。即卸堆的起尘量与斗轮带动煤粉过程中煤粉在空气中的暴露面积 S 有关。

YM 样品中小颗粒的煤粉含量高，因而卸堆过程中相比较而言，在低风速时比其他类型的煤粉起尘率稍高，但风速超过 6m/s 后差别并不明显。卸堆起尘率在 5m/s 风速以下时区别不大。

2）结果分析

（1）煤炭装堆作业起尘分析

由图 8.6 可知，在低风速时（YM 样品 $U < 3$m/s，DK 样品、SX 样品 $U < 4$m/s，JM 样品 $U <$

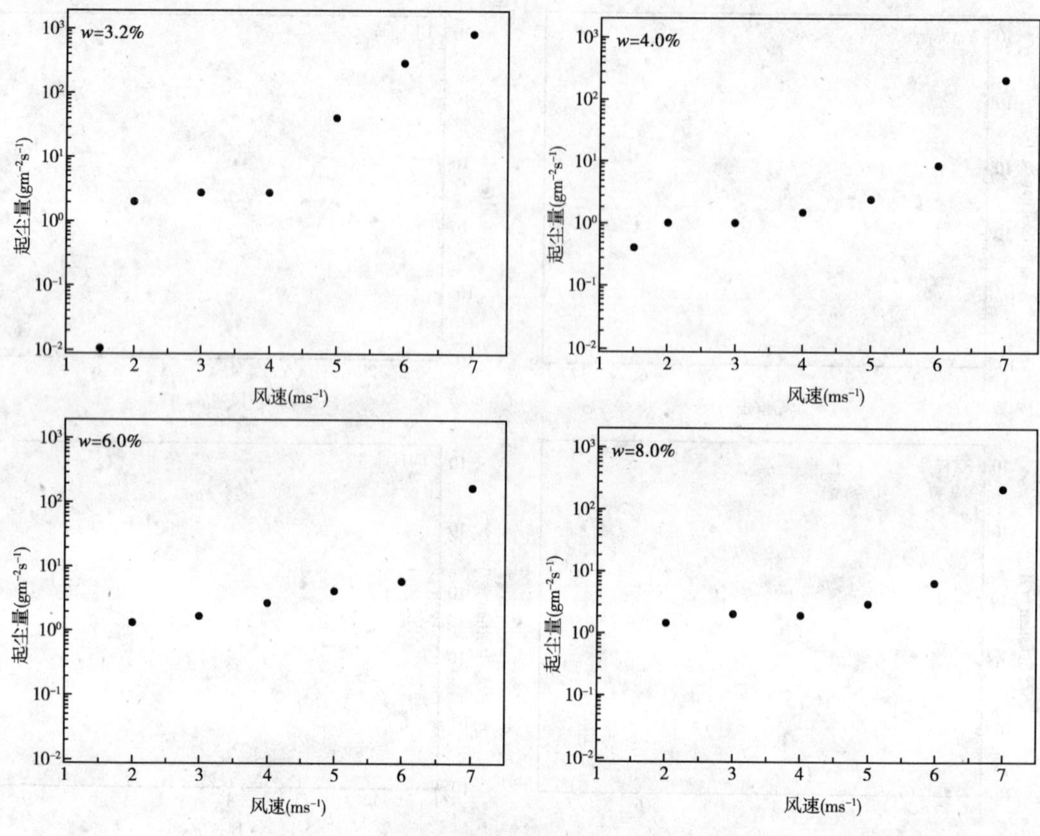

图 8.4　YM 样品堆存起尘试验起尘量分析(起尘量—风速)

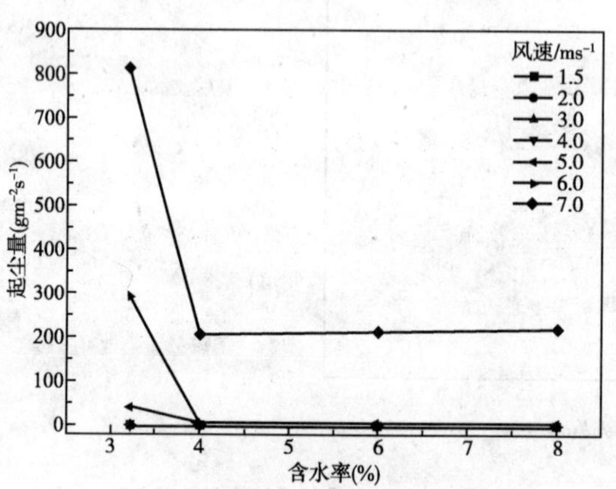

图 8.5　YM 样品堆存起尘试验起尘量分析

5m/s),装堆起尘率随高度没有明显变化;风速 U 超过 6m/s 后,装堆起尘率随高度增加而显著增大;起尘率虽风速的变化与煤炭类型的颗粒组成分布关系密切;装堆卸料随高度的变化为非线性,此处初步分析认为为几何增长,即指数关系。

(2)煤炭取料作业起尘分析

由图 8.7 可知,取料过程起尘率在一定风速强度以后,随风速增大而迅速增加;取料过程起尘率还与煤炭类型的组成颗粒的粒径分布有关。是否受其他因素影响还需进一步分析。

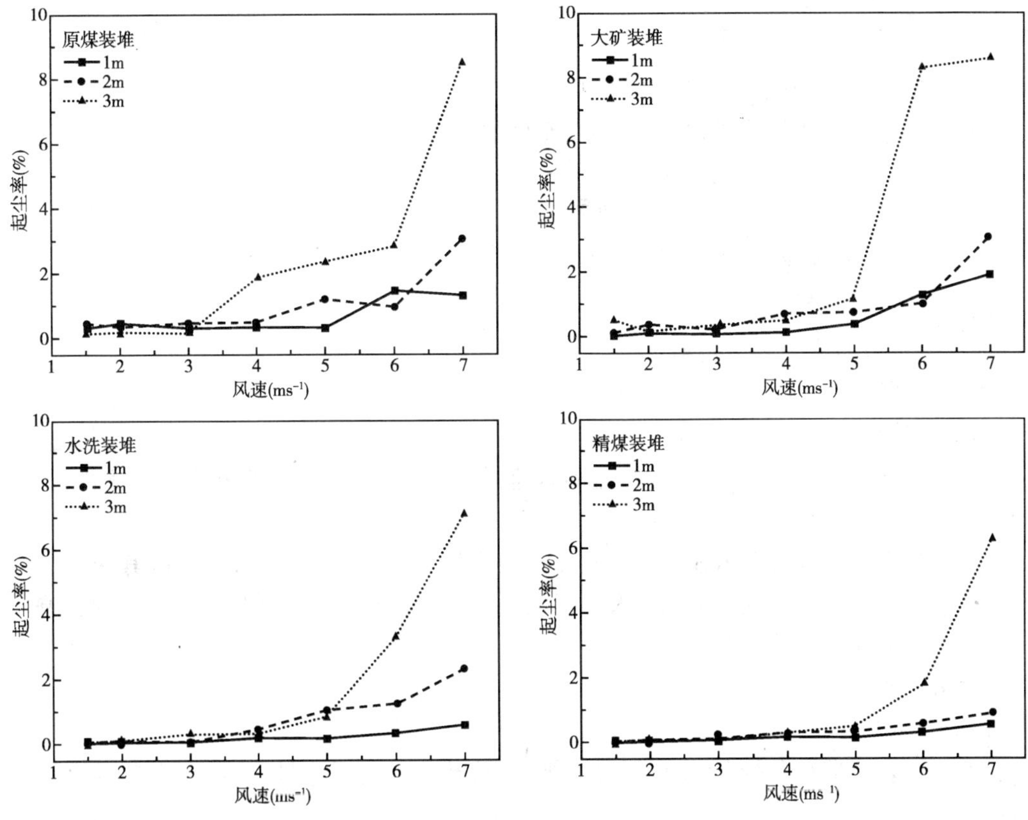

图 8.6　不同装堆高度起尘率

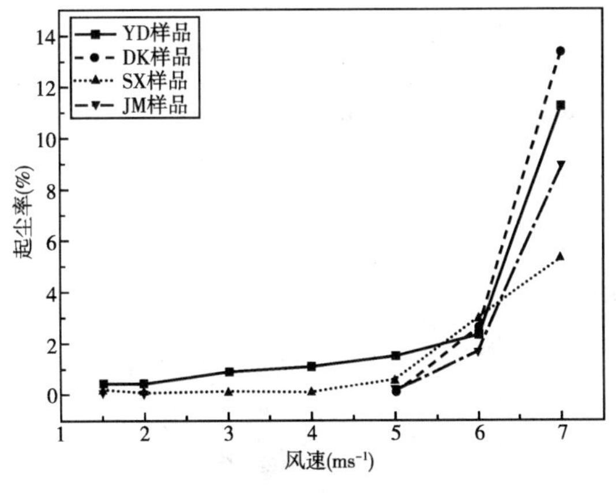

图 8.7　取料起尘率

第三节　起尘规律的数学模型

我们使用风洞试验数据结果对港口粉尘起尘规律进行数学建模，以期得到适合港口的粉尘起尘规律。

1. 起动风速

1) 传统起动风速公式

传统起动风速公式是最早建立,且沿用至今的起动风速经验计算公式。其形式如下:

$$U_0 = A\sqrt{\frac{\rho_p - \rho_a}{\rho_a} gD}$$

式中:U_0——临界摩阻速度,起动风速,m/s;

ρ_p,ρ_a——颗粒和空气的密度,kg/m^3;

g——重力加速度,9.8m/s^2;

D——颗粒粒径,mm;

A——试验常数。

而根据物理模型所得数据,以传统起动风速拟合发现,粒径较小、含水率较高条件下,传统起动风速并不适合。

这主要是因为传统起动风速公式最初是由研究风沙颗粒随风起动而来,故其未考虑水分对颗粒的影响。经分析物理模型结果及考虑实际情况,此处认为水分对粉尘颗粒的影响主要表现为亲水效应和凝聚效应两个方面。

2) 水分的影响

(1) 亲水效应

由于粒径表面带有电荷,而水分子具有极性,故粒子具有亲水性,由此而引起的变化效应为亲水效应。

颗粒与水分子结合后

$$m = m_0 + m_w$$

式中:m——新粒子质量;

m_0——原颗粒质量;

m_w——结合的水分子总质量;

即

$$\frac{m_0}{m} + \frac{m_w}{m} = 1$$

而含水量 $w = \frac{m_w}{m}$,得

$$m = \frac{m_0}{1 - w}$$

忽略粒径变化,得

$$\rho V = \frac{\rho_0 V}{1 - w}$$

实际颗粒密度

$$\rho = \frac{\rho_0}{1 - w}$$

(2) 凝聚效应

由风洞试验结果,极细小的煤粉颗粒,其起动风速随着含水率的增大迅速增大。大颗粒比

表面积小，颗粒之间的吸附作用小，含水量的提高不会促成粒径更大的团粒出现，而细小煤粉颗粒会因含水量的增加而凝聚成较大的团粒，此时的起动风速反映了大粒径团粒的物理行为。

表示为

$$D=\begin{cases}D_0 & w<w_0\\ \gamma\cdot D_0 & w\geqslant w_0\end{cases}$$

式中：D_0——单颗粒粒径，μm；

γ——团粒粒径系数，无因次

$$\gamma=a\frac{w^p}{D_0^q}$$

（团粒粒径系数函数中含水率的幂指系数 p、单颗粒粒径的幂指系数 q、a 为待定系数）

w——含水率，%；

w_0——凝聚效应含水率阈值（见表 8.1）。

不同粒径颗粒的凝聚效应含水率阈值　　表 8.1

颗粒粒径 D_0（μm）	D_{01}	D_{02}	D_{03}	D_{04}	D_{05}
凝聚效应含水率阈值 w_0（%）	6.0	8.0	8.0	—	—

3）GCB 均匀颗粒起动风速模型

（1）GCB 均匀颗粒起动风速推导式

$$U_0=\begin{cases}A_1\sqrt{\dfrac{\dfrac{\rho_0}{1-w}-\rho_a}{\rho_a}gD_0} & w<w_0\\[2ex] A_2\sqrt{\dfrac{\dfrac{\rho_0}{1-w}-\rho_a}{\rho_a}g\dfrac{aw^p}{D_0^q}D_0} & w\geqslant w_0\end{cases}$$

式中各参数如前所述。

（2）GCB 均匀颗粒起动风速简化式

煤炭密度 $1.2\times10^3\sim2.2\times10^3$ kg/m^3，空气密度 1.293 kg/m^3，为煤炭密度的 0.1%，分子中 ρ_a 可略去；煤炭颗粒密度差别不大视为定植；含水率取百分率形式；以上处理引起的误差以参数补正，提取常数得

$$U_0=\begin{cases}B_1\sqrt{\dfrac{D_0}{100-w}}+C_1 & w<w_0\\[2ex] B_2\sqrt{\dfrac{w^p}{(100-w)D_0^{q-1}}}+C_2 & w\geqslant w_0\end{cases}$$

式中各参数如前所述，B_1，B_2，C_1，C_2 为常数。

（3）拟合程度图示

图 8.8 为 GCB 数学模型拟合起动风速 U_{0gcb} 与物理模型测定起动风速 U_{0m} 拟合程度图示，虚线为 $U_{0gcb}=U_{0m}$ 线，图中分布在该线附近的点越多，模型拟合程度越高。

（4）模型总结

综上，GCB 起动风速模型充分考虑了水分对颗粒随风起动的影响，对试验数据具有较好的拟合效果。

4)GCB 混合颗粒起动风速模型

(1)GCB 混合颗粒粒径模型

GCB 均匀颗粒起动风速模型由相对均匀颗粒推导而来,其中粒径 D_0 为特定粒级的相对均匀颗粒的粒径。

实际中煤炭是多种粒级颗粒的混合物,混合颗粒粒径需要经过合理处理,以简化运算。颗粒混合的等效粒径可表示为

$$D = (\sum p_i \sqrt{D_i})^2$$

式中:p_i——混合物中第 i 级颗粒的百分比;

D_i——混合物中第 i 级颗粒的平均粒径。

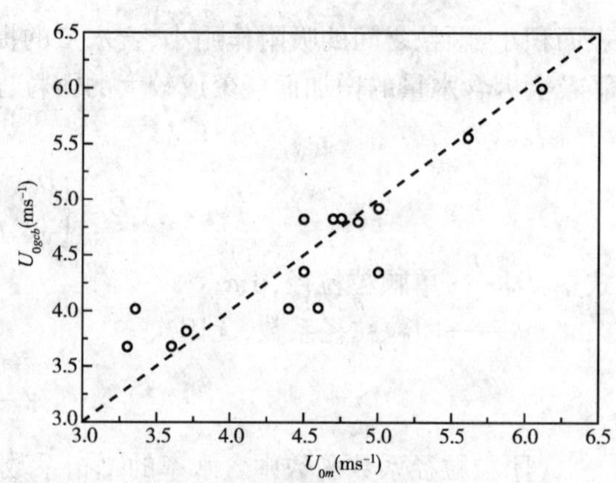

图 8.8 GCB 起动风速数学模型与风洞实测拟合程度

4 种标准煤炭的等效粒径见表 8.2。

标准煤炭的等效粒径 表 8.2

标准煤炭类型	YM 样品	DK 样品	SX 样品	JM 样品
颗粒粒径 D(μm)	480	530	576	656

(2)GCB 混合颗粒起动风速模型构建

混合颗粒涉及不同粒级颗粒,不同粒级颗粒的起动风速之间存在差异,在 $w < w_0$ 时,混合颗粒中某粒级颗粒的起动与否可风速有很大关系,故在 $w < w_0$ 时,混合颗粒的起动风速公式中应以考虑。

而当混合颗粒的含水率 $w \geqslant w_0$ 时,凝聚效应在微小颗粒与相邻颗粒之间发生,而煤粉粒径分布统计表明煤炭中较大颗粒(粒径 >500 mm)占 70% ~95%,故发生凝聚效应时绝大多数微小颗粒会粘附于较大颗粒表面,其起尘粒径以等效粒径表示。

故 GCB 混合颗粒起动风速模型与 GCB 均匀颗粒起动风速模型有所不同,GCB 混合颗粒起动风速模型为

$$U_0 = \begin{cases} B_1\sqrt{\dfrac{\beta UD}{100 - w}} + C_1 & w < w_0 \\ B_2\sqrt{\dfrac{D}{100 - w}} + C_2 & w \geqslant w_0 \end{cases}$$

式中:U——风速,ms^{-1};

β——风速影响系数;

w——含水率。

其他参数物理意义如前所述。

2. 堆存起尘

1)堆存起尘模型系

根据总结可知,堆存起尘模型系表示如下

$$Q = \varphi_1(w)\varphi_2(U)\varphi_3(D)\varphi_4(S)$$

式中:Q——堆存起尘量;

$\varphi_1(w)$——含水率函数；

$\varphi_2(U)$——风速函数；

$\varphi_3(D)$——粒径函数；

$\varphi_4(S)$——堆表面积函数。

2）模型构建

结合物理模型（风洞试验）结果，此处认为，含水率 w 和粒径 D 主要影响颗粒起动，而起尘量的主要影响因子为风速 U、起动风速 U_0、有效起尘面积 S，初步构建堆存起尘数学模型如下

$$Q=a(U-U_0)^bS$$

式中：U——风速；

U_0——起动风速；

S——堆表面积；

a,b——系数。

3）单堆堆存起尘模型

（1）GCB 单堆堆存起尘模型推导式

综上及对风洞试验结果分析，单堆堆存起尘模型可表述为

$w<w_0$ 时

$$Q=a_1(U-U_0)^{b_1}S$$

$w\geqslant w_0$ 时

$$Q=a_2\varphi(w)(U-U_0)^{b_2}S$$

式中：w——含水率，%；

w_0——含水率阈值，%；

S——煤堆表面积，m^2；

U——风速，ms^{-1}；

U_0——起动风速，ms^{-1}；

$\varphi(w)$——含水率的函数；

a_1,b_1,a_2,b_2——系数。

其他参数物理意义如前所述。

（2）参数估计

解读风洞试验结果、数据递推回归，并参考起动风速公式得表 8.3。

a,b,U_0 的确定　　表 8.3

	$w<w_0$ 时	$w\geqslant w_0$ 时
系数 a	见表 8.4	根据试验结果确定
指数 b	根据建模结果确定	根据建模结果确定
起动风速 U_0	U_{01}	U_{02}

表中：w——煤炭含水率，%；

w_0——含水率阈值，%。

标准煤炭的 a 系数（$w<w_0$ 时）　　表 8.4

标准煤炭类型	YM 样品	DK 样品	SX 样品	JM 样品
调节系数 a	0.1	0.2	0.1	0.2

(3) GCB 单堆堆存起尘模型

$w < w_0$ 时

$$Q = a_1 \varphi(U, D, w) S$$

$w \geqslant w_0$ 时

$$Q = a_2 \varphi(U, D, w) S$$

式中：Q——起尘量，mg. s^{-1}；

D——煤炭的等效粒径，μm；

U——风速，ms^{-1}；

S——堆表面积，m^2；

w——煤炭含水率，%；

w_0——含水率阈值，$w_0 = 5\%$。

系数 a 的确定见表 8.3。

(4) 拟合程度图示

图 8.9 为 GCB 数学模型拟合单堆堆存起尘量 Q_{gcb} 与物理模型测定单堆堆存起尘量 Q_m 拟合程度图示，虚线为 $Q_{gcb} = Q_m$ 线，图中分布在该线附近的点越多，模型拟合程度越高。

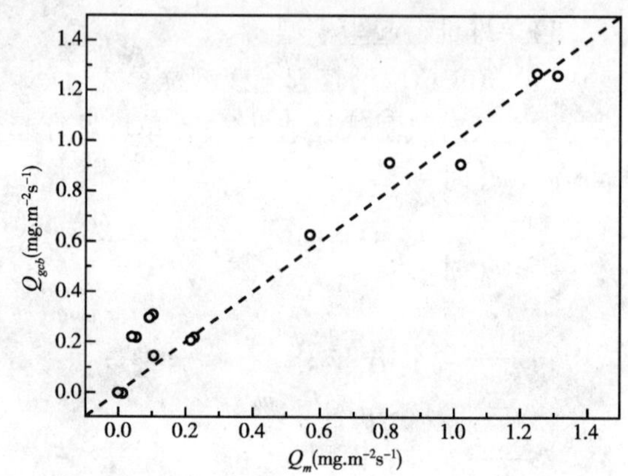

图 8.9　GCB 单堆堆存起尘量数学模型与风洞实测拟合程度

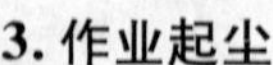

3. 作业起尘

1) 作业起尘模型系

作业起尘模型系可表示为

$$Q = \varphi_1(w)\varphi_2(U)\varphi_3(D)\varphi_4(Y)$$

式中：Q——作业起尘量；

$\varphi_1(w)$——粉尘含水率函数；

$\varphi_2(U)$——风速函数；

$\varphi_3(D)$——粉尘或团粒粒径函数；

$\varphi_4(Y)$——作业量函数。

2) 作业起尘模型构建

结合前人研究成果及风洞试验结果，此处以 Logistic 模型初步构建作业起尘数学模型如下

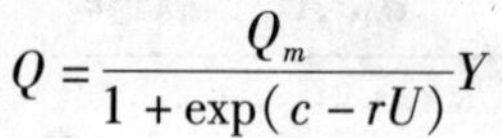

$$Q = \frac{Q_m}{1 + \exp(c - rU)} Y$$

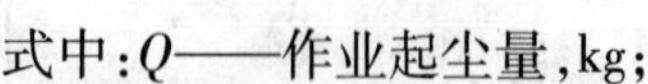

式中：Q——作业起尘量，kg；

U——风速，ms^{-1}；

Q_m——最大理论起尘率，kg. t^{-1}；

Y——作业量，t；

c, r——系数。

3) 装堆起尘模型

(1) GCB 装堆起尘模型推导式

GCB 装堆起尘公式以风洞试验不同煤炭类型装堆施工过程起尘量数据进行推导拟合。

$$Q = \frac{a_3 H^2 Y}{1 + \exp\left(c_3 - \frac{b_3}{Dw}U\right)}$$

式中：Q——作业起尘量，kg；

U——风速，ms^{-1}；

H——装堆作业高度，m；

Y——作业量，t；

a_3, b_3, c_3——系数。

（2）拟合程度图示

拟合度图示见图8.10。

图8.10为GCB数学模型拟合装堆起尘量Q_{gcb}与物理模型测定装堆起尘量Q_m拟合程度图示，斜线为$Q_{gcb}=Q_m$线，图中分布在该线附近的点越多，模型拟合程度越高。

4）取料起尘模型

（1）GCB取料起尘模型

GCB取料起尘公式以风洞试验卸堆起尘原始数据进行推导拟合。

$$Q = \frac{a_4 Y}{1 + \exp\left(c_4 - \frac{b_4}{Dw}U\right)}$$

式中：Q——作业起尘量，kg；

U——风速，ms^{-1}；

a_4——最大理论起尘率，$kg.t^{-1}$；

Y——作业量，t；

b_4, c_4——系数。

（2）拟合程度图示

拟合度图示见图8.11。

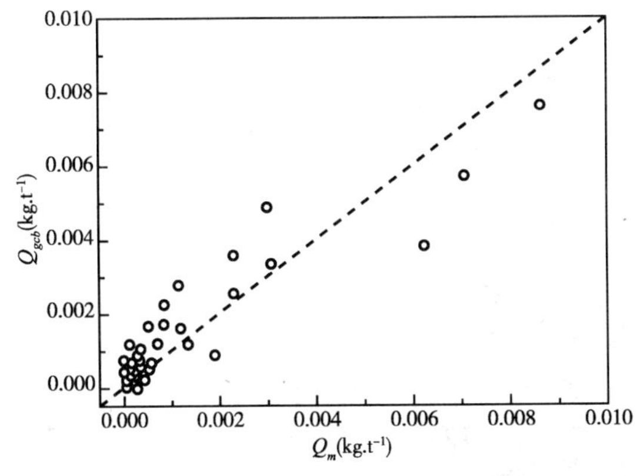

图8.10　GCB装堆起尘数学模型与风洞实测拟合程度

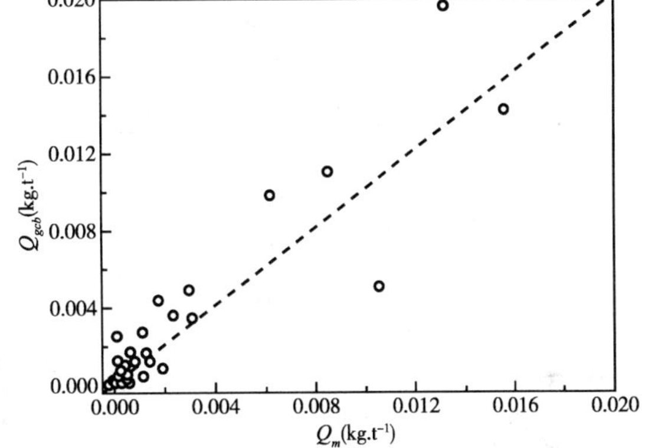

图8.11　GCB取料起尘数学模型与风洞实测拟合程度

图8.11为GCB数学模型拟合取料起尘量Q_{gcb}与物理模型测定取料起尘量Q_m拟合程度图示，斜线为$Q_{gcb}=Q_m$线，图中分布在该线附近的点越多，模型拟合程度越高。

第九章　港口粉尘扩散规律

第一节　粉尘扩散的基本理论

1. 大气扩散稀释模式基本理论

大气扩散的基本问题，是研究湍流与烟流传播和物质浓度衰减的关系问题。目前，基于数学方法，处理这类问题有四种广泛应用的理论：

(1) 基于 Taylor 统计理论的所谓统计理论；

(2) 假设湍流通量正比于平均梯度的所谓梯度理论；

(3) 基于因次分析的相似理论；

(4) 根据质量守恒定律建立的箱式模式。

1) 湍流统计理论

1921 年，泰勒应用统计学方法研究湍流扩散问题，并首次提出著名的泰勒公式。图 9.1 是从污染源放出的粒子，在风沿着 x 方向吹的湍流大气中扩散的情况。假定大气湍流场是均匀、稳定的。从原点放出的一个粒子的位置用 y 表示，则 y 随时间而变化，但其平均值为零。如果从原点放出很多粒子，则在 x 轴上粒子的浓度最高，浓度分布以 x 轴为对称轴，并符合正态分布(图 9.1)。

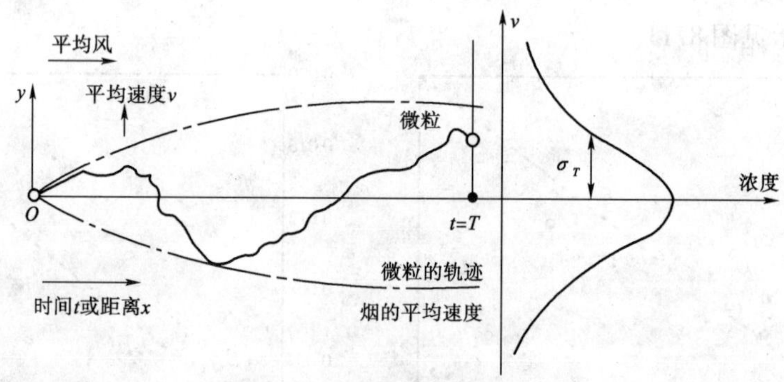

图 9.1　湍流引起的扩散

萨顿首先应用泰勒公式，提出了解决污染物在大气中扩散的实用模式。

高斯在大量实测资料分析的基础上，假定：(1) 污染物浓度在 y、z 轴上的分布符合正态分布；(2) 在全部空间中风速是均匀的、稳定的；(3) 源强是连续均匀的；(4) 在扩散过程中污染物质量是守恒的，应用湍流统计理论得到高斯模式(正态模式)。

2) 梯度理论

梯度理论是通过与菲克扩散理论的类比而建立起来的。菲克认为分子扩散的规律与傅里叶提出的固体中的热传导的规律类似，皆可用相同的数学方程式描述。

湍流梯度输送理论进一步假定，由大气湍流引起的某物质的扩散，类似于分子扩散，并可用同样的分子扩散方程描述。为了求得各种条件下某污染物的时空分布，必须对分子扩散方程在进行扩散的大气湍流场的边值条件下求解。然而由于边界条件往往很复杂，不能求出严格的分析解，只能是在特定的条件下求出近似解，再根据实际情况进行修正。

上述方法通常都是需要进行数值计算的。因此，在工程上尚未达到普遍应用的地步。但是四大理论中的有关内容，却经常在工程中应用。例如，利用统计理论确定扩散参数或利用相似理论确定参数化公式中的相似参数等。

迄今为止，在工程上最普遍应用的模式是高斯模式。它所具有以下优点：

(1)物理上比较直观，其最基本的数学表达式可从普通的概率统计教科书或常用的数学手册中查到；

(2)模式直接以初等数学形式表达，便于分析各物理量之间的关系和数学推演，易于掌握和计算；

(3)对于平原地区，下风距离在10km以内的低架源，预测结果和实测值比较一致；

(4)对于其他复杂问题(如高架源、复杂地形、沉积、化学反应等问题)，对模式进行适当修正后，许多结果仍可应用。

高斯模式与它的假设一起奠定了它在扩散系统的基础地位。虽然扩散模式体系愈来愈完善，但基本上都是从高斯模式上发展起来的。

甚至可以说，在今后的几十年中，扩散模式的发展也主要是对高斯模式的完善与模式参数的精确求解上。

2. 大气扩散稀释的计算机模拟

社会的发展、科技的进步、环境的恶化，促使大气扩散模式更趋于完善。同时，计算机的快速发展，也给扩散模式的应用与发展带来了新的机遇。现在，已有许多扩散模式的软件相继出现，如赵碧云将GIS(地理信息系统)引入大气多源扩散领域，建立了一套大气污染扩散空间信息系统；由美国犹他州立大学计算机中心设计制作的长期平均浓度计算软件(ISCLT)已成为美国、英国等许多国家空气质量预测的通用软件，其准确性与可靠性被广泛认可；倪长健等根据《中华人民共和国环境保护行业标准环境影响评价技术导则(HJ/T 2.2—93)大气环境》，用Fox Pro for Windows2.6软件开发的大气扩散模式计算系统；姚增权在世界银行资助下开发的新一代空气质量模式系统(AQMS)，是基于美国希噶玛研究公司为电力研究所开发的HPDM、美国EPA和AMS联合开发的AERMOD、加拿大安大略环保局开发的CAP以及丹麦国家环境研究所开发的OML系统，并结合中国的常规气象资料特点开发的，非常适合于作为法规性空气质量模式使用等。

由此也可看出，计算机快速计算、一次成图、实现大气污染扩散计算数据的计算机图形可视化，成为现代发展的主流。计算机模拟虽已取得长足进展，但模式的不全面，非专业人员难以掌握，尤其是价格高昂等，这些因素阻碍了软件的推广应用。因此，开发模式全面，界面友好，易学易用，价格低廉，可信度高，数据快速成图可视化的计算机模拟技术将是大气扩散模式的发展趋势。

当今许多软件公司相继开发了一系列的数学应用软件，如Mathematica、Maple、MathCAD

以及 MATLAB 等,其中 Mathworks 公司发布的 MATLAB 软件以其强大的功能和极高的编程效率吸引了众多的用户,它集数值计算、符号计算和图形可视化三大基本功能于一体,功能强大、操作简单,尤其经过近 16 年的不断改进和完善,逐渐从众多的数学工具软件中脱颖而出,已成为公认的优秀的数学应用软件之一。

但是,从目前来看,还没有一个成熟的用 MATLAB 语言编写的大气扩散模式软件出现。

3. 大气扩散模式

1)瞬时单烟团正态扩散模式

瞬时释放的单个烟团正态扩散模式是一切正态扩散模式的基础。假定单位容积粒子比 C/Q 在空间的概率密度为正态分布,则

$$C(x,y,z,t)/Q(x_0,y_0,z_0,t_0)=[(2\pi)^{3/2}\sigma_x\sigma_y\sigma_z]^{-1}\times\exp\{-0.5[(x-x_0-x')^2/\sigma_x^2+(y-y_0-y)^2/\sigma_y^2+(z-z_0-z)^2/\sigma_z^2]\}$$

$$x'=\int u\mathrm{d}t,y'=\int v\mathrm{d}t,z'=\int w\mathrm{d}t$$

$$T=t-t_0$$

2)连续点源烟羽扩散模式

(1)最基本的烟羽扩散模式

$$C(x,y,z)=Q(2\pi u\sigma_y\sigma_z)^{-1}\exp[-y^2/(2\sigma_y^2)]\exp[-z^2/(2\sigma_z^2)]$$

式中: Q——单位时间的排放量(即排放率或源强);

σ_x、σ_y、σ_z——都是 x 的函数。

(2)点源扩散模式

以烟囱地面位置的中心点为坐标原点,在考虑到地面反射后,污染源下风方任一点小于 24h 取样时间的污染物浓度 $C(x,y,z)$ 由下式给出

$$C(x,y,z)=Q(2\pi u\sigma_y\sigma_z)^{-1}\exp[-y^2/(2\sigma_y^2)]\times\{\exp[-(z-H_e)^2/(2\sigma_z^2)]+\exp[-(z+H_e)^2/(2\sigma_z^2)]\}$$

将轴线浓度公式 $C(x,0,0)$ 对 x 求导数,令其等于 0,可得 1h 取样时间的最大落地浓度公式 C_m 及其下风距离 x_m。

3)线源扩散模式

(1)线源模式

设风向与线源 AB 夹角为 θ,线源长为 L(m),线源源强为 Q(mg/(m·s))。取线源中点 O 为原点,与风向一致的为 x 轴建立直角坐标系。适当选择 y 轴方向,使线源处在第Ⅰ、Ⅲ象限,则 θ 被严格限制在 0°~90°之间。以 l 表示线源上任一点距线源中点的距离,并使 OB 上的 l 取正值,OA 上的 l 取负值,故线源任意角扩散模式为

$$C=\sqrt{\frac{2}{\pi}}\frac{Ql}{ub}\frac{(x_0-k\cos\theta)^{1-q}}{pd+(1-p)(x_0-k\cos\theta)\sin\theta}[\Phi(t_1)-\Phi(t_2)]$$

$$\sigma_y=ax^p,\sigma_z=bx^q$$

当 $d=x_0\sin\theta-y_0\cos\theta$

$$k=x_0\cos\theta+y_0\sin\theta-|d|\tan[(1-\theta/90)\tan^{-1}(|d|^{1-p}/a)^{1/p}]$$

式中:$|d|$——P 点距线源的距离。

当$k>\frac{L}{2}$时，取$k=\frac{L}{2}$；当$k<-\frac{L}{2}$时，取$k=-\frac{L}{2}$

$$t_1=\frac{y_0-0.5L\sin\theta}{a(x_0-0.5L\cos\theta)^p}$$

$$t_2=\frac{y_0+0.5L\sin\theta}{a(x_0+0.5L\cos\theta)^p}$$

当线源有部分出现在计算点下风向时

若$y_0<x_0\tan\theta,\Phi(t_1)=0$；$y_0>x_0\tan\theta,\Phi(t_1)=1$。

在$p=q=1$的条件下，简化为

$$C=\sqrt{\frac{2}{\pi}}\frac{Q_1}{u\sigma_z}|\Phi(t_2)-\Phi(t_1)|$$

当$L\to\infty$即线源可看作无限长时，可进一步简化成

$$C=\sqrt{\frac{2}{\pi}}\frac{Q_1}{u\sigma_z}R$$

式中：$y_0<x_0\tan\theta$时，$R=\Phi\left(\frac{1}{a}\tan\theta\right)$；$y_0>x_0\tan\theta$时，$R=1-\Phi\left(\frac{1}{a}\tan\theta\right)$。

模式适用于平原地区城镇、农村的地面交通线源扩散的近地面浓度模拟。对计算距离小于3倍路宽的点，应将公路分成若干宽度小于计算距离1/3的线源，分别计算后叠加。当公路两侧由高大密集建筑物组成时，建筑物对公路近旁的扩散有一定影响，但对较远距离影响不大。

(2)街谷模式

如果街道两旁的建筑物较高且比较密集，则常称这种街道为街谷。令街谷内的污染物浓度$C=C_b+\Delta C$，C_b为背景浓度，ΔC为该街谷内因排放汽车尾气所产生的浓度。目前，计算ΔC的街谷模式主要有San Jose市街谷汽车尾气经验扩散模式，芝加哥市街谷汽车尾气扩散模式，广州市街谷汽车尾气扩散模式，及组铁林等人利用现代湍流理论提出的街谷汽车尾气扩散模式。

4)面源扩散模式

面源扩散模式计算的方法有几种不同的形式，但是真正能够准确模拟计算一个区域的大气污染物时空分布只有两种：一是由Gifford和Hanna提出的大气湍流与扩散实验室模式，简称ATDL模式或窄烟云模式。由于它形式简单可以手算，过去应用较为普遍。组铁林等人在此基础上，保留了有效源高，推导出T2模式。另一种是虚点源后置法，目前广泛应用于面源扩散模式计算中。

(1)T2模式

$$C_s=(2\pi)^{1/2}\sum_j Q_j[2\eta/(u_jH_j^{2\eta}\gamma^{1/\alpha}\alpha)][\Gamma_j(\eta,\tau_j)-\Gamma_{j-1}(\eta,\tau_{j-1})]$$

式中：C_s——接受点来自面源贡献的浓度；

Q_j,H_j,u_j——接受点上风方第j个网格的单位面积单位时间排放量，平均排放高度和H_j处的平均风速；

α、γ——垂直扩散参数σ_z的回归指数和回归系数；

$\sigma_z=\gamma x^\alpha$，x轴指向上风方，坐标原点在接受点：

$$\eta=(\alpha-1)/2\alpha;$$
$$\tau_j=H_j^2/(2\gamma^2x_j^{2\alpha});$$
$$\tau_{j-1}=H_{j-1}^2/(2\gamma^2x_{j-1}^{2\alpha})$$

$\Gamma(\eta,\tau)$——不完全伽玛函数，可由下述公式确定

$$\Gamma(\eta,\tau)=a\tau^{-1}(b+1/\tau)^{-c}$$

$$\begin{cases}a=2.32\alpha+0.28\\ b=10.00-5.00\eta\\ c=0.88+0.82\eta\end{cases}$$

如果面源范围较大，且分布较均匀，$u_{10}<1.5\text{m/s}$ 时也可按上述各式计算，但当平均风速 $u<1\text{m/s}$ 时，一律取 $u=1\text{m/s}$。

(2)虚点源后置法

虚点源后置法地面浓度公式为

$$C=\frac{Q}{\pi u(\sigma_y+\sigma_{y0})(\sigma_z+\sigma_{z0})}\exp\left\{-\frac{1}{2}\left[\frac{y^2}{(\sigma_y+\sigma_{y0})^2}+\frac{H_e^2}{(\sigma_z+\sigma_{z0})^2}\right]\right\}$$

5)体源扩散模式

小风和静风状态下沉降性污染物连续体源的大气扩散模式：

$$C(X,Y)=\frac{(1+\alpha)Q}{(2\pi)^{3/2}\gamma_{02}\eta^2}\exp\left[-\frac{1}{2}\left(\frac{u^2}{\gamma_{01}^2}+\frac{v_g^2}{\gamma_{02}^2}\right)\right]\cdot$$
$$\left\{1+(2\pi)^{1/2}s\cdot\exp\left(\frac{s^2}{2}\right)[\Phi(s)-\Phi(s-w)]-\exp\left(sw-\frac{w^2}{2}\right)\right\}$$

$$t_0=\frac{1}{4.3}\left(\frac{a_xa_ya_z}{\gamma_{01}^2\gamma_{02}}\right)^{1/3}$$

$$\eta^2=X^2+Y^2+u^2t_0^2+2Xut_0+\frac{\gamma_{01}^2}{\gamma_{02}^2}(H_e^2+v_g^2t_0^2+2H_ev_gt_0)$$

$$s=\frac{\gamma_{01}}{\eta}\left(\frac{Xu+u^2t_0}{\gamma_{01}{}^2}+\frac{H_e+v_g{}^2t_0}{\gamma_{02}{}^2}\right)$$

$$\Phi(s)=\frac{1}{\sqrt{2\pi}}\int_{-\infty}^{s}\exp\left(-\frac{t^2}{2}\right)\mathrm{d}t$$

$$w=\eta/(t_0\gamma_{01})$$

式中，a_x,a_y,a_z——体源烟团初始时刻在 X,Y,Z 方向的边长，m。

6)长期平均浓度计算公式

当时间较长时，排放的物质浓度可按长期平均浓度公式来计算。但又因排放源的多寡而分别提出孤立源长期平均浓度公式和多源长期平均浓度公式。

7)多源扩散模式

如果需要评价的点源多于一个，计算浓度时，应将各个源对接受点浓度的贡献进行叠加。在评价区内选一原点，以平均风的上风方为正 x 轴，各个源（坐标为 $x_r,y_r,0$）对评价区内任一地面点 (x,y) 的浓度总贡献 C，可按下式计算

$$C_n(x,y,0)=\sum c_r(x-x_r,y-y_r)$$

式中：c_r——第 r 个点源对 $(x,y,0)$ 点的浓度贡献。

8)扩散模式的修正

(1)源衰减模式

在重力、湍流扩散、分子扩散、静电引力以及其他生物学、化学和物理学等因素的作用下，大气中的颗粒物或某些气体随时会被地表(土壤、植物、水体)或降水滞留或吸收，使这些物质连续不断地从大气向地表作质量转移，从而减少其在空气中的浓度。为此，中外学者经过不懈的努力，提出源衰减模式。如 Van de Hoven 针对地表沉积提出的源衰减模式的湿沉积修正，及化学迁移修正。

(2)烟云倾斜模式

大气污染物在按平流输送扩散的同时还按重力沉降速度下沉，因而烟云整体往地面倾斜，这时针对不同的下风距离修正有效源高得到烟云倾斜模式。Overcamp 在倾斜模式的基础上考虑了地面的沉积，认为污染物质只能部分反射，所以提出部分反射烟云倾斜模式；对于较大的污染物，认为到达地面后立即全部沉积，不再扬起，也就是说被地面全部吸收，有学者提出全吸收的烟云倾斜模式。

(3)封闭性扩散模式

对于高架源，当超过一定的下风距离时，需对烟羽在混合层顶的反射进行修正。因此，得到既考虑边界吸收，又考虑衰减的封闭型大气扩散的污染物浓度估算模式。

(4)对高架源热浮力烟羽的修正

考虑高架源热浮力烟羽对混合层顶的部分穿透问题，分别修正源强和抬升高度；而高浮力烟羽在 z 方向受风向切变及热浮力的影响可对 σ_y、σ_z 进行修正。

(5)特殊区域扩散模式

对于某些特定区域，平均风速、风向以及湍流扩散参数的函数关系不再是到处都一样，这说明正态模式特别是正态烟羽模式的适用性或假设条件已不再成立，需对模式进行修正。然而从根本上解决特殊地区的模拟或预测问题，还需另辟路径。对狭长山谷区域，提出狭长山谷扩散模式；为了修正地形对烟羽路径的影响，提出烟轴高度修正方法；考虑重力沉降和地面不完全反射对颗粒物大气扩散过程影响的小风和静风扩散模式；熏烟情况下的熏烟模式及海岸线熏烟模式。

(6)非正常排放模式

非正常排放是指建设项目生产运行阶段的开车、停车、检修、一般性事故和发生漏泄等情况时的污染物的不正常排放。非正常排放发生在有限时间(T)内。主要分为有风($U_{10} \geq 1.5\text{m/s}$)条件，小风($1.5\text{m/s} > U_{10} \geq 0.5\text{m/s}$)和静风($U_{10} < 0.5\text{m/s}$)条件下的非正常排放模式。

第二节　粉尘扩散规律的实验研究

1. 分析方法

我们以几种矿石为材料进行了堆场粉尘扩散规律的探索。

(1)观测方法

现场测试地点选择矿石露天堆料场。观测仪器是风向风速仪，按照气象学中的惯例，仪器架在距地面10m高处。仪器测量范围为0.5～60m/s，风向为0～360℃；测量精度为0.03m/s，风向为±3℃。风速采样频率为1s，采样数据直接存入计算机，实现了风速脉动的数据采集和实时处理，观测历时6个多月。

(2)数据处理方法

首先对实测资料进行坐标转换，将风的纵向、横向分量分别调整到X,Y坐标轴上。以主导平均风向为X轴，与之相垂直的即为Y轴，Z轴则指向天空。然后对风速资料进行中心化处理，对于数据中可能存在的野点，参照王存忠等介绍的方法予以剔除：即对于数据序列(x'_1, x'_2,…)的第m个数据，将其前后5个数据求平均值$\overline{x'_m}=\frac{1}{11}\sum_{j=-5}^{5}x'_{m+j}$，则该点在这11个点中的涨落方差为$\sigma_m^2=\frac{1}{11}\sum_{j=-5}^{5}(x'_{m+j}-\overline{x'_m})^2$。再以$x'_m\pm5\sigma_m$为判别区间(其中5是经验常数)，对于在$x'_n\in[x'_m-5\sigma_m, x'_m+5\sigma_m]$之内的数据，认为是正常数据，否则视为野点被剔除，并用第$m-1$个数据代替。

从理论上讲，经中心化处理的数据序列，其求和值应为零，不为零则认为是有变化趋势的。但实际计算过程中，只要脉动序列之和不大于10^{-2}量级，就认为是平稳过程。这样就得到新的脉动量时间序列：u',v'。

Roth指出：样本时间长度对计算湍流宏观统计特征量有影响，他建议每个样本时间长度取为45～60min，此处将每个样本时间长度定为2h。大气稳定度的划分方法有七种之多，出于实际考虑，此处以帕斯奎尔—特纳尔(Pasquill-Turner，简称P-T)方法为基础的，结合相关辐射强度和云遮量资料，参照沈觉成的划分方法，将湍流风速资料逐一划分，得到不稳定层结样本21个，稳定层结样本39个，中性层结样本45个，共计样本总数为105个。

2. 大气污染物扩散分析工具

1)分析工具简介

大气污染物扩散使用MATLAB语言进行分析。MATLAB是美国MathWorks公司开发的一种数学工具软件。MATLAB是矩阵实验室(Matrix Laboratory)之意。除具备卓越的数值计算能力外，它还提供了专业水平的符号计算，文字处理，可视化建模仿真和实时控制等功能(图9.2)。

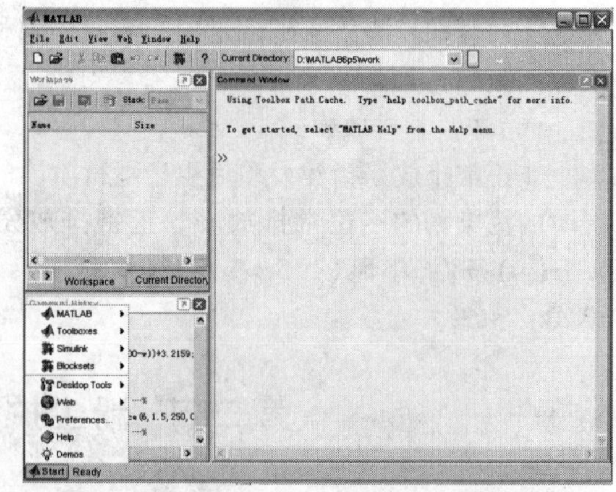

图9.2 数学分析工具MATLAB主界面

MATLAB的基本数据单位是矩阵，它的指令表达式与数学、工程中常用的形式十分相似，故用MATLAB来解算问题要比用C，FORTRAN等语言完成相同的事情简捷得多。在新的版本中也加入了对C，FORTRAN，C++，JAVA的支持，可以直接调用，用户也可以将自己编写的实用程序导入到MATLAB函数库中方便自己以后调用，此外许多的MATLAB爱好者都编写了一些经典的程序，用户直接进行下载就可以用，非常方便。

MATLAB 的基础是矩阵计算,但是由于他的开放性,并且 MathWork 也吸收了像 maple 等软件的优点,使 MATLAB 成为一个强大的数学软件。

MATLAB 虽然问世的时间不长,却以其出色的数值计算能力和强大的图形图像处理功能而深获广大的科研工作者及工程技术人员的青睐。作为一种工程计算和数值分析软件,MATLAB 拥有功能全面的函数库,它将大量复杂的函数封装起来,使用户摆脱了传统的程序设计模式,不必为如何实现复杂的函数而浪费宝贵的时间,而只需将精力投入到构建模型等更为关键的工作中,从而提高了工作效率。

MATLAB 系统由 MATLAB 内核和辅助工具箱组成。MATLAB 内核是由大量的内部函数以及用户自定义函数构成的,通过这些函数可以方便的解决具体的技术问题,这也是使用 MATLAB 的基本方法。MATLAB 辅助工具箱包括辅助功能性工具箱和专业功能性工具箱,辅助功能性工具箱提供了对内核的扩展支持,专业功能性工具箱提供了对部分专业问题的技术支持。

MATLAB 不仅在数值计算上有出色的表现,而且提供了相当丰富的图形图像处理功能,用于对数值计算的结果进行图形化处理,从而加深读者对计算结果的认识。同时 MATLAB 还提供了图形句柄,以实现对图形深层次的操作,而且通过 MATLAB 也可完成简单的用户界面设计。此外,MATLAB 提供了与 C 语言或 FORTRAN 语言的交互操作,使用户可通过应用程序接口方便地进行程序间的调用或数据交换。

与 BASIC,FORTRAN,C 等语言比较,MATLAB 的语法规则简单,更加贴近人的思维方式;其语言调试方便,调试过程中可设置中断点,存储多个中间结果,把编辑、编译、连接和执行融为一体,并能快速排除程序中的错误。

可以说,MATLAB 不仅是一种语言,而且在广义上是一种语言开发系统。

MATLAB 语言在进行矩阵运算方面,显得特别简捷、高效和方便。随着 MATLAB 版本的不断更新,其功能越来越强,使之在诸如一般数值计算、数字信号处理、系统识别、自动控制、振动理论、时序分析与建模、优化设计、神经网络控制、化学统计学、动态仿真系统、特殊函数和图形等领域表现出一般高级语言难以比拟的优势,并且可方便地用于几乎所有的科学和工程计算的各个方面。同时,可以作为工程数学问题的研究与教学的辅助工具。

图形用户界面 GUI(Graph User Interface)是由图形对象构建的用户界面,在该界面内,用户可以根据界面提示完成整个过程,却不必去了解过程内部是如何工作的。

大气污染物扩散稀释软件包主要包括大气扩散模式建立、软件包程序设污染源数据气象参数、扩散参数、扩散模型、计算结果及其可视化计、大气污染物扩散函数工具箱、各种大气模式的通用 DEMOS 等方面。

软件包结构包括污染源数据、气象参数、扩散参数、扩散模型、可视化五部分。首先初步测定收集污染源数据,查找气象参数;然后根据帕斯奎尔法确定大气稳定度,并选择扩散参数,根据污染源数据,选择污染源扩散模式,从工具箱调用函数,得出计算结果;最后利用 MATLAB 内部函数,调用其绘图函数,将计算结果可视化。如图 9.3 所示。

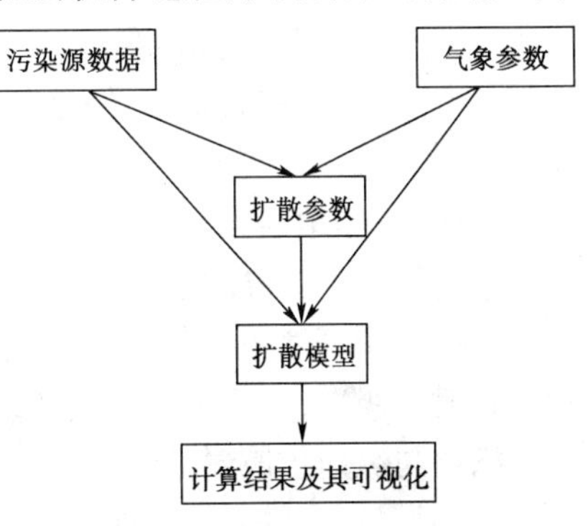

图 9.3　软件包结构

2)粉尘污染面源扩散分析模式

面源扩散模式采用文献推荐的虚点源后置模式。

虚拟点源的面源扩散模式假定：

(1)每一面源单元的污染物排放量集中在该单元的形心上；

(2)面源单元形心的上风向距离 x_0 处有一虚拟点源(图9.4)，它在面源单元中心线处产生的烟流宽度等于面源单元宽度 W；

(3)面源单元在下风向造成的浓度可用虚拟点源在下风向造成的同样的浓度所代替。

由假定(2)可得

$$\sigma_{y0}=\frac{W}{4.3}$$

由求出的 σ 和大气稳定度级别，应用 P—G 曲线图或表可反求出 x。

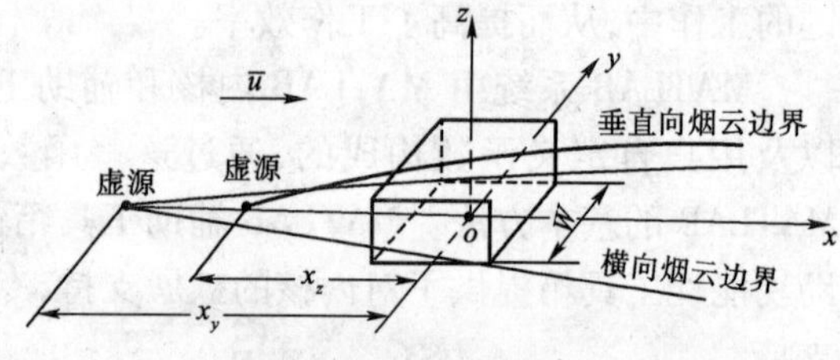

图9.4　虚拟点源示意图

再由 $x+x_0$ 查出 σ_y，由 x 查出 σ_z，代入点源扩散的高斯模式得出下风向各面源单元形心处的浓度

$$C=\frac{Q}{\pi u(\sigma_y+\sigma_{y0})(\sigma_z+\sigma_{z0})}\exp\left\{-\frac{1}{2}\left[\frac{y^2}{(\sigma_y+\sigma_{y0})^2}+\frac{H_e^2}{(\sigma_z+\sigma_{z0})^2}\right]\right\}$$

式中：H_e——面源的平均高度，m。

若排放源高度相差较大，相对较高，也可假定 z 方向上有一虚拟点源，σ_{z0} 由源的最初垂直分布的标准差给出，由 σ_{z0} 求出一个 x_{z0}，由 $x+x_{z0}$ 求出 σ_z，由 $x+x_0$ 求出 σ_y，再代入上述模式中估算面源浓度。

在大气污染扩散模式的基础上，借助于 MATLAB 的语言表述形式，在 MATLAB 环境下，自定义建立的大气污染物扩散稀释软件包。

大气污染物扩散稀释软件包里有各种大气扩散模式的调用函数，其中如 sigmay，sigmaz，sunhighangle，Flinesource，Linesource，Obturatemodel，Pointsource，Smokemodel 等。各污染源数据、气象参数、模型控制参数等在调用函数计算中是不可缺少的。

高度角函数

```
function h0 = sunhighangle(d,t,lambda,psi)
```

式中：h0——太阳高度角，度；

d——一年中日期序数，取值0～364；

t——进行观测时的北京时间；

lambda——当地经度，度；

psi——当地纬度，度。

利用太阳高度角函数，可快速求解太阳高度角，按照特纳尔的改进方法，结合云高和云量确定辐射等级数，进而再由辐射等级数和地面风速查表来确定稳定度级别。

横向与纵向扩散参数

```
function a = sigmay(gamma1,alpha1,x)
function b = sigmaz(gamma2,alpha2,x)
```

式中：a——横向扩散参数；

b——垂直扩散参数。

横向与纵向扩散参数，是采用《环境影响评价技术导则》HJ/T 2.2—93 中推荐的拟合公式及其修正来编写程序的，而在 DEMOS 中的横向与纵向扩散参数的计算则采用了简化的 Briggs 近似公式。

点源扩散函数

function C = Pointsource(q , u , x , y , z , He , gamma1 , alpha1 , gamma2 , alpha2)

式中：C——为预测点的污染物浓度；

q——为点源污染物的瞬时排放量；

u——为平均风速；

x , y , z——为预测点的空间坐标；

He——为烟囱有效高度。

此点源函数可实现预测点污染物浓度的快速计算，使用方便。又由于在计算面源下风向预测点污染物浓度时采用虚点源计算模式，故此函数也适用于面源的计算。

计算结果及其可视化：在 MATLAB 环境下，直接调用大气污染物扩散稀释软件包中的自定义函数进行计算，得到计算结果；利用所得结果，调用 plot 命令绘制 *X-Y* 坐标图，loglog 命令绘制全对数坐标图，semilogx 和 semilogy 命令绘制半对数坐标图，polar 命令绘制极坐标图，mesh 命令绘制三维消隐图，bar 命令绘制条形图，stairs 命令绘制阶梯图。或者借助于 DEMOS 可快速的显示污染物在下风向距离的大致的二维和三维分布趋势图。

大气扩散模式的通用 DEMOS：

在 MATLAB 中的 GUI（图形用户界面）环境下，设计了点源、线源、面源、熏烟模式在通常条件下的二维和三维图形的 DEMOS（演示模型），见图 9.5。其源强选择范围设计为 0 ~ 500mg/s，对下风向 100 ~ 10000m 距离作图。其中有效源高选择为 50m，风速为 1.5m/s，适用于各种条件下的大气稳定度，其中横向扩散参数与纵向扩散参数采用 Briggs 近似公式计算。面源采用虚点源后置法，故而在污染源数据经过处理后，其图形可参考点源。

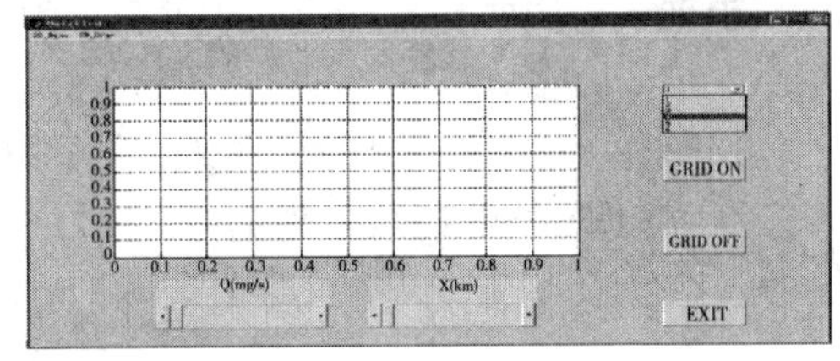

图 9.5　大气模式通用 DEMOS

大气扩散函数误差分析：在建立大气污染物扩散模式时往往忽略了许多次要因素，因而即使模式能准确求解，也与实际问题的真解有所不同，它们之差就是所谓的模型误差；大气扩散模式中包含有许多参量，它们的值往往通过查表或观测获得，这难免不带误差，因而带来模型参量误差；在有限长线源扩散函数计算中，采用低阶自适应 Simpson 递归方法进行数值积分，而带来方法误差；计算时只能对有限位数进行运算，因而往往会进行舍入，由此产生舍入误差。而上述误差之和就构成了大气扩散函数误差。而大气扩散函数所选取的模式大都是法定推荐的模式，且对原有的模式有了一定的改进，在目前范围内仍是广为采用的计算模式；低阶自适应 Simpson 递归方法数值积分，误差也较小，且只在有限长线源扩散函数中应用；而软件包编写最有可能受舍入误差的影响，但在采用 IEEE 浮点算法的计算机上，数值大约保持有效数字 16 位，故舍入误差较小。总之，大气扩散函数误差基本上保持在允许范围内。

3. 尘粒浓度场计算分析

根据 PISC 算法,在得到颗粒群运动轨迹的基础上,将颗粒对气流的作用源相加到气相方程中,再与浓度组分方程联立,这样就可在气相流场中计算颗粒浓度场的分布了。考虑到起动颗粒的输运时,忽略了地面蠕移的影响。同时假定流动为稳态,这时颗粒浓度组分方程中的源相只有悬浮和跃移项。其中气相控制方程为 $k-\varepsilon$ 方程,而颗粒浓度组分方程为

$$\frac{\partial(u_i\alpha_p)}{\partial x_i}=\frac{\partial}{\partial x_i}\left[(\nu+\nu_t)\frac{\partial\alpha_p}{\partial x_i}\right]+S_p$$

式中:α_p——颗粒浓度组分;

ν——动力粘度,Pa · s;

ν_t——紊流粘性系数,Pa · s;

S_p——颗粒作用源相。

认为颗粒源相 S_p 由悬浮粒子源相和跃移粒子源相两部分组成,故可写为

$$S_p=S_{sus}+S_{sal}$$

其中 S_{sus} 可表示为

$$S_{sus}=-\beta_{sus}\frac{\partial}{\partial x_i}[\alpha_p(1-\alpha_p)u_R]$$

式中:u_R——颗粒—气流之间的相对速度,m/s;

β_{sus}——悬浮作用源项系数。

根据气—固两相流理论,u_R 可表示为

$$u_R=\frac{4D}{3C_\tau}\cdot\frac{(\rho_p-\rho_a)}{\rho_a}g$$

跃移粒子源相 S_{sal} 可处理为

$$S_{sal}=-\beta_{sal}\frac{\partial}{\partial x_i}[\alpha_p(1-\alpha_p)u_R\cdot\chi]$$

式中:χ——考虑跃移运动堆积效果的系数;

β_{sal}——跃移作用源项系数。

这样就得到了计算浓度的控制方程。需要说明的是,得到的结果为颗粒浓度组分分布,即每立方米空气中颗粒所占有的体积组分。将颗粒的体积数乘以颗粒密度,就得出所需要的单位为 mg/m^3 的浓度分布了。

计算条件为:(1)将湍流结构特征,作为相应的流场流入口条件;(2)根据实验测定的尘源强度,选取颗粒入口浓度的体积组分。

所测矿石尘粒浓度分布趋势大致相同,以精矿粉为例说明,在不同风场条件下的扬尘浓度分布见图 9.6。

由图 9.6 可知:随着来流风速的增加,气流的携带能力变强,加之悬浮尘粒的跟随性强,尘粒向远处运动的可能性就较大。气相流场的湍流作用随着湍强的增大而增大,尘粒在空中的运动呈现出向更高、更远处流动的迹象,悬浮粒子的扩散角加大,烟羽现象愈加明显,对照图 b)和图 d)可说明此点。颗粒群中作悬浮运动的粒子数量很少,故悬浮粒子的扬尘浓度较低,其值约在较小的量级上。据国家大气环境质量标准的规定:总悬浮颗粒物的浓度极限为国家

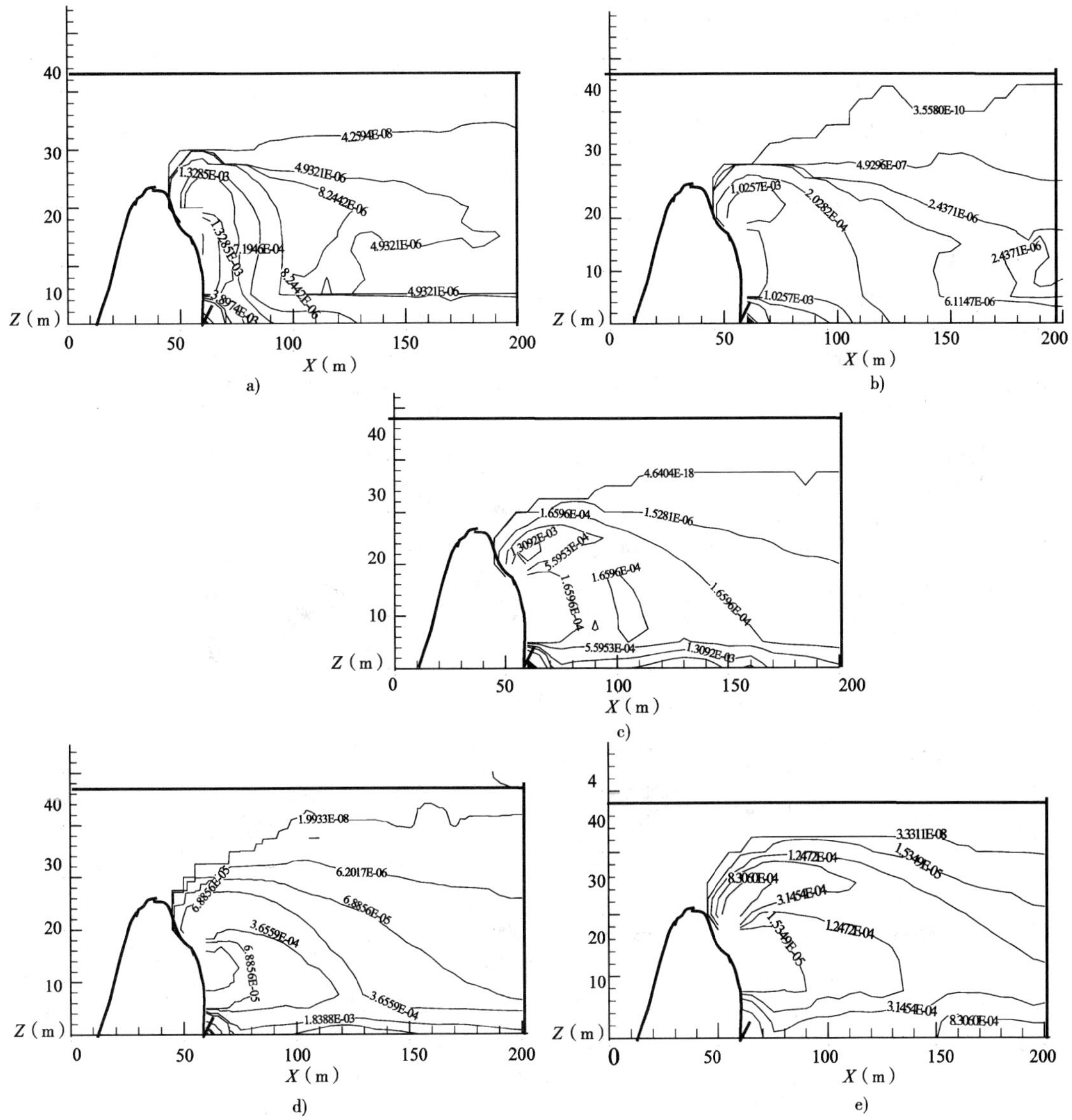

图 9.6　不同风场条件下的尘粒扬尘浓度分布($\times 10^3$ mg/m^3)

a)风速 3.0m/s,湍强 38%;b)风速 4.5m/s,湍强 58%;c)风速 8.0m/s,湍强 46%;d)风速 8.0m/s,湍强 46%;e)风速 11.0m/s,湍强 38%

三级标准,可以认为这些尘粒的起动飞扬对 TSP 的贡献不大。而更多的尘粒在空中经短暂飞行后,返回到地面并与地面粒子进行激溅,引起尘粒的堆积、碰撞。从尘粒轨迹图中也可知,多数颗粒的飞扬距离约在百米之内,

所对应的是尘源发生处以及尘源附近的粒子浓度的急剧升高。从此论点出发,这种尘粒起动扬尘所引起的更多的是小范围内的扬尘和对地面浓度的极大贡献。

4. 尘粒飞扬的影响范围

如前所述,尘粒起动飞扬的过程是一群颗粒大小不等的粒子群同时运动的结果。尘粒在空中运动飞扬的距离与粒径、风速、堆料高度等因素有关,某一粒径的尘粒飞扬距离可由变化

的斯托克斯(Stokes)公式求得

$$L=\frac{aH\bar{u}\mu}{D^{b}(\rho_{a}-\rho_{p})g}$$

式中:L——尘粒下落点的距离,m;

H——扬尘点高度,按堆料高度的4/5处选取;

a,b——待定系数。

显而易见,不同种类、不同粒径的尘粒在不同风力的作用下在空中的飞扬距离是不同的。图9.7、图9.8分别显示尘粒自身的粒径和风速的变化对扬尘范围的影响。

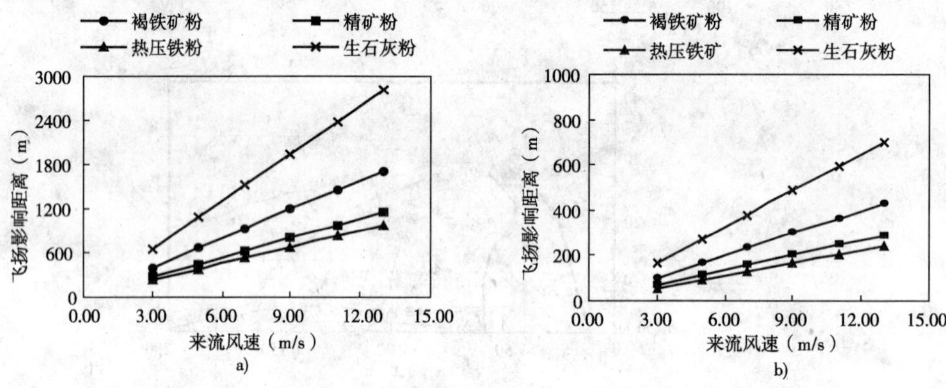

图9.7　尘粒粒径对飞扬范围的影响

a)粒径为0.05mm;b)粒径为0.10mm

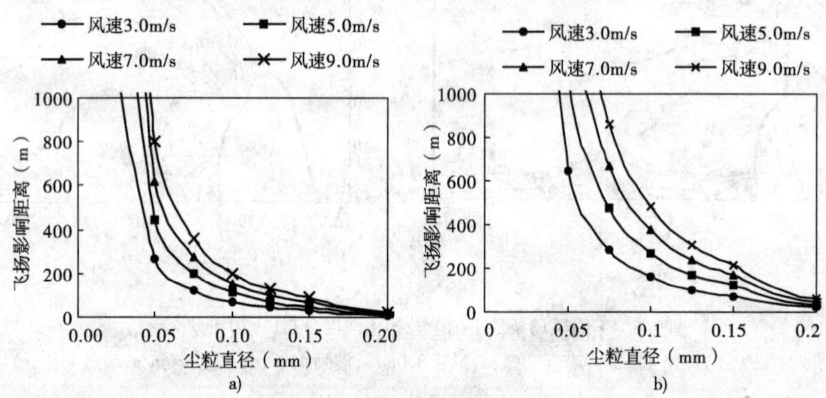

图9.8　来流风速对飞扬距离的影响

a)精矿粉;b)生石灰粉

由图9.7可知:尘粒粒径越小,粒子与气流的跟随性就越好,它所扩散影响的范围就越大。当尘粒粒径为0.05mm时所影响的范围是0.10mm粒子的数倍之多。同时在这四种尘粒中,由于生石灰粉的密度最小,相同粒径下所对应的沉降速度也就最小。换言之,它是最不易沉降的,故飞扬的距离最远。图9.8显示了风速变化对扬尘范围的影响,这里仅选取精矿粉和生石灰粉说明。来流风速增大,扬尘距离随之增大,其中生石灰粉的增大程度较精矿粉为大,尤其是当粒径小于0.10mm时,这种差异就越发明显。但无论对于精矿粉而言,还是对生石灰粉而言,直径在0.1mm左右的常见尘粒,它的扬尘距离均不超过200m。

5. 尘降物地面污染浓度分析

作为大气环境质量监测的重要指标之一，是考察污染物的地面浓度情况。所以在考虑大气扬尘的同时，还要关注污染物的地面浓度。由前所述，这些以跃移为主的尘粒更多的是对总地面浓度的分担。

尘粒在大气扩散过程中，存在着以沉降速度 u_s 向地面沉降，故在计算地面浓度分布时，须采用修正的地面尘降模式。此模式是高斯扩散模式的演变，同时又考虑了粒子沉降因素对浓度分布的影响。该模式可表示为

$$C(x,y,0,H)=\frac{Q}{2\pi \bar{u}\sigma_y\sigma_z}\exp\left(-\frac{y^2}{2\sigma_y^2}\right)\exp\left[-\frac{-\left(H-\frac{u_s x}{\bar{u}}\right)^2}{2\sigma_z^2}\right]$$

式中：C——尘粒浓度，mg/m^3；

Q——尘源强度，mg/s；

σ_y,σ_z——纵向和横向大气扩散系数，m；

u_s——尘粒的质量平均粒径所对应的沉降速度，m/s。

在中性层结、平均风力为5.0m/s 的作用下，不同种类尘粒的地面浓度分布如图9.9所示。

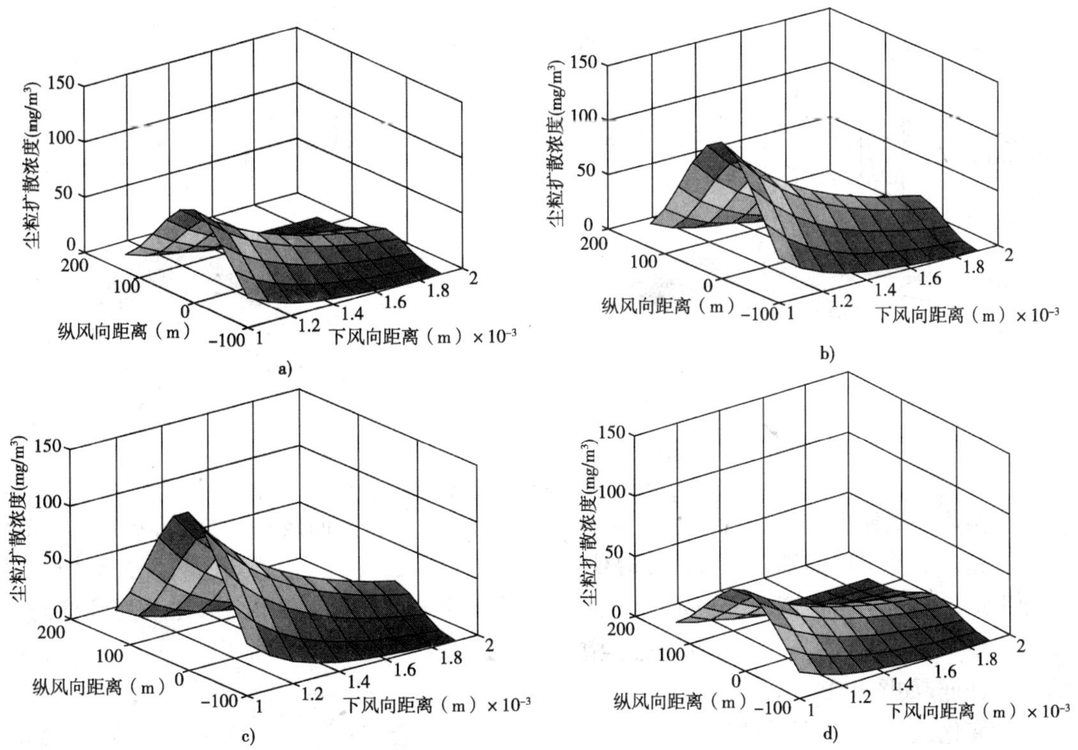

图9.9　尘粒的地面污染浓度(mg/m^3)

a)褐铁矿粉；b)精矿粉；c)热压铁粉；d)生石灰粉

从图9.9看，整个浓度分布很好地符合高斯分布的特征。在纵方向为0处，即尘源轴心处的浓度最大，其峰值明显，沿纵方向呈对称性减小。同时随着下风向距离的延伸，逐渐远离尘

源，其浓度的峰值也逐渐降低。与之相对应的，沿纵方向的浓度也依次减小。在这四种矿尘中，热压铁矿在尘源处的发尘量最大，其尘源轴心处的浓度也最大；而生石灰粉的尘源强度最小，所以它的整个浓度分布趋势也较为平坦。图中清楚地反映了各种尘粒在相同扩散条件下因各自的发尘量不同所引起的地面尘降浓度分布的不同。相比较我国对于粉尘颗粒物在大气中的限值：150mg/m^3 的规定：这些降尘对颗粒物浓度的贡献率可达到 20% ~40% 不等，其中以热压铁矿粉的分担率最高。同时必须注意到，根据公式表达可知，影响地面浓度分布的因素不仅仅是尘源强度的问题，大气的扩散状况也同样显著地影响着整个浓度的分布。图 9.10 则反映了扩散条件对浓度分布的影响，其中入口风速为 5.0m/s。仅选褐铁矿粉为例说明，其他尘粒相类似，从略。

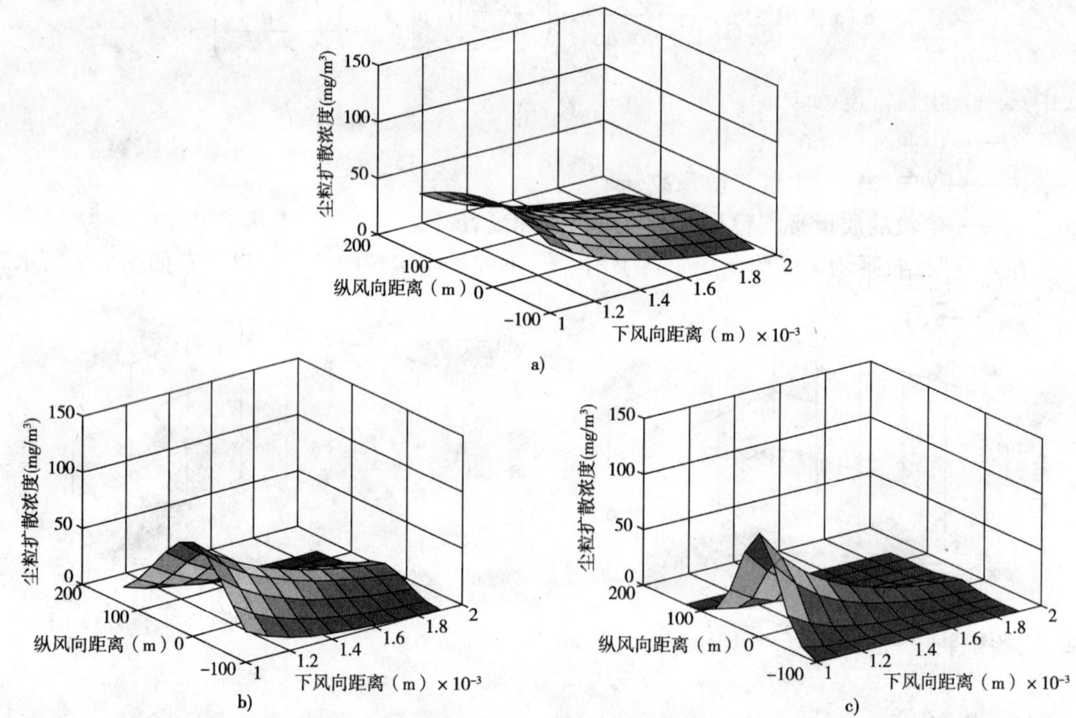

图 9.10　不同扩散条件对地面浓度分布的影响（mg/m^3）

a）不稳定层结；b）中性层结；c）稳定层结

当湍流扩散能力较强，处于不稳定层结时，尘粒很快向纵方向运动，使得纵方向上的浓度值与其相对应的下风向轴心处的浓度峰值之间的差异不大，峰值不在明显，浓度分布地较为均匀和平坦。随着层结逐渐趋于稳定，气流扩散能力的削弱，尘粒纵方向上的运动受到抑制，浓度主要集中在下风向的轴心处，越靠近尘源，浓度越大，峰值浓度分布得很尖锐。之后，浓度峰值迅速降低，如图 9.10c）所示。总体来看，由于大气扩散状况的不同导致了浓度分布的局部区域性变化，会对局部区域的浓度分担率产生影响，但无论在何种扩散条件下，这种尘粒所引发的总的地面浓度的贡献率均未超过限值。

第四篇　港口粉尘污染主要除尘技术方法

颗粒污染物净化技术包括固体颗粒和雾滴的净化，传统上称港口散货粉尘防治技术。港口粉尘污染主要港口散货粉尘防治技术方法通常为物理净化方法。各类除尘器的原理主要是利用作用于尘粒上的各种作用力的一种或同时利用几种进行除尘的。一般可以分为重力除尘器、惯性除尘器、旋风除尘器、过滤式除尘器和电除尘器等五类：

不对含尘气体或分离的尘粒进行润湿的除尘设备，称为干式除尘设备。

用水或其他液体，使含尘气体或分离的尘粒进行润湿的除尘设备，称为湿式除尘设备。湿式除尘设备可分为：

(1)贮水式：如自激型除尘器和螺旋水膜除尘器等。

(2)加压式：如文氏管洗涤器和喷雾洗涤器等。

(3)旋转式：如机械动力洗涤除尘器等。

各种类型除尘设备的性能、选择和应用将在以后备章中具体论述。

根据所利用的净化机理不同，习惯上将除尘设备分为四大类：

(1)机械式除尘器：它是利用质量力(如重力、离心力等)的作用使颗粒物与气流分离并被捕集的装置。包括重力沉降室、惯性除尘器和旋风除尘器等；

(2)过滤式除尘器：它是使含尘气流通过织物或多孔的填料层进行过滤分离的装置，包括袋式除尘器和颗粒层除尘器；

(3)湿式洗涤器：它是利用液滴或液膜洗涤含尘气流，使粉尘与气流分离的装置，包括低能洗涤器和高能文氏管洗涤器；

(4)静电除尘器：它是利用电力作为捕尘机理的装置，包括干式静电除尘器(干法清灰)和湿式静电除尘器(湿法清灰)。

以上分类是指起主导作用的除尘机理。在实际的颗粒污染物的净化中，很少单独运用某一种机理，常常是把两种以上的机理同时运用于除尘过程。为了提高净化效果，特别是为提高对亚微米粒子的净化效率，研制了许多种多机理复合除尘器，如静电强化过滤除尘器、电凝聚除尘器、磁力净化器等新型净化设备，从而极大地推动了港口散货粉尘防治技术的发展。

第十章　机械式除尘

机械式除尘器是利用重力、惯性、离心力等方法来去除尘粒。包括重力沉降室、惯性除尘器和旋风除尘器等类型。这种设备构造简单、投资少、动力消耗低，除尘效率一般在40%～90%之间，是国内常用的一种除尘设备。在排尘量比较大或除尘要求比较严格的地方，这类设备可作为预处理用，以减轻第二级除尘器的负荷。表10.1给出了几种常用的干式机械式除尘器的特性参数。

干式机械式除尘器的特性参数　　表10.1

除尘器类型	最大空气处理量（m^3/h）	可去除最小粒径（μm）	除尘效率（%）	压力损失（Pa）	适用最高温度（空气温度）（℃）
重力沉降室	根据安装场地决定	>50	80～90	50～130	550～850
旋风除尘器	85000	10	50～60	250～1500	350～550
旋流除尘器	30000	2	90	<2000	<250
串联旋风除尘器	170000	5	90	750～1500	300～500
惯性力除尘器	127500	10	90	750～1500	<400

第一节　重力除尘设备

1. 重力除尘设备工作原理

重力沉降室是借助重力作用使尘粒沉降下来，从而实现除尘目的的最简单的除尘设备。图10.1为重力沉降室的典型图例。

在风机的作用下将含尘气体吸入沉降室。由于沉降室内气流通过的横截面积突然增大，这样含尘气体在沉降室内的流速将比输送管道内的流速小得多。一般认为，一个设计合理的沉降室内的气流呈层流状态，缓慢向前流动。开始时尽管尘粒和气流具有相同速度，但气流中质量和粒径较大的尘粒，在地球重力场的作用下，获得较大的沉降速度，经过一段时间之后，尘粒降落至室底，从气流中分离出来，从而实现除尘的目的。

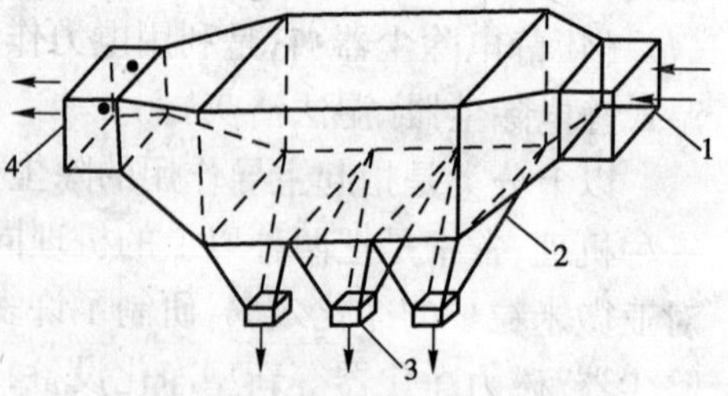

图10.1　重力沉降室示意图
1-含尘气体入口；2-沉降室；3-排灰口；4-净气出口

根据理论分析，含尘气体在沉降室内作水平流动时，若气流呈层流状态，不考虑紊流扩散的影响，尘粒在重力作用下获得的重力沉降速度一般按斯托克斯公式进行计算。尘粒获得的沉降速度也就是它从含尘气流中分离出来的分离速度。该式为计算重力沉降速度的斯托克斯表达式。

$$u_s = \frac{(\rho_p - \rho_g) \cdot d_p^2 \cdot g}{18\mu}$$

式中：u_s——尘粒所获得的沉降速度，m/s；

ρ_p——进入沉降室的尘粒密度，kg/m³；

ρ_g——流体介质的密度，kg/m³；

d_p——尘粒的粒径，m；

G——重力加速度，m/s²；

μ——流体介质的粘性系数，kg/m·s。

从上式可以看出，在相同的条件下，尘粒的沉降速度（u_s）与粒径（d_p）的平方成正比，即粒径愈大，获得的沉降速度就愈大，也就愈容易沉降分离下来；反之，沉降分离就比较困难。

表 10.2 表示密度为 1g/cm³ 球形尘粒按上述公式计算的沉降速度值和试验值比较。

密度为 1g/cm³ 球形尘粒沉降速度的计算值和试验值　　表 10.2

尘粒直径(μm)	计算值(cm·s⁻¹)	试验值(cm·s⁻¹)	尘粒直径(μm)	计算值(cm·s⁻¹)	试验值(cm·s⁻¹)
1000	3050	382	4	5.0×10^{-2}	5.0×10^{-2}
400	483	157	2	1.19×10^{-2}	1.19×10^{-2}
100	25.0	24.6	1.0	3.49×10^{-3}	3.5×10^{-3}
40	5.0	4.8	0.4	6.85×10^{-4}	6.85×10^{-4}
20	1.2	1.2	0.2	2.27×10^{-4}	2.3×10^{-4}
10	3.06×10^{-1}	3.06×10^{-1}	0.1	8.71×10^{-5}	

注：在温度为 20℃，压力为 0.5MPa 的状态下。

由表 10.2 可以看出，当尘粒粒径在 100μm 以下时，按公式求得的计算值与试验值完全吻合；粒径 10μm 的尘粒沉降速度比 1μm 的快 87 倍，而 100μm 的尘粒要比 1μm 的沉降速度快近 7000 倍。

2. 重力除尘设备分类

重力沉降室可分为水平气流沉降室和垂直气流沉降室两种。

(1)水平气流沉降室。水平气流沉降室的示意图如图 10.1 所示。当含生气体从管道进入沉降室后，由于截面的扩大，气体的流速就减慢，在流速减慢的一段时间内，尘粒从气流中沉降下来并进入灰斗，净化气体就从沉降室另一段排出。

(2)垂直气流沉降室。垂直气流沉降室示意图如图 10.2 所示。当气流从管道进入沉降室后，出于截面扩大降低了气流速度，使得沉降速度大于气流速度的尘粒沉降下来。

图 10.2a)是最简单的一种，尘粒沉降在入口的周围，需要定期停止排尘设备运转以便清除积尘。图 10.2b)和图 10.2c)两种沉降室分别设置反射板 2 和导流锥 4，以提高其除尘效率；除下的尘粒可通过下灰管进入灰斗。

在一般情况下，图 10.2b)的沉降室的直径应为烟道的 2.5 倍，这时气体进入沉降室的流速比烟道流速低 6.25 倍。当烟道流速为 1.5～2m/s 时，可以除去 200～400μm 的尘粒。当尘粒的密度为 2100kg/m³（例如烟煤粉尘和无烟煤粉尘，图 10.2c)的沉降室对粒径为 50μm 的粉伞的除尘效率为 50%。

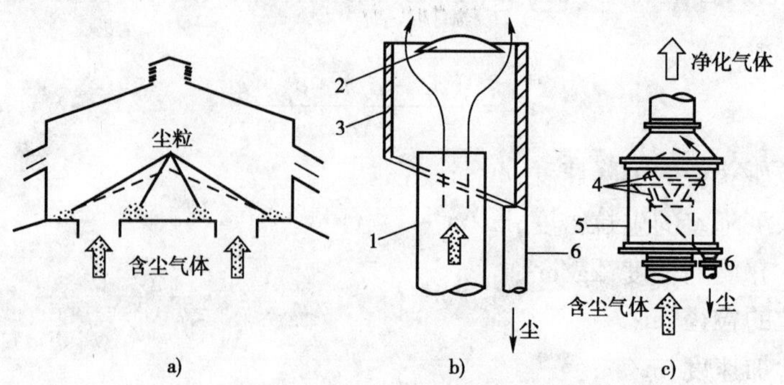

图 10.2　垂直气流沉降室示意图

a)屋顶式;b)扩大烟囱式;c)带导流锥的沉降室

1-烟道;2-反射板;3-耐火涂料;4-导流锥;5-斜板;6-下灰管

3. 重力除尘设备设计与计算

(1)气体流速

含尘气体在沉降室断面上的速度 v 依含尘气体的临界速度 v_L 确定,v_L 可按下式计算

$$v_L = \sqrt{\frac{kgd_p\rho_p}{6\rho_g}}$$

式中:v_L——含尘气体的临界速度,m/s;

k——流线系数,取 10 ~ 20,k 值随尘粒直径的减小而递增;

g——重力加速度,m²/s;

d_p——需 100% 去除的最小尘粒直径,m;

ρ_p——尘粒真密度,kg/m³;

ρ_g——气体密度,kg/m³。

含尘气体在沉降室断面上的流速 v 为临界速度 v_L 的 0.5 ~ 0.75 倍,一般在 0.2 ~ 0.8m/s 范围内选取。考虑到已沉降的粉尘不应再被气流重新卷起造成二次飞扬。

(2)尘粒沉陷速度

根据尘粒与气体相对运动雷诺数 Re 大小的不同,尘粒沉降速度可选择不同的计算公式。表 10.3 给出了在不同雷诺数 Re 下的尘粒沉降速度(v_c)的计算公式。一般情况下,当尘粒的粒径比较小(<100μm)时,通常采用在层流区(Stokes 区)的沉降速度公式。表 10.4 给出了不同的粒径尘粒在层流区(Stokes 区)的沉降速度。

不同雷诺数 Re 下的球形尘粒沉降速度 v_c　　表 10.3

区间	Re	沉降速度 v_c(m/s)
层流区(Stokes 区)	<1	$\frac{d_p^2(\rho_p-\rho_g)g}{18\mu}$
过渡区(Allen 区)	$1 \sim 10^3$	$0.732d_p^{1.18}\left(\frac{\rho_g}{\mu}\right)^{0.45}\left(\frac{\rho_p-\rho_g}{\rho_g}\right)^{0.72}$
紊流区(Newton 区)	$10^3 \sim 2\times10^5$	$5.45\left[\frac{d_p(\rho_p-\rho_g)}{\rho_g}\right]^{0.5}$

不同粒径尘粒在层流区(Stokes 区)的沉降速度　　表 10.4

粒径(μm)	沉降速度(m/s)		粒径(μm)	沉降速度(m/s)	
	试验值(m/s)	按层流区计算的沉降速度(m/s)		试验值(m/s)	按层流区计算的沉降速度(m/s)
0.1	8.70×10^{-7}	8.71×10^{-7}	10.0	3.06×10^{-4}	3.06×10^{3}
0.2	2.30×10^{-6}	2.27×10^{6}	20.0	1.2×10^{2}	1.2×10^{-2}
0.4	6.80×10^{-6}	6.85×10^{-6}	40.0	4.8×10^{-2}	5.0×10^{2}
1.0	3.50×10^{-5}	3.49×10^{5}	100.0	2.46×10^{-2}	2.5×10^{-1}
2.0	1.19×10^{-4}	1.19×10^{-4}	400.0	1.57	4.83
4.0	5.10×10^{4}	5.00×10^{-4}	1000.0	3.82	30.5

在实际工况中,考虑到尘粒的形状并非都是球形。因此,尘粒的直径 d_p 可按下式进行修正

$$d_p=\varphi d_n$$

式中:d_p——需 100% 去除的最小尘粒直径,m;

φ——形状修正系数;

d_n——形状不规则的尘粒直径,m。

(3)有效截面积

$$F=\frac{Q}{v}=BH$$

式中:F——有效截面积,m^2;

Q——气体流量,m^3/s;

B——沉降室宽度,m;

H——沉降室高度,m;

v——气体流速,m/s。

(4)高度

高度 H 应在 $0.5\sqrt{F}$ 到 $\sqrt{F}$ 的范围内。

此外,还可以根据实际场地情况以及沉降室的表面积最小化等因素综合考虑后选取确定。

(5)宽度

$$B=\frac{F}{H}$$

式中:F——有效截面积,m^2;

H——沉降室高度,m。

(6)最小粒径

根据上述公式计算出沉降室的结构尺寸进行取整后,用下式求解该沉降室所能捕集的最小尘粒粒径(d_{min}),要求该沉降室所能捕集的最小尘粒粒径(d_{min})不大于需 100% 去除的最小尘粒直径(d_p)。

$$d_{\min} = \sqrt{\frac{18\mu vH}{g(\rho_p - \rho_g)L}}$$

式中：$d_{\min}$——沉降室所能捕集的最小尘粒粒径，m；

μ——气体动力粘度，Pa·s。

其余变量意义及单位同前。

(7)除尘效率

当沉降室的结构一定，理论上沉降速度 $v_c > H_v/L$ 的尘粒都能沉降下来；当沉降速度 $v_c < H_v/L$ 时，对各种粒径的尘粒的分级除尘效率 η_d 可按下式求出

$$\eta_d = \frac{Lv_c}{vH} \times 100\%$$

可见，在其他参数不变的情况下，降低沉降室高度时，既可以提高除尘效率，使尘粒能较快地降落到沉降室的底部，又可以提高除尘器的容积利用率。这样，就出现了多层沉降室，其结构如图 10.3 所示。

在理论上沉降室分层越多，除尘效果越好。因此在实际应用中有每层高度 ΔH 小于 25mm 的。但这样将使得清理积灰较困难，并且难以使各层隔板间气流均匀分布以及处理高温气体时金属板容易翘曲。

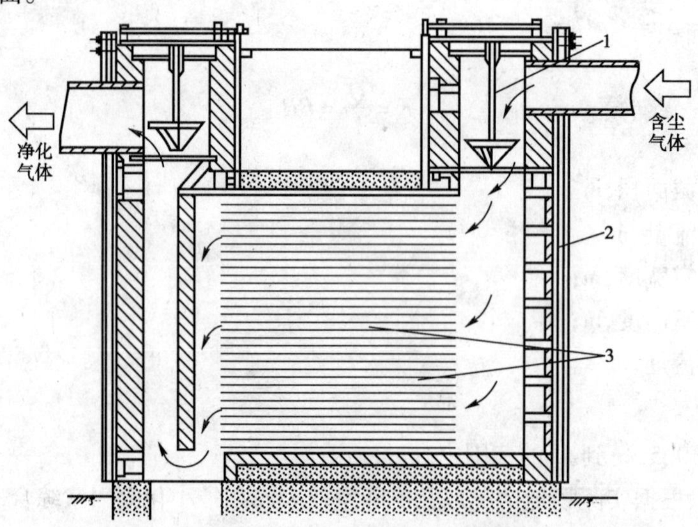

图 10.3　多层沉陷室示意图

1-阀门；2-出灰孔；3-隔板

(8)压力损失

$$\Delta p = \frac{(v_i^2 + 1.5v_n)\rho_g}{2}$$

式中：Δp——含尘气体通过沉降室的压力损失，Pa；

v_i——含尘气体进入沉降室时的速度，m/s；

v_n——含尘气体离开沉降室时的速度，m/s；

ρ_g——含尘气体的密度，kg/m^3。

一般含尘气体通过沉降室的压力损失只有 50～130 Pa。

第二节　惯性除尘设备

1. 惯性力除尘概念与原理

惯性除尘器是利用气流方向急剧转变时，尘粒因惯性力作用而从气体中分离出来的原理而设计的。它一般多用于密度大、颗粒粗的港口散货作业现场煤炭或矿物性粉尘的处理，对密度小、颗粒细的粉尘或纤维性的粉尘不宜采用。它常用作多级除尘系统处理，用以捕集 10～20μm以上的尘粒。其除尘效率一般可达80%～90%，阻力一般为750～1500Pa。生产实践和试验研究表明，当含尘气流冲击到障碍物上并使气流方向折转时，载流介质中的尘粒将产生离心加速度形式的惯性加速度，增加尘粒的分离作用。根据这一原理，通常在惯性除尘器内设置不同形式的挡板，并使气流改变方向，从而制成各种形式的惯性力除尘器。

含尘气体在惯性除尘器内流动时，气体和尘粒在冲击到挡板之前，具有相同的流速。图10.4 表示了含尘气流冲击到挡板 B_1、B_2 时尘粒从气流中沉降分离的过程。

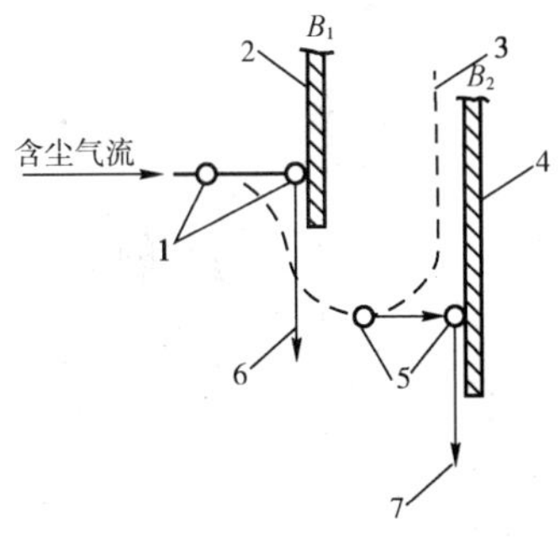

图 10.4　尘粒碰撞挡板的分离机理

1-尘粒 d_1；2-挡板 B_1；3-气流流线；4-挡板 B_2；5-尘粒 d_2；6-尘粒 d_1 沉降分离方向；7-尘粒 d_2 沉降分离方向

在港口散货粉尘防治工程应用范围内，通常认为通风除尘系统内的含尘气体是不可压缩的，因此，当含尘气流到达 B_1 之前，气体因受到障碍，绕过挡板，气流方向折转；气流中质量和粒径较大的尘粒，由于具有较大的运动惯性，继续保持向前流动，直至冲击到挡板 B_1 上，产生惯性碰撞，失去动能，在重力的作用下沉降分离出来。第一次未被分离出来的尘粒，有可能在冲击挡板 B_2 时分离出来，从而使含尘气体得到净化。

根据理论分析，若气流折转的曲率半径为 r，其圆周速度为 u_θ 时，将产生 u_θ^2/r 离心加速度形式的惯性加速度。绕过 B_1 挡板的气流在到达 B_2 挡板之前又再次出现折转。如此多次的气流折转，使气流获得多次的惯性加速度。每次气流折转时，气流中尘粒具有的离心分离速度可用下式表示。

$$u_p = \frac{d_p^2(\rho_p - \rho_g)}{18\mu} \cdot \frac{u_\theta^2}{r}$$

式中：u_p——尘粒具有的分离速度，m/s；

u_θ——气流折转时尘粒具有的圆周速度，m/s；

r——气流折转的曲率半径，m；

ρ_p——尘粒的密度，kg/m^3；

ρ_g——流体介质的密度，kg/m^3；

μ——流体介质的粘性系数，kg/m^3；

d_p——尘粒粒径，m。

2. 惯性力除尘构造型式

惯性除尘器的构造型式主要有两种：一种是以含尘气体中的粒子冲击挡板来收集粉尘粒

子的冲击式结构，另一种是通过改变含尘气流流动方向收集较细粒子的反转式结构。

(1)冲击式结构

图10.5为冲击式惯性除尘器结构示意图。其中图10.5a)为单级冲击式惯性除尘器，图10.5b)为多级冲击式惯性除尘器，在这两种型式惯性除尘器中，沿气流运动方向上，设置一级或多级隔板，使气体中的尘粒冲撞隔板而被分离，图10.5c)为迷宫型(带有喷嘴)惯性除尘器，在这种结构除尘器中装有喷嘴，以增加气体的冲撞次数，增大除尘效率。

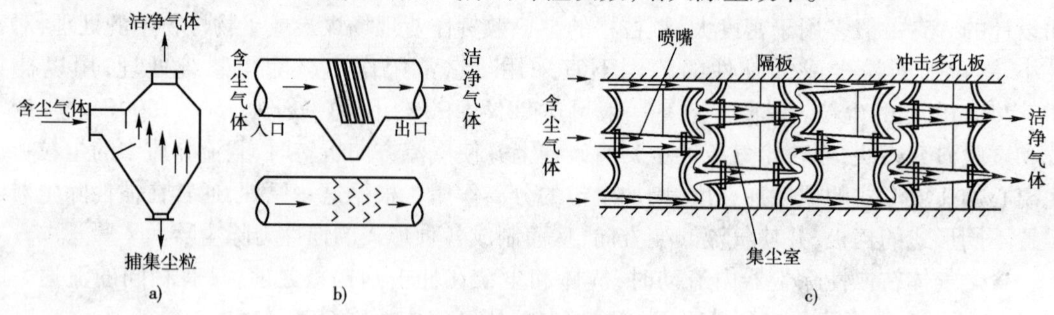

图10.5 惯性冲击式除尘器

a)单级型;b)多级型;c)迷宫型

(2)反转式结构

图10.6为常见的三种反转式惯性除尘器结构示意图，其中图10.6a)为弯管型，图10.6b)为百叶窗型，图10.6c)为多层隔板塔型。弯管型、百叶窗型反转式惯性除尘器和冲击式惯性除尘器一样，都适于安装在烟道上使用。其中塔型除尘装置主要用于烟雾分离，它能捕集几个微米粒径的雾滴。

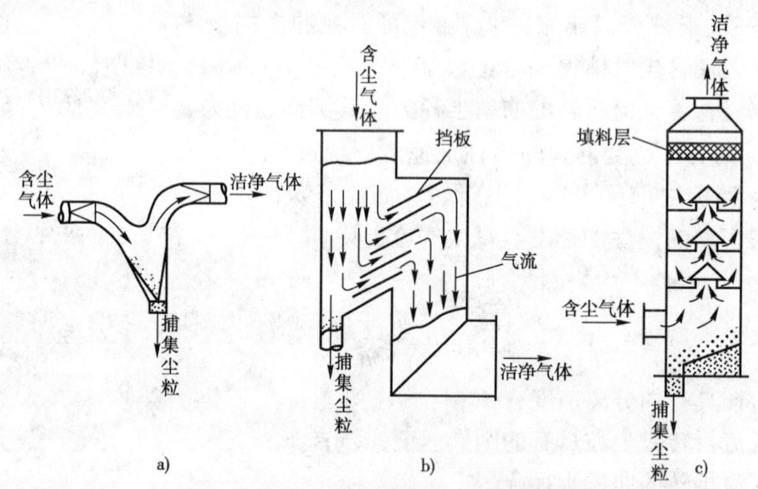

图10.6 反转式惯性除尘器结构示意图

a)弯管型;b)百叶窗型;c)多层隔板塔

3. 重力沉降式气流反转惯性除尘器

重力沉降式气流反转惯性除尘器结构是将进气管插入到沉降室内，使气流反转向上，尘粒靠惯性沉降下来，净化后的气流则排出除尘器外。这种除尘器的进气管也可以做成渐扩式(锥角12°)，以降低进气管出口的气流速度，减少由于气流冲击所引起的二次扬尘。

设计参数：

(1)除尘器入口气流速度 $v_i > 12\text{m/s}$;

(2)除尘器筒体速度一般采用4m/s,一般不超过5m/s;

(3)除尘器筒体高度 $H = 1.5D - 2.0D$;

(4)入口管道插入除尘器的深度 $H_1 < d$,距筒底的距离 $H_2 \geqslant 0.5D$,最大不超过1m;

(5)除尘器锥角 $\alpha_1 = 30°$,$a_2 \geqslant 50°$,卸灰口直径 $d_0 = 0.1 \sim 0.2\text{m}$;

(6)防尘器的阻力一般为150~390Pa,局部阻力系数 $\xi = 2.85$;

(7)除尘器的净化效率。除尘器的净化效率取决于尘粒的沉降速度与气流的上升速度。

当尘粒的沉降速度大于气流的上升速度,尘粒才能从气流中分离出来。为此,除尘器内能够沉降的最小粒径为:

$$d_{\min} = \frac{0.3\rho_g v_i}{g(\rho_p - \rho_g)}$$

式中:$d_{\min}$——除尘器内能够沉降的最小粒径,m;

v_i——除尘器入口气流速度,m/s;

ρ_p——尘粒真密度,kg/m^3;

ρ_g——气体密度,kg/m^3;

g——重力加速度,m^2/s。

这种除尘器可用于处理翻转机房和转接塔除尘,当除尘器进气管中气流速度为10m/s时,进入除尘器的流速大约为1m/s,对于粒径大于25~30μm的粉尘,除尘效率为65%~85%。

4. 百叶窗式除尘器

1)工作原理及结构组成

图10.7为百叶窗式惯性除尘器、挡板式惯性除尘器和旋风除尘器及风机组合在一起的除尘系统。其工作原理是利用空气流动方向的突然转变,使尘粒与气体分离开来的一种装置。在含尘空气的通道上装有许多叶板(实际中多数选用角钢制作)组成的倾斜拦灰栅,当含尘空气在穿过拦灰栅时,按叶板间缝隙数分成多股气流,每股气流在绕过叶板后突然改变方向,并从叶板缝隙中穿过,最后顺着拦灰栅原方向或其他方向在叶板的另一侧流向引风机而被排出。这种联合除尘系统对于粒径为40μm的飞灰(密度为1000kg/m^3)的分级效率为90%,其除尘效率可达到中效旋风除尘器的除尘效率,但阻力要小的多,大约为250~380Pa。

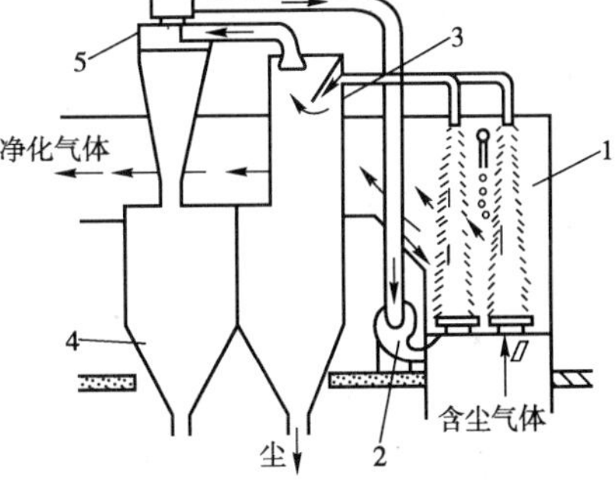

图10.7　百叶窗式除尘器

1-百叶窗式拦灰栅;2-风机;3-粗粒去除室;4-灰斗;5-旋风除尘器

百叶窗式除尘器的结构,是由百计窗式拦灰栅和抽吸除尘器两部分组成。百叶窗式拦灰栅可以设计成圆锥体形和V字形两种形式,百叶窗式拦灰栅的作用主要是浓缩、净化,它把烟尘分成两部分,将约占90%的处理空气量通过拦灰栅,被净化后的空气由管道排至大气,另将10%浓缩了的尘粒送入抽吸除尘器(旋风式或其他类型除尘器)进一步净化,净化后的空气经引风机使其回到拦灰栅内或排入大气中。

2)设计计算

(1)效率 η。百叶窗式除尘器的总效率是由拦灰栅的除尘效率 η_1 和旋风除尘器的除尘效

率 η_2 组成,它们相当于除尘器的串联型式,因此总效率 η 应为

$$\eta = 1-(1-\eta_1)(1-\eta_2)$$

设计时,叶板间距离一般取 20mm,空气进入拦灰栅间时的速度一般取 10~15m/s,拦灰栅叶板与百叶窗式拦灰轴线间的倾斜角取 30°为宜。其除尘效率一般可达 75%左右。

(2)拦灰栅阻力 ΔP。拦灰栅阻力与燃料种类、燃烧方式和除尘器的布置等情况有关,可按下式计算

$$\Delta p = \frac{\rho_g}{2}\left(\frac{Q}{CF}\right)^2$$

式中:Δp——拦灰栅阻力,Pa;

ρ_g——气体密度,kg/m^3;

Q——通过百叶板缝隙的空气量,m^3/s;

C——百叶板缝隙的收缩系数,取 0.6~0.8;

F——百叶板缝隙的总面积,m^2。

一般拦灰栅阻力 Δp 采用值为 294~393Pa,为防止尘粒在进气室沉积,无论采用何种燃料和燃烧方法,Δp 的值在水平烟道时应不小于 196Pa,在垂直烟道时,应不小于 98Pa。

(3)排气级数 φ。排气级数 φ 指排入抽吸除尘器的空气量占总处理空气量的百分数,通常取 10%,若燃烧煤粉时可采用 20%。排气级数对除尘效率的影响见表 10.5。

百叶式除尘器对排气级数除尘效率的影响 表 10.5

排气级数(%)	除尘效率(%)								
10	50	55	60	65	70	75	80	85	90
20	61	65	70	74	77	81	85	89	92

(4)拦灰栅主要尺寸的确定。图 10.8 为百叶窗式除尘器的拦灰栅示意图,其主要尺寸应为:

①拦灰栅进气室横截面积 A_l(m^2)

$$A_l = 2BL = \frac{0.58Q}{\sqrt{\frac{\Delta p}{g}\left(1+\frac{t}{273}\right)}}$$

式中:A_l——拦灰栅进气室横截面积,m^2;

B——栏灰栅进气口宽度的一半,m;

L——拦灰栅工作长度,m;

Q——处理空气量,m^3/s;

Δp——拦灰栅阻力,Pa;

g——重力加速度,m^2/s;

t——空气温度,℃。

②拦灰栅进气口宽度的一半 B(m)

$$B = 0.83\sqrt{A_1}$$

③拦灰栅进气口高度 H(m)

$$H = 0.7B \sim 1.5B$$

④拦灰栅工作长度 L(m)

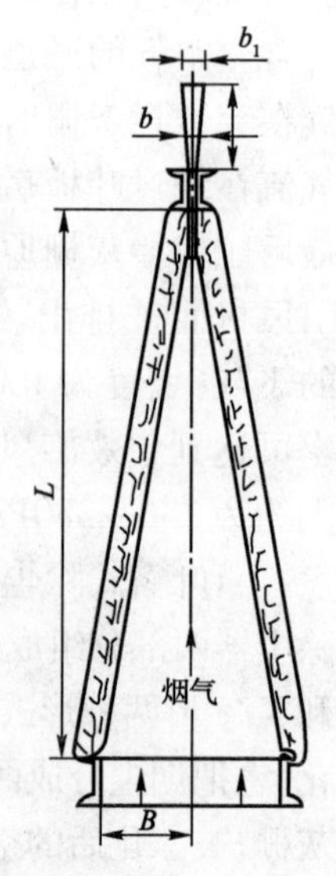

图 10.8 百叶窗式除尘器的拦灰栅图

⑤拦灰栅进气口垂直截面积 $A_2(m^2)$：

$$A_2 = 2BH$$

⑥吸尘缝宽度：吸尘缝宽度 b 应不小于20mm，并可按表10.6中公式求得。

吸尘缝宽度 b 与排气级数 φ 的关系表　　表10.6

排气级数＼吸尘缝位置	中间吸尘缝	两侧吸尘缝
10%	$b=0.1B$	$b=0.05B$
20%	$b=0.2B$	$b=0.1B$

⑦允许的最小叶板数：由于吸尘缝宽度在构造上和运行上的要求，拦灰栅的叶板数应有一个最小值。拦灰栅允许的最小叫板数 n_{min} 可按表10.7中数据选取。

⑧叶板数：一般来说叶板数 n 可用下式计算：

当 $\varphi=10\%$，$n=2B/18$；当 $=20\%$，$n=2B/19$（B 的单位为mm）。

但对所有形式的拦灰栅，其允许的叶板最多为75块。此时空气进口宽度 $2B$ 等于1350mn（φ 为20%时，$2B$ 为1425mm）。对当容量较大的除尘器，计算所得的宽度 $2B$ 值大于1350mm（φ 为20%时，$2B$ 为1425mm）时可以并列装置几个拦灰栅。

拦灰栅允许的最小叶板数 n_{min} 与排气级数 φ 的关系表　　表10.7

排气级数＼吸尘缝位置	中间吸尘缝	两侧吸尘缝
10%	$n_{min}=22$	$n_{min}=44$
20%	$n_{min}=11$	$n_{min}=22$

⑨扩散器的宽度及长度：装置在除尘器后的扩散器的宽度 b_1 及长度 l 可按下式确定

$$b_1 = 0.305b\sqrt{\Delta p/g}$$

$$l = \frac{0.305\sqrt{\Delta p/g}-1}{0.1748}b$$

式中：b_1——扩散器的宽度，m；

b——吸尘缝的宽度，m；

Δp——拦灰栅阻力，Pa；

g——重力加速度，m^2/s；

l——扩散器的长度，m。

（5）旋风防尘器进气连接管的面积 $A_3(m^2)$

$$A_3 = B_3H_3 = 0.064A_2$$

式中：B_3——旋风除尘器进气连接管的宽度，m；

H_3——旋风除尘器进气连接管的高度，m。

（6）旋风除尘器进气连接管的宽度 $B_3(m)$

$$B_3 = 0.192\sqrt{A_3}$$

（7）旋风除尘器进气连接管的高度 $H_3(m)$

$$H_3 = 1.75B_3$$

（8）旋风除尘器到主烟道的引出烟道的截面积 $A_4(m^2)$

$$A_4 \geqslant 2A_3$$

(9)旋风除尘器直径 D(m)

当 $\varphi = 10\%$ 时

$$D = 0.755\sqrt{A'\sqrt{\frac{\Delta p}{\Delta p_x}}}$$

$\varphi = 20\%$ 时

$$D = 1.068\sqrt{A'\sqrt{\frac{\Delta p}{\Delta p_x}}}$$

式中:Δp_x——旋风除尘器的计算阻力,一般为 98 ~ 245Pa;

A'——接入风道的拦灰栅进气口截面积,m^2。

如几个拦灰栅接入一个旋风防尘器,则

$$A' = nA_1$$

3)CDQ 型百叶窗式除尘器

CDQ 型百叶窗式除尘器有带有箱体的 CDQ-K 型和不带箱体的 CDQ 型。处理气量为 560 ~ 18750m^3/h,其技术性能见表 10.8。一般与旋风除尘器配合使用。

CDQ 型百叶窗式除尘器技术性能 表 10.8

进口气速(m/s)	型号								
	1.1	1.3	1.7	2.1	2.5	3.3	4.1	4.7	5.1
	气量(m^3/h)								
15	560	772	1300	1950	2760	4750	7300	9550	11250
20	746	1030	1730	2600	2670	6340	9700	12750	15000
25	934	1290	2160	3260	4580	7920	12150	15930	18750

4)注意事项

(1)百叶窗式除尘器的拦灰栅宜用 40mm × 40mm 的角钢制作;

(2)在拦灰栅前的最后二个烟道弯头处宜装置导流叶片,以保证空气速度和含尘浓度在拦灰栅前的烟道内保持均匀,利于除尘;

(3)除尘器直接放在吸尘缝附近,并应保证旋风除尘器在正常工作时不能积存捕集到的粉尘,必须保持连续地出灰。此外,为防止漏风还应装置性能较好的锁气装置;

(4)百叶窗式除尘器可任意安装,可安装于水平、垂直或倾斜的烟道中,当安装在引风机之前时也可安装在省煤器等局部受热面之前;

(5)百叶窗式除尘器由于防尘效率不高,约 75%,因此,通常可作为二级除尘系统中的第一级除尘使用;

(6)百叶式除尘器不适用于捕集纤维性粉尘,因为这种粉尘易将叶片之间的缝隙堵死。

第三节 旋风除尘设备

旋风除尘器是利用旋转的含尘气体所产生的离心力,将粉尘从气流中分离出来的一种干式气固分离装置。

旋风除尘器用于工业生产以来，已有百余年历史。对于捕集、分离 5 ~ 10μm 以上的粉尘效率较高，被广泛地应用于化工、石油、冶金、建筑、矿山、机械、轻纺等工业部门。

旋风除尘器有以下几个特点：

(1)结构简单，器身无运动部件，不需特殊的附属设备，占地面积小，制造、安装投资较少；

(2)操作、维护简便，压力损失中等，动力消耗不大，运转、维护费用较低；

(3)操作弹性较大，性能稳定，不受含尘气体的浓度、温度限制。对于粉尘的物理性质无特殊要求，同时可根据化工生产的不同要求，选用不同材料制作，或内衬各种不同的耐磨、耐热材料，以提高使用寿命。

随着旋风除尘器的使用日趋广泛，人们对旋风除尘器的结构改进，以及内部的气流状态与固体颗粒的运动规律做过大量的工作，取得不少进展，研制出许多性能良好的旋风除尘器。例如 CLP 型旋风除尘器就是在总结生产实践的基础上，经过不断改进而设计出来的一种性能较好的除尘器。CLK 型扩散式旋风除尘器也是一种分离效果较好的除尘器，其结构简单、制造方便，操作弹性较大。龙卷风除尘器产生高速二次气流(60 ~ 100m/s)而使尘粒获得较高的分离效率。直径为 500mm 时，可使直径为 5μm 的尘粒获得 100% 的分离效率。但动能消耗较大。D 型和 B 型旋风除尘器是国外引进的高效旋风除尘器，在化学工业中作为内旋风除尘器以捕集昂贵的催化剂微粒是比较理想的。

由于旋风除尘器的分离、捕集过程是一种极为复杂的三维、二相气流运动，致使理论与实验研究十分困难。另外，设备的结构不同，几何尺寸的不一，尤其是气—固两相本身物理性质的差异，操作条件的变化等等因素，都对旋风除尘器的主要性能(效率、压力损失)有显著的影响。因此，至今仍无法全面掌握它们运动的内在规律，更不能从理论上建立一套完整的成熟的数学模型。

1. 工作原理和气体流动状况

1)基本工作原理

旋风除尘器的结构见图 10.9。当含尘气流以 12 ~ 25m/s 速度由进气管进入旋风除尘器时，气流将由直线运动变为圆周运动。旋转气流的绝大部分沿器壁自圆筒体呈螺旋形向下，朝锥体流动。通常称此为外旋气流。含尘气体在旋转过程中产生离心力，将密度大于气体的尘粒甩向器壁。尘粒一旦与器壁接触，便失去惯性力而靠入口速度的动量和向下的重力沿壁面下落，进入排灰管。旋转下降的外旋气流在到达锥体时，因圆锥形的收缩而向除尘器中心靠拢。根据旋转矩不变原理，其切向速度不断提高。当气流到达锥体下端某一位置时，即以同样的旋转方向从旋风除尘器中部，由下而上继续做螺旋形流动，即内旋气流。最后净化气经排气管排出器外。一部分未被捕集的尘粒也由此逃失。

自进气管流入的另一小部分气体，则向旋风除尘器顶盖流动，然后沿排气管外侧向下流动。当到达排气管下端时，即反转向上随上升的中心气流一同从排气管排出。分散在这一部分上旋气流中的尘粒也随同被带走。

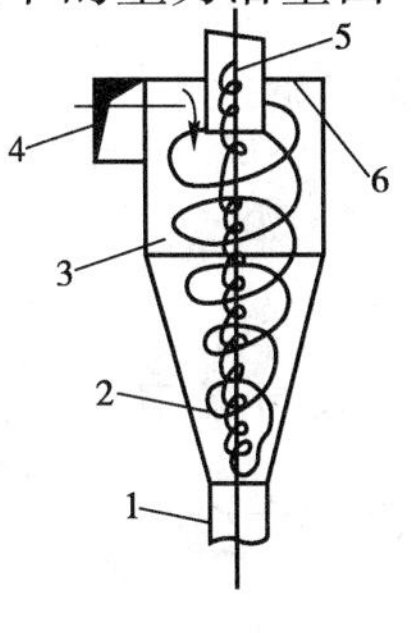

图 10.9　旋风除尘器
1-排灰管；2-圆锥体；3-圆筒体；4-进气管；5-排气管；6-顶盖

2)气体流动方式

旋风除尘器内气体的运动实际是非常复杂的。图 10.10 是旋风除尘器内二次涡流的流动状况。

Ter. Linden 通过实验对旋风除尘器内气体运动时的三维速度，即切向、径向和轴向速度，以及全压和静压分布(图 10.11)提出了一种比较有代表性的理论。也有许多研究者，把三维速度对旋风除尘器的捕集、分离等性能所起的作用，分别加以研究，并得出如下结论：

(1)切向速度

切向速度对于粉尘颗粒的捕集与分离起着主导作用。含尘气体在切向速度的作用下，使尘粒由里向外离心沉降。

排气管以下任一截面上切向速度 v_t 沿半径的变化规律可分为三个区域(图 10.11)。

靠近旋风除尘器壁面 I 区内，切向速度 v_t = 常数。

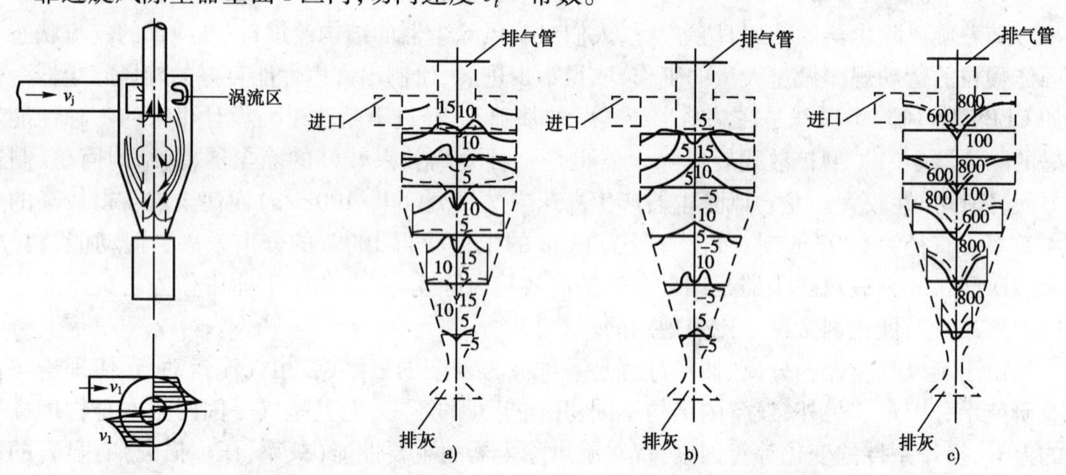

图 10.10　旋风除尘器内部的气体流动状况

图 10.11　三维速度和压力分布

a)切向和径向速度分布；b)轴向速度分布；c)全压和静压分布

排气管处静压为 0，出口气速 $v_h = 6.36\mathrm{m/s}$；

灰斗排灰处静压为 -300Pa，含尘气进口处静压 900Pa，进口气速 $v_j = 10.7\mathrm{m/s}$(图 10.12)。

Alexander 通过实验提出如下的计算式

$$\frac{v_{t1}}{v_j} = \left(\frac{F_j}{d_e D_0}\right)^{0.5}$$

式中：v_{t1}——含尘气在 I 区内切向速度，m/s；

v_j——含尘气进入旋风除尘器的速度，m/s；

D_0——旋风除尘器圆筒直径，m；

d_e——旋风除尘器排气管直径，m；

F_j——旋风除尘器进口截面积，m^2。

图 10.12　切向速度分布

由旋风除尘器中心到最大切向速度面即排气管下部的中心气流，通常称为强制旋流区 III。它类似于刚体旋转运动。切向速度 v_t 与旋转半径 r 之比为一常数。

$$v_t r^{-1} = 常数$$

此常数即为角速度 ω。

I 区和 III 区之间气体的旋转则表示为另一种性质。一般称为半自由旋流区 II。其切向速度分布规律为

$$v_t r^n = 常数$$

式中,n 称速度分布指数,一般在 0.5~0.9 范围内。

若忽略旋风除尘器内气流所存在的内摩擦力,而按理想流体考虑,则根据角动量守恒定律,速度分布指数 $n=1$。这种切向速度 v_t 与它的旋转半径 r 的乘积,即旋转矩为一常数的气流,称为自由旋流。因此,把从强制旋流外侧到分离器壁之间的气流近似作为自由旋流。而又把强制旋流与自由旋流组合称为 Ran Kine 旋流。而 n 值与 1.0 的差值,即为实际旋流与理想的自由旋流差异程度的标志。不同的研究者根据各自的实验条件与测定方法得出不同的 n 值如表 10.9 所示。

速度分布指数 n 的测定值　　表 10.9

测定者	n 值	测定者	n 值
Lissman	1	Alexander	0.5~0.75
Procket	0.5	Ter. linden	0.52
Rosin	0	First	0.88
Shepherd&Lapple	0.5~0.7	井伊谷钢一	0.8
Stairmand	0.5	池森鬼鹤	0.7~0.8

Alexander 给出计算 n 值的关系式

$$n = 1 - (0.668 D_0^{0.14}) \left(\frac{T}{283}\right)^{0.3}$$

式中:D_0——旋风除尘器筒体直径,m;

T——绝对温度,K;

n——速度分布指数。

影响 n 值的因素很复杂,它与 Re 数有关,Re 越大 n 值则渐趋近于 1。n 值也随排气管直径减小而减小,随排灰管直径减小而增大,当排灰管趋近于圆筒直径时(无锥体),则 n 值接近于 1。Alexander 提出 n 值是随旋风除尘器的直径加大而增大。由于较小直径的旋风除尘器,气流受摩擦及粘度影响较大,因此动量传递不完全。

最大切向速度面的位置,即强制旋流的半径 r_m,经实验证明,$r_m = 2r_e/3$ 时与实际测定结果比较接近(图 10.13)。

(2)径向速度

径向速度是影响旋风除尘器分离性能的重要因素。它可以使尘粒沿半径方向,由外向里推至旋涡中心,阻碍尘粒的沉降。所以,径向速度越大,旋风除尘器的分离能力越差。

径向速度由于其值远比切向速度小得多,所以极难测定。实验测得 ϕ400mm B 型旋风除尘器半自由旋流区中 v_r 约为 ±(1~5)m/s,且径向速度分布呈非对称性的特点。造成非对称的原因很多,主要由切向进口形式所引起(图 10.14)。

(3)轴向速度

轴向速度 v_z 分布构成了旋风除尘器的外层下行、内层上行的气体双层旋转流动结构。实验证明,零轴向速度面与器壁平行。即使在锥体部位,外层流厚度也基本恒定。

从 ϕ830mm 的 D_{II}型旋风除尘器流场中,测得零轴向速度面的位置等于旋风筒体半径的 0.6 倍(图 10.15)。

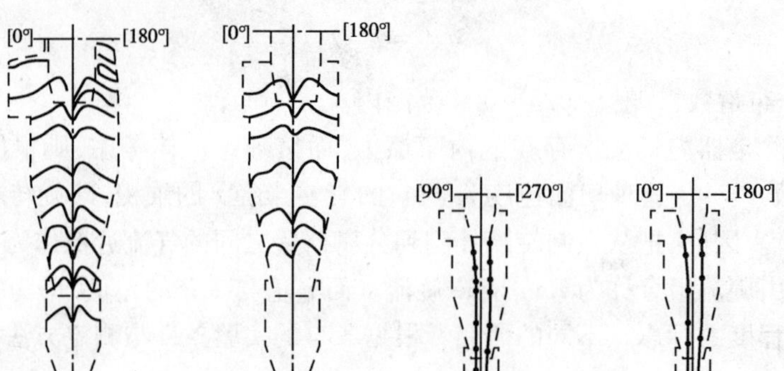

图 10.13　切向速度分布及涡核示意图

a)0°,180°方位切向速度分布;b)90°,270°方位切向速度分布;c)涡核区示意图

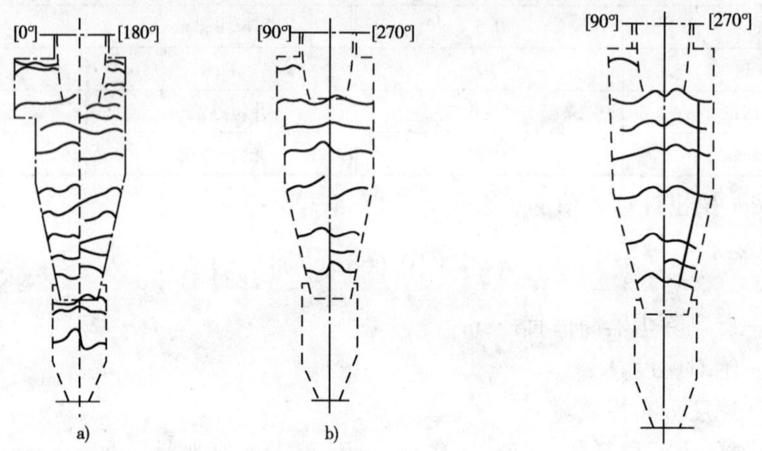

图 10.14　径向速度分布

a)0°,180°方位径向速度 v_r 分布;b)90°,270°方位径向速度 v_r 分布

图 10.15　轴向速度分布

3)涡流

涡流又称二次涡流,在旋风除尘器中称次流(图 10.16),它由轴向速度 v_z 与径向速度 v_r 构成。涡流对旋风除尘器的性能,尤其是分离效率,影响较大。常见的涡流有如下。

(1)短路流 旋风除尘器顶盖、排气管外面与筒体内壁之间,由于径向速度与轴向速度的存在,将形成局部涡流(上涡流),夹带着相当数量的尘粒向中心流动,并沿排气管外表面下降,最后随中心上升气流逸出排气管,影响了除尘效率。早在 20 世纪 30 年代 Tangeren 等人根据涡流的形状,提出了单涡、双涡及中间涡模型的假设(图 10.17)。在 ϕ830mm 模型以及在 D_{II} 型三维流场测定结果中证实了上涡流的存在。

(2)纵向旋涡流　纵向旋涡流是以旋风除尘器内、外旋流分界面为中心的器内再循环而形成的纵向流动。由于排气管内的有效流通截面小于排气管管端以下内旋流的有效流通截面,因此在排气管管端处产生节流效应,从而使排气管管端附近的气体径向速度大大提高,致使气体对大颗粒的曳力超过了颗粒所受的离心力,而造成短路,影响了分离性能。

(3)外层旋流中的局部涡流　由于旋风除尘器壁面不光滑,如突起、焊缝等,可产生与主流方向垂直的涡流,其量虽只约主流的 1/5,但这种流动会使壁面附近,或者已被分离到壁的

粒子重新甩到内层旋流，使较大的尘枝在净化气中出现，降低了旋风除尘器的分离能力。这种湍流对分离 5μm 以下的颗粒尤为不利。

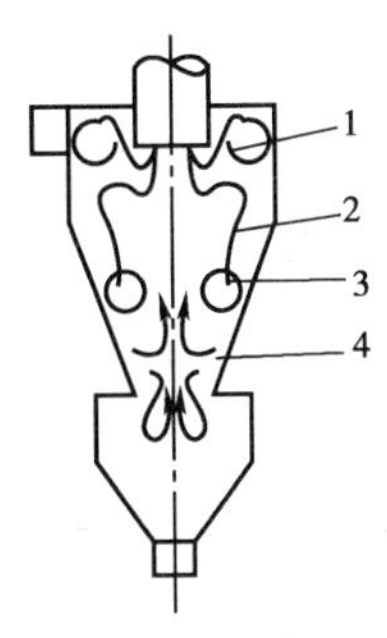

图 10.16　旋涡流

1-短路流；2-纵向旋涡；3-外层旋流中的局部旋涡；4-底部夹带

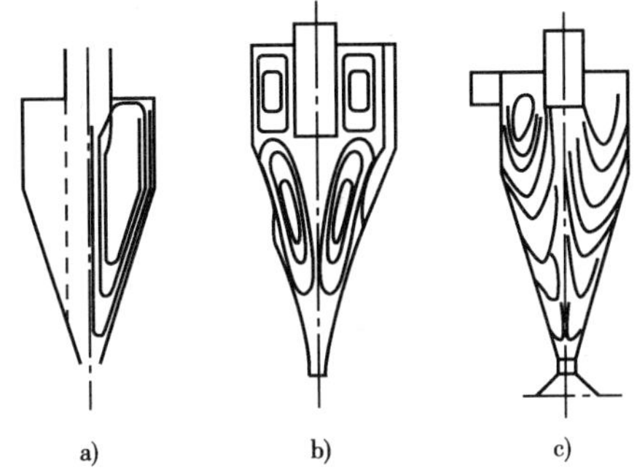

图 10.17　旋风除尘器的涡型

a）单涡模型；b）双涡模型；c）中间涡模型

（4）底部夹带　外层旋流在锥体底部向上返转时可产生局部涡流，将粉尘重新卷起，假使旋流一直延伸到灰斗，也同样会把灰斗中粉尘，特别是细粉尘搅起，被上升气流带走。底部夹带的粉尘量占从排气管带出粉尘总量的 20% ~30%。因此，合理的结构设计，减少底部夹带是改善旋风除尘器捕集效率的重要方面。

2. 临界粒径与分离理论

1）临界粒径

旋风除尘器所能捕集的最小粉尘颗粒直径，称为临界粒径 d_c。临界粒径的大小，是反映旋风除尘器除尘效率高低的理论依据。临界粒径越小，旋风除尘器的除尘性能越好，反之越差。从理论上说，小于临界粒径的尘粒是完全不能被捕集的。实际上，由于尘粒进入器内后，颗粒间相互碰撞，细小微粒的凝聚、夹带以及静电和分子引力作用等因素，使一部分小于临界粒径的细粉尘也被捕集。

也有用最大的排出粒径来定义临界粒径。图 10.18 中 $OPmQR$ 曲线系进入旋风除尘器时的粉尘粒级质量百分数，通过除尘器后大部分颗粒被捕集下来，小部分（图中左斜线所示），随气体排出。经分离以后粉尘的粒级分布则变为 OP_1mQR 曲线。如果将其重新送入旋风除尘器进行分离。则又有一小部分随气体排出（图中右斜线所示），此时被分离后的粉尘粒级分布则为 $OP_2\ mQR$ 曲线。如此一次次重复进行，则每通过一次旋风除尘器，分离后的粉尘粒级分布较前一次更为接近于 $nmQR$ 曲线，直到完全重合。此时就不再有颗粒被气体带走。而粒径 d_c 实际就是分离的临界粒径。

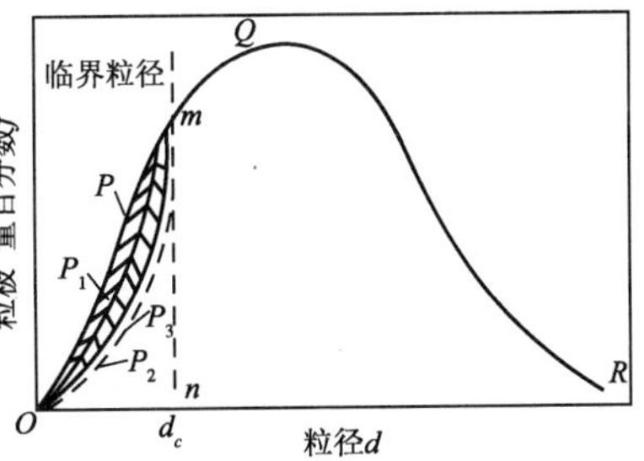

图 10.18　最大排出粒径图

人们还习惯于用分离效率为 100% 的颗粒最小极限粒径 d_{100} 和分离效率为 50% 的切割粒径 d_{50} 来表示临界粒径。前者认为，凡大于 d_{100} 粒径的粉尘颗粒，旋风除尘器都可以百分之百的捕集。而后者对 d_{50} 粉尘粒径既有 50% 被捕集，但也有 50% 的概率不被捕集。工程上多采用这种粒径 d_{50} 来设计计算旋风除尘器。

2)沉降分离理论

沉降分离理论又称转圈理论,是由类比平流重力沉降室的沉降原理发展起来的。颗粒受离心力作用,沉降到旋风除尘器壁面所需要的时间和颗粒在分离区间气体停留时间相平衡。从而计算出粉尘完全被分离的最小极限粒径 d_{100}。

Rosin、Rammler 和 Lnterman 曾将进入旋风除尘器内气流假定为等速流(速度分布指数 $n=0$;即气体严格地按照螺旋途径,始终保持与进入时相同的速度流动。而颗粒随气体以恒定的切向速度(与位置变化无关),由内向外克服气流如它的阻力,穿过整个气流宽度,流经一个最大的净水平距离 L_w,最后到达器壁而被分离。这里既不考虑颗粒间的相互影响,又忽略边界层的效应。

气体从进口到锥体流经的距离为 $2\pi RN$,而其停留时间为

$$t=\frac{2\pi RN}{v_t}$$

$$R=\frac{r_0-r_e}{2}+r_e\frac{r_0-r_e}{2}$$

式中:R——气体的平均旋转半径,m;

r_0——旋风除尘器筒体半径,m;

r_e——旋风除尘器排气管半径,m;

N——气体的旋转圈数(图 10.19);

v_t——切向速度(这里假定与气体进口速度 v_j 相等),m/s。

根据颗粒在离心力场中自由沉降时间和气体停留时间相等导出

$$\frac{L_w}{v_a}=\frac{2\pi RN}{v_i}$$

式中,v_a 系颗粒在 Stokes 范围内的离心速度,即离心力场的沉降速度。

$$v_a=\frac{v_t^2}{v_a}\cdot\frac{d^2(\rho_c-\rho)}{18\mu}$$

代入后,即可求得完全被分离的颗粒最小极限粒径。

$$d_{100}=\sqrt{\frac{9\mu L_w}{\pi Nv_j(\rho_c-\rho)}}=\sqrt{\frac{\mu(D_0-2R)}{\pi(\rho_c-\rho)v_jN}}$$

式中:L_w——气流总宽度(等于进口宽度),m;

d——颗粒直径,m;

μ——气体粘度,Pa·s;

D_0——旋风除尘器直径,m;

ρ_c、ρ——固体颗粒及气体密度,kg/m^3;

R——气体平均旋转半径,m;

N——气体旋转圈数。

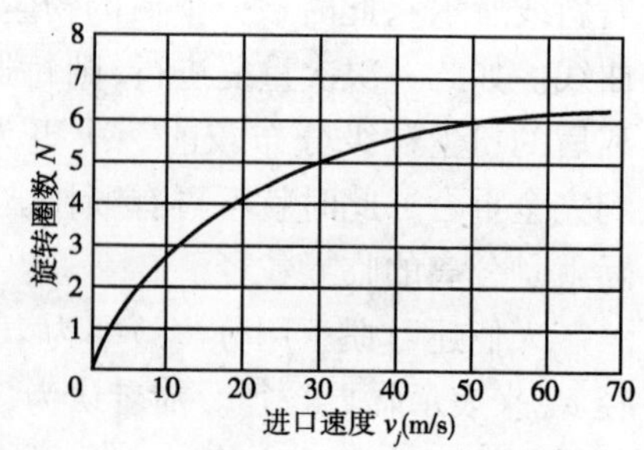

图 10.19 进口速度与旋转圈的关系

Lapple 和 Shepherd 假定速度分布指数 $n=-0.5$,得到

$$d_{100}=\sqrt{\frac{9\mu d_e}{2\pi N(\rho_c-\rho)v_j}}\left(当\ d_e=\frac{1}{2}D_0\right)$$

式中：d_e——旋风除尘器排气管直径，m；

其余符合同前。

First 假设 $n=-0.5$，则

$$d_{100}=3\sqrt{\frac{\mu(r_0-r_e)}{\pi(\rho_c-\rho)Nv_j}}$$

式中：r_0——旋风除尘器筒体半径，m；

r_e——旋风除尘器排气管半径，m。

对于理想流体 $n=1.0$，则

$$d_{100}=\sqrt{\frac{9\mu}{\pi N(\rho_c-\rho)v_j}\left(\frac{r_0^4-r_e^4}{4r_0^3}\right)}$$

沉降分离理论往往和实际情况存有一定差异，其原因为：

(1)理论只考虑离心力对颗粒的作用，而忽略了向心流对颗粒的阻力；

(2)颗粒分离只认为是在圆柱段进行，而实际气体旋转将延伸到近锥顶。圆锥长度对粉尘分离也有一定的影响；

(3)Rosin 假设在半自由旋流区为等速流，即 $n=0$。但实际 $n\neq0$，且气体在旋风除尘器内的旋转圈数 N 也是较难测定的。

3)平衡分离理论

平衡分离理论又称为假想圆筒说，或筛分理论。一定直径 d 的颗粒，因旋转气流而产生的离心力 Z，将会在平衡轨道上与向心气流对它作用的 Stokes 阻力 W，达到平衡(图 10.20)，而平衡轨道往往看做是排气管下端由最大切向速度的各点连接起来的一个假想圆筒。这种处于平衡状态的颗粒，由于种种原因，平衡将随时都会遭到破坏。有时离心力 Z 大于阻力 W，有时则 W 大于 Z。两者出现的概率是相等的。因此，在假想圆筒上的颗粒具有 50% 的分离效率。工程应用中，常把此颗粒直径称为切割粒径 d_{50}。

作用于直径 d 颗粒上的离心力 $Z=\frac{\pi}{6}d^3(\rho_c-\rho)\frac{v_{t2}^2}{R_2}$。阻力 W 根据 Stokes 定律

$$W=3\pi\mu v_{r2}d$$

当 $Z=W$ 时，平衡颗粒有 50% 的分离效率，则可导出

$$d_{50}^2=\frac{18\mu v_{r2}R_2}{(\rho_c-\rho)v_{t2}^2}$$

式中：R_2——理想圆筒半径，m；

v_{r2}——半径 R_2 处的径向速度，m/s；

v_{t2}——半径 R_2 处的切向速度，m/s；

d_{50}——切割粒径，m；

其余符号同前。

不同切割粒径计算公式列于表 10.10。

表 10.10 和图 10.21 中各符号含义如下：

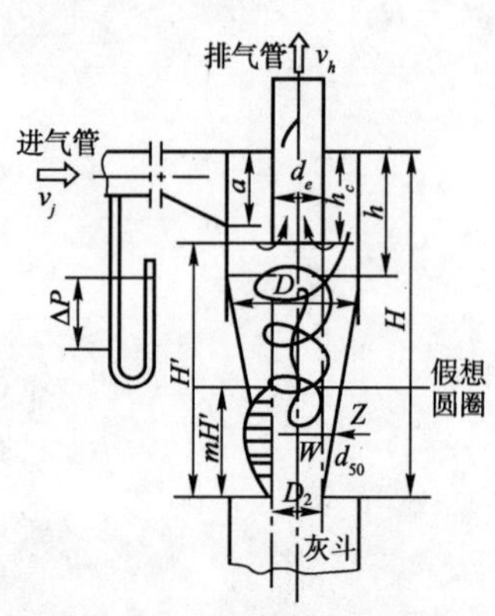

图 10.20　平衡分离理论

W-阻力；Z-离心力

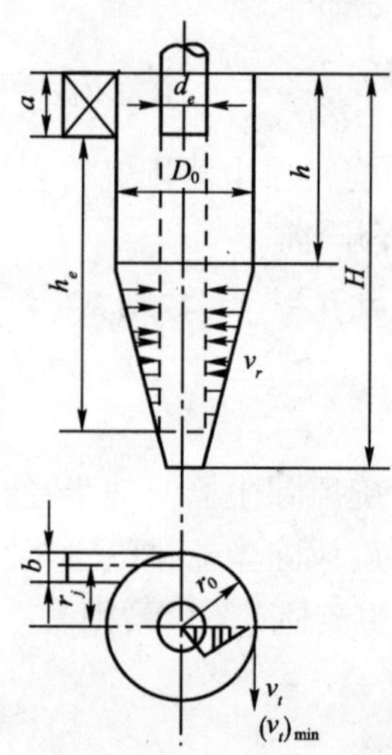

图 10.21　Barth 假想圆筒模型

b——旋风除尘器进口宽度，m；

H——旋风除尘器高度，m；

h_c——旋风除尘器排气管插入深度，m；

Q——气体体积流量，m^3/s；

$\varphi = v'_j/v_j$ 摩擦损失系数，为旋风分离器进口平均半径处$(D_0/2 - b/2)$的旋转速度 v'_j 与进口管直线速度 v_j 比值，可根据不同的 $\lambda_{F/ab}$ 查得（图 10.22）；

λ——摩擦常数，对旋风除尘器 $\lambda = 0.005$；

a——旋风除尘器进口高度，m；

F——旋风除尘器内表面积，m^2；

$$F = \frac{\pi}{4}(D_0^2 - D_e^2) + \pi D_0 h + \pi D_e h_c + \frac{\pi}{2}(D_0 - D_2)\left[(H-h)^2 + \left(\frac{D_0 - {D_2}^2}{2}\right)\right]^{1/2}$$

D_e——气管直径，m；

D_0——旋风除尘器筒体直径，m；

D_2——旋风除尘器排灰口直径，m；

$\tilde{F} = \dfrac{F_h}{F_i}$，旋风进、出口截面积比；

F_j——旋风进口截面积，m^2；

F_h——旋风出口截面积，m^2；

切割粒径计算公式　　表 10.10

作者	计算式
Lapple Shepherd	$d_{50}^{①} = \sqrt{\dfrac{9\mu b}{2\pi N(\rho_c - \rho)v_j}}$
Stairmand	$d_{50}^{②} = \dfrac{3}{v_j\varphi}\sqrt{\dfrac{Q\mu}{2\pi(\rho_c - \rho)(H - h_c)}}$
Barth	$d_{50}^{③} = \sqrt{\dfrac{9\mu r_e}{(\rho_c - \rho)v_j\tilde{F}\tilde{H}_e\tilde{v}^2}}$

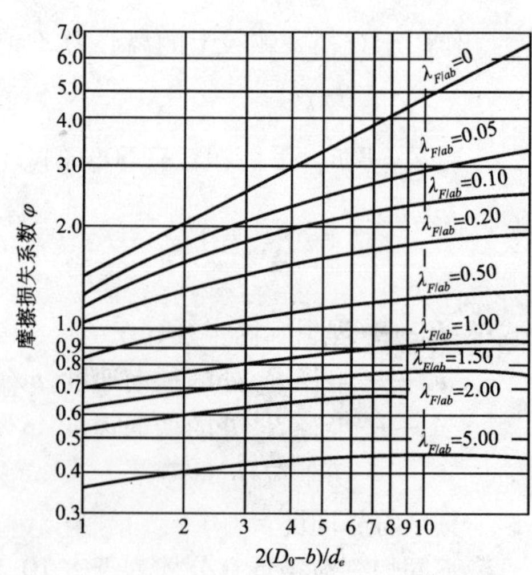

图 10.22　摩擦损失系数 φ

$\widetilde{H}_e=\frac{h_e}{r_e}$,分离室无因次有效高度；

g_e——旋风除尘器假想圆筒有效高度,m；

r_e——旋风排气管半径,m；

$\tilde{v}$——假想圆筒面上无因次切向速度,

$$\tilde{v}=\frac{1}{R_a(r_0/r_i)+\lambda' H_e}\widetilde{F}$$

$r_i=r_0-\frac{b}{2}$,旋风除尘器进口中心距,m；

$R=\frac{r_e}{r_0}$,旋风除尘器半径比；

α——进口断面动量矩修正系数,对360°的蜗壳进口,$\alpha=1.0$,对于狭缝进口

$$\alpha=1-0.36\widetilde{F}^{0.5}\left(\frac{b}{r_0}\right)0.45$$

λ'——边壁阻力损失系数,$\lambda'=0.005\ (1+3.5/\sqrt{m})$；

$m=\frac{G_c}{G}$,固气混合比；

G_c——固体颗粒的质量流量,kg/s；

G——气体的质量流量,kg/s。

速度分布指数 $n=-0.5$；

最大切向速度位置,$r_m=-\frac{1}{2}r_e$。

在计算中,为简化计算过程,常将径向速度 v_r 视作等速,这与实际有一定的误差。因为假想圆筒面上的向心流,未必以等速流经假想圆筒的全侧面,其气量随高度逐渐减少。所以旋风除尘器内不同高度,颗粒所受的作用力也是不同的。因此分离的极限粒径显然会随着旋风的不同位置而改变,这就产生了计算与实测的误差。

3. 压力损失和除尘效率

1)压力损失

旋风除尘器的压力损失主要包括有:进口管的摩擦损失;气体进入旋风除尘器内,因膨胀或压缩而造成的能量损失;气体在旋风除尘器中与气壁的摩擦所引起的能量损失;旋风除尘器内气体因旋转而产生的能量耗损;排气管内摩擦损失,同时旋转运动较直线运动需要消耗更多的能量和排气管内气体旋转时的动能转化为静压能的损失等。

通常,旋风除尘器的压力损失 Δp 为1000~2000Pa。

压力损失应用旋风除尘器进、出口全压之差来表示(图10.23),即

$$\Delta p=p_{qj}-p_{qh}$$

而

$$全压=静压+动压$$

又

$$p_d=\frac{v_h^2}{2}\rho$$

$$\Delta p = \left[p_{zj} + \frac{v_j}{2}\rho\right] - \left[p_{zh} + \frac{v_h}{2}\rho\right] = \left[p_{zj} - p_{zh}\right] + \left(\frac{v_j - v_h}{2}\right)\rho$$

式中：p_{qj}，p_{qh}——旋风除尘器进、出口全压，Pa；

p_{zj}，p_{zh}——旋风除尘器进、出口静压，Pa；

p_{dj}，p_{dh}——旋风除尘器进、出口动压，Pa；

v_j，v_h——旋风除尘器进、出口速度，m/s；

ρ——气体密度，kg/m^3。

对于进、出口截面相等的旋风除尘器，压力损失可用进、出口静压差来表示。

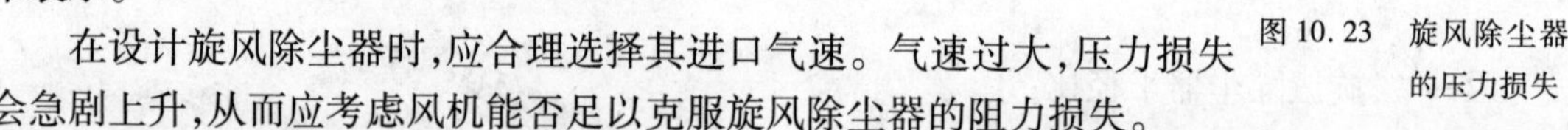

图 10.23　旋风除尘器的压力损失

在设计旋风除尘器时，应合理选择其进口气速。气速过大，压力损失会急剧上升，从而应考虑风机能否足以克服旋风除尘器的阻力损失。

对于同一结构型式的旋风除尘器，只要进、出口气速相同，除尘器的其他尺寸对旋风除尘器的压力损失影响较小。

在压力损失的计算中，常引进一个阻力系数 ξ。定义为旋风除尘器的压力损失与进口动压头之比。即

$$\xi = \frac{2\Delta p}{v_j^2\rho}$$

$$\Delta p = \xi\frac{v_j^2}{2}\rho$$

式中：ξ——阻力系数；

Δp——旋风除尘器压力损失，Pa；

其余符号同前。

阻力系数计算公式很多，见表 10.11。

阻力系数计算公式　　表 10.11

作　者	公　式
Shepherd-Lapple	$\xi = K\frac{ab}{d_e^2}$，标准切向进口 $K=16$，有进口叶片 $K=7.5$，螺旋面进口 $K=12$
First	$\xi = \left\{\frac{\frac{12}{K}}{\left[\frac{h(H-h)}{D_0^2}\right]^{1/3}}\right\}^{\frac{ab}{d_e^2}}$
Alexander	$\xi = 4.62\frac{ab}{d_e D_0}\left\{\left[\left(\frac{D_0}{d_e}\right)^{2n} - 1\right]\left(\frac{1-n}{n}\right) + f\left(\frac{D_0}{d_e}\right)^{2n}\right\}$
Stairmand	$\xi = 1 + 2\varphi^2\left[\frac{2(D_0 - b)}{d_e} - 1\right] + 2\left(\frac{4ab}{\pi d_e^2}\right)^2$
Barth	$\xi = \left[\frac{(v_t)_{\max}}{v_{ch}}\right]\left(\frac{4ab}{\pi d_e^2}\right)(\xi_j + \xi_{ch})$

注：常用的阻力系数计算公式是 Shepherd-Lapple 计算式。

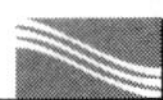

2)除尘效率

旋风除尘器的除尘效率通常采用的是总除尘效率 η 和分级效率 η_x 两种。

旋风除尘器的除尘效率计算步骤如下：

(1)测定粉尘的粒级质量百分数 f。找出粒径 x 与 f 或小于该粒径 x 的质量累计百分数 f' 之间的函数关系。$f'=1-E$ 为粉尘粒级分布的积分分数，即大于粒径 z 的质量累计百分数。

(2)由理论或半经验公式，求出该旋风除尘器在一定操作工况(进口气速，粉尘密度，气体密度，粘度等)下，对某一粉尘粒径 x 的分离效率 η_x。同时做出 $x\sim\eta_x$ 的曲线，即分级效率曲线。

(3)由相应的 η_x 与 f 或 f'，计算总效率 η

$$\eta=\sum\eta_x f$$

$$\eta=\int_0^1\eta_x\mathrm{d}(f')$$

常用的分级除尘效率 η_x 与粒径 x 的经验关联式为 Leith-Licht 除尘效率计算式，此式计算复杂，但与实际比较接近。

Leith-Licht 分级效率计算公式为

$$\eta_x=1-\exp\left[-2c\psi\frac{l}{2n+2}\right]$$

式中：c——旋风除尘器尺寸比的函数；

l——旋风除尘器的自然长度，即气流自然返回长度，Alexander 曾测定

$$l=2.3d_c\left(\frac{D_0^2}{ab}\right)^{1/3}$$

d_c——该点的圆锥部分直径，m；

a——旋风除尘器进口高度，m；

b——旋风除尘器进口宽度，m；

D_0——旋风除尘器筒体直径，m；

ψ——修正的惯性参数，$\psi=\frac{(\rho_c-\rho)d^2v_j}{18\pi D_0}(n+1)$；

ρ_c,ρ——固体颗粒及气体的密度，kg/m^3；

μ——气体粘度，Pa·s；

v_j——气体进口速度，m/s；

d——粉尘颗粒直径，m；

n——速度分布指数。

旋风除尘器的压力损失与除尘效率计算公式由于有如下的局限性，使理论计算值与实测结果存在误差：

(1)没有一个方程式能够说明随着粉尘浓度的提高，引起除尘效率提高，压力损失降低这一事实。

(2)所有除尘效率方程式，都假定颗粒到达器壁而被捕集，没有二次夹带。事实上，被捕

集的颗粒会因种种原因而重新被二次夹带,从而降低了实际除尘效率。

(3)除尘效率与压力损失计算公式中都忽略了颗粒间的相互影响,这与事实有出入。

4.影响性能的主要因素

1)几何尺寸

旋风除尘器的直径、气体进口以及排气管形状和大小是旋风除尘器性能的主要因素。

(1)旋风除尘器的直径(筒体直径)D_0

一般来说,旋风除尘器的直径越小,旋转半径越小,粉尘颗粒所受的离心力越大,旋风除尘器的除尘效率也就越高。但过小的筒体直径,由于旋风除尘器器壁与排气管太近,造成较大直径颗粒有可能反弹至中心气流而被带走,使除尘效率降低。另外,筒体太小容易引起堵塞,尤其是对于粘性物料。因此,一般筒体直径不宜小于50~75mm。工程上常用的旋风除尘器的直径(多管式旋风除尘器除外)是在200mm以上。如今,旋风除尘器的直径也日趋大型化,已出现大于1000mm,甚至2000mm的大型旋风除尘器。

在一定的旋风除尘器的几何形状和操作条件下,因旋风除尘器直径的改变而引起的除尘效率变化,可近似用下面方法进行修正。即将原给定的分级效率曲线的横坐标值,乘以比值$\sqrt{\text{新旋风除尘器直径/给定旋风除尘器直径}}$以后,按等效率原则,进行平移,就可得到新的分级效率曲线,见图10.24。

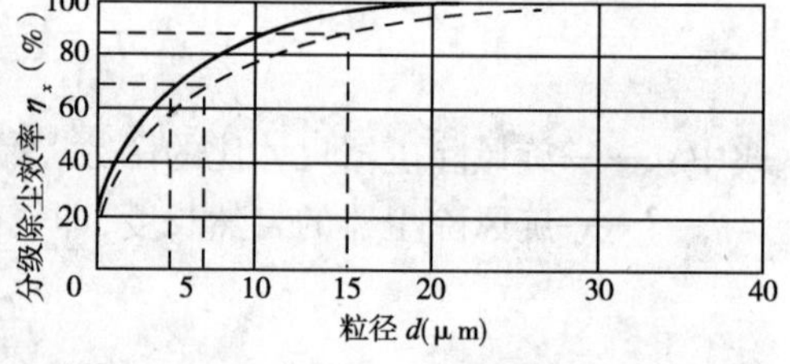

图10.24 旋风除尘器直径对分级除尘效率的影响
——原分级效率曲线;……需求的分级效率曲线

(2)旋风除尘器高度H

通常,较高除尘效率的旋风除尘器,都有较大的长度比例。它不但使进入筒体的尘粒停留时间增长,有利于分离,且能使尚未到达排气管的颗粒,有更多的机会从旋流核心中分离出来,减少二次夹带,以提高除尘效率。足够长的旋风除尘器,还可避免旋转气流对灰斗顶部的磨损。但是过长的旋风除尘器,会占据较大的空间,尤其对于内旋风除尘器来说,更受到设备内部空间位置的限制。因此,提出了旋风除尘器自然长度这一概念。即从排气管下端至旋风除尘器自然旋转顶端的距离

$$l=2.3d_e\left(\frac{D_0^2}{ab}\right)^{1/3}$$

在设计中,旋风除尘器的高度H,应保证有足够的自然长度,但大于自然长度的过长旋风除尘器显然也是不经济的。一般常取旋风除尘器的圆筒段高度$h=(1.5\sim2.0)D_0$,旋风除尘器的圆锥体可以在较短的轴向距离内将外旋流转变为内旋流,因而节约了空间和材料。另外,在自由旋转区采用圆锥型结构,旋转半径可逐渐变小,使切向速度不断提高,离心力随之增大,这样,除尘效率将会随离心力的增加而提高。圆锥体的另一个作用,是将已分离出来的粉尘微粒集中于旋风除尘器中心,以便将其排入储灰斗中。

旋风除尘器的圆锥高度,直接与圆锥体的半锥角α和锥体下端排灰口直径D_2有关。当锥体高度一定,而锥体角度较大时,由于气流旋流半径很快变小,很容易造成核心气流与器壁撞击,使沿锥壁旋转而下的尘粒被内旋流所带走,影响除尘效率。所以,半锥角α不宜过大。另外,它还取决于粉尘颗粒的物理性质,一般取$\alpha\leqslant30°$,或$\alpha\leqslant90°$减去粉尘的内摩擦角。设计时常取α为13°~15°。

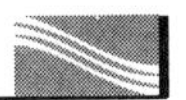

几种典型旋风除尘器的半锥角见表10.12。

几种典型旋风除尘器的半锥角α　　表10.12

Stairmand 高效旋风除尘器	国内流化床催化裂化装置 Ducone 型旋风除尘器				BuellAc-430 系列旋风除尘器
	再生器		反应器		
	一级	二级	一级	二级	
14°	14.5°	13.5°	14.5°	14.5°	12.7°

在旋风除尘器气流中自由旋流的轴线通常是偏的，这个偏心度，根据实验所测大约为 $d_e/4$。为防止由于核心旋流与锥壁接触时将已分离下来的粉尘重新卷入核心旋流，而造成二次夹带，要求排灰口直径 D_2 不得小于 $d_e/4$。对于较大的旋风除尘器和在处理粉尘浓度较高的情况下，应考虑能使粉尘顺利排出的可能。即通过排灰口的粉尘的质量流速不宜过大。这就需要设计较大的排灰口直径。但排灰口直径越大，则会有较多的气体进入灰斗，形成激烈的旋涡气流，反而容易将已捕集的粉尘重新卷起，影响除尘效率。

设计中一般取　$$D_2=\left(\frac{1}{2}\sim\frac{4}{5}\right)d_e$$

圆锥高度　$$H-h=(2\sim2.5)D_0$$

(3)旋风除尘器进口

①进口型式

旋风除尘器的进口型式主要有轴向进口和切向进口两种。切向进口又分为螺旋面进口、渐开线进口及切向进口(图10.25)。

切向进口为最普通的一种进口型式，制造简单，用得比较多。这种进口型式的旋风除尘器外形尺寸紧凑。

气流通过螺旋面进口，进入旋风除尘器后，以与水平呈近似10°的倾斜角度，向下做螺旋运动。采用这种进口有利于气流向下做倾斜的螺旋运动，同时也可以避免相邻两螺旋圈的气流互相干扰。螺旋顶板倾斜角 β 应小于150°，一般取 $\beta\approx11°$。

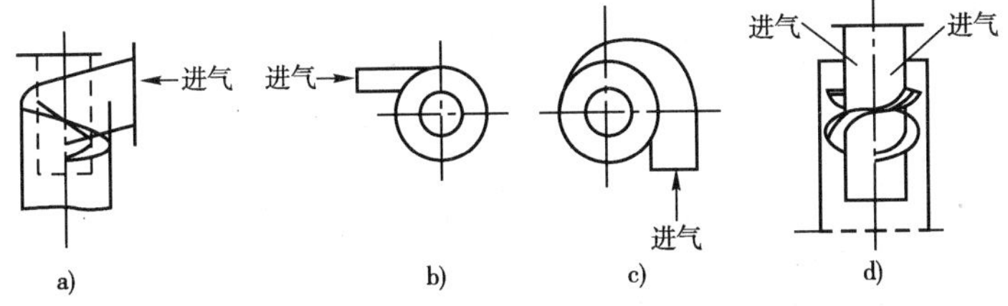

图10.25　进口型式

a)螺旋面进口;b)切向进口;c)渐开线进口(蜗壳进口);d)轴向进口

渐开线(蜗壳形)进口可以减少进口气流对筒体内气流的撞击和干扰。由于从蜗壳形进口进入筒体的气流宽度逐渐变窄，使颗粒向壁面移动的距离减小，而且加大了进口气体和排气管的距离，减少气流的短路机会，因而提高除尘效率。与其他进口型式相比，蜗壳形进口处理量大，压力损失小，是比较理想的一种进口型式。在90°、180°、270°蜗壳型式中，以180°的蜗壳用得最多。

轴向进口是最好的进口型式，它可以最大限度地避免进入气体与旋转气流之间的干扰，以提高效率。但因气体均匀分布于进口截面，使靠近中心处的分离效果很差。轴向进口常用于多管式旋风除尘器。为使进口气体产生旋转，一般多在进口处设置各种型式的叶片。

②进口管的型式与位置

进口管可以制成矩形和圆形两种型式。但由于圆形进口管与旋风除尘器器壁只有一点相切,而矩形进口管其整个高度均与筒壁相切。故一般多采用矩形进口管。

矩形宽度 b 和高度 a 的比例要适当,通常长而窄的进口管与器壁有着更大的接触面。宽度 b 越小,临界粒径越小,除尘效率越高。但过长而窄的进口也是不利的。因为进口太长,为了要保持一定的气体旋转圈数 N,必须加长筒体,否则除尘效率仍不能提高。一般矩形进口管高与宽之比为

$$a/b = 2 \sim 3$$

$$b = (0.2 \sim 0.25)D_0;a = (0.4 \sim 0.75)D_0$$

水平进口管的位置通常有两种(图 10.26)。

一种与旋风除尘器的顶盖相平,这有利于消除上旋流。另一种则与顶盖有一段距离,这可使细粉尘富集在顶盖下面的上旋流中,通过旁室将其送入主旋流进一步分离,以减少短路的机会。

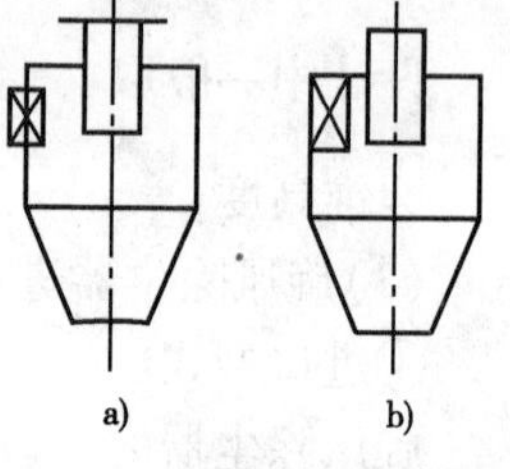

图 10.26 水平进口管的位置图
a)进口管在顶盖下方;b)进口管与顶盖相平

(4)排气管

常见的排气管型式如图 10.27 所示。在相同的排气管直径 d_e 下,下端采用收缩型式,既不影响旋风除尘器的除尘效率,又可以降低阻力损失。所以,在设计分离较细粉尘的旋风除尘器时,可考虑设计成这种型式的排气管。

一定范围内,排气管直径越小,则旋风除尘器的除尘效率越高,压力损失也越大。反之,除尘器的效率越低,压力损失也越小。这可由图 10.28 中得以证实。从图中看出,当 $D_0/d_e = 2.5 \sim 3$ 时,除尘效率达到最高点。如再增加 D_0/d_e,(即减小排气管直径),除尘效率提高缓慢,但阻力系数急剧上升。所以在旋风除尘器设计时,需控制 D_0/d_e 在一定的范围内,即排气管直径不能取得过小,以免带来动能消耗过大的后果。

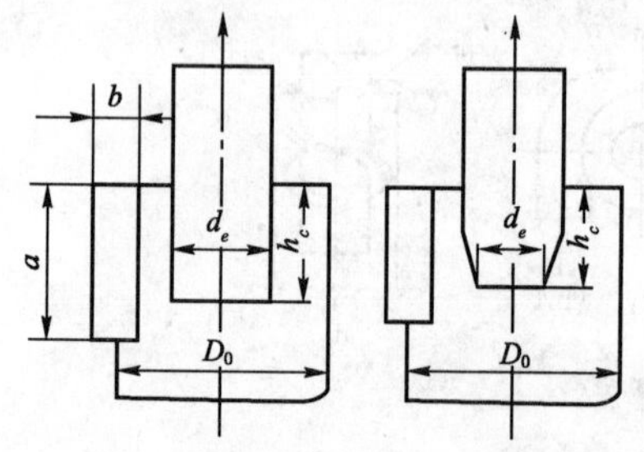

图 10.27 排气管的基本型式

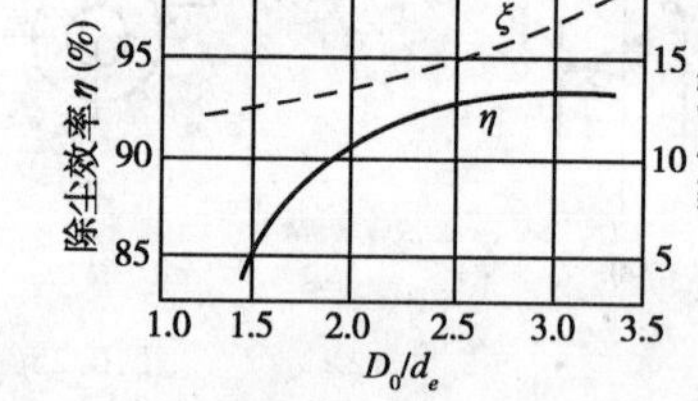

图 10.28 排气管直径对除尘效率与阻力系数的影响

一般常取

$$d_e = (0.3 \sim 0.5)D_0$$

由于旋流是在排气管与器壁之间运动。因此,排气管的插入深度 h_c 直接影响旋风除尘器的性能。插入深度过大,缩短了排气管与锥体底部的距离,减少了气体的旋转圈数 N。同时也增多了二次夹带机会。排气管插入深度过大,会增加表面摩擦,提高了压力损失。但插入深度过小,或甚至不插入筒体,会造成正常旋流核心的弯曲,甚至破坏,使其处于不稳定状态。同时也容易造成气流短路而降低除尘效率。因此,插入深度要适当,一般为 $h_c \geqslant 0.8a$。

对具有旁室的双旋流旋风除尘器,也有提出插入深度最好在上下旋流的界面处的观点。

为降低旋风除尘器的压力损失,可在排气管下方,安装不同形式的叶片。但它降低了气流的旋转速度,不利于旋风除尘器的分离性能。由于气体在排气管内处于剧烈的旋转状态,若将排气管末端制成蜗壳形状,这样,既可以减少能量损耗,也不影响除尘效率,这在设计中已被广泛采用。

(5)灰斗

灰斗是旋风除尘器设计中最容易被忽视的部分。一般都把它仅看作是排除粉尘的装置。其实在除尘器的锥底处,气流非常接近高湍流,而粉尘也正是由此排出。因此,二次夹带的机会也就更多。再则,旋流核心为负压,如果设计不当,造成灰斗漏气,就会使粉尘的二次飞扬加剧,严重的影响除尘效率。常见的两种灰斗形状见图 10.29 和图 10.30。

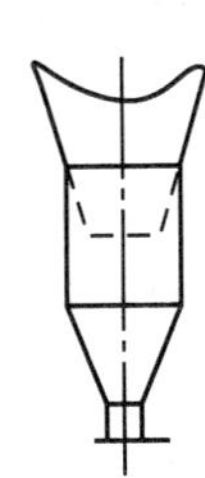
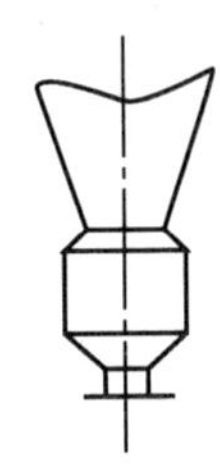

图 10.29　常见的灰斗型式

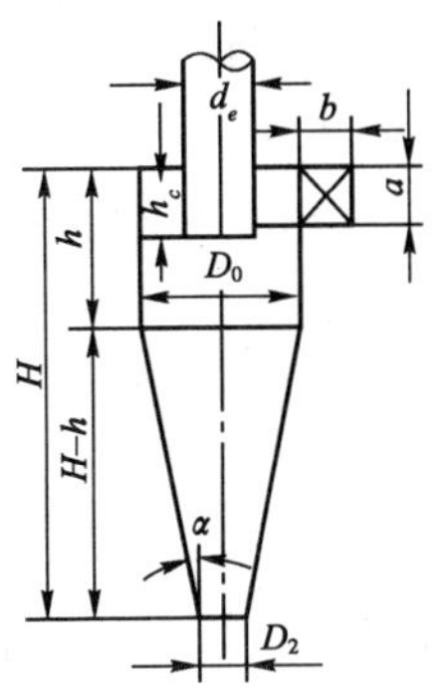

图 10.30　常用旋风除尘器几何尺寸比例关系

表 10.13 列出了几种典型旋风除尘器的几何尺寸。

几种典型旋风除尘器的几何尺寸　　表 10.13

种类		圆筒直径	进口宽度	进口高度	排气管直	排气管插入深度	圆筒高度	圆锥高度	排灰口直	半锥角
通常的几何比例尺			0.20 ~ 0.25	0.4 ~ 0.75	0.3 ~ 0.5	0.3 ~ 0.75	1.5 ~ 2.0	2.0 ~ 2.5	0.5 ~ 0.4	13° ~ 15°
高效	Stairmand	1	2	0.5	1.5	2.5	0.375	14°		
	Swift	1	0.21	0.44	0.4	0.5	1.4	2.5	0.4	
	Buell	1	0.289	0.64	0.443	0.482	1.32	1.34	0.402	12.7°
	Ducone (Ⅱ)	1	0.275 (II) 0.272 (III)	0.635 (II) 0.630 (III)	0.464 (II) 0.312 (III)	0.488 (II) 0.527 (III)	1.29 (II) 1.28 (III)	1.32 (II) 1.31 (III)	0.413 (II) 0.410 (III)	
	扩散式	1	0.26	1	0.5	1.1	2	3	1.65	
	XLP/B	1	0.3	0.6	0.6	0.46	1.7	2.5	0.39	
	长锥体	1	0.176	0.736	0.48	0.636	0.736	2.84	0.274	
通用	Lapple	1	0.25	0.5	0.5	0.625	2.0	2.0	0.25	
	Swift	1	0.25	0.5	0.5	0.6	1.75	2.0	0.4	
高流量	Stairmand	1	0.375	0.75	0.75	0.845	1.5	2.5	0.375	
	Swift	1	0.35	0.8	0.75	0.85	1.7	2.0	0.4	

2)操作条件

(1)进口气速及气体流量

①进口气速

在一定范围内，进口气速越高，除尘效率也越高。这可由 Rosin 的临界粒径 d_{100} 计算公式看出。进口气速 v_j 越大，临界粒径 d_{100} 越小，除尘性能越好。这一关系也可由图 10.31 得出。但气速太高，气流的湍动程度增加，二次夹带严重。另外，气速太高，粉尘微粒与器壁的摩擦加剧，粗颗粒（大于 40μm）粉碎，使细粉尘含量增加。过高的气速，对具有凝聚性质的粉尘也会起分散作用。这些均对除尘是不利的。

气体通过旋风除尘器的压力损失，和气体的进口速度的平方成正比。所以，进口气速过大虽除尘效率会稍有提高（有时不提高甚至下降），但压力损失却急剧上升，能量耗损大大增加。因此，在设计旋风除尘器的进口截面时，必须使进口气速为一适宜值。这样既保证旋风的除尘效率，又考虑到能量的消耗。其次，进口气速过大，也会加速旋风除尘器本体的磨损，降低旋风除尘器的使用寿命。

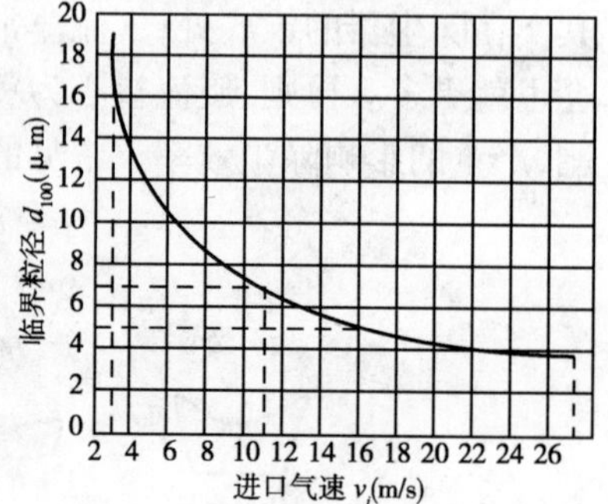

图 10.31　进口气速与除尘效率的关系

一般取进口气速为 10 ~ 25 m/s，最好不超过 35 m/s。

②气体流量

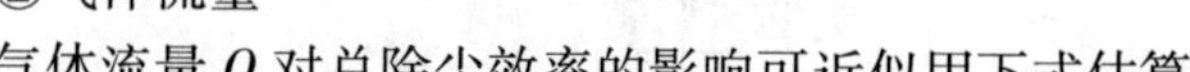

气体流量 Q 对总除尘效率的影响可近似用下式估算

$$\frac{100-\eta_a}{100-\eta_b}=\sqrt{\frac{Q_b}{Q_a}}$$

式中：η_a、η_b——条件 a、b 情况下的总除尘效率，%；

Q_a、Q_b——条件 a、b 情况下的气体体积流量，m^3/s。

气体流量变化时，分级除尘效率的修正，可在分级除尘效率曲线中，根据等除尘效率原则，按需求分级除尘效率曲线上的粒径等于给定曲线的粒径乘 $\sqrt{原气体流量/新气体流量}$，从而得到需求的新的分级效率曲线。如已知原气体流量 Q 为 $2000m^3/h$ 时粒径 5μm 颗粒的分级除尘效率为 75%。求气体流量为 $1000m^3/h$ 时，除尘效率仍为 75% 的粉尘颗粒直径（图 10.32）。

$$d_x=5\times\frac{2000}{1000}=7.07\mu m$$

（2）气体的密度、粘度、压力和温度

气体的密度对除尘效率的影响可以在临界粒径计算公式中得以表明，即气体密度越大，临界粒径亦越大，故除尘效率下降。但是，气体的密度和固体密度相比，特别是在低压下几乎可以忽略。所以，其对除尘效率的影响较之团体密度来说，也可以忽略不计。

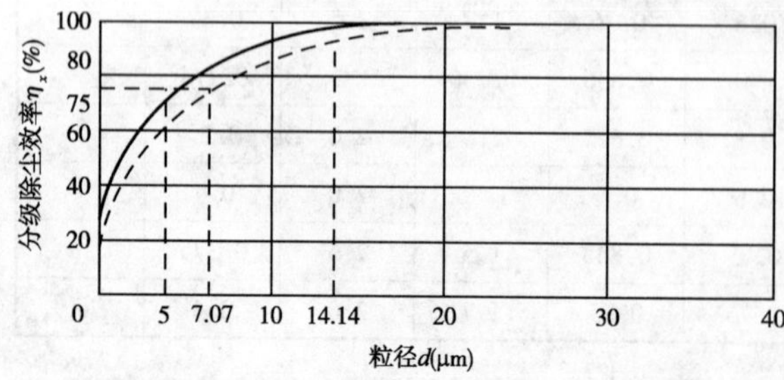

图 10.32　气体流量对分级除尘效率的影响

——原分级除尘效率曲线；……需求分级除尘效率曲线

通常温度越高，旋风除尘器压力损失越小；气体密度增加，压力损失也增加。粘度的影响在计算除尘器压力损失时常忽略不计。但从临界粒径的计算公式中知道，临界粒径与粘度的平方根成正比。所以除尘效率是随着气体的粘度的增加而降低。由于温度升高，气体粘度增加，当进口气速等条件保持不变时，除尘效率也略有降低。

气体流量为常数时，粘度对除尘效率的影响可按下式进行近似计算：

$$\frac{100-\eta_a}{100-\eta_b}=\sqrt{\frac{\mu_a}{\mu_b}}$$

式中：η_a、η_b——a、b 条件下的总除尘效率，%；

μ_a、μ_b——a、b 条件下的气体粘度，$kg \cdot s/m^2$。

需求分级除尘效率曲线上的粒径等于给定曲线的粒径乘 $\sqrt{原气体粘度/新气体粘度}$，从而得到新的分级除尘效率曲线。

气体粘度变化，与温度的改变有直接关系，因此必将引起气体实际流量 Q 的变化。所以在修正粘度时还需对气体流量加以修正。

(3)气体含尘浓度

旋风除尘器的除尘效率，随粉尘浓度增加而提高。这是因为含尘浓度大时，粉尘的凝聚与团聚性能提高，使较小的尘粒凝聚在一起而被捕集。另外，在含尘浓度大时，大颗粒向器壁移动产生了一个空气曳力，也会将小颗粒夹带至器壁而被分离。大颗粒对小颗粒的撞击也使小颗粒有可能被捕集。但值得注意的是，含尘浓度增加后除尘效率虽有提高，可是排气管排出之粉尘的绝对量也会大大增加。

总除尘效率随含尘浓度的变化可用下式估算。

$$\frac{100-\eta_a}{100-\eta_b}=\left(\frac{c_b}{c_a}\right)^{0.182}$$

式中：c_a、c_b——a、b 条件下的含尘浓度，g/m^3（标）。

粉尘浓度对旋风除尘器的压力损失有影响。处理含尘气体的压力损失要比处理清洁空气时小，当进口尘浓为 $1\sim2g/m^3$（标）时，压力损失可以降低到近清洁气体的 60%。尘浓增至 $2\sim50g/m^3$（标）时，压力损失下降缓慢，但在浓度超过 $50g/m^3$（标）时，压力损失又迅速下降。这是因为气体中即使含有少量颗粒，也会使气体的内摩擦力增加。由于分离到器壁的颗粒产生摩擦，使旋流速度降低，减小了离心力。因而，压力损失也就下降。含尘浓度变化对压力损失的影响，近似表示为

$$\Delta p=\frac{\Delta p_c}{0.013\sqrt{\frac{c}{2.29}}+1}$$

式中：Δp——含尘气体的压力损失，Pa；

Δp_c——清洁气体的压力损失，Pa；

c——进口的粉尘浓度，g/m^3（标）。

3)固体粉尘的物理性质

固体粉尘的物理性质主要指颗粒大小 d、密度 ρ_c 与粉尘的粒级分布。关于粉尘的粒级分布与旋风除尘器的分级除尘效率关系，见分级除尘效率计算。

(1)固体颗粒大小

较大粒径的颗粒在旋风除尘器中会产生较大的离心力，有利于分离。所以，在粉尘筛分组成中，凡大颗粒所占有的百分数越大，总除尘效率越高。

（2）颗粒密度

粉尘单颗粒密度 ρ_c 对除尘效率有着重要的影响。临界粒径计算式中，d_{50} 或 d_{100} 和颗粒密度 ρ_c 的平方根成反比，ρ_c 越大，d_{50} 到或 d_{100} 越小，除尘效率也越高。它们的关系是

$$\text{需求分级除尘效率曲线上的粒径} = \text{给定曲线的粒径} \times \sqrt{\frac{\text{原颗粒密度}}{\text{新颗粒密度}}}$$

由上式所得的结果，按等除尘效率原则，在给定分级除尘效率曲线上作图，即可求得新的分级除尘效率曲线。

图 10.33 的实线系密度为 2.7g/cm^3 砂的分级除尘效率曲线。其中效率为 74.3% 的砂的粒径，由图查得为 5μm。若改用密度为 2.0g/cm^3 的煤炭粉尘，在等除尘效率（74.3%）下，则煤炭粉尘的相应粒径 $=5\times\sqrt{2.7/2.0}=5.8\mu m$。显然，不同粒径的砂，均有相应粒径的煤炭粉尘与其等除尘效率构成新的分级除尘效率曲线（即图虚线所示）。

上述密度修正范围为 1 ~4g/cm^3，过小或过大的颗粒密度，都会造成误差。

颗粒密度对压力损失影响很小，设计计算中可以忽略不计。

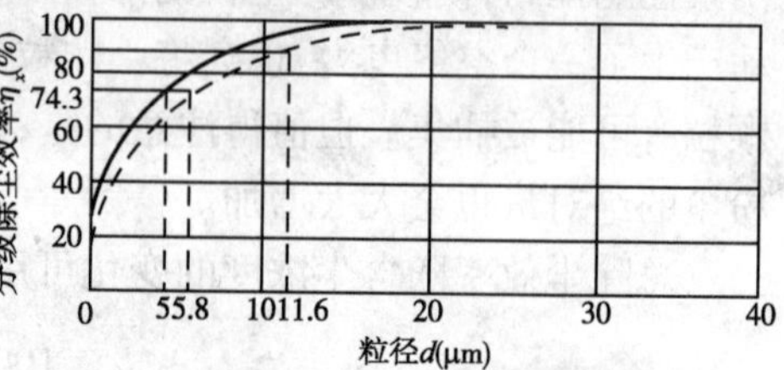

图 10.33　颗粒密度对分级除尘效率的影响
——原分级效率；……需求分级效率差

影响旋风除尘器性能的因素，除上述外，除尘器内壁粗糙度也会影响旋风除尘器的性能。浓缩在壁面附近的粉尘微粒，可因粗糙的表面引起旋流，使一些粉尘微粒被抛入上升的气流，进入排气管，降低了除尘效率。所以在旋风除尘器的设计中应避免没有打光的焊缝，粗劣的法兰连结点，设计不当的进口等。

旋风除尘器轴心处具有很高的负压，所以此处的泄漏程度对除尘效率有着一定的影响。在旋风除尘器设计时，应考虑排尘口的密封。

另外，气体的湿度（含湿量）过大将会引起粉尘粘壁，甚至堵塞，以致大大地降低旋风除尘器的性能。

5. 分类及选用

1）分类

旋风除尘器的种类繁多，分类方法也各有不同。

（1）按其性能分类：可分类为高效旋风除尘器。其筒体直径较小，用来分离较细的粉尘，除尘效率在 95% 以上；高流量旋风除尘器。筒体直径较大，用于处理很大的气体流量，其除尘效率为 50% ~80%；介于上述两者之间的通用旋风除尘器，用于处理适当的中等气体流量，其除尘效率为 80% ~95%。

（2）按结构型式分类，可分为长锥体、圆筒体、扩散式、旁通型。

（3）按组合、安装情况分为内旋风除尘器（安装在反应器或其他设备内部）、外旋风除尘器、立式与卧式以及单筒与多管旋风除尘器。

（4）按气流导入情况分类，可分为切向导入或轴向导入，气流进入旋风除尘器后的流动路线——反转、直流，以及带二次风的形式，可概括地分为以下几种。

①切流反转式旋风除尘器

这是旋风除尘器最常用的型式。含尘气体由筒体的侧面沿切线方向导入。气流在圆筒部

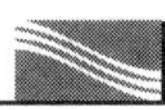

旋转向下，进入锥体，到达锥体的端点前反转向上。清洁气流经排气管排出旋风除尘器。根据不同的进口型式又可以分为蜗壳进口（图 10.34a）、螺旋面进口（图 10.34b）、狭缝进口（图10.34c）。

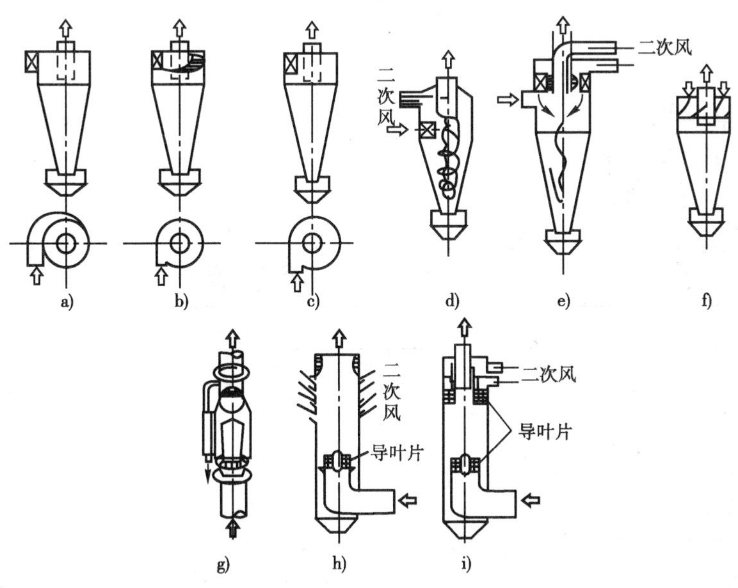

图 10.34　各种类型的旋风除尘器

为提高捕集能力，把排出气体中含尘浓度较高的气体以二次风形式引出后，经风机再重复导入旋风器内。这种狭缝进口的旋风除尘器，按二次风引入的方式又可分为切流二次风（图 10.34d）和轴流二次风（图 10.34e）。

②轴流式旋风除尘器

轴流式旋风除尘器是利用导流叶片使气流在旋风除尘器内旋转。除尘效率比切流式旋风除尘器低，但处理流量较大。

根据气体在旋风除尘器内的流动情况分为轴流反转式（图 10.34f）、轴流直流式（图10.34g）。

轴流直流式的压力损失最小，尤其适用于动力消耗不宜过大的地方，但除尘效率较低。它同样可以把排出气体中含尘浓度较大部分（或干净气体）以二次风的形式再导回旋风除尘器内，以提高除尘效率，此即成为龙卷风除尘器。龙卷风除尘器按二次风导入的形式可分为切流二次风（图 10.34h）和轴流二次风（图 10.34i）。

2）选用

旋风除尘器的性能包括有三个技术性能（处理量 Q、压力损失 Δp 及除尘效率 η）和三个经济指标（基建投资和运转管理费、占地面积、使用寿命）。在评价及选择旋风除尘器时，需全面考虑这些因素。理想的旋风除尘器必须在技术上能满足工艺生产及环境保护对气体含尘的要求，在经济上是最合算的。在具体设计选择型式时，要结合生产实际（气体含尘情况、粉尘的性质、粒度组成），参考国内外类似的实践经验和先进技术，全面考虑，处理好三个技术性能指标的关系。例如，在含尘浓度较高的化工生产，诸如像流态化反应、气流输送等，对于回收昂贵的细颗粒催化剂或其他产品，只要动力允许，提高捕集效率 η 则是主要的。而对于分离颗粒较大的粗粉尘，就不需采用高效旋风除尘器，以免带来较大的动能损耗。

6. 设计实例

设计一台处理常温、常压含尘空气的旋风除尘器，其进口粉尘的粒级分布见表10.14。

1)已知条件

处理气量 Q:1300m^3/h

空气密度 ρ:1.29kg/m^3

粉尘密度 ρ_c:1960kg/m^3

空气粘度 μ:1.8×10^{-5}Pa·s

旋风除尘器进口尘浓度 c_j:100g/m^3(标)

旋风除尘器进口粉尘的粒级分布　　表10.14

平均粒径 d(μm)	2	4	7.5	15	25	35	45	55	65
粒级分布 f(%)	3	11	17	27	12	9.5	7.5	6.4	6.6

2)设计步骤

(1)确定旋风除尘器进口速度 v_j

根据推荐取 $v_j=18$m/s。

(2)确定旋风除尘器的几何尺寸(图10.35)

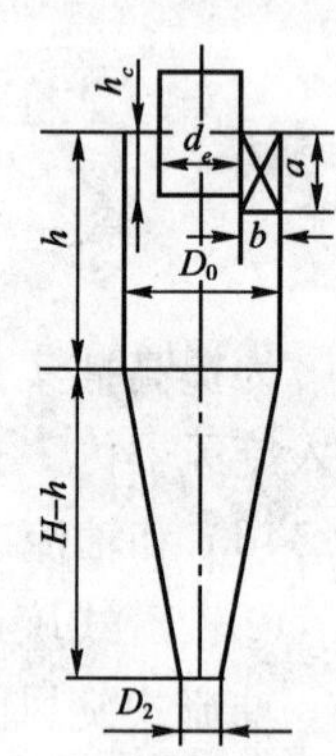

图10.35　旋风除尘器的尺寸

①进口面积 F_j

$$F_j=a\times b=\frac{1300}{3600\times18}=0.02\text{m}^3$$

取 $a=26$，则 $a=0.2$m，$b=0.1$m。

②筒体尺寸

筒体直径 D_0:取 $b=0.25D_0$，则 $D_0=4b=4\times0.1=0.4$m

筒体长度 h:取 $h=1.5D_0=1.50.4=0.6$m

③锥体尺寸

锥体长度 $H-h$:取 $H-h=2.0D_0=2\times0.4=0.8$m

排尘口直径 D_2:取 $D_2=0.25D_0=0.25\times0.4=0.1$m

④出口管直径 d_e 与插入深度 h_c

取 $d_e=0.5D_0=0.5\times0.4=0.2$m

$h_c=0.4D_0=0.4\times0.4=0.16$m

(3)压力损失 Δp 的计算

根据 Shepherd-Lapple 的压力损失计算公式

$$\zeta=K\frac{ab}{d_e^2}$$

旋风除尘器设计为无叶片的标准切向进口，所以取 $K=16$，则

$$\zeta=16\times\frac{0.2\times0.1}{(0.2)^2}=8$$

而 $\Delta p=\zeta\dfrac{v_j^2}{2}\rho=8\times\dfrac{18^2}{2}\times1.29=1671\text{Pa}$

(4)除尘效率 η 计算

根据 Leith-Licht 分级除尘效率计算公式

$$\eta_x = 1 - \exp[-2(c\psi)^{\frac{1}{2n+2}}]$$

以及旋风进口的粉尘粒级分布 f(%),分别求出分级除尘效率 η_x 及 $\eta_x \cdot f$ 值。

则总除尘效率 $\eta = \sum \eta_x \cdot f = 91.6\%$(表 10.15)。

除 尘 效 率 计 算　　表 10.15

平均粒径 d(μm)	粒级分布 f(%)	累计粒级 f(%)	分级除尘效率 η_x(%)	$\eta_x \cdot f$(%)
2	3	3	57.4	1.72
4	11	14	73.3	8.06
7.5	17	31	85	14.4
15	27	58	95.1	25.7
25	12	70	98.5	11.8
35	9.5	79.5	99.4	9.44
45	7.5	87	99.8	7.48
55	6.6	93.6	100	6.6
>60	6.4	100	100	6.4
总除尘效率	$\eta = \sum \eta_x \cdot f = 91.6\%$			

第十一章　湿式除尘

第一节　概　　述

使含尘气体与水或其他液体相接触，利用水滴和尘粒的惯性碰撞及其他作用而把尘粒从气流中分离出来的设备称为湿式除尘器。湿式除尘器是利用液体（通常是水）与含尘气流接触，依靠液滴、液膜、气泡等形式洗涤气体的净化装置。在洗涤过程中，由于尘粒自身的惯性运动，使其与液滴、液膜、气泡发生碰撞、扩散、粘附作用，如图 11.1 所示。粘附后的尘粒相互凝聚，从而将尘粒与气体分离。

湿式除尘器具有投资少，结构简单，操作及维修方便，占地面积小等优点，且能同时进行有害气体的净化、空气冷却和增湿，特别适用于处理高温、高湿和有爆炸危险的气体。此外，在操作时它不会产生捕集到粉尘的再飞扬。但在使用中产生的污水、污泥需要进行处理，否则会造成水的污染。当气体中含有腐蚀性介质时，要考虑防腐措施。

湿式除尘器以水为媒介物，因此它适用于非纤维性的、能受冷且与水不发生化学反应的含尘气体，不适用于除去粘性粉尘。

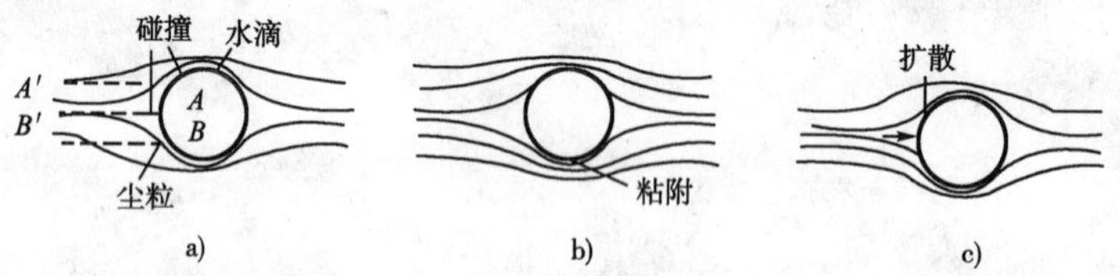

图 11.1　颗粒捕集机理

湿式除尘器一般都由捕集尘粒的净化器和从气流中分离含尘液滴的脱水器两部分组成，这两部分装置的效果都直接影响除尘效率。

湿式除尘器具有以下优点：除尘效率比较高，可以有效地将直径为 0.1～20μm 的液态或固态粒子从气流中除去；结构简单，占地面积小，一次投资低，操作及维修方便；能处理高温、高湿或粘性性大的含尘气体；除尘的同时兼有脱除气态污染物的作用；特别适用于生产工艺本身具有水处理装置的场合。

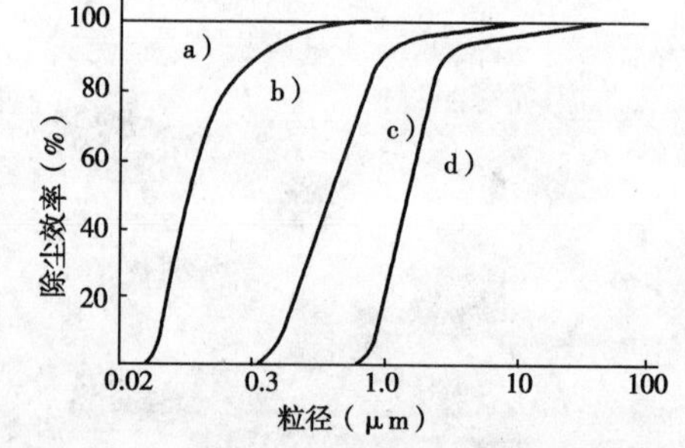

图 11.2　湿式除尘器能耗与去除各种尘粒粒径的效率图

a）高能耗湿式除尘器，阻力为 14700Pa；b）中等能耗湿式除尘器，阻力为 3920Pa；c）冲击式湿式除尘器，阻力为 1470Pa；d）喷淋塔，阻力为 490Pa

但湿式除尘器也存在以下难以避免的缺点：排出的污水和泥浆造成二次污染，需要处理；水源不足的地方使用较为困难；也不适用于气体中含有疏水性粉尘或遇水后容易引起自燃和结垢的粉尘；含尘气体具有腐蚀性时，除尘器和污水处理设施需考虑防腐措

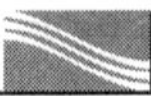

施;在寒冷的地区,冬季需要考虑防冻措施;副产品回收代价大。

湿式除尘器的式样很多,通常是:耗能低的主要用于治理废气;耗能高的一般用于除尘。要去除很细的微粒,必须消耗巨大的能量。根据经验,能耗与去除不同大小粒径的效率关系如图11.2所示。根据不同的要求,可以选择不同类型的除尘器。用于除尘方面的湿式除尘器主要有:喷淋塔式除尘器、文丘里洗涤除尘器、冲击水浴式除尘器和水膜除尘器。净化后的气体从除尘器排出时,一般都带有水滴。为了去除这部分水滴,在湿式除尘器之后,都附有脱水装置。

第二节　工作原理与参数

1. 工作原理

含有悬浮尘粒的气体与水相接触,当气体冲击到湿润的器壁时,尘粒被器壁所粘附,或者当气体与喷洒的液滴相遇时,液体在尘粒质点上凝集,增大了质点的质量,而使之降落。在湿式除尘器中,气体与液体的接触方法有两种,一种是气体与水膜或已被雾化了的水滴接触,像文氏管除尘器、水膜除尘器、喷淋式除尘器等即属这一种;另一种是气体冲击水层时鼓泡,以形成细小的水滴或水膜,如冲击式除尘器、自激式除尘器等。湿式除尘器的除尘原理有些与惯性、旋风和袋式除尘器的原理有共同之处,但又有其特殊性,现分述如下。

(1)惯性碰撞

尘粒和水滴之间的惯性碰撞是最基本的除尘作用,对尺寸在0.3μm以上的尘粒而言,尘粒与水滴的碰撞效率取决于尘粒的惯性。气流在运动过程中如果遇到障碍物会改变气流方向,绕过物体进行流动。其中细小的尘粒随气流一起绕流,运动轨迹由直线变为曲线。粒径较大和密度较大的尘粒具有较大的惯性,便脱离气流的流线保持直线运动,从而与水滴相撞。从图11.3a)中可见,尘粒与水滴碰撞的范围为$A'A$和$B'B$,因此只有以$A'B'$为直径的圆柱体空间内的尘粒与水滴碰撞接触。如果从脱离流线到停止运动,尘粒共移动的距离x_s大于尘粒脱离流线的点到水滴的距离,尘粒就会和水滴碰撞而被捕集。单个水滴和尘粒发生碰撞的概率可用无因次碰撞数(或称为惯性参数)ψ表示。

$$\psi = \frac{x_s}{d_s}$$

式中:x_s——从脱离流线到停止运动尘粒总共移动的距离,m;

d_s——水滴的直径,m。

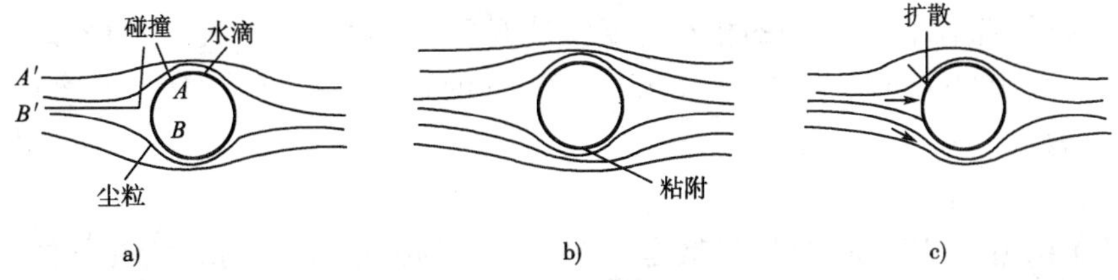

图11.3　三个主要的除尘作用

a)碰撞;b)粘附;c)扩散

如果服从 Stokes 公式,再考虑 Cunninghum 滑动修正系数的影响后,可得

$$\psi = \frac{C_u u_x d^2 \rho_c}{18\mu d_s}$$

式中:C_u——Cunninghum 滑动修正系数,在 $t=20°$,$\rho=0.1\text{MPa}$ 时,$C_u = 1+\frac{0.00172}{d}$;

d——尘粒的直径,m;

u_x——气体与水滴的同时速度,m/s;

ρ_c——被捕集尘粒的密度,kg/m³;

μ——气体动力粘度,Pa·s。

从定义可知,ψ 值越大,单个水滴和尘粒碰撞机会越多,除尘效率越高。可知,ψ 与 u_x 成正比而与 d_s 成反比,因此提高气流和液滴的相对速度、减小液滴直径是提高除尘效率的主要途径。此外,与含尘气体的接触面积越多,尘粒的密度、粒径越大,效率也越高,而气体粘度越大则效率越低。

对于球状液滴,在紊流($Re\to\infty$)条件下,当 $\psi\geqslant0.1$ 时,推荐采用下列经验式计算惯性捕集效率

$$\eta = \left(\frac{\psi}{\psi+0.35}\right)^2$$

图 11.4 表示当尘粒直径为 1μm、尘粒密度为 2g/cm³、液滴直径为 1 ~ 1000μm、气流速度为 1 ~ 150m/s 时,尘粒与液滴的碰撞效率。

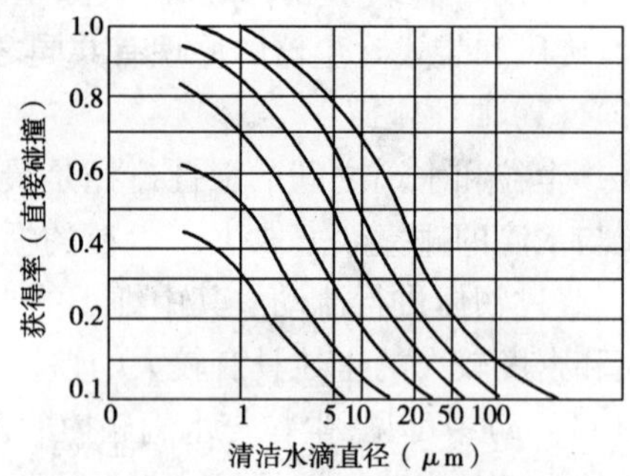

图 11.4　尘粒与液滴的碰撞效率

(2)直接拦截

有些细微颗粒的惯性很小,基本上可以跟随流线而运动。在流体绕流过捕集体时,若颗粒半径大于或等于该流线与捕集体表面之间的距离,则颗粒便可被直接拦截。

在势流条件下,对于球状液滴,其拦截捕集效率为

$$\eta = (1+R)^2 - \frac{1}{1+R}$$

式中,$R=d/d_s$。

(3)重力沉降

一般,液滴直径 d_1 远大于要捕集的颗粒直径 d_p,液滴的终端沉降速度远大于颗粒的沉降速度,后者可以忽略不计,两者间的相对速度就是液滴的沉降速度。经计算已知,对于被捕集的尘粒密度 $\rho_c=2000\text{kg/m}^3$,尘粒粒径 $d=1\sim20\mu\text{m}$ 的颗粒的捕集效率,当液滴直径 $d_s=1\sim2\text{mm}$ 时,效率最高。

(4)扩散

对粒径在 0.3μm 以下的尘粒,扩散是一个很重要的捕集因素。此时,在气体分子的撞击下,微粒像气体分子一样,做复杂的布朗运动,在运动过程中,尘粒和水滴接触而被捕集,如图 11.3c)。因布朗运动而引起的尘粒除尘率为准数 θ 的函数

$$\theta = \frac{3D_{\phi}}{\mu_x d_s}$$

式中:D_{ϕ}——扩散系数,cm^2/s。

图 11.5 为尘粒因碰撞或扩散而粘合的效率与尘粒直径的关系。由图可见,大于 0.3μm 的尘粒是由于相互碰撞而粘合,效率随尘粒直径增加而加大。尘粒直径小于 0.3μm 至 0.001μm者系借扩散而粘合。尘粒直径在 0.01～0.3μm 时最难粘合。

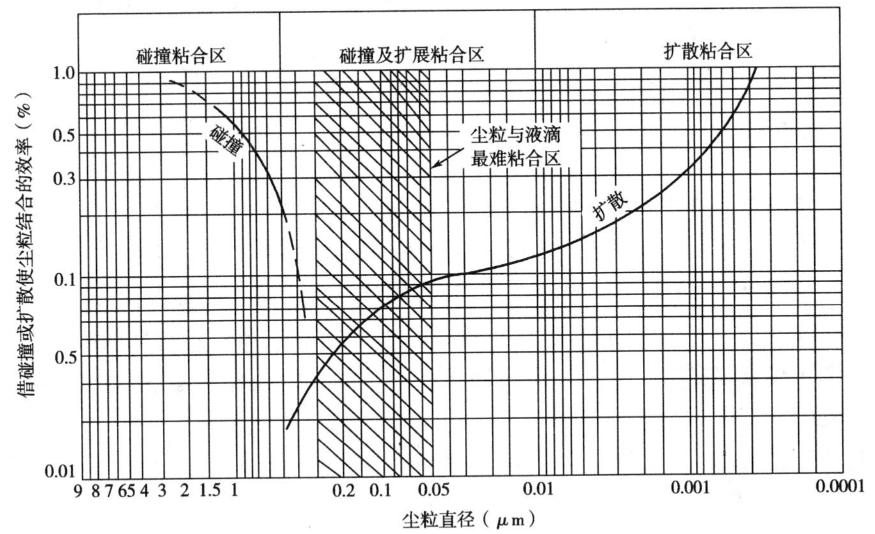

图 11.5 尘粒的粘合效率与其尺寸的关系

图 11.6 为湍流塔的分级效率曲线。从图中可以看出,粒径 d 为 0.3μm 时效率最低,仅 15%。当 d 大于0.3μm时,随 d 的增加而惯性作用增大,效率也随之提高。当 d 小于 0.3μm 时,由于布朗运动的加强,随 d 的减小效率也提高。

(5)粘附

与袋式除尘原理的粘附作用类似,即当粉尘粒径的半径大于粉尘中心到水滴边缘的距离时,则粉尘被水滴粘附而被捕集。这种因粘附而分离的过程,如图 11.3b)所示。

(6)扩散漂移和热漂移

如果饱和蒸汽与冷的液体表面接触,其中的饱和蒸汽会在冷的液滴表面凝结,这时会产生一个力,促使微小尘粒向液滴移动,并沉降在液滴上。如果有液滴蒸发,则微小尘粒会受到液滴的排斥。尘粒向液滴移动称为正扩散漂移,尘粒移开液滴称负扩散漂移。扩散漂移对微小尘粒的捕集是一个很重要的因素。

(7)凝集

凝集有两种情况,一种是以微小尘粒为凝结核,由于水蒸气的凝结使微小尘粒凝集增大;一种是由于扩散漂移和热漂移的综合作用,使尘粒向液滴移动凝集增大,增大

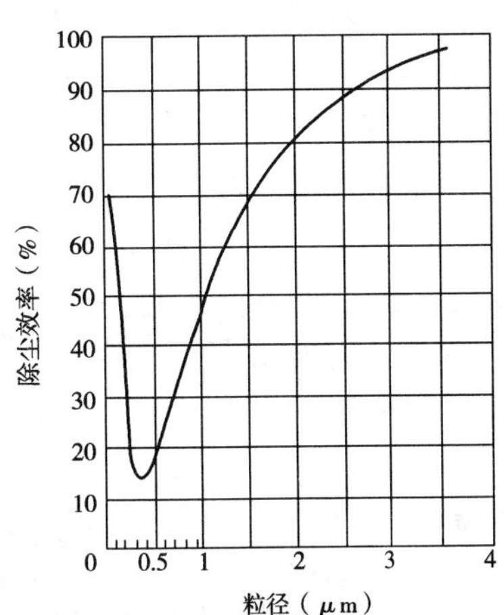

图 11.6 湍流塔分级除尘效率曲线

后的尘粒可用惯性的作用加以捕集。

2. 各种湿式除尘器的压力损失

在工程上使用的湿式湿式除尘器型式很多，湿式除尘器的压力损失范围较大，一般为0.2～9kPa。从总体上人们将湿式除尘器按压力损失大小分为低能湿式除尘器和高能湿式除尘器两大类。低能湿式除尘器压力损失小于1.5kPa，如喷淋塔、旋风湿式除尘器等。高能湿式除尘器大于2.5kPa，如文丘里湿式除尘器。而介于1.5～2.5kPa之间的湿式除尘器未予以考虑。可见这种分类方法是较粗糙的。关于湿式除尘器的压力损失的计算应视湿式除尘器的具体工况而定，如流速、气液接触形式等。于是，分类方法是否严格并不重要。

3. 湿式除尘器的除尘效率

湿式除尘器主要是利用水滴、水网、水膜和气泡来除去废气中的颗粒物。其净化机理符合过滤机理。水滴类似于球形捕集体，水网类似于圆柱形捕集体。水膜可看成吸收壁，能有效地防止二次扬尘，提高收集效率。气泡的形成，使在气泡中的颗粒物的运动空间极大地减小，有利于发挥惯性、重力和扩散收尘作用，气泡的破裂增加了拦截、惯性和扩散效应。由此可见，要从理论上准确地计算湿式除尘器的除尘效率是很困难的。故在此只考虑水滴捕尘作用。

(1)势流中液滴捕尘效率

在文丘里湿式除尘器中，文氏管的喉部气流速度一般大于50m/s，满足势流假设。忽略重力沉降和扩散作用，得单一液滴的捕尘效率η_s为

$$\eta_s = 1 - (1 - \eta_R)(1 - \eta_I)$$

(2)粘性流中液滴捕尘效率

除文丘里湿式除尘器以外的其他湿式除尘器，气流和液滴的相对速度都较小，按粘性流考虑是合理的。忽略重力沉降作用，粘性流中单一液滴的捕尘效率表示为

$$\eta_s = 1 - (1 - \eta_R)(1 - \eta_I)(1 - \eta_D)$$

湿式除尘器的捕集机理以惯性碰撞为主，为提高效率，需要提高气流和液滴的相对速度，同时要减小液滴的大小。气流速度过高，会使液滴连同粉尘粒子一起随气流排出洗涤器。液滴直径也不是愈小愈好，直径过小的液滴易随气流一起运动，减小了气液的相对运动速度。因此，对于给定的尘粒的最大除尘效率应有一最佳液滴直径。根据Stairmand的实验，当尘粒的密度为2g/cm^{3}时，不同直径的液滴对2～10μm尘粒的效率如图11.7所示。

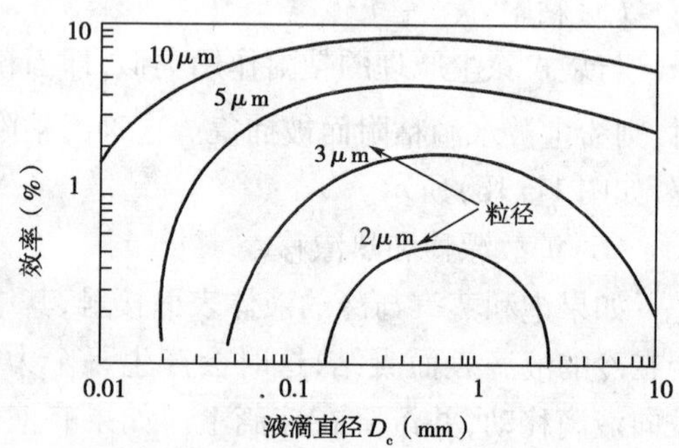

图11.7 捕集效率与液滴直径的关系

从图中看出，液滴在0.05～2mm时，效率较高。如果认为湿式除尘器的捕集机理以惯性碰撞为主，且符合粘性流假设，这一液滴直径最佳范围可以进行估计，即

$$\eta_I = \frac{\beta_4}{1 + \beta_4}, \beta_4 = 0.2453(S_{tk} - 1.213)^{0.955}$$

显然，式中的斯托克斯准数必须满足$S_{tk} \geq 1.213$。因为

$$S_{tk} = \tau \frac{2v_0}{D_c} = \frac{\rho_p d_p^2}{9\mu} \frac{v_0}{D_c}$$

所以,根据 Stairmand 的实验条件(在喷淋塔中),设为常温,气液的相对运动速度为 1m/s,代入已知条件,得

$$D_c \leqslant \frac{\rho_p d_p^2 v_0}{1.213 \times 9\mu} = \frac{2 \times 10^3 \times 1}{1.213 \times 9 \times 1.8 \times 10^{-5}} d_p^2 = 1.02 \times 10^7 d_p^2$$

于是当粒径分别为 2μm,3μm,5μm 和 10μm 时,液滴直径分别为 0.041mm,0.092mm,0.255mm 和 1.02mm。该结果与 Stairmand 的实验结果非常吻合。

(3)湿式除尘器的分级效率

上面讨论的是单一液滴的捕尘效率。显然液滴大小是不均一的,确定湿式除尘器的分级效率较困难。考虑到湿式除尘器的捕集机理以惯性碰撞为主,Johnstone 等人提出湿式除尘器的分级效率为

$$\eta = 1 - \exp(-KLS_{tk}^{1/2})$$

式中:K——关联系数,其值取决于运行条件;

L——液气比,L/m³。

在紊流情况下,多数惯性分离除尘器的分级效率可以表示为

$$\eta = 1 - \exp(-Ad_a^B)$$

式中:A、B——常数;

d_a——粒子的空气动力直径,m。

填料塔、离心式湿式除尘器和筛板塔都服从上式。对填料塔和筛板塔,B 的值为 2;对离心式湿式除尘器,B 约为 0.67。文丘里湿式除尘器也服从上述关系,当文氏管的喉管处 S_{tk} = 1~10时,B 近似为 2。

需要确定待定常数 K 或 A,待定常数 K 或 A 都与湿式除尘器的运行条件(气流速度、压力损失、温度、液滴群的粒重度分布等)有关,而确定 K 或 A 是困难的。到目前为止,还未见到通用的湿式除尘器分级效率的直接计算式,因此,湿式除尘器分级效率还有待于理论与实验研究。

(4)湿式除尘器的总效率

Lapple 和 Kamarck 观察到喷淋塔的总除尘效率主要由气体压力损失和雾化液体所耗能量之和决定。随后,关于各种湿式除尘器的总除尘效率仅是总能耗的函数的假定被工业界广泛接受。湿式除尘器的总能耗 E_T 为

$$E_T = \frac{1}{3600}(\Delta p + pL \times 10^3) \qquad \text{kW}\cdot\text{h}/1000\text{m}^3(\text{气体})$$

式中:Δp——气体通过湿式除尘器的压损,Pa;

p——加入液体的压损,Pa;

L——液气比,L/m³。

根据气液两相接触功率理论,效率和传质单元数有如下关系

$$\eta = 1 - e^{-N}$$

式中：N——传质单元数。

对一系列湿式除尘器的研究表明，在双对数坐标系内，传质单元数与总能耗之间有的关系为一直线，可用下式表示

$$N = \alpha E_T^{\beta}$$

其中，α 和 β 为特定参数，由所捕集粉尘的特性和湿式除尘器的类型决定。许多文献给出了各种工业应用中 α 和 β 值。

关于各种湿式除尘器的总除尘效率与总能耗的关系式是近似的，如对文丘里湿式除尘器来说，其效率与后续的脱水器和雾化效果有很大关系。仅根据能耗计算效率有时会产生较大误差。另外，我们知道湿式除尘器的除尘效率是水滴、水网、水膜和气泡等综合作用的结果。合理的设计，能充分发挥惯性、拦截、扩散等捕尘效应。如合理地设计填料塔，可使其能耗远低于文丘里湿式除尘器，而除尘效率接近甚至高于文丘里湿式除尘器。

第三节　湿式除尘设备

1. 喷淋塔

喷淋塔是构造最简单的一种湿式除尘器，如图 11.8 所示。在逆流式喷淋塔中，含尘气流向上运动，喷嘴喷出的液滴向下运动。液滴通过惯性、拦截、扩散等效应将较大的尘粒捕集下来。如果气流速度较小，夹带了尘粒的液滴将在重力作用下落入塔底。为保证气流分布均匀，常采用多孔气流分布板。经水雾净化后的气流由塔上部排出，通常在塔的顶部安装脱水器(除雾器)，以脱除那些很小的液滴。

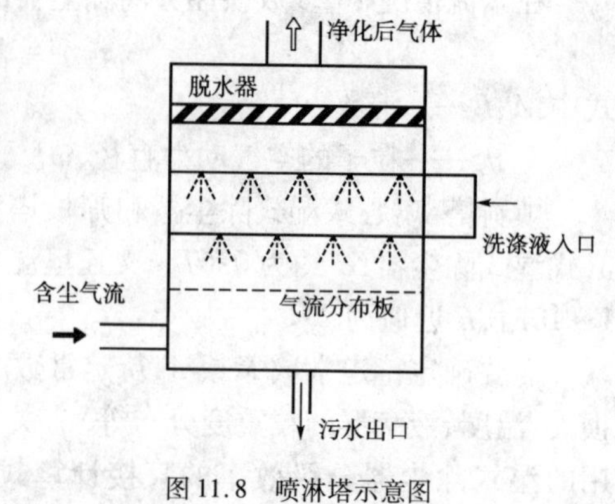

图 11.8　喷淋塔示意图

如果假定所有液滴具有相同直径、液滴在整个过气断面上分布均匀、无凝聚现象，并在塔内很快达到最终沉降速度，立式喷淋塔的总效率可由下式估算

$$\eta_T = 1 - \exp\left[-1.5\frac{v_t \eta_I L \times 10^{-3}}{D_c(v_t - v)}H\right]$$

式中：v_t——液滴最终沉降速度，m/s；

v——塔内气流速度，m/s；

H——气液接触区的高度，m；

D_c——液滴直径，m。

其他符号同前。

通常在喷淋塔中，液滴周围的流态介于势流和粘性流之间，可用如下内插所得公式近似计算

$$\eta_I = \frac{S_{tk}^2}{(S_{tk} + 0.7)^2}$$

喷淋塔的压力损失较低，一般为 200 ~ 400Pa，塔内气流速度(按塔截面计)可取 0.6 ~

1.2m/s。最佳液滴直径在1mm左右，液气比L取0.4～1.35L/m³。液气比提高，除尘效率增加，洗涤液最好能循环使用，以利于增加液气比。除逆流式喷淋塔外，还有错流式喷淋塔，即液体由上而下，而含尘气体水平流过喷淋塔。

2. 旋风湿式除尘器

旋风湿式除尘器与干式旋风器相比，由于附加了水滴、水膜的捕尘作用，除尘效率明显提高。由于在旋风湿式除尘器中带水较少，则可以采用比喷淋塔更细的喷雾。气体的螺旋运动所产生的离心力，把水滴甩向边壁形成壁流，因而水滴在气体中的滞留时间短。在旋风湿式除尘器中，水滴直径为0.1mm时，捕尘效果最佳。实际采用水滴为0.1～0.2mm。

因旋风湿式除尘器内壁上形成的水膜，可以有效地防止二次扬尘，从而可采用比干式旋风器更高的入口风速，一般可取15～45m/s。

中心喷雾的旋风湿式除尘器如图11.9所示。含尘气体由筒体下部切向引入，水通过中心水管上的喷嘴径向喷出，与旋转气流相碰，使尘粒被捕集下来。

旋风湿式除尘器对5μm以下粉尘的除尘效率可达90%以上，压力损失为500～1500Pa，液气比一般为0.5～1.5L/m³。特别适用于处理空气量大、含尘浓度高的场合。

旋风湿式除尘器还有其他几种形式。如立式和卧式旋风水膜除尘器。实际上，在普通切流式旋风器排气管的中心轴线向下引入喷水管，使喷雾作用发生在准自由涡区，即可构成旋风湿式除尘器，其性能会比图11.9所示的中心喷雾的旋风湿式除尘器更好，原因是离心分离作用更强，水汽接触时间更长。效率可按旋风器无二次扬尘的分级效率公式计算。

3. 筛板塔

筛板塔又称泡沫塔，是板式塔中结构较简单、应用较普遍的一种湿式除尘器。常用于气体污染物的吸收。对颗粒污染物也具有很好的捕集效果。筛板塔的结构如图11.10所示。当气流进入塔后，部分粒子被筛孔泄漏下来的液滴所捕获，或粉尘由于惯性作用喷到筛板的底面液膜被捕集。大部分微细尘粒通过筛板的筛孔进入泡沫层，激起大量气泡，粉尘在惯性、扩散作用的同时又不断地受到泡沫的扰动，使粉尘不断改变方向，增加了粉尘与液体的接触机会，气体得到净化。

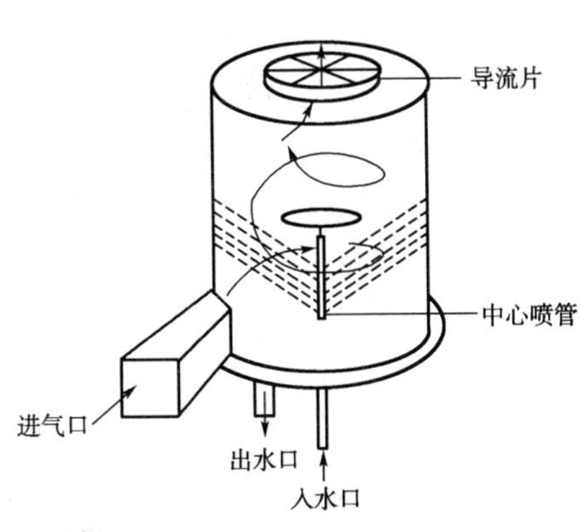

图11.9　中心喷雾旋风湿式除尘器示意图

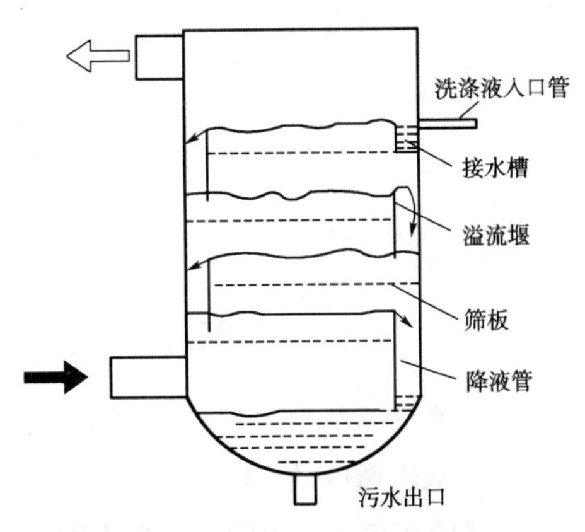

图11.10　筛板塔示意图

1)筛板培的几何参数与运行参数

(1)筛孔

筛孔直径 d_0 通常为 3~8mm,筛孔过小易堵塞,筛孔太大则漏液严重,无法形成稳定的泡沫层,甚至出现干板,故推荐取 $d_0=4\sim6$mm。开孔率推荐取 $s=10\%\sim25\%$。开孔以正三角形排列,孔中心距 m 由下式计算

$$m=d_0\sqrt{\frac{0.81}{s}}$$

(2)溢流堰高度 h 与液层厚度 h_L

在漏液量很小的情况下,溢流堰高度 h 决定了筛板上液层的厚度 h_L。当无漏液或漏液较少时 $h=h_L$,一般取 $h=30\sim100$mm。

筛板间距:

在液层中气液错流接触,在气速不很大漏液量很小的情况下,所形成的泡沫层可分 3 个区:

①鼓泡区,紧靠塔板的清液,存在单个气泡,大部分是液体,扰动性小。

②泡沫区,清液上,液层内气流和气泡激烈地搅动液体。

③雾沫区,气流冲出液面的夹带和气泡的破裂所致。

气速大时,鼓泡区消失,泡沫区和雾沫区增厚,气速进一步增大,泡沫区消失,雾沫夹带严重而发生液泛(淹塔),筛板塔无法正常工作。因此气速大时,筛板间距较大。在正常情况下,当塔径 $D<1.5$m,板间距 $H>0.5$m,当塔径 $D<0.8$m,板间距 $H<0.45$m。

(3)漏液点和筛孔风速

筛孔风速存在一下限速度 $v_{\min}$,当筛孔风速 $v_0<v_{\min}$,液体从筛孔泄漏时称为漏液点。操作要求筛孔风速与下限速度之比 $v_0/v_{\min}\geqslant1$。筛孔风速 v_0 是一个重要的设计参数,实验表明筛孔风速取 $v_0=10$m/s 左右为宜。

(4)塔内风速

气流通过空塔速度一般为 $v=1\sim2.5$m/s,于是根据处理空气流量可计算出塔径 D。

2)筛板塔的压力损失

筛板塔的压力损失可用干板压损和液面有效压损组成,即

$$\Delta p=\Delta p_1+\Delta p_2$$

式中:Δp_1——干板压力损失,Pa;

Δp_2——液面有效压力损失,Pa。

干板压损 Δp_1 为

$$\Delta p_1=500\left(\frac{G_VG_0}{\phi}\right)^2\left(\frac{\rho}{\rho_L}\right)(1-s^2)\quad \text{Pa}$$

式中:ϕ——流量系数,由图 11.11 查取;

ρ_L——液体密度,kg/m^3。

液面有效压损 Δp_2 由图 11.12 查取,图中,$F_0=v_0\sqrt{\rho}$称为动能因子,v_0 为筛孔风速,ρ 为气体密度。

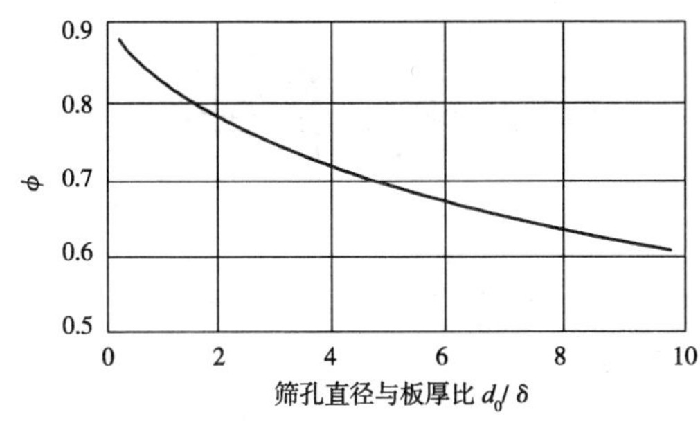

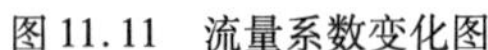

图 11.11　流量系数变化图

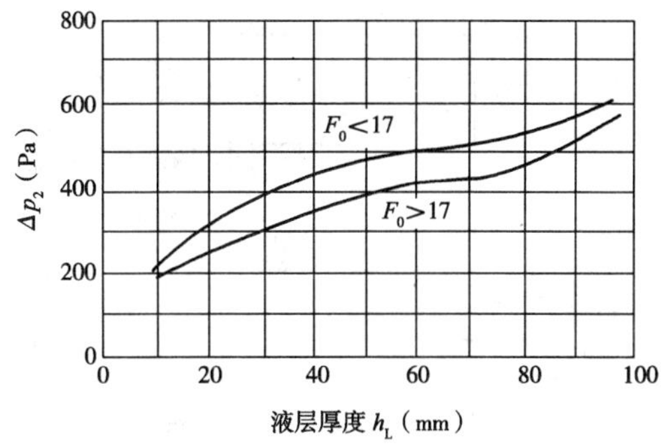

图 11.12　液面有效压损与液层厚度的关系

3)筛板塔的分级效率

泰赫里和卡尔弗特给出亲水性粉尘的筛板塔的分级效率 η 经验式

$$\eta = 1 - \exp(-40FS_{tk})$$

式中:F——鼓泡密度,个/m^2;

S_{tk}——斯托克斯准数。

鼓泡密度是一个比较难以确定的量往往需通过实验确定。式中的斯托克斯数由下式计算

$$S_{tk} = \frac{d_a^2 v_0}{9\mu d_0}$$

式中:d_0——筛孔直径,m;

d_a——尘粒空气动力学径。

通过比较,上两式实际上是相似的分级效率表达式。

4. 填料塔

填料塔是最常用的吸收塔之一,对颗粒污染物也有很好的捕集效果。其优点是结构简单、气液接触效果好、压力损失小。逆流式填料塔的结构如图 11.13 所示。在填料塔中,填料的表面积很大,洗涤液将填料表面润湿,在填料中有液滴的捕尘作用,但主要是通过填料所形成的液网、液膜对尘粒进行捕集,因此对液滴雾化效果无过高要求。同时对气液比、过滤风速等运行条件有较宽的操作弹性。

(1)填料器的几何参数与运行参数

填料塔所用填料的种类很多,常用的有拉西环、鞍形环、鲍尔环、泰勒环、陶瓷球、十字分隔环、勒辛环等,材质通常为陶瓷、塑料或金属 3 种。对气体污染物的吸收,需要单位体积填料的表面积愈大愈好。但对颗粒污染物的净化,除了具有较大的表面积,还要考虑防止填料的堵塞,这就要求填料有足够大的空腔。因此,形状简单、制作方便并有较高强度的拉西环、勒辛环可作为除尘用填料塔优先选用的填料,如图 11.14 所示。根据工程实践应用结果表明,除尘用拉西环的直径取 30~60mm、高取 40~60mm,勒辛环直径取 50~80mm、高为 50~80mm。当填料厚度较大时,若采用陶瓷材料,本体重量会很大,可将塑料管锯断成拉西环,这种塑料填料有较好防腐性能而且重量轻、成本低。由于存在洗涤液的冷却作用,填料塔适用于较高温度空气的净化。

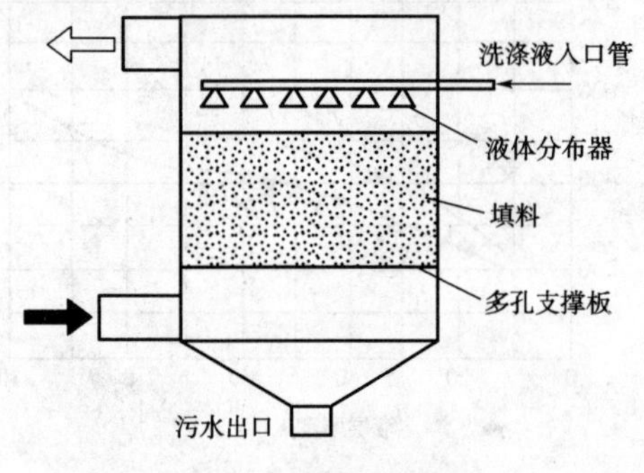

图 11.13 填料塔示意图

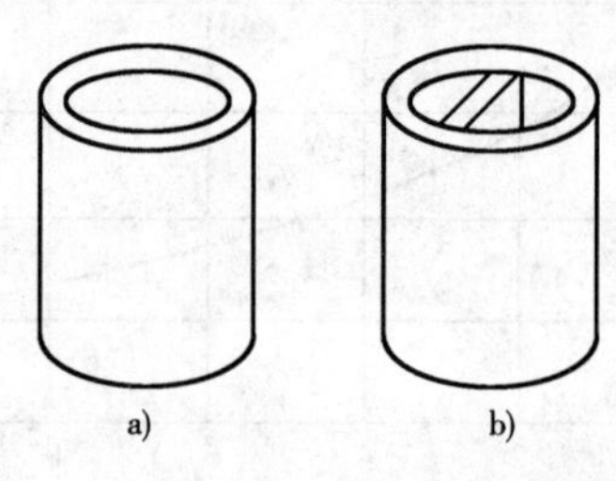

图 11.14 除尘推荐用填料

a）拉西环；b）勒辛环

在处理同样空气量时，除尘用填料塔的填料厚度远小于吸收用填料塔的填料厚度。这是因为在填料塔中气体污染物的净化是化学过程，气液两相的传质过程通常较缓慢，有时用理论计算的填料层厚度需几十米甚至上百米。这对除尘来说是不可思议的。而用填料塔净化颗粒污染物时，有惯性碰撞、拦截、扩散、壁效应（泳力）和分子力或称范德瓦尔斯力等，这些物理过程进行的较迅速，因此厚度较小。然而由于填料的差异、液气比的不同和净化机理较复杂，到目前为止，在除尘方面还没有非常严格的填料厚度计算公式。

液体向下流过填料层时，有向塔壁汇集的倾向，中心的填料不能充分加湿。为避免操作时出现干料，力求液体喷洒均匀，液体喷淋密度在 $10m^3/hm^2$ 以上，由此可确定液气比。对于拉西环或勒辛环填料，塔径 D 与填料尺寸 d 比 $D/d>20$。

填料塔断面气流速度一般为 $v=0.3\sim1.5m/s$，推荐气流速度 $v=0.5\sim1.0m/s$。于是，塔径 D 可由连续性方程计算。

填料塔的压力损失常用阻力系数法

$$\Delta p = \xi h \frac{\rho v^2}{2}$$

式中：h——填料层厚，m；

ξ——阻力系数，当 v 为 $0.5\sim1m/s$ 时，压损 Δp 约为每米厚度填料 $250\sim600Pa$。

（2）填料塔的分级效率可用下式近似计算

$$\eta = 1 - \exp\left(-9\frac{S_{tk}}{\xi d}h\right)$$

$$S_{tk} = \frac{d_a^2}{9\mu}\frac{v_0}{d}$$

式中：h——填料层厚度，m；

ξ——孔隙率；

d——填料直径，m；

d_a——尘粒空气动力学直径，m；

v_0——填料塔断面风速，m/s。

上式可用于填料层厚度的设计计算。如给出要求的总除尘效率，然后根据总除尘效率和分级效率的关系式，便可估算填料层厚度 h。

在湿式湿式除尘器中，填料塔结构简单、运行可靠、阻力较低且除尘效率很高。通过合理的设计，填料塔的除尘效率可以超过文丘里湿式除尘器，且压损远低于文丘里湿式除尘器，甚至低于筛板塔。对于适用于湿式净化的烟尘，应对填料塔给予高度重视。

5. 文丘里湿式除尘器

文丘里湿式除尘器是一种高效湿式除尘器，常用在高温空气的降温和除尘上。但能耗比较大，压力损失常大于2500Pa以上。文丘里湿式除尘器是由文氏管和脱水装置（如在文氏管后接旋风分离器）两部分组成。文氏管由渐缩管、喉管和渐扩管组成，其结构如图11.15所示。

(1)文氏管的运行参数与几何尺寸设计

含尘气流由进气管进入渐缩管后，流速逐渐增大，气流的压能逐渐变为动能，在喉管处，风速达到最大，一般为50～180m/s。洗涤液通过沿喉管周边均匀分布的喷嘴进入，液滴被高速气流雾化和加速，液气比一般为0.7L/m^{3}左右。充分雾化是实现高效除尘的基本条件。通常假定：微尘以与气流相同的速度进入喉管；洗涤液的轴向速度为零，液滴在气流的抽力作用下被逐渐加速，加速运动的液滴与粒子发生惯性碰撞，液滴附着于粒子上。在喉管下游，液滴接近气流的速度，惯性碰撞作用减小，因此气流入口速度必须高。在渐扩管中，风速的减小和压力的回升，使以微尘为凝结核的凝聚作用增强，形成直径较大的含尘液滴，以便于被后续的湿式除尘器或除雾器捕集下来。

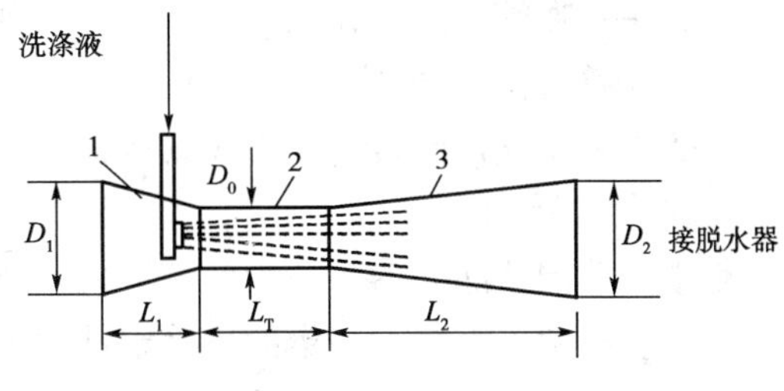

图11.15　文氏管结构图
1-渐缩管；2-喉管；3-渐扩管

文丘里湿式除尘器的几何尺寸主要包括渐缩管、喉管和渐扩管的长度、直径以及渐缩管和渐扩管的张开角度等。渐缩管的直径D_1按与之相连的管道直径确定，管道风速一般为15～25m/s。收缩角α_1常取25°。喉管直径D_T按喉管风速确定，其截面积与进气管截面积之比的典型值为1/4，喉管长度L_T取$L_T=(1\sim3)D_T$。喉管风速的选择要考虑到粉尘、气体和洗涤液的物理化学性质以及对湿式除尘器的效率和阻力的要求等因素。渐扩管的张开角α_2一般取7°。出口管的直径D_2按与其相连的除雾器要求的风速而定。由于渐扩管后面的直管道还具有凝聚和恢复压力的作用，一般设1～2m的连接管，再接除雾器。渐缩管和渐扩管的长度L_1和L_2由下面的式子决定

$$L_1 = \frac{D_1 - D_T}{2}\cot\frac{\alpha_1}{2}$$

$$L_2 = \frac{D_2 - D_T}{2}\cot\frac{\alpha_2}{2}$$

(2)文氏管的压力损失

文氏管湿式除尘器压力损失包括文氏管压损和脱水器压损。关于文氏管压损，卡尔弗特等人基于气流损失的能量全部用于在喉管内加速液滴的假设，导出文氏管压损为

$$\Delta p = \rho_L v_T^2\left(\frac{Q_L}{Q_0}\right)$$

式中：ρ_L——洗涤液密度，kg/m^3；

v_T——喉管风速，m/s；

Q_L、Q_0——洗涤液流量和含尘气流量,m^3/s。

如洗涤液为水,液气比为 $L=0.7L/m^3$,喉管风速 $v_T=80m/s$ 时,代入,得文氏管压损约为4500Pa。对按上述要求进行规范尺寸设计的文氏管来说,是比较准确的。考虑喉管尺寸的影响,根据多种型式文氏管压损的实验数据,Hesketh 给出如下经验式

$$\Delta p = 0.862\rho v_T^2 S_T^{0.133}\left(\frac{1000Q_L}{Q_0}\right)^{0.78}$$

式中:ρ——含尘气流密度,kg/m^3;

S_T——喉管断面积,m^2;

其他符号意义同前所述。

这是两个被广泛接受的文氏管压损表达式。

(3)文氏管湿式除尘器的除尘效率

文氏管湿式除尘器的除尘效率取决于文氏管中粒子(雾滴和粉尘)的凝并速率和脱水器的效率。这两方面存在一定的不确定性,即喷雾形式和雾化效果不是已知的,不同的脱水器的脱除效率也有很大差异。因此,目前尚缺乏可靠的计算除尘效率的通用表达式。

卡尔弗特等人做了一系列简化后得出随压力损失变化的效率公式为

$$\eta = 1-\exp\left[-\frac{6.1\times10^{-9}\rho_L\rho C_u d_\rho^2}{\mu^2}f\Delta p\right]$$

式中:ρ_L——液体密度,kg/m^3;

ρ——气体密度,kg/m^3;

C_u——滑移修正系数;

d_ρ——粉尘直径,m;

f——经验系数,在式中 $f=0.1\sim0.4$,推荐取 $f=0.25$;

Δp——文氏管湿式除尘器压力损失。

通过对文氏管中尘粒和水滴的运动分析,还可得到随喉管风速和斯托克斯数变化的效率公式

$$\eta = 1-\exp\left[-\frac{2Q_L v_T \rho_L D_c}{55Q_0\mu}F(S_{tk},f)\right]$$

式中:D_c——水滴直径;

f——经验系数;

S_{tk}——按喉管内流速 v_T 确定的斯托克斯数;

其他符号意义同前。

函数 $F(S_{tk},f)$ 由下式决定

$$F(S_{tk},f) = \frac{1}{S_{tk}}\left[-0.7-S_{tk}f+1.4\ln\left(\frac{S_{tk}f+0.7}{0.7}\right)+\frac{0.49}{0.7+S_{tk}f}\right]$$

$$S_{tk} = c\,\frac{2v_0}{D_c} = \frac{\rho_p d_p^2 v_0}{9\mu D_c}$$

经验系数 f 综合了没有明确反映在式中的各种非常复杂因素的影响。对于通常设计目的,若捕集憎水性粉尘,$f=0.1\sim0.3$,对亲水性粉尘,$f=0.4\sim0.5$,大型文氏管湿式除尘器试验证明 $f=0.5$。

文氏管湿式除尘器的除尘效率除与喉管风速、液气比有很大关系外,还和后续的脱水器

(又称除雾器)有关。前面所讲的某些湿式除尘器可作为文氏管湿式除尘器的脱水器,如旋风湿式除尘器和填料塔(取消连续供水)。实际上文氏管湿式除尘器的除尘效率就是脱水器的除尘效率,因此,脱水器的设计与选择及性能对文氏管湿式除尘器能否高效运行至关重要。

另外,文氏管湿式除尘器的性能还与喉管结构形式、喷雾方式有关。从喉管构造上看有圆形和矩形的,有定径和可调径的文氏管。圆形优于矩形。

调径文氏管可根据工况灵活调节管径,以保证文丘里湿式除尘器的除尘性能。喷雾方式有径向内喷、径向外喷、轴向喷雾和溢流供水。轴向喷雾通常是轴向顺喷,还没有看到有关轴向逆喷的报道。对点源气溶胶粒子在管道中紊流扩散的研究发现:轴向逆喷具有使粒子分散更快(需极短的下游距离就使粒子浓度分布非常均匀)的特点,因此在文氏管中能否采用轴向逆喷以提高雾化效果是一个值得探讨的课题。

第十二章　电　除　尘

第一节　电除尘设备概述

电除尘器是含尘气体在通过高压电场电离，尘粒荷电在电场力作用下，尘粒沉积于电极上，从而使尘粒与含尘气体分离的一种除尘设备。它能有效地回收气体中的粉尘，以净化气体。使用条件合适，其除尘效率可达99%甚至更高。目前在化工、发电、水泥、冶金、造纸和电子等工业部门已得到广泛应用。

自1906年F. G. Cottrell第一次将电除尘器应用于工业生产以来，已有90余年历史，20世纪50年代以前，虽有为数众多专家学者对其理论研究和实践应用做了大量工作，但受当时条件（如供电机组和绝缘材料的可靠程度、技术和经验积累等）限制，在较长时期内进展缓慢。只是在最近二三十年来，随着工业化水平不断提高，对环境保护要求日趋严格，以及人们对净化空气，保护环境和回收有价金属粉（烟）尘以充分利用矿物资源有了进一步认识、理解和重视，特别是高压供电设备不断完善，绝缘件耐高电压，耐高温研制成功与不断提高，机械化制作极板极线设备问世和生产工艺确立，电除尘技术有关学术活动不断增多，以及实践经验不断丰富等，电除尘技术才得到非常迅速发展。

1. 研究情况

当前，理论研究是以美国为中心，试图对Deutsch式所代表的传统除尘效率计算理论有所突破。迄今为止，许多学者所提出的实验或经验式，都是对Deutsch式的修正。而这些修正式，只能适用于某些特定条件。

$$\eta = 1 - e^{-\frac{A}{\theta}w}$$

式中：η——除尘效率；

A——除尘面积；

θ——气体流量；

w——带电尘粒的驱进速度

在生产实践方面，西欧处于领先地位，近年来日本着重对电除尘设备的结构，诸如电极形式、振打方式、气流分布、供电方式、控制方法、绝缘形式及材料、故障排除等等，以谋求制造出除尘效率高、不需维护或少维护的电除尘设备（即一次安装投产后，能满足工艺要求地使用到设计服务年限）。

上述这些理论及实践研究，其实质主要是围绕着解决逆电离（反电晕）和粉尘的再飞散进行的。

2. 分析比较

(1)极距及电压

普通电除尘器极距200~350mm,工作电压40~70kV。由于供电电压较低,荷电尘粒向电极驱进速度缓慢,适宜于捕集比电阻10^4~$10^{10}\Omega \cdot cm$粉尘。在欧洲原联邦德国Lnrge公司和瑞士Elex公司的电除尘器具有代表性。苏联多为棒帷式电除尘器。日本多采用欧洲式电除尘器,并着重研究一些新型设备,如双区式、原式等电除尘器。

宽极距超高压电除尘器极距400~1000mm,工作电压80~250kV。由于电场内离子风速大,荷电尘粒移动快,适宜捕集比电阻10^1~$10^4\Omega \cdot cm$粉尘。日本已向美国输出专利和设备。高压静电尘源控制器,实际上也是一种宽极距超高压电除尘器,具有制作、安装和维护工作量小,节省钢材等优点。然而它必须要有与之相适应和可靠的超高压供电设备及相应绝缘材料,供电设备费用较贵,技术复杂,而除尘效率与普通电除尘器不相上下,我国采用同极距400mm供电额定电压72kV已有成功经验。

狭极距电除尘器的极距为15~25mm,工作电压为8~20kV。制作和安装质量要求很高,操作与维护较困难。

(2)绝缘结构

在过去几十年中,为使高电压极与接地部分良好绝缘,曾采用较复杂的多层绝缘管结构,但实践表明,并不一定可靠。近年简化了绝缘结构,采用加热绝缘套管方法有效防止绝缘装置爬电。在尾气直接放空的情况下,可采用加热空气吹扫绝缘子,使绝缘结构更加简单和维护工作更加可靠。

(3)供电方式

由于使用可控硅控制常规高压整流(全波、半波)设备,使电除尘器电源获得了快速降压和升压的控制特性,它的工作电压始终接近于击穿电压,从而得到最大限度的高除尘效率。也有采用恒压控制电流特性的供电设备,机组是在不降低外加电压和无火花闪络状态下运行,工作稳定可靠,避免了由于闪络而降低除尘效率。

交流电源(相当于脉冲宽度为半周波脉冲电压)供电,在水泥熟料冷却器偏压控制电除尘器试验表明,当温度150℃、比电阻$10^{13}\Omega \cdot cm$、气量1200m^3/h、气体速度0.6m/s、含尘浓度0.2g/m^3(标况)时,除尘效率达86%。

(4)多种其他除尘器联合使用

为满足日趋严格的环境保护要求,国外在港口散货粉尘防治方面,采用在袋式除尘器中设置高压电极(电除尘器与袋式除尘器联合装置),仅在清尘后送电,以保持这一期间的除尘效率不至降低。美国Apitron用它捕集1.6~40μm粉尘,除尘效率高达99.99%。

美国Pesearch-Cottrell公司将直径为3~6mm玻璃球置于两层不同电位网格之间(玻璃球层5.1cm,气速0.6m/s,对粉尘在进入玻璃球颗粒层之前,即在荷电区荷电的带电颗粒层除尘器进行研究,实践表明0.6~0.7μm的亚基蓝粒子除尘效率达99.5%。其他流动颗粒层除尘器加电场作用,也能提高除尘效率。

在湿式洗涤器中增加电场力作用,其形式是串联两个喷雾塔,一个顺流,一个逆流。水滴和粉尘可分别因感应和电晕放电而获得相反极性。试验测定:0.5~4μm微粒粉尘除尘效率达95%;0.3μm微粒粉尘除尘效率87%。中间试验:气量1500m^3/h,除尘效率98.2%,耗水量

8.3L/min，粉尘荷电电压30kV，水滴荷电电压2kV。

电与填充式洗涤器相结合的JWS洗涤器，电与文氏管相结合的EDV洗涤器及TRW/CDS型带电水滴洗涤器等，都各具特点，带电后均可程度不同地提高除尘效率。

3. 发展方向

热电晕极和冷沉尘极电除尘器的电极均为管状，在通入热或冷的气体或液体后，能有效控制电场温度，调节粉尘比电阻有利于收集高比电阻粉尘。但加热或冷却介质供给系统比较麻烦。

双区式电除尘器是荷电与除尘分别在两个区域内进行。荷电区采用常用电除尘器形式，但长度大大缩短。除尘区类似横向极板，在导向电极上施以直流高电压以造成稳定电流体力学场。例如用于水泥厂熟料冷却机，入口含尘量为0.582~0.72g/m^3（标况），出口为0.21~0.1g/m^3（标况）。用于立筒预热器窑（SF窑），则入口含尘为28~43.6g/m^3（标况），出口为0.004~0.019g/m^3（标况）。

偏压控制电除尘器，系在荷电区对芒刺电晕极（放电极线）施以高压脉冲电源，使电晕极产生电晕，断续发出大量负离子云，以强有力的电斥（库仑）力，使离子均匀分布，从而使通过电场粉尘带最大限量电荷。在控制电极施加可供调节的偏电压，以改变电晕（放电）极尖端电场强度，不但能控制电晕电流，还能控制放电空间电场强度。对Fe_2O_3、少量碱金属盐和碱土金属粉尘试验表明：工况比电阻高达$10^{13\sim14}\Omega\cdot cm$，70%小于1μm，通过荷电区时间仅0.4s，通过整个电除尘器的时间约1s，除尘效率达65%~80%。

横向气流电除尘器是采用与气流方向垂直极板或在电除尘器内连续设置多孔板，间隔施加高压或接地，使板与板间造成真正静电场。试验表明：气速0.8m/s（停留时间约3.5~4s），进口含尘浓度200~4500mg/m^3，出口小于40mg/m^2，除尘效率达95%~99%。

屋顶式电除尘器是将电除尘器直接置于屋顶以除去室内气体所含粉尘。日本除尘试验表明：进口含尘量0.03~0.3g/m^3（标况），出口仅0.007~0.03g/m^3（标况），除尘效率达80%~98%。

旋转刮刀式电除尘器是用旋转刮刀将沉尘极板上的积尘清除，在含尘气体含水量大，粉尘粘性强的水泥粘土烘干机中应用，供电性能良好，运行可靠、除尘效率达99%。

利用红外线激光的光泳除尘仍处于试验研究阶段。

当前已用电子计算机来设计、控制电除尘器，这必将促进电除尘技术的飞快发展。

利用电除尘原理将均匀分散在气相中的固体尘粒，富集到一部分气体中，用机械方法使气体分流，以减少须进一步除尘的气体量，在国外已有实施方案。但它存在将已捕集粉尘再次抛入气流中，并在下一段除尘器中进行二次回收的缺点，这很不合理。如果把分流与除尘组成一个机组，即它既可实现静电分流，又可直接当电除尘器使用。采用宽极距超高压电除尘器结构形式，不仅便于制作、安装和维护，而且设备小，能量消耗少。在做分流使用时，电场气速可达2m/s。同极距1m，高2.5m截面可通过超20000m^3/h含尘气体，适于含尘气体量大、含尘浓度低、气体温度高的气体分流与除尘。国内设计200m^2电除尘器，耗钢材量达400t左右，其处理含尘气量不超150万m^3/h，若用分流方法，则分流截面积约80m^2，收尘截面积仅60m^2，可节省大量钢材。

有关电除法器的典型设计参数见表12.1。

钢铁工业静电除尘器典型设计参数 表 12.1

静电除尘器	类 型	参数范围
干式、卧式	电场风速($m \cdot s^{-1}$) 平均场强($kV \cdot cm^{-1}$) 驱进速度($cm \cdot s^{-1}$) 单位风量电功率($W(m^3 \cdot min)^{-1}$) 电晕线 收尘极	1.2~1.5 3.0~3.5 10~12 2.5~2.8 芒刺 Z形板、C形板
立式、管式、湿式	电场风速($m \cdot s^{-1}$) 平均场强($kV \cdot cm^{-1}$) 驱进速度($cm \cdot s^{-1}$) 单位风量电功率($W(m^3 \cdot min)^{-1}$) 电晕线(mm) 收尘极管径(mm) 收尘极管长(m)	2.7~3.5 4~5.5 7.0~13 1.8~5.4 ϕ5.0~6.5(绞制方棒) 200~305 4.6
干式、卧式	电场风速($m \cdot s^{-1}$) 平均场强($kV \cdot cm^{-1}$) 驱进速度($cm \cdot s^{-1}$) 比收尘表面积($m^2 \cdot (m^3 \cdot s)^{-1}$)	0.6~1.2 3.2~3.5 4.0~6.0 70~80
干式、卧式(防燃、防爆)	驱进速度($cm \cdot s^{-1}$) 比收尘表面积($m^2 \cdot (m^3 \cdot s)^{-1}$) 收尘极高度(m) 单位风量电功率($W(m^3 min)^{-1}$) 电场数/个	5.0~20 80~120 9~14 7~10 4~7
立式、管式(电捕焦油器)	电场风速($m \cdot s^{-1}$) 驱进速度($cm \cdot s^{-1}$) 电晕线(mm) 收尘极管径(mm) 单位风量电功率($W(m^3 min)^{-1}$) 外加电压(kV)	2.4 6~17 ϕ6(绞制方棒) 200~300 钢制圆筒 3.5~7 50~70

第二节 工作原理及其分类

1. 工作原理

1)气体电离及放电

(1)非自持性电离

通常气体不导电。但是,在外界能量(空气中含有惰性气体氡在自然蜕变时放出 α 射线、紫外线及其他宇宙射线等)作用下,可使气体电离放出电子而成为正、负离子。这种电离比较微弱,受库仑力作用,正、负离子又重新结合为中性分子或原子。因此,气体中正、负离子数目很少,且不会继续增多,处于平衡状态,更不会使通常气体失去绝缘性能。

两点电荷间作用力

$$F = \frac{q_1 q_2}{\varepsilon r^2}$$

式中：F——两点电荷间作用力；

q_1, q_2——电荷数值；

r——两点电荷间距离；

ε——介电常数，气体介电常数 $\varepsilon \approx 1$。

通常用电力线来表示作用力方向和大小，用贯穿单位面积所有电力线数目表示电场强度（或称电位梯度）。

两平行电极电力线彼此近于平行，而且均布于两极空间。图 12.1 为均匀电场，其电场强度为

$$E = \frac{u}{d}$$

式中：E——电场强度，V/cm 或 kV/cm；

u——极间电压，V 或 kV；

d——两电极间距离，cm。

两个点电荷电场如图 12.2 所示，为不均匀电场。

电力线可以有各式各样分布。

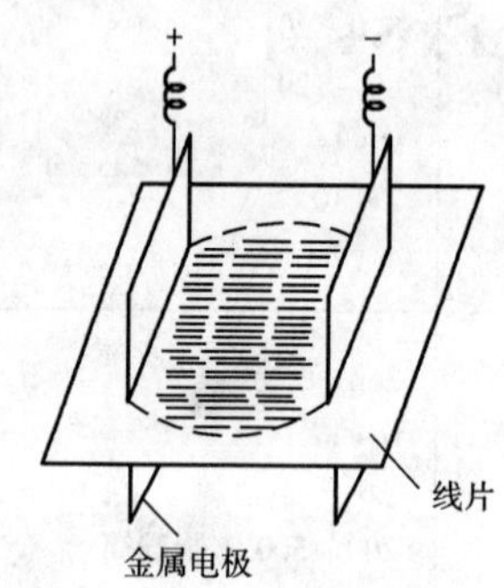

图 12.1　平行电极间电场

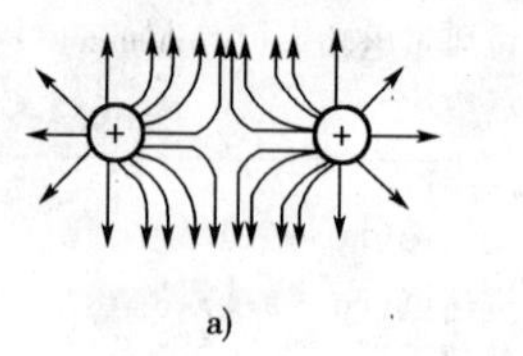

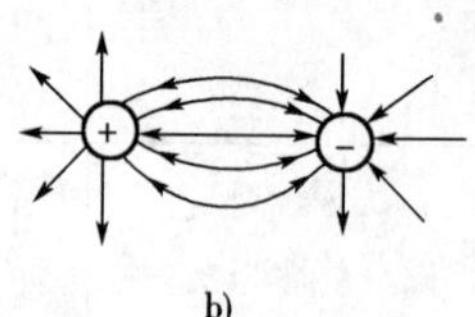

图 12.2　两点电荷电场

a）两同性电荷；b）两异性电荷

（2）自持性电离

如果将气体通入两平行金属板电极间，并施以电压，形成均匀电场（图 12.3a），电场内任意点电场强度均相等。气体中带电离子，按电场方向正离子向负极移动，负离子向正极移动。此时，两极间形成极其微弱电流，相当于图 12.3b）中原点 O 附近。带电离子在运动中与其他中性分子或原子相碰撞，由于电压低，带电离子运动速度慢，碰撞后又相互弹开，中性分子或原子并不产生电离，称为弹性碰撞。逐渐升高电压，电场强度随之增大，能达到电极的电子（负离子）与正离子数量随之增多，电流随之增大。当电压升到一定值时，电压继续升高，而电流却保持不变，这样的电流称为饱和电流。如图 12.3b）中 AB。此时，电流仅取决于气体中所产生电子（负离子）和正离子的多少，而不决定于电场强度。继续升高电压，当电场强度达到足够大（对于两平板电极空气在常压、室温下，电场强度约 10kV/cm）时，带电离子获得很高速度，因而电子（负离子）和正离子在高速运动中蓄积着很大动能，在行进过程中，电子与中性气体分子或原子相碰撞（非弹性碰撞），使中性气体分子或原子放出电子，成为自由电子和正离

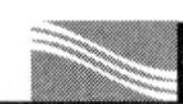

子,称为碰撞电离或电晕现象,如图12.3b)中虚线。自由电子在电场力作用下,又碰撞别的中性分子或原子,这样新的自由电子和正、负离子像雪崩一样连续产生,从而使气体持续电离,即是气体自持性电离,也就是气体由非持性电离转变为自持性电离。由于是均匀电场,所以只要其间任何一点发生电离,两极空间立刻充满带电离子,整个空间气体即被击穿。此时,电流急剧增加,形成火花放电,电压极不稳定。因此,不能用平行金属平板电极作一般电除尘器。

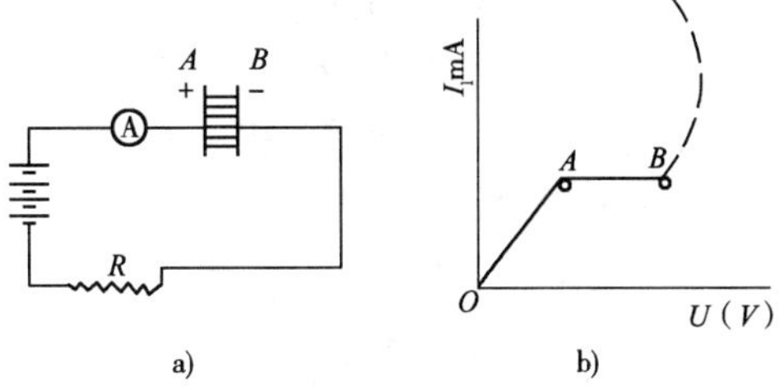

图12.3 均匀电场放电过程

a)均匀电场;b)放电过程

(3)电晕放电

将非自持性气体通入曲率半径相差很大的两极空间,如一金属丝和圆管或一金属丝和一平板,金属丝接负极,管或平板接正极(图12.4)。施加电压即形成不均匀电场(即金属丝表面附近电场强度最大,随着离开金属丝表面距离增大,电场强度迅速减小),升高电压,电场强度随之增大,可认为电流与电压符合欧姆定律。当电流达到饱和之后,继续升高电压(常压、常温气体16kV/cm),首先在金属丝表面附近(电场强度最高地方)一层气体,由于高能量电于或负离子碰撞中性气体分子或原子而产生电离。随着电场强度的不断增加,活动度较大的电子或负离子将获得足够的能量,并碰撞中性气体分子或原子,使带电离子越来越多,电流急剧增大。此时,也有一部分离子在复合,伴有光波辐射。但是,复合比较微弱,发射光波暗淡,听不到任何声响,因此,被称为无声放电或光芒放电。当再行升高电压,活动度较小的正离子也因获得足够能量而开始碰撞别的中性分子或原子,则电流又有所增加,同时在电场强度高的金属丝表面附近,离子复合特别激烈,此时,肉眼可见金属丝表面附近有蓝色亮点,且伴有咝咝和噼啪声。随着与金属丝表面距离的增加,电场强度迅速下降,离子移动速度减慢,因而,不致因气体中某点被击穿而引起整个空间击穿,这就是不均匀电场电晕放电或电晕现象的固有特点。电除尘器正是利用这一特点来达到它的除尘目的。

Townsend提出从电晕极出发的N_{e0}个电子,在行进x一段距离后,电子数量的增加,为

$$N_e = N_{e0}e^{\alpha x}$$

式中,α为气体中电子的碰撞系数,是电场强度的函数,以$\alpha/P = f(E/P)$表示,一般取P为大气压。α与E的关系如图12.5所示。

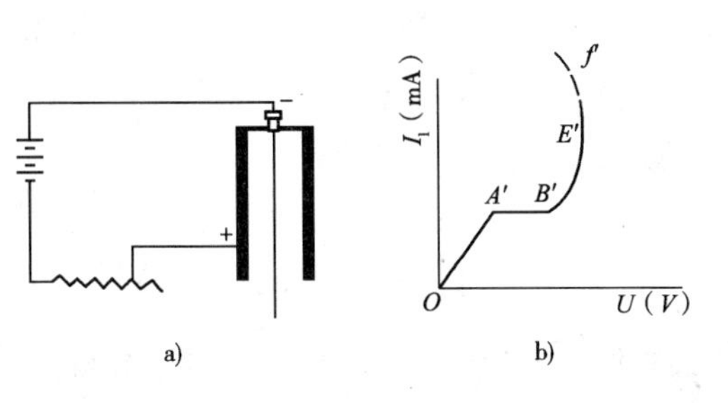

图12.4　不均匀电场放电过程

a)不均匀电场;b)放电过程

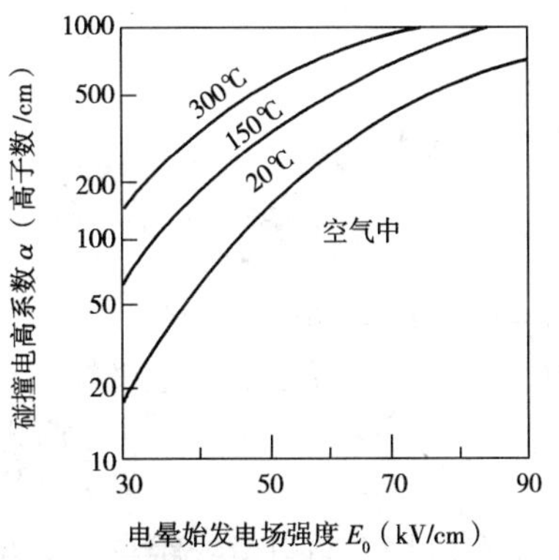

图12.5　电晕始发电场强度与碰撞电离系数的关系

电晕放电所围绕的电极称为电晕电极(又称电晕极、放电极或阴极),另一电极称为沉尘电极(又称沉尘极、收尘极、集尘极、除尘极或阳极)。气体产生电离区域称为电晕区或电离区。电晕区离子数目每立方米超过1亿离子。开始产生电晕放电时的电压称为临界(始发)电压或临界(始发)电位差,相应的电场强度称为临界(始发)电场强度。在两电极空间产生的电流称为电晕电流。再继续升高电压,电晕区随之扩大,当电压升至某一数值时,整个电极空间都成为电晕区,即整个空间被击穿,如图12.4b)中f',相应的电压称为击穿(终结)电压。此时,通过电场的电流急剧增加,电压趋近于0,电场无法建立。由此可见,电除尘器是在图12.4b)中$E'f'$工况下运行。$E'f'$除与气体性质有关外,还和电极的结构形式有关,并且完全可以利用操作电压控制电晕区大小,以达到预期除尘效果。

正、负电极均可做电晕极。但由于荷负电离子在电场中运动速度比荷正电离子快,而且负电晕极的击穿电压比正电晕极高,因此,工业用电除尘器一般都是负电极做电晕极,正电极做沉尘极。空调和除菌用电除尘器,则利用产生臭氧少的正电极做电晕极。

2)电场分布

电除尘器电场强度分布与电极形式有关。管式沉尘极电场强度分布,具有沿电流方向的不均匀性。板式沉尘极电场强度分布,既有沿电流方向的不均匀性,又有与电流轴线相垂直方向的不均匀性。两者皆为电除尘器较理想的电场强度分布。

(1)管式沉尘极

当输入管式沉尘极和金属细圆丝电晕极电除尘器的电压u低于临界电压u_0时,即在同轴电极间没有发生放电(包括没有形成电晕放电在内)条件下,两极空间没有电流通过,为静电场,其间任一点电场强度正的散度为零,即

$$\mathrm{div}E = 0$$

电场强度E又为电压的梯度,即

$$E = \mathrm{grad}u$$

则有

$$\mathrm{div\ grad}u = 0$$

式左项div grad$u$为势量场的散度,它等于Laplace算子$\Delta\mu$,其坐标表达式为对于Decarter直角坐标系,有

$$\Delta\mu = \frac{\partial^2 u}{\partial x^2} + \frac{\partial^2 u}{\partial y^2} + \frac{\partial^2 u}{\partial z^2}$$

对于圆柱坐标系,有

$$\Delta u = \frac{1}{R}\frac{\partial}{\partial R}\left(R\frac{\partial u}{\partial R} + \frac{1}{R^2}\frac{\partial^2 u}{\partial \varphi^2} + \frac{\partial^2 u}{\partial z^2}\right)$$

式中:$x = R\cos\varphi, y = R\sin\varphi, z = z$

取电晕线为坐标轴的圆柱坐标系,则有

$$\frac{1}{R}\frac{\partial}{\partial R}\left(R\frac{\partial u}{\partial R}\right) + \frac{1}{R^2}\frac{\partial^2 u}{\partial \varphi^2} + \frac{\partial^2 u}{\partial z^2} = 0$$

由于在电场中与电晕线距离为R的圆柱面为标量场u的等位面(即标量数值完全相同的一个面),在等位面上无论z如何变化,u为一常量,所以$\frac{\partial u}{\partial \varphi} = 0, \frac{\partial u}{\partial z} = 0$,因此,式中后两项均为

零,即得到

$$\frac{1}{R}\frac{\partial}{\partial R}\left(R\frac{\partial u}{\partial R}\right)=0$$

即

$$\frac{1}{R}\left(\frac{\partial u}{\partial R}+\frac{1}{R}\frac{\partial^2 u}{\partial R^2}\right)=0$$

$$\frac{\partial^2 u}{\partial R^2}+\frac{1}{R}\frac{\partial u}{\partial R}=0$$

或
$$\frac{\mathrm{d}^2 u}{\mathrm{d}R^2}+\frac{1}{R}\frac{\mathrm{d}u}{\mathrm{d}R}=0$$

据梯度定义,有

$$\frac{\mathrm{d}u}{\mathrm{d}R}=\mathrm{grad}u=E$$

代入式中,得

$$\frac{\mathrm{d}E}{\mathrm{d}R}+\frac{E}{R}=0$$

$$\int\frac{\mathrm{d}E}{E}=\int-\frac{\mathrm{d}R}{R}$$

$$\ln E+\ln R=C_1$$

则
$$E\cdot R=C$$

或
$$E=\frac{C}{R}$$

式中,C 为积分常数,可通过下述微分方程的定解来确定,得

$$E-\frac{C}{R}=0$$

定解条件

$$\begin{cases}\dfrac{\mathrm{d}u}{\mathrm{d}R}-\dfrac{C}{R}=0\\ u(R_A)=\mu_A\\ u(R_B)=\mu_A\end{cases}$$

通过分离变量求解微分方程,得

$$\mathrm{d}u=\frac{C}{R}\mathrm{d}R$$

$$\int\mathrm{d}u=\int\frac{C}{R}\mathrm{d}R$$

$$u=C\ln R+C_2$$

将微分方程的定解条件代入式中,有方程组

$$\begin{cases}u_A=C\ln R_A+C_2\\ u_B=C\ln R_B+C_2\end{cases}$$

联解
$$u_B-u_A=C(\ln R_B-\ln R_A)=C\ln\frac{R_B}{R_A}$$

所以

$$C = \frac{u_B - u_A}{\ln \frac{R_B}{R_A}}$$

代入即得到在静电场条件下电场强度的变化规律

$$E = \frac{u_B - u_A}{R \ln \frac{R_B}{R_A}}$$

式中：R——离电晕极的距离；

R_A、R_B——分别为电晕线和沉尘极的半径：

u_A、u_B——分别为 R_A、R_B 处的电势。

由此可见，静电场电场强度分布 E 与离电晕极的距离 R 成双曲线函数变化。

当 $R = R_A$ 时，E 最大，此时

$$E = E_{\max} = E_{R_A} = \frac{u_B - u_A}{R_A \ln \frac{R_B}{R_A}}$$

升高输入两极间电压 u 至电晕放电（即气体局部击穿）临界电压 u_0 时，其临界电场强度 E_0 为

$$E_0 = \frac{u_0}{R_A \ln \frac{R_B}{R_A}} \qquad \text{V/cm}$$

根据试验，当采用清洁光滑圆柱断面电晕线时，其临界电场强度为：

对于负电晕

$$E_0 = \left(31.02\rho + 9.54\sqrt{\frac{\rho}{R_A}}\right) \times 10^3 \qquad \text{V/cm}$$

对于正电晕

$$E_0 = \left(33.7\rho + 8.13\sqrt{\frac{\rho}{R_A}}\right) \times 10^3 \qquad \text{V/cm}$$

式中：R_A——电晕线半径，cm；

ρ——气体密度因子

$$\rho = \frac{T_0}{T}\frac{p}{p_0} = \frac{3.92P}{273 + t}$$

$T_0 = 273 + 25 = 298\text{K}$；

$T = 273 + t$；

$p_0 = 76\text{cmHg}$；

p——操作压力，cmHg；

t——操作温度（进、出电除尘器的平均温度），℃。

若芒刺状电晕极刺尖曲率半径为 α（cm），临界电场强度 E_0 与曲率半径 α 的关系式为

$$E_0 = 22.8\left(1 + \frac{1}{3\sqrt{\alpha}}\right)K(\rho) \times 10^5 \qquad \text{V/cm}$$

式中:$K(\rho)$——空气相对密度因子修正系数。

$$K(\rho)=\rho\frac{1+0.535\sqrt{i\rho\alpha}}{1+0.535\sqrt{i\alpha}}$$

通常 E_0 值还受空气湿度影响。

根据电场强度变化规律,其临界电压 u_0 为

$$u_0=E_0R_A\ln\frac{R_B}{R_A}\quad \text{V}$$

根据实验,有:

对于负电晕

$$u_0=R_A\left(31.02\rho+9.54\sqrt{\frac{\rho}{R_A}}\right)\times10^3\ln\frac{R_B}{R_A}\quad \text{V}$$

对于正电晕

$$u_0=R_A\left(33.7\rho+8.13\sqrt{\frac{\rho}{R_A}}\right)\times10^3\ln\frac{R_B}{R_A}\quad \text{V}$$

对于芒刺状电晕极

$$u_0=R_A\left[22.8\left(1+\frac{1}{\sqrt{\alpha}}\right)K(\rho)\times10^3\right]\ln\frac{R_B}{R_A}\quad \text{V}$$

据 Peek 实验,污损电晕极比干净电晕极的临界电场强度差 50% ~70%。实践表明,电晕极表面略有粗糙,比光滑表面的临界电压高 15% 左右。

继续升高电压,由于空间电荷作用,两极空间即有电流通过,仍用求静电场的电场分布方法。电场强度变化规律为

$$E=\sqrt{\frac{2i}{K_0}\left(1-\frac{R_A^2}{R^2}\right)+\frac{R_A^2E_0^2}{R^2}}$$

采用工程单位式可写成

$$E=\sqrt{\frac{2i}{K_0}f_0\left(1-\frac{R_A^2}{R^2}\right)+\frac{R_A^2E_0^2}{R^2}}\quad \text{V/cm}$$

式中:i——电晕线电流值,mA/m;

f_0——换算常数,$f_0=9\times10^6$;

K_0——当温度为0℃、压力为101325Pa,电场强度为 $E=1\text{V/cm}$ 时,电场内离子所获得的速度,$K_0=\frac{v}{E}$;

v——电荷运动速度,$v=\frac{J}{\delta}$;

J——电流密度(即每秒钟通过单位电极面积的电荷数),距离电晕线为只的圆柱面上,$J=\frac{i}{2\pi R}$;

δ——两电极空间的电荷密度,$\delta=\frac{i}{2\pi RK_0E_R}$。

电晕极线附近电场强度为

$$E_R = \sqrt{\frac{2i}{K}f_0 + \frac{E_0^2 R_A^2}{R^2}} \quad \text{V/cm}$$

式中：K——当温度为 t、压力为 p 时的离子迁移率，$\text{cm}^2/(\text{V}\cdot\text{s})$

$$K = K_0\sqrt{\frac{273+t}{t}}\frac{1+\dfrac{S}{273}}{1+\dfrac{S}{273+t}}\frac{1}{p}$$

K_0——当温度为 0℃、压力为 101325Pa 时，电场强度为 $E = 1\text{V/cm}$ 电场内某单一气体的离子迁移率（部分气体的 K_0 值见表 12.2）；

S——常数，见表 12.2。

部分气体的 K_0 及 S 值　　表 12.2

气　体	负离子迁移率 K_0^- $(\text{cm}^2/(\text{V}\cdot\text{s}))$	正离子迁移率 K_0^+ $(\text{cm}^2/(\text{V}\cdot\text{s}))$	常数 S
空气	2.11	1.32	
空气	2.5	1.84	K^-:330
空气	1.58		K^+:509
H_2	8.15	5.92	800
O_2	1.84	1.32	505
N_2	1.84	1.28	525
Cl_2	0.74	0.744	
CO	1.14	1.1	570
CO_2	0.816		356
H_2O(100℃)	0.567	0.62	
HCl	0.62	0.527	
NH_3	0.658	0.565	960
C_2H_3OH	0.368	0.355	
SO_2	0.407	0.407	675

气体由不同化学成分组成时，混合气体的 K 值为

$$K = \frac{100K_1K_2}{C_1K_2 + C_2K_1} \quad \text{cm}^2/(\text{V}\cdot\text{s})$$

式中：K_1、K_2——不同气体的离子迁移率，$\text{cm}^2/(\text{V}\cdot\text{s})$；

C_1、C_2——不同气体的浓度，%。

超过临界电压以上，即使少许加大一点外加电压，所产生的离子数就会急剧增加，电晕电流显著增加，因此，对于不含尘粒气体最大电晕电流，近似为

$$i = \frac{2K}{f_0 R_B^2 \ln\dfrac{R_B}{R_A}}u(u - u_0) \quad \text{mA/m}$$

式中：u——操作电压，kV；

u_0——临界电压，kV。

电晕区周边($R>>R_A$)电场强度为

$$E_R = \sqrt{\frac{2i}{K}f_0} \quad \text{V/cm}$$

沉尘极电场强度与电晕区周边电场强度相同，即

$$E_p = \sqrt{\frac{2i}{K}f_0} \quad \text{V/cm}$$

电除尘器在正常工作情况下，除尘空间有粉尘进入，由于粉尘荷电，虽然增大了空间电荷密度，然而粉尘迁移率比离子迁移率小得多，因此，在电场空间形成强空间电荷效应，此时，电场分布趋于均等，沉尘极电场强度反而上升，这就容易引起火花放电。含尘气体进入电场的电场强度分布为

$$E = \sqrt{\frac{2i}{K}f_0\left(1+\frac{2}{3}DS_0R\right)+\left(\frac{E_0R_A}{R}\right)} \quad \text{V/cm}$$

式中：D——与介电常数有关的系数，$D=1+2\dfrac{\xi-1}{\xi+2}$，一般取 $D=2$ 左右；

ξ——尘粒介电常数；

S_0——单位体积含尘气体含尘粒总表面积，cm^2/cm^3。

由于 $R>>R_A$，所以沉尘极附近电场强度为

$$E_p = \sqrt{\frac{2i}{K}f_0\left(1+\frac{2}{3}DS_0R\right)} \quad \text{V/cm}$$

由于尘粒或烟雾进入除尘空间，使离子的迁移率减小。同时，由于尘粒形成显著空间电荷，因此，在同一工作电压下，电晕电流必然减小，即粉尘或烟雾有阻止电晕的作用。气体含尘浓度越高，粉尘越细，S_0 变得愈大，阻止电晕越显著。在制造硫酸和金属冶炼过程中产生的酸雾和高温气化的二氧化硫、硅酸盐等，在冷却凝结时，也会产生 0.1μm 以下的粉尘凝聚。所以在操作过程中出现这些现象是完全可能的。此外，在电除尘器进口处，气体含尘浓度最大，而沿电除尘器长度方向逐渐降低，故在进口端，电流值必然较低，而且容易产生火花放电。为此，在设计电除尘器时，沿气体流动方向分若干电场供电，使其分别在各自最适宜的电压、电流下运行，是完全必要的。上述情况也适用于所有板式电除尘器。

(2)板式沉尘极

当两极间没有电晕电流通过时，仍为静电场。若电晕线具有近似于图 12.6a)所示那样的椭圆断面，两板式沉尘极的距离为 $2b$，把空间位置(x,y)用 $x=\dfrac{\pi}{2}\cdot\dfrac{x}{2b}$，$y=\dfrac{\pi}{2}\cdot\dfrac{y}{2b}$来表示，则在荷电电压 u_n 时，空间电位为

$$u = \frac{u_n}{\ln A}\left(\frac{\tan^2 x+\tanh^2 y}{1+\tan^2 x\cdot\tanh^2 y}\right) \quad \text{V}$$

当放电线直径与两板式沉尘极的距离之比为 $2R_A/2b=0.0013$ 时的电位分布如图 12.6b)所示。

升高电压至临界电压时，其临界电场强度与管式电极对于负电晕的临界电场强度一样，此时，临界电压为

$$u_0 = R_AE_0\ln\left(\frac{d}{R_A}\right) \quad \text{kV}$$

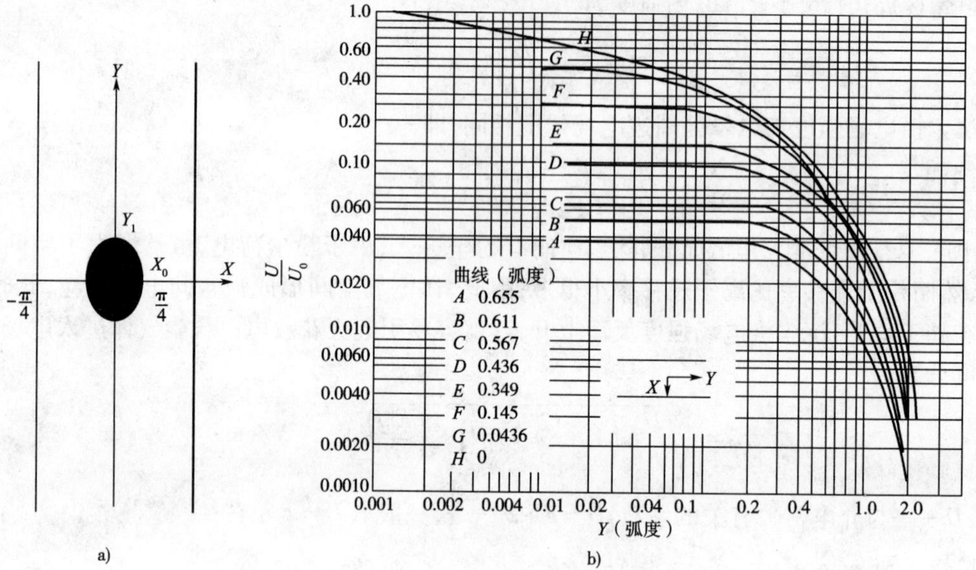

图 12.6　平板型电除尘器的电位分布

a)平板型电除尘器;b)电位分布(当 $2R_A/2b-0.0013i=0$)

式中的 d 是与图 12.7 中 b/c 有关的值。

当$\frac{b}{c}$<<0.6 时,取 $d=\frac{4b}{\pi}d=\frac{4b}{\pi}$;$\frac{b}{c}\geqslant 2$,$d=\frac{c}{\pi e^{xb/2c}}$;$0.6\leqslant\frac{b}{c}\leqslant 2$,$d$ 按图 12.8 确定。

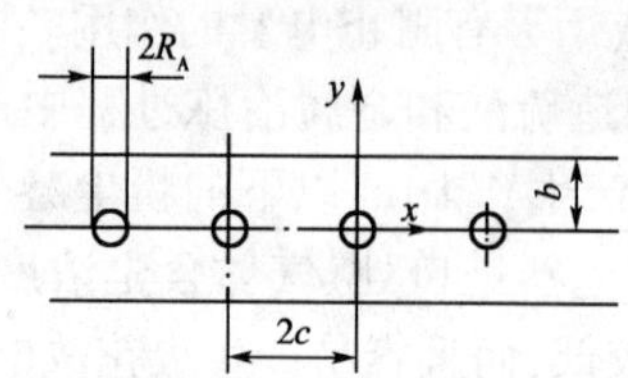

图 12.7　电晕极和沉尘极的布置

图 12.8　d 值的确定

继续升高电压,两极空间有越来越大的电流通过,电场强度分布极其复杂,很难用解析法示出电场分布的表达式,只能用逐次近似法,求出电位函数。

电晕极最大电场强度为

$$E_R = \frac{u}{b} \quad \text{kV/cm}$$

式中:u——实际操作电压,kV;

b——电晕极与沉尘极之间的距离,cm。

沉尘极最小电场强度为

$$E_P = \sqrt{\frac{2if_0}{K}} \quad \text{kV/cm}$$

最大电晕电流值为

$$i = \frac{K}{f_0 b^2 \ln\left(\frac{d}{R_A}\right)} u - (u - u_0) \quad \text{mA/m}$$

当含尘气体进入电除尘器时,电晕极电场强度为

$$E_R = \sqrt{\frac{2i}{K}f_0\left(1 + \frac{2}{3}DS_0R_A\right) + \left(\frac{R_AE_0}{b}\right)^2} \quad \text{V/cm}$$

沉尘极电场强度近似为

$$E_P = \sqrt{\frac{2i}{K}f_0\left(1 + \frac{2}{3}DS_0b\right)} \quad \text{V/cm}$$

在工程设计中通常用下式计算沉尘极电场强度

$$E_P = \sqrt{\frac{4ib}{Kc}f_0} \quad \text{V/cm}$$

式中:c——电晕极线间距的一半,cm;

b——异极距,cm。

当电晕线受热后,电晕电流将显著提高,产生电晕的临界电压将大幅度降低。

在极不均匀的电场内,击穿电压几乎与电极形状无关,而仅与极间距有关。击穿电压为

$$u' = \delta u'_0 \quad \text{kV}$$

式中:δ——含尘气体密度因子;

u'_0——在20℃、1.01325×10^5Pa时,同一电极结构的击穿电压值,kV。

在空气介质中,正方形截面电晕极线对平板沉尘极的平均击穿电场强度为3.2kV/cm(最大4.5kV/cm)。按此计算,一般结构的电除尘器其最高击穿电压为45~67.5kV。对异极距150mm、电晕线间距250mm、介质空气压力1.01325×10^5Pa、温度20℃、棒帏式电极,实测击穿电压大于60kV。

电除尘器通入含尘气体的击穿电压计算式,仅做参考,必须通过实测确定。为保证适应含尘气体各种条件,高压电源须具有足够宽的调节幅度,即所选择的整流变压器二次测额定电压应留有适当富余或余地(适当大于确定击穿电压值)。

3)尘粒粒荷电及其运动

含尘气体中尘粒,在电除尘器(电场)内荷电,通常分为碰撞荷电和扩散荷电(表12.3)。

碰撞荷电和扩散荷电的比较　　表12.3

尘粒半径(μm)	荷电方式							
	碰撞荷电时的带电量 $n(e)$				扩散荷电时的带电量 $n'(e)$			
	荷电时间(s)							
	0.01	0.1	1.0	∞	0.001	0.01	0.1	1
0.1	0.7	2	2.4	2.5	3	7	11	15
1.0	72	200	244	250	70	110	150	190
10.0	7200	20000	24400	25000	1100	1500	1900	2300

假定尘粒为球形,所粘附的离子密度和电场强度均匀相等,而且尘粒之间无电干扰,当尘粒受沿电力线方向运动的带电离子所碰撞时,带电离子将失去的电荷给予尘粒,称为碰撞荷电或轰击荷电。尘粒粒径大于0.5μm粉尘,基本上属于碰撞荷电。尘粒一经荷电,表面电荷量逐渐增加,尘粒表面电荷与继续前来离子相斥,使前来离子速度降低,尘粒表面荷电量越多,斥力越大。当斥力与离子电场力平衡时,尘粒不再得到电荷,即尘粒荷电停止。其最大电荷量为

$$q = ne = \frac{1}{f_0} E_C r^2 D \quad \text{C}$$

式中:n——电荷数目,个;

e——一个电子的电荷,$e = 1.6 \times 10^{-19}$,C;

f_0——换算常数,$f_0 = 9 \times 10^6$;

E_c——荷电电场强度,V/cm;

r——尘粒半径,cm;

D——与粉尘介电常数有关的常数

$$D = 1 + 2\frac{\varepsilon - 1}{\varepsilon + 2}$$

ε——粉尘介电常数,气体 $\varepsilon = 1$,石英和硫黄 $\varepsilon = 4$,石膏 $\varepsilon = 5$,金属氧化物 $\varepsilon = 12 \sim 18$,金属 $\varepsilon \to \infty$。

可以看出,尘粒碰撞荷电的最大电荷量与电场强度和尘粒表面积成正比,与离子密度和迁移率无关。

尘粒在时间为 t 内的荷电量为

$$q_t = n_t e = \frac{1}{f_0} E_C r^2 D \frac{t}{t + t_0} \quad \text{C}$$

式中:n_t——尘粒在时间 t 内获得电荷数目;

t_0——尘粒荷电时间常数,取决于气体离子浓度及离子迁移率,$t_0 = \dfrac{1}{\pi NeKf_0}$

N——单位气体离子数目,当温度在 150 ~ 400℃时,$N = 10^8/\text{cm}^3$;

K——离子迁移率,$K = \dfrac{\omega}{E}$,$\text{cm}^2/(\text{V} \cdot \text{s})$,部分气体离子迁移率见表 12.4;

ω——离子驱进速度,cm/s;

E——电场强度,V/cm。

部分气体的离子迁移率 K 的数值 表 12.4

K 值	气体种类							
	在空气中		在氧气中		在二氧化碳中		在氮气中	
	$\frac{\text{cm/s}}{\text{V/cm}}$	$\frac{\text{m/s}}{\text{V/m}}$	$\frac{\text{cm/s}}{\text{V/cm}}$	$\frac{\text{m/s}}{\text{V/m}}$	$\frac{\text{cm/s}}{\text{V/cm}}$	$\frac{\text{m/s}}{\text{V/m}}$	$\frac{\text{cm/s}}{\text{V/cm}}$	$\frac{\text{m/s}}{\text{V/m}}$
正离子	1.4	1.4×10^{-4}	1.36	1.36×10^{-4}	0.76	0.76×10^{-4}	6.76	0.76×10^{-4}
负离子	2.1	2.1×10^{-4}	2.0	2.0×10^{-4}	0.86	0.86×10^{-4}	8.0	0.86×10^{-4}

有

$$\frac{q_t}{q} = \frac{t}{t + t_0}$$

不难看出,当 $t = t_0$ 时,尘粒获得电荷 q_t 为最大电荷量 q 的一半。而当 $t = 10t_0$ 时,q_t 为 q 的 91%。荷电时间与离子浓度和迁移率成反比,即单位体积气体离子浓度和迁移率愈大,尘粒荷电愈快。一般尘粒所需荷电时间为 $t = 10t_0$,比含尘气体在电除尘器内的停留时间小得

多,因此,在设计时不必考虑。由于工业粉尘尘粒形状并不是球形,其最终荷电量远大于式中所表达的荷电量。但是,由于形状不同所引起荷电量的差,比实际电除尘器中因尘粒粒径大小所引起荷电量的差小许多。即使尘粒粒径相近,在工业电除尘器设计中不考虑尘粒形状影响是可行的。

由于气体离子热运动及离子浓度差,向尘粒扩散而荷电,即所谓扩散荷电。尘粒粒径小于0.2μm的粉尘属于扩散荷电。根据气体分子论理论,由于热运动及浓度差扩散,离子向尘粒表面运动,在镜像力的作用下,离子被吸附在尘粒表面上,给予尘粒的电荷阻止扩散离子飞溅,其荷电速度逐渐减小,直到可以忽略的程度。在忽略外部电场条件下,时间为t时的扩散荷电量为

$$q' = \frac{rK_BT}{f_0e}\ln\left(1 + \frac{\pi rcN_0e^2f_0}{K_BT}\right) \qquad C$$

式中:K_B——Baltzmnn 常数,$K_B = 1.380 \times 10^{-23}$,J/℃;

T——绝对温度,K;

e——电子电荷,$e = 1.6 \times 10^{-19}$,C;

N_0——离子密度,$1/cm^3$;

c——离子热运动速度自乘平方值,$c = \sqrt{\frac{3K_BT}{m_0}}$,cm/s;

m_0——离子质量,kg。

在实际生产中,由于有电场存在,在扩散过程中增加了尘粒表面附近离子密度,使尘粒荷电量大于计算值约2倍。另外在离子自由行程增大时,由于外电场的加速作用,离子沿电场方向的运动能量增加,使其抗拒尘粒电荷斥力的能力相应增加,故尘粒荷电量亦增多。但是,在带尖角尘粒上,由于尖端局部电离,会失去电荷。综合各因素影响,扩散荷电量只能作近似计算,其式为

$$q' = 0.067r \qquad C$$

当 $D = 1.8$、$E_c = 2$kV/cm、$T = 300$K、$N_0 = 5 \times 10^7 cm^{-3}$时,粒径大的尘粒(约大于0.5μm)以碰撞或轰击荷电为主,粒径小的尘粒(小于0.2μm)离子扩散荷电多。一般工业生产粉尘,在电除尘器内多为凝聚状态,其粒径相当大。因此,可认为是碰撞或轰击荷电。至于同时存在碰撞和扩散(尘粒粒径0.4μm≤$2r$≤1.0μm)荷电的荷电量,根据 Cocht 的理论分析和实验,其关系式为

$$q'' = \left[\left(1 + \frac{\lambda}{r}\right)^2 + \frac{2}{1 + \left(\frac{\lambda}{r}\right)}\frac{\varepsilon - 1}{\varepsilon + 1}\right]E_er^2\frac{t}{t + \frac{1}{\pi NeKf_0}}$$

式中:λ——离子平均自由行程,μm。

可以看出,电场强度和尘粒粒径对荷电量影响很大。

在电场中,荷电尘粒主要是受电场力作用而驱向沉尘极。迄今,还没有直接测出荷电尘粒在电场中实际驱进速度的合适方法。但为说明这一过程,人为引入一个与电除尘器性能关系密切的荷电尘粒驱进速度,作为设计、计算、比较、验算和评价的依据。

带电尘粒在一般结构电除尘器的电场中,一方面受电场力 qE_p 作用,另一方面受与含尘气

体中尘粒向尘沉极移动(驱进)速度 ω 成正比的 Stokes 动力粘性阻力 $6\pi\mu r\omega$ 作用。设当粉尘尘粒的半径为 r、质量为 m、荷电量为 q、沉尘极电场强度为 E_p、尘粒以驱进速度 ω 移动时,其关系有

$$m = \frac{\mathrm{d}\omega}{\mathrm{d}t} = qE_P - 6\pi\mu r\omega$$

$$\int \frac{m\mathrm{d}\omega}{qE_P - 6\pi\mu r\omega} = \int \mathrm{d}t$$

$$\frac{-m}{6\pi\mu r}\ln(6\pi\mu r\omega - qE_P) = t + c$$

则

$$e^{-\left(\frac{6\pi\mu r}{m}\right)^{t+c}} = 6\pi\mu r\omega = qE_P$$

令 $t=0$ 时,$\omega=0$,则 $e^c = -qE_p$,有

$$\omega = \frac{qE_P}{6\pi\mu r}\left[1 - e^{-\left(\frac{6\pi\mu r}{m}\right)^{t+c}}\right] \quad \text{cm/s}$$

在所有电除尘器中,e 的指数中 $6\pi\mu r/m$ 项是一个很大的数值,因此 $e^{-\left(\frac{6\pi\mu r}{m}\right)^t}$ 完全可以忽略不计。

当荷电尘粒在电场力作用下向沉尘极运动时,电场力与空气阻力很快达到平衡,并向沉尘极作等速运动。此时,尘粒的驱进速度可写成

$$\omega = \frac{qE_P}{6\pi\mu r} \quad \text{cm/s}$$

当尘粒直径为 2~50μm 时,ω 与尘粒粒径成正比。尘粒荷电量采用静电单位,则有

$$\omega = \frac{DE_RE_Pr}{6\pi\mu} \quad \text{cm/s}$$

在一般电除尘器中,荷电(电晕)电场强度 E_R 和沉尘电场强度 E_p 是相近的,即

$$E_R \approx E_P = E$$

按高压工程理论和生产实践,含尘气体进入不均匀电场,可使电场产生畸变而趋于均匀。因此,$E_R \approx E_P = E$ 比较接近电除尘器实际工作情况。

当尘粒直径在 0.1~2μm 时,驱进速度修正式为

$$\omega = \frac{DE_RE_Pr}{6\pi\mu}\left(1 + A\frac{\lambda}{r}\right) \quad \text{cm/s}$$

式中:A——常数,对于标准状态空气 $A=0.86$;

λ——空气分子的平均自由行程;

μ——含尘气体粘度,Pa·s。

混合气体粘度近似计算式为

$$\frac{M_n}{\mu_t} = \sum\frac{m_iM_i}{\mu_i}$$

式中:M_n、M_i——混合气体和各组分分子量;

μ_i——相应气体粘度;

m_i——混合气体组分体积分数。

气体粘度随温度变化而变化

$$\mu_t = \mu_0 \frac{273 + C}{T + C}\left(\frac{T}{273}\right)^{3/2}$$

在标准状态下部分气体粘度 μ_0 和 C 值如表 12.5 所示。

20℃,101325Pa 部分气体粘度 μ_0 和 C 表 12.5

项 目	$\mu_0(10^{-5}Pa \cdot s)$	C	项 目	$\mu_0(10^{-5}Pa \cdot s)$	C
N_2	1.7	114	CO	1.66	100
空气	1.73	124	H_2O	0.9	396
CO_2	1.37	254	SO_2	1.17	673
O_2	2.03	131			

实践表明:尘粒驱进速度与电晕线单位长度电流值 I 成正比。

圆筒型电极处理含尘气体,其尘粒驱进速度为

$$\omega = \frac{rD}{6\pi\mu K}\frac{2I}{K}\left(1 + \frac{2}{3}DSR_B\right)$$

平板型电极在干净空气中尘粒的驱进速度

$$\omega = \frac{2rDIb}{6\pi\mu KC}$$

式中:$2C$——电晕线间距。

当用电晕功率表示驱进速度时,有

$$\omega = C_1\frac{P_c}{A}$$

从电晕电流与驱进速度关系(图 12.9)可知,要提高除尘效率就必须加大电晕电流。

另外,Anderson 试验表明:尘粒驱进速度还受到在同一高压电源下电晕线长度的影响。

在实际工作中选取尘粒驱进速度 ω 值,有以下三种方法:

(1)计算法

按 $\omega = \dfrac{DE_RE_Pr}{6\pi\mu}$ 计算。

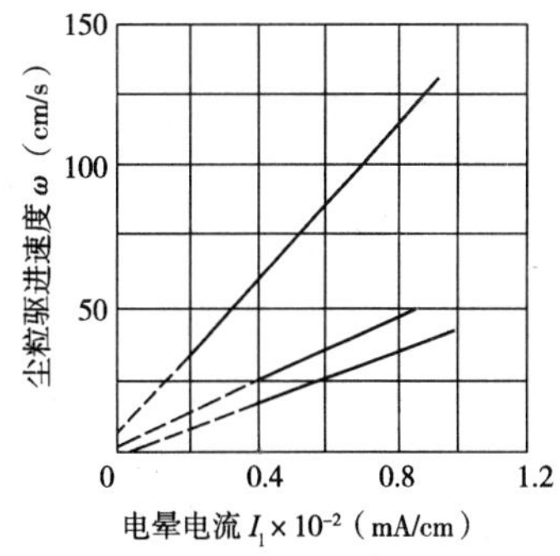

图 12.9 电晕电流与尘粒驱进速度的关系

首先以各粒级平均半径计算出相应粒级驱进速度,再按粉尘粒级组分计算总驱进速度 ω 值。粉尘粒级分得越多,即区间取得越小,得出 ω 值越接近实际值。

由于处理废气量、操作温度和系统压力等波动较大,且高压供电机组可靠性等对尘粒驱进速度均有较大影响,因此,当采用计算驱进速度进行电除尘器总体设计时,须考虑上述不可估因素影响而除以 1.5 ~2.0 系数。

至于 E_R、E_p 计算值,通常取 $E_R \approx E_P \approx E$。对用同类型电除尘器处理性质相类同的含尘气

体,可取实际电场强度,也可取经验数据 3~4kV/cm,均转换成静电单位作为计算电场强度。

(2)类比法

所谓类比法是指设计者在对正在生产使用的电除尘器进行广泛调查并收集有关资料和数据基础上,针对原始条件中影响除尘和使用性能的诸多因素,进行分析类比,筛选类同数据。经修正、补充和圆整作为设计参数。

驱进速度 ω 值取得偏小,电除尘器容量相应加大,设计偏于保守。反之,若驱进速度 ω 值偏大,虽然设备容量减小,但有达不到性能要求指标的危险。因此,恰当选取驱进速度 ω 值,是设计电除尘器十分重要环节。

(3)试验法

近年我国不少科研、设计单位和制造厂家已具备了在现场进行工况试验或在实验室开展模拟试验的手段,即移动式专用电除尘器试验车或固定式专用电除尘器试验台,其特点是规格小、灵活,可快速组成不同电极配置形式,改变操作条件及供电方式容易,并可进行综合条件试验。由试验测取的性能参数,除能直接推算出驱进速度 ω 值和直观判定除尘效果外,还可进行气流分布、电晕极绝缘和电极振打等结构试验。

在试验基础上辅之以计算与类比,是工程设计中合理确定尘粒驱进速度和选择最佳设计参数的理想途径。

当除尘效率 η 一定,有效提高尘粒驱进速度 ω 值,可减小设备规格或容量,节省钢材、能源和投资,相应减少占地面积,对电除尘器设计有十分重要意义。

带负电荷尘粒在到达沉尘极表面后,放出电荷,并附着在沉尘极上,形成粉尘层,振打沉尘极,靠尘粒层自重,落入尘斗。

电晕区内正离子被吸至电晕极表面的路途很短,因此,正离子只与极少数尘粒碰撞,使这一少部分尘粒荷正电。带正电荷尘粒到达电晕极表面后,被自由电子中和,而附着在电晕极线上(沉积在电晕极上的尘粒较少),振打电晕极,尘粒落入尘斗。

至此,电除尘器完成整个除尘过程,可用图12.10 来表示其除尘或工作原理。

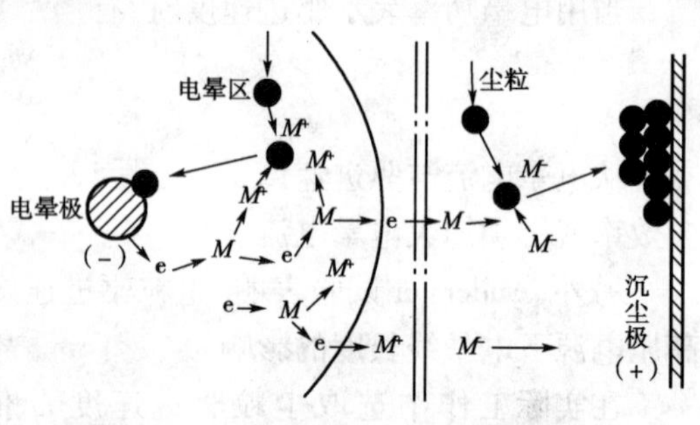

图 12.10　电除尘器的基本工作原理示意

几点说明与分析:

(1)Stokes 动力粘性阻力 $6\pi\mu r\omega$ 只适用于雷诺数 Re 小于 0.5 范围内的气体,而 Re 大于 0.5,则粘性阻力的表达式为

$$F = \frac{1}{2}\gamma\omega^2 r^2 c_d$$

式中:c_d——阻力系数,为 Re 的函数;

γ——气体体积质量,kg/m^3。

但是,一般工业含尘气体的雷诺数几乎都在小于 0.5 范围内,故在工程设计时不必考虑。

(2)在电场中,尘粒重力沉降速度比尘粒驱进速度小得多。体积质量为 $2.7kg/m^3$ 的尘粒在电场 $E=3kV/cm$ 中的驱进速度计算值与重力沉降速度的比较见表 12.6。因此,在设计工业电除尘器,计算 ω 时,不考虑重力沉降速度的影响是可行的。

带电尘粒驱进速度和重力沉降速度比较　　表 12.6

尘粒直径（μm）	项　目		
	重力沉降速度 v_f（cm/s）	驱进速度 ω（cm/s）	$\frac{\omega}{v_f}$
	数值		
0.1	0.00008	2.8	35000
0.2	0.00032	2.8	8700
1	0.008	2.34	370
2	0.0032	5.88	183
10	0.80	29.40	326
20	3.20	58.80	18.3
40	13.20	117.60	8.9

（3）直径小于 3μm 的细微尘粒，其驱进速度可用如下修正式计算

$$\omega' = K_m\omega$$

式中：K_m——修正系数，$K_m = 1 + K_{me}\left(\frac{\lambda}{2r}\right)$，球形尘粒 K_m 实测值见表 12.7；

K_{me}——经验值，一般取 $K_{me} = 1.3 \sim 2.3$。

K_{me}值也可由下列经验公式求得

$$K_{me} = 1.644 + 0.552e^{\left(-0.656\frac{2r}{\lambda}\right)}$$

球形尘粒 K_m 实测值　　表 12.7

尘粒半径（μm）	K_m	尘粒半径（μm）	K_m
0.07	2.40	0.40	1.22
0.10	1.94	0.60	1.15
0.15	1.62	0.80	1.11
0.20	1.45	1.00	1.09
0.30	1.28		

（4）尘粒在电场内除受电场力、Stokes 阻力、重力作用外，在电场 E 位置变化时，还受到梯度压力的作用，使尘粒被吸引到电场强的地方。

梯度压力有将带电尘粒向电晕极方向驱动的作用。在电场梯度显著的电晕线附近，这个力特别大。因此，若用低荷电压的电晕放电，电除尘器除尘作用不大。尘粒被吸引到电晕极上堆积起来，从而使电晕极线肥大，表现为由于极线直径增大，电晕电流减小，除尘作用受到显著阻碍，因此，在电除尘器中通入高荷电电压是必要条件。同时，必须对电晕极线进行振打清尘。尘粒附着或粘性越大，电晕线肥大现象越显著。

2. 分类

电除尘器种类繁多，通常有如下几种分类方法。

1）按气体流向

（1）立式电除尘器

气体在电除尘器内，从下往上垂直流动。它占地面积小，但高度较大，维护和检修不方便，气体分布不易均匀，对捕集粒径细的粉尘容易产生再飞扬。气体出口可设在顶部。通常规格较小，处理气量少，适宜在粉尘性质易被静电捕集的情况下使用。

(2)卧式电除尘器

气体在电除尘器内沿水平方向流动，可按生产需要适当增加或减少电场数目。其特点是可实现分电场供电，避免各电场间相互干扰，以利于提高除尘效率；便于分别回收不同成分、不同粒径的粉尘，达到分类富集的作用；容易做到气体沿电场断面均匀分布；由于粉尘下落方向与气体运动方向垂直，粉尘二次飞扬比立式电除尘器少；设备高度较低，安装、维护方便；适宜于负压操作，对风机使用寿命和劳动条件十分有利。但占地面积较大，基建投资费用较高。

2)按清尘方式

(1)干式电除尘器

收下来的粉尘呈干燥状态。操作温度一般要求高于处理气体露点 20～30℃，使用温度可达 350～450℃，甚至更高。通常采用机械、电磁、压缩空气等振打装置清尘。常用于收集经济价值较高的粉尘。

(2)湿式电除尘器

收下来的粉尘为泥浆状。操作温度较低，对于一般含尘气体都需进行降温处理，在温度降至 40～70℃再进入电除尘器。设备需采取防腐蚀措施。通常采用连续供水清洗沉尘极，定期供水清洗电晕极，这样，一方面可降低粉尘比电阻，使除尘容易进行。另一方面因无粉尘再飞扬，所以除尘效率很高。因此，湿式电除尘器适用于气体净化或收集无经济价值的粉尘。另外，还由于水对处理气体有冷却作用，使气量减少，设备规格则相应减小。若气体含一氧化碳等易爆气体，采用湿式电除尘器可减少或防止爆炸危险。

(3)电除雾器

气体中的酸雾、焦油液滴等以液体状除去。采用定期供水或蒸汽清洗沉尘极和电晕极，操作温度小于 50℃，电极等钢构件必须采取防腐措施。

3)按使用温度

(1)低温电除尘器

进入电除尘器的含尘气体温度低于 150℃。存在含尘气体易冷凝结露，造成设备腐蚀，粉尘粘结电极和绝缘件易爬电击穿等缺点。

(2)中温电除尘器

处于含尘气体温度 150～300℃，属常规电除尘器，在工业领域得到广泛应用。

(3)高温电除尘器

进入电除尘器的含尘气体温度 300～500℃，甚至更高，构件容易变形，壳体焊缝易开裂，部分或全部构件须采用耐热钢制作。

4)按沉尘极结构型式

(1)管式电除尘器

沉尘极为圆管、蜂窝管、多段喇叭管和扁管等。电晕极线装在管的中心位置，电晕极与沉尘极间距(异极间距)相等，电场强度变化较均匀，它具有较高电场强度，但清尘较困难。除硫磺、黄磷等特殊情况外，一般用于湿式电除尘器或电除雾器。由于含尘气体从管的下方进入管内，并往上运动，故仅适用于立式电除尘器。

(2)板式电除尘器

沉尘极由平板按设定规律排列组成。为减少被捕集到的粉尘再飞扬和增强极板刚度，一般做成网、棒帷、管帷、袋式、鱼鳞、槽形、波形、Z形和C形等形式。电场强度变化不够均匀。清尘效果好，制作、安装和维护检修比较方便。

5)按电极配置位置

(1)单区式电除尘器

气体含尘尘粒荷电和积尘在同一区域进行，电晕极系统和沉尘极系统都装在这个区域内。在工业生产中已被普遍采用。

(2)双区式电除尘器

气体含尘尘粒荷电和积尘在结构不同的两个区域进行，前一区域装电晕极系统以产生带电离子，后一区域装沉尘极系统以捕集粉尘。其供电电压较低，结构简单。但尘粒若在前区未能荷电，到后区就无法捕集而被逸出电除尘器。国外已有多种结构形式。

第三节　除尘性能的影响因素

影响电除尘器除尘性能因素很多，若结构形式固定，主要有含尘气体在电除尘器内分布、含尘气体性质、工艺和操作条件等。

1.气体分布

电除尘器进口处的气体流速，一般为10～15m/s，而在电除尘器内仅0.5～2m/s。若不采取必要的分风措施，气体在电场内会很不均匀，部分流速将大大超过设计指标，气体在电场内的停留时间大大缩短，捕集到的粉尘被高速气流带出电场形成二次扬尘。同时电晕线产生程度不同晃动，引起供电电压波动，从而除尘效率降低。严重时电除尘器不能正常操作。

衡量气体分布均匀性及其指标如下：

(1)速度系数M_k，是指横断面上所有点的速度与这些点相对应的动量之和，与断面上平均速度计算动量的比值，即

$$M_k=\frac{\int F_k\left(\frac{v}{v_k}\right)^2\mathrm{d}F}{F_k}$$

式中：v——任意点的气体速度，m/s；

v_k——全截面计算平均速度，m/s；

F_k——全截面积，m^2。

实测F_k与管道截面积F_0的比值与M_k的关系见表12.8。当狭窄流股碰到多孔板中心部位时，即按辐射方式沿多孔板漫流开来，从中心流向周边。多孔板的阻力系数ξ愈大，即有效截面系数(开孔率)$f=\frac{F'_2}{F'_1}$愈小，则气体漫流倾向愈明显。当ξ相当大时，气体可完全流向器壁。经实验，当$\frac{F_k}{F_0}=16$时，在单块多孔板后面的那些截面上，不可能达到均匀分布速度，只有在截面积比$\left(\frac{F_k}{F_0}\leqslant 6\right)$的情况下，气体在多孔板后面的截面才接近或趋于均匀分布。从表12.8

看出,M_k 和$\frac{F_k}{F_0}$与 1 相差愈大,速度分布愈不均匀。反之,则气体分布愈均匀。

$\frac{F_k}{F_0}$和 M_k 的关系　　表 12.8

$\frac{F_k}{F_0}$	2.7	6.15	9.6	15.7
M_k	1.25	1.56	1.7	2.7

(2)容积利用系数,计算公式为

$$m=\frac{(\sum_1^n v)^2}{n\sum_1^n v^2}$$

评判标准为 $0.833 \sim 0.91 \leqslant m \leqslant 1$。

(3)日本海重株式会社衡量系数,其公式为

$$K=\frac{\sum_1^n (v-v_k)}{nv_k}$$

评判标准为 $K<0.3$。

(4)均方根差,均方根差值为

$$\sigma^2=\frac{1}{nm}\sum_1^n\sum_1^m\left[\frac{v_{ij}-\bar{v}}{\bar{v}}\right]^2$$

式中:n——断面中测定点的行;

m——断面中测定点的列;

v_{ij}——各测点气速;

$\bar{v}$——平均气速。

气体分布完全均匀时,$\sigma=0$,在实际生产中,σ 处于 10% ~50% 之间。对于工业电除尘器,$\sigma<10\%$ 为气体速度分布很好,15% 较好,25% 尚可,大于 25% 绝对不允许的。

(5)Elex 公司评判气体分布均匀性的标准为:大于和小于气体平均速度 30% 的测点不得超过所有测点数的 5%。例如气体平均流速为 1m/s,只能允许测定气体流速值大于 1.3m/s 和小于 0.7m/s 的测点数小于所有测点数的 5%。

(6)美国工业气体净化协会提出,在除尘器进口法兰前 1.524m 或 1.524m 以下断面气体速度至少应有 85% 测点的速度值处于平均速度值 25% 以内,而且所有各点速度值均须处于平均速度 ±40% 以内,并以此作为评判标准。

由若干块阻力系数小于单块多孔板的多孔板串联成气体分布装置,气流将由一块多孔板逐渐流向另一块多孔板,它具有很好的均气效果。实践表明,这种气流分布装置总阻力并不比单块多孔板在相同气流情况下所具有的阻力大。

设计新电除尘器有必要先制作试验模型,研究内部气体分布,测定弯管部分设置导向叶片的分风效果等。通过调试,即可确定气体在电除尘器内较为理想的分布状态。

粉尘经过电场大部分被捕集以后,极小部分残余粉尘仍然带有电荷,在通过出口气体分布板时,虽然此处的气流速度提高了 1 ~2 倍,但出口分布板内外两侧均能集尘。出口气体分布板好像一块横向沉尘极板,能捕集在电场中未能被捕集的细微尘粒,它具有良好的除尘性能。为此,设置出口分布板是必要的,而且还应采取振打措施。但也有实验表明,在出口管处安装

气流分布板对电场内部气流分布情况影响不大，可不必设置分布板，因此，是否设置可视生产情况而定。

2. 含尘气体性质

1）气体含尘量

电晕电流 i 是由气体电离离子运动形成的电流 i_1 和荷电尘粒运动的电流 i_2 所组成，即

$$i = i_1 + i_2$$

因此，电场空间电荷 q 也是由气体电离所形成的空间电荷 q_1 和荷电尘粒所形成的空间电荷 q_2 所组成，即

$$q = q_1 + q_2$$

由于尘粒体积、质量和荷电量均比离子大得多，所以离子移动速度比荷电尘粒移动速度大数百倍，因此，荷电尘粒所形成的电流只占电晕电流约1%～2%。但随着气体含尘量增加，虽然荷电尘粒所形成的电晕电流不大，可是所具有的空间电荷却很多，严重抑制电晕电流产生，使尘粒不能获得足够电荷，导致电除尘器除尘效率显著降低，尤其是尘粒直径在1μm左右的数量越多，这种现象越严重。当含尘量大到某一数值时，电晕现象消失，尘粒在电场中根本得不到电荷，电晕电流几乎减小到零，失去除尘作用，即电晕闭塞。气体含尘量与电场强度、电荷等的关系为

$$S = \frac{4\pi r \gamma_c q^2}{3DE}$$

式中：S——气体含尘量，g/m^3；

γ_c——粉尘重度，g/cm^2；

E——电场强度，C/cm。

一般来说，电晕闭塞多发生在第一电场。在生产实践中，为防止产生电晕闭塞，应限制进入电除尘器气体的含尘浓度。可根据废气工艺操作条件、粉尘性质，通过试验确定。对于常规电除尘器，进口含尘量小于50g/m^3（标况）。对捕集水泥粉尘，进口含尘浓度小于60g/m^3（标况）。

2）气体成分

气体离子在电场内移动（迁移）速度，随气体成分不同而不同，因此，所产生电晕电流也不同。在设计中，往往会遇到处理气体含尘量少，离子移动（迁移）速度大，带来电晕电流太大，而操作电压太低，因此，必须采取加大供电机组容量，改变电晕极形状、合理调整电极配置和改变气体流动方式等措施以抑制电晕电流，提高工作电压。若处理得当，仍可取得较高除尘效率。

3）粉尘粒级组成分布

由于带电尘粒驱进速度 ω 与尘粒半径 r 成正比例关系变化，因此，尘粒半径大于1μm，在不考虑被捕集粉尘再飞扬的情况下，半径越大，除尘效率越高。因为细小半径尘粒表面积大，空间电荷效应大，除尘效率低。所以在设计电除尘器前，必须查清操作状态粉尘粒级分布，否则电除尘器性能指标将受影响。

值得注意的是，粉尘粒级分布不仅随产生含尘气体设备类型不同而异，就是同一类型设备，也因原料、燃料、混合比、操作和燃烧条件等不同而有很大差别。即使采用同类型设备产生

同类型气体的粉尘，对粒级分布，也需认真分析比较。

4)粉尘比电阻

比电阻值是粉尘导电性能的标志，对电除尘器除尘性能影响极大。

粉尘是依靠尘粒之间、尘粒与沉尘极之间的表面附着(Van Der Walls)力和电气附着力，而堆积在沉尘极上。尘粒直径大，表面附着力小，容易产生再飞散。电气附着力由尘粒之间及尘粒与沉尘极间接触带电而产生的库仑力所决定。

在设计中，一般将粉尘的比电阻值分为：

(1)低电阻或强导电粉尘(粉尘比电阻 $\rho < 10^4 \Omega \cdot cm$)。特点：因粉尘导电性好，当荷电尘粒到达电极后，立即失去电荷。由于在失去电荷的同时，还失去尘粒中的半自由电子(同时围绕两个以上原子核转动的电子)，而获得与沉尘极相同极性(带正电的尘粒)的电荷，此时式中库仑力消失，尘粒斥离沉尘极重返气流，形成粉尘再飞散。因此，采用普通电除尘器，难于收到好的除尘效果。

(2)高电阻粉尘($\rho < 10^{10} \Omega \cdot cm$)。特点：当它和电极接触后，很难放出电荷。由于式中库仑力或电气附着力大，使尘粒在沉尘极上堆积成粉尘层。此时，电晕电流通过这一高电阻粉尘层，在某些区域电流密度与电阻值乘积，将大大超过足以造成粉尘层击穿的电场强度。由于这种击穿形成的局部高电滩密度，使电晕电流汇聚到击穿点上，造成大量离子活动。电阻和电位梯度随粉尘层厚度增加而增大，击穿点的离子活动也随之剧烈，以致产生与电晕极产生离子极性不同的离子喷射到有效除尘空间，即产生反电晕(逆电离)。因而在有效除尘空间同时存在正、负离子，正离子中和带负电荷尘粒，在粉尘层表面可看到火花频发，使粉尘荷电大为恶化。同时粉尘在电晕极上的附着力特别强，很不容易振落，形成电晕极线肥大，除尘效率大幅度降低。普遍认为 $5 \times 10^{10} \Omega \cdot cm$ 是出现反电晕现象的临界比电阻值。如果条件允许，用湿式电除尘器可消除反电晕和粉尘再飞扬，能得到满意的除尘效率。国外使用双区式电除尘器处理高电阻粉尘，据称已取得良好效果。

(3)适宜采用普通电除尘器捕集最理想粉尘($10^4 \Omega \cdot cm < \rho < 10^{10} \Omega \cdot cm$)。特点：当荷电尘粒到达电极时，电荷中和进行得当，附着力既适当又不会引起反电晕。在其他条件相同的情况下，具有较高除尘效率，而且比电阻值在此区域内变化几乎不受影响。同一电除尘器其他条件相同，比电阻值与除尘效率的关系见图 12.11。

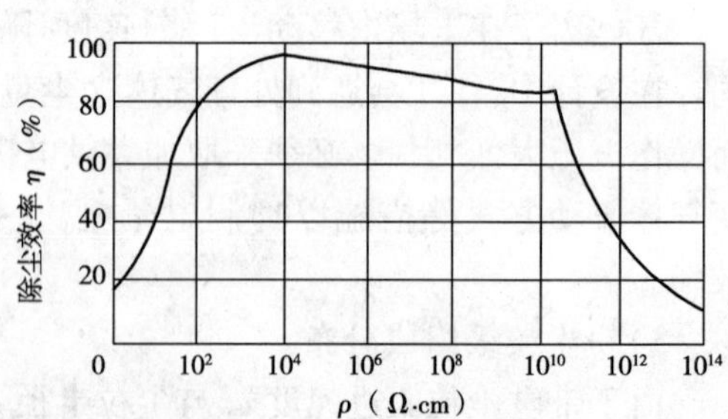

图 12.11　同一电除尘器其他条件相同粉尘比电阻与除尘效率的关系

粉尘层比电阻随温度升高(由于尘粒吸附空气或含尘气体中水分的能力减弱，在低温时已吸附的水分因吸收热量而与尘粒分离，使粉尘表面导电减弱)而显著增加。在 150 ~ 200℃左右，尘粒表面导电消失。又由于体内电子受热激发所产生的体积导电很微弱，此时粉尘比电阻达到最大值。其值大小随粉尘性质而异。进一步升高温度，由于分子热运动增强，体积导电迅速增强，比电阻值则迅速下降。同一种粉尘湿度越大比电阻最大值越小，而且最大值随湿度减少向低温方向移动(图 12.12)。在湿度不变的情况下，不同气体温度和比电阻的关系见图 12.13。在气体成分不变的情况下，不同湿度下温度和比电阻的关系见图 12.14 和图 12.15。

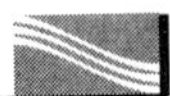

处理气体含适当三氧化硫和水，不仅能增强尘粒的表面导电，使粉尘的比电阻下降。而且三氧化硫还能提高含尘气体露点温度，如当含量为1/100000(按体积计)时，其露点为130℃左右。三氧化硫和水的含量对粉尘比电阻的影响见图12.16。

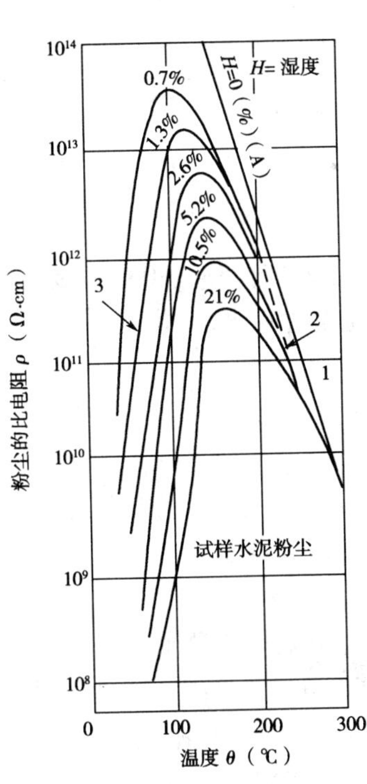

图12.12 高电阻粉尘的比电阻与温度和湿度的关系

1-$H=0$ 的高温区；2-高温区；3-低温区

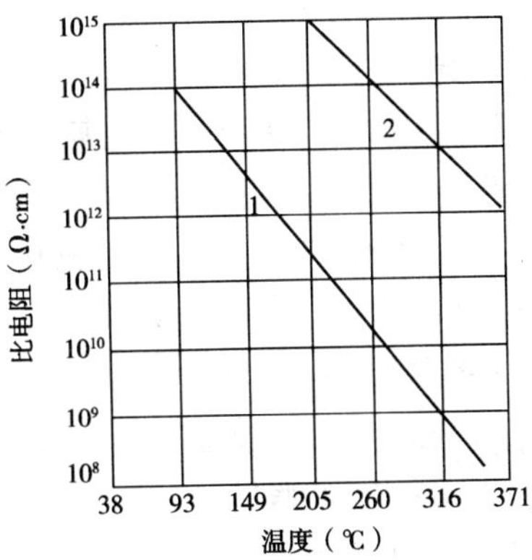

图12.13 温度和比电阻的关系

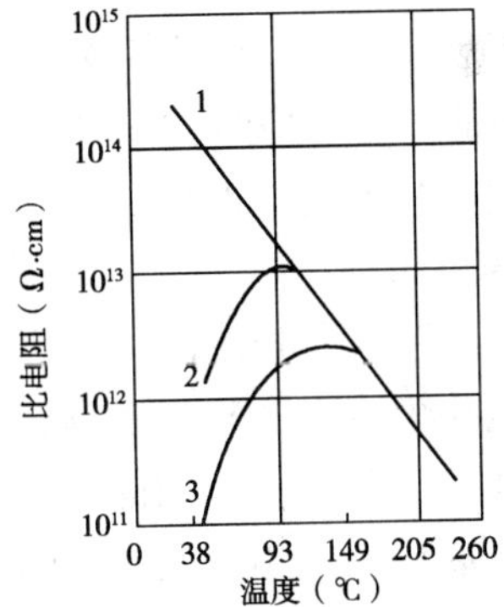

图12.14 温度和比电阻的关系

1-干空气；2-1% H_2O；3-3% H_2O

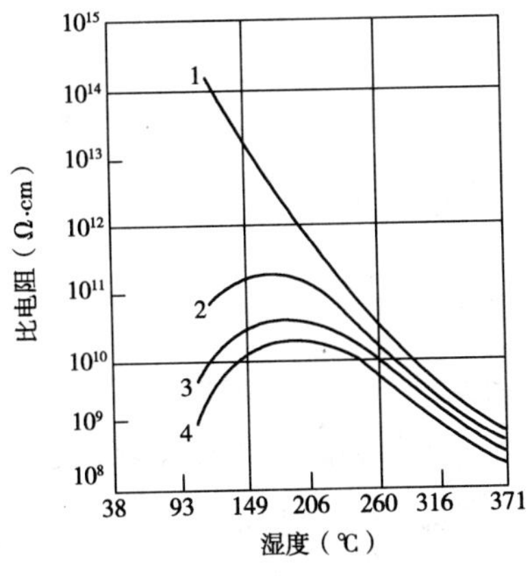

图12.15 高温下温度和比电阻的关系

1-干空气；2-6.6% H_2O；3-13.5% H_2O；4-20% H_2O

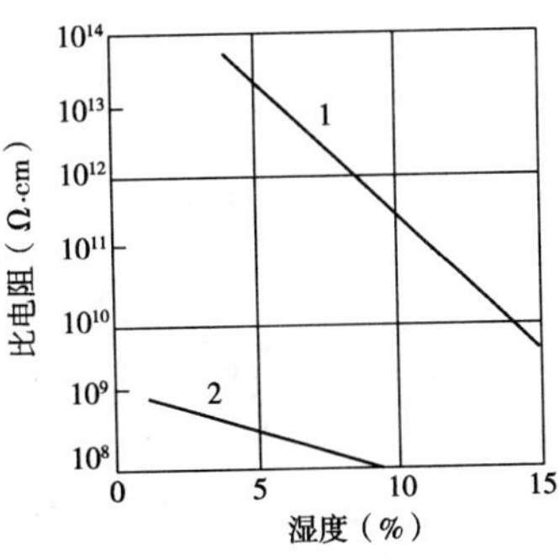

图12.16 SO_3 和 H_2O 与比电阻的关系

1-H_2O；2-H_2O 和 H_2SO_4

三氧化硫含量不能过多，否则会加剧设备腐蚀。因此，在原料或燃料中含硫超过一定限量，就有必要采取脱硫措施。港口散货封闭作业现场粉尘中缺少三氧化硫，粉尘比电阻非常高，可在电除尘器进口处注入(10～30)$\mu l/L$ 的三氧化硫，不但防止产生反电晕(逆电离)极其有效果，而且三氧化硫能全部被粉尘吸收，并不腐蚀设备。绝大多数工业含尘气体都含二氧化硫，当温度超过 600℃ 时，由于金属氧化物的触媒作用，有一部分二氧化硫转化为三氧化硫。冶金部门曾对铜冶金炉废气二氧化硫转化为二氧化硫的转化系数 K_{SO_2} 作过测定，其 K_{SO_3} 值与 SO_2% 的关系见图 12.17。

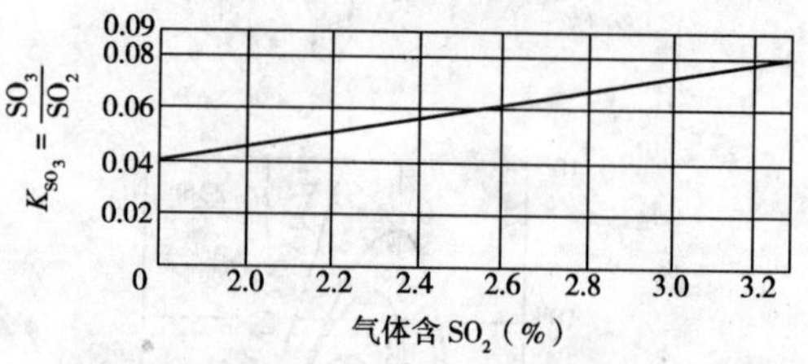

图 12.17　转化系数 K_{SO_3} 与二氧化硫含量的关系

对于港口封闭作业现场要求各种含尘气体相应露点温度大于 50～70℃，如果进入电除尘器气体露点温度不能满足这一要求，则需在进电除尘器前设置喷水装置适当喷水，这样，一方面增加湿度以提高露点温度，另一方面降低含尘气体温度，从而增强尘粒表面导电性能使粉尘比电阻降低。一般可降低 1～2 个数量级，但喷水量不宜过多，否则容易出现冷凝水，形成泥浆，造成堵塞，从而破坏电除尘器正常工作。

在工程设计中，如果已知三氧化硫和水的浓度，可以按图 12.18 查气体露点。

有些粉尘的比电阻很高，但当渗入少量细微颗粒的导电物如炭黑等后，导电能力迅速提高，比电阻值下降。

当粉尘粒度较大时，由于单位容积中粒子接触面少，比电阻相应增加。

利用电除尘器回收硅酸铝催化剂，在气体中加入 600 分之一的氨，比电阻可从 5×10^{10} $\Omega\cdot$cm降到 $\times10^{11}\,\Omega\cdot$cm。加入含氮含硫有机和无机材料的水化物，比二氧化硫及氨的作用更好。用三乙胺、碳酸钠等来调理粉尘比电阻，也取得了良好的效果。

Dalman 指出，在选用化学添加剂时，要考虑气体的性质。硫酸氢铵、硫酸铵和氨仅对含有二氧化硫气体有效。而氨仅对气体中含有氯化氢才有效。

$$\eta_R=\frac{b}{a}$$

$$=1+\frac{d_p}{2a}-\frac{1}{1+d_p/2a}$$

$$=1+R-\frac{1}{1+R}$$

$$t_P=186+20\lg H_2O+26\lg SO_3$$

式中：H_2O 及 SO_3 为各自的体积(%)。

例：在气体中水蒸气分压为 38mmHg，SO_3 含量为 1.1g/m³，确定该气体露点，气体压力近 760mmHg。

即　$p=760,p_{H_2O}=38,H_2O=\frac{38\times100}{760}\%=5\%$

故　在图 12.18 中连 $SO_3$1.1g/m³ 及 p_{H_2O}5% 交于 161℃

所以该气体的露点为 161℃。

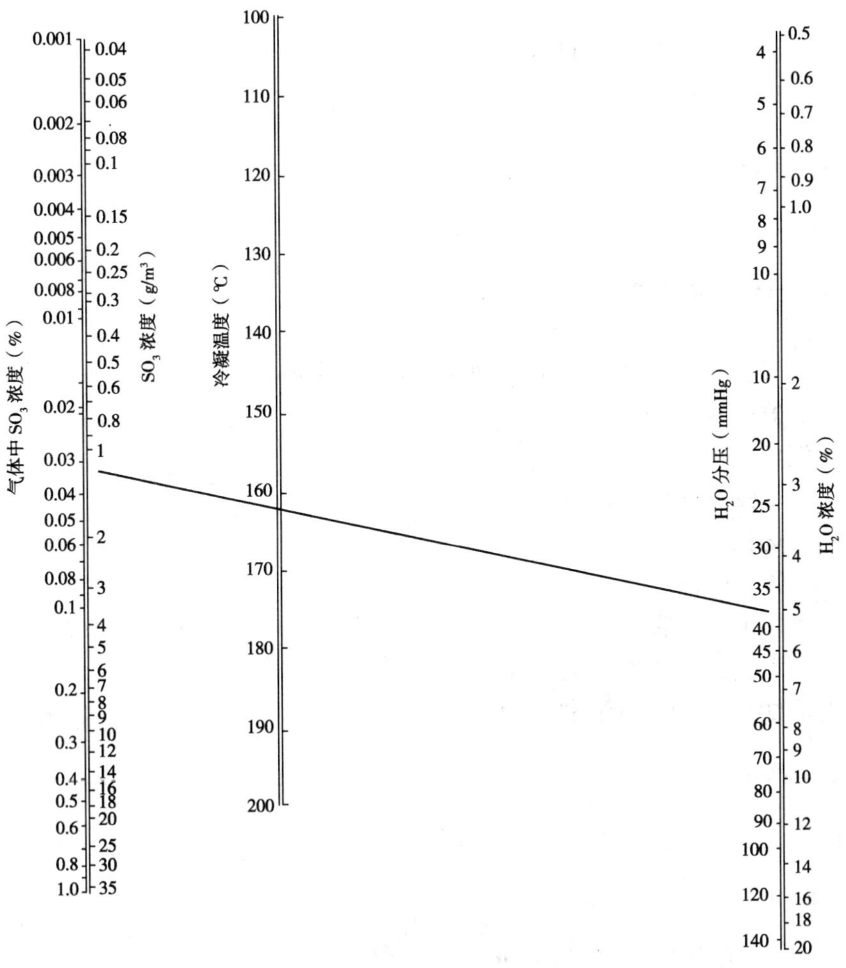

图 12.18　气体露点与 SO_3 和 H_2O 含量的关系

第四节　电除尘器的结构设计

合理设计电除尘器结构，是保证电除尘器具有良好技术经济指标的关键。虽然国内外都下了很大功夫对结构进行研究，但有关总体及部、零件设计计算十分庞杂，影响因素很多，因此，在很大程度上是靠实践经验确定。

普通型板式电除尘器总体，取决于沉尘极表面积、电场长度、极间距和电晕电流容量等。

1. 沉尘极比表面积

$$\eta = 1 - e^{-wf}$$

式中：f——沉尘极比表面积，s/m。

$$f = \frac{A}{Q}$$

代入得

$$f = \frac{1}{w}\ln\frac{1}{1-\eta}$$

根据设定 η、w 和 Q,即可算出所需沉尘极面积。

2. 气体通道数

电除尘器气体通道数为

$$n = \frac{F}{b_1 h} = \frac{A}{2lh} = \frac{Q}{b_1 hv}$$

式中:F——有效截面积,m^2;

b_1——沉尘极间距(同极距),m;

h——沉尘极板有效高度,m;

l——电场长度,m;

v——气体速度,m/s;

Q——处理工况气量,m^3/s;

A——所需要的沉尘极板面积,m^2。

沉尘极排数为 $n+1$,电晕极排数为 n。

3. 有效截面积

有效截面积是电除尘器大小的标志。即

$$F = \frac{Q}{3600v} \quad m^2$$

式中:v——气体在有效截面上的速度,m/s;

Q——工况含尘气体量,m^3/h。

$$Q = Q_N \frac{273+t}{273}\frac{760}{p_0+\dfrac{p}{13.6}}\left(1+\frac{c_0}{2}\right)$$

式中:Q_N——标准状况下的含尘气体量,m^3/h(标况);

t——进、出电除尘器气体平均温度,℃,$t=\frac{t_j+t_h}{2}$;

t_j——进电除尘器气体温度,℃;

t_h——出电除尘器气体温度,℃;

p_0——当地大气压,Pa;

p——进、出电除尘器气体平均压力,$p=\frac{p_j+p_h}{2}$;

p_j——进电除尘器气体压力,Pa;

p_h——出电除尘器气体压力,Pa;

C_0——漏风率,%。

4. 电场长度

$$l = vt \quad \text{m}$$

式中：t——气体在有效电场内停留时间，s；

v——气体在电除尘器内流速，m/s。

5. 每个电场电晕线有效长度

$$l = \frac{\ln h}{0.2N} \quad \text{m}$$

式中：N——电场数。

6. 每个电场电晕电流容量

对于电晕极线有

$$I_1 = i_1 \quad \text{mA}$$

对于沉尘极板有

$$I_2 = i_2 \frac{A}{N}$$

式中：I_1——电晕线比电流（线电流密度），mA/m；

I_2——沉尘极板比电流（板电流密度），mA/m²。

对于同一台电除尘器所选取的供电设备一致。

第十三章　过滤式除尘

第一节　工 作 原 理

过滤可定义为借助于多孔介质将气溶胶粒子从气流中分离的过程。用纤维层(滤布、滤纸、金属绒、袋式除尘器等)、颗粒层(矿渣、石英砂、活性炭粒等)或液滴对气体进行净化都属于同样的过滤机理。过滤方法对微细粒子有较高的捕集效率,所以,其应用非常广泛,它是目前烟尘净化的主要方法之一。

气体中的粒子往往比过滤层中的空隙要小得多,因此通过筛滤效应收集粒子的作用是有限的。尘粒之所以能从气流中分离出来,主要是拦截、惯性碰撞和扩散效应。其次还有静电力、重力和热泳力作用等。如图 13.1 所示,分析过滤机理时,需知道绕捕集体流动的介质的流场。通常按两种情况考虑:粘性流和势流。在我们经常遇到的过滤过程,粘性流假设往往更接近实际。

1. 拦截效应

拦截机理认为:粒子有大小而无质量,因此,不同大小的粒子都跟着气流的流线而流动,如图 13.2 所示,如果在某一流线上的粒子中心点正好使 $d_p/2$ 能接触到捕集体(又称靶),则该粒子被拦截。这根流线就是该粒子的运动轨迹,在此流线以下范围为 b,大小同为 d_p 的所有粒子均被拦截。于是,这根流线是离捕集体最远处能被拦截粒子的运动轨迹,即极限轨迹。

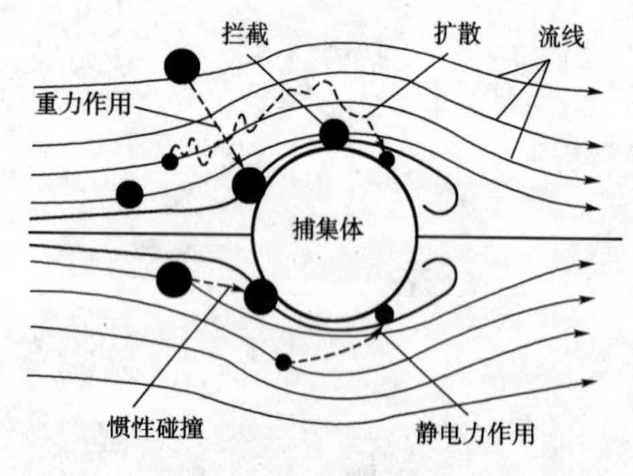

图 13.1　经典过滤机理

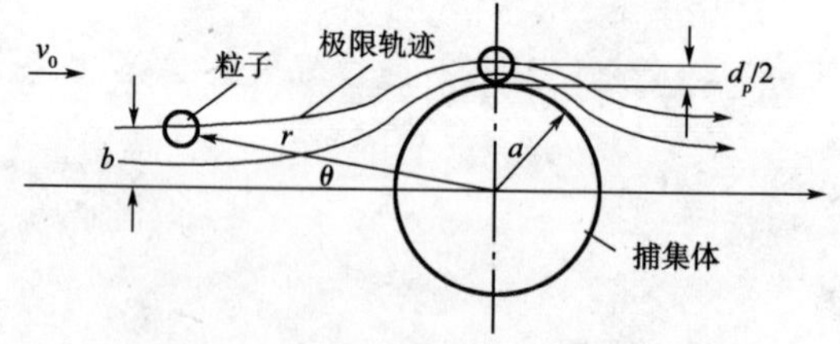

图 13.2　拦截效应

设纤维为直径 $D_c = 2a$ 的圆柱体,对于绕静止圆柱体的势流,其流函数由下式给出

$$\varphi = v_0\left[1 - \left(\frac{a}{r}\right)^2\right]r\sin\theta$$

当 $\theta = \dfrac{\pi}{2}$ 时，$r = a + \dfrac{d_p}{2}$，代入流线方程，有

$$v_0\left[1-\left(\frac{a}{r}\right)^2\right] r\sin\theta = v_0\left[1-\left(\frac{a}{a+d_p/2}\right)^2\right](a+d_p/2)$$

当 $r\to\infty$ 时，有 $r\sin\theta = b$，代入上式后，两端同除以纤维半径 a，立即得到拦截效率

$$\eta_R = \frac{b}{a} = 1 + \frac{d_p}{2a} - \frac{1}{1+d_p/2a} = 1 + R - \frac{1}{1+R}$$

式中：R——拦截参数，$R = \dfrac{d_p}{D_c}$。

于是有

$$\begin{cases} 1 + R - \dfrac{1}{1+R} \geqslant 0 \\ 1 + R - \dfrac{1}{1+R} \leqslant 1 \end{cases}$$

解不等式，有

$$0 \leqslant R \leqslant \frac{\sqrt{5}-1}{2} \quad 或 \quad 0 \leqslant d_p \leqslant \frac{\sqrt{5}-1}{2}D_c$$

在实际问题的分析中，$d_p \leqslant D_c$，所以基本上总能满足所需条件，故在下面的效率分析中，不再讨论粒子大小的适用范围。

对于绕静止圆柱体的粘性流，用上述同样的推导方法得出拦截效率

$$\eta_R = \frac{1}{La}\left[(1+R)\ln(1+R) - \frac{(2+R)R}{2(1+R)}\right]$$

式中，$La = 2.002 - \ln Re_D$，Re_D 为绕直径为 D_c 圆柱体流动的雷诺数，$Re_D = \dfrac{\rho v D_c}{\mu}$。

如果捕集体为直径 D_c 的球体，其效率为

$$\eta_R = \frac{b^2}{a^2}$$

对于绕静止球体的势流，由流函数表达式，得出球体对粒子的拦截效率

$$\eta_R = (1+R)^2 - \frac{1}{1+R}$$

对于绕静止球体的粘性流，由流函数表达式，得出球体对粒子的拦截效率

$$\eta_R = (1+R)^2 - \frac{3}{2}(1+R) + \frac{1}{2(1+R)}$$

在此，有两点需要说明：(1)应用拦截效率计算式时，当过滤速度很大时，才能用势流假设，但在实际应用中，通常过滤速度很低，如纤维过滤速度 $v < 0.1$ m/s。因此用粘性流假设下的拦截效率计算式较合理。(2)关于绕静止圆柱体和静止球体的流场描述有很多种模型，本书介绍的是最简单、最常用的模型——孤立体模型。一些较复杂的模型主要考虑了相邻捕集体的存在对流场的影响，如哈佩尔(Happel)模型、库韦巴拉(Kuwabara)模型、布林克曼(Brinkman)模型等。值得庆幸的是，对于拦截效应，无论模型多么复杂，只要给出流函数表达式，总能很容易地得到拦截效率理论计算式。其他过滤效应却没有如此幸运，往往只能得到经验式、半经验式或数值解。

2. 惯性碰撞效应

开始时，粒子沿流线运动，绕流时，流线弯曲。有质量为 m 的粒子由于惯性作用而偏离流线，与捕集体相撞而被捕集。最远处能被捕集的粒子的运动轨迹是极限轨迹。如图 13.3 中的虚线所示。

求惯性碰撞效率的方法是建立粒子的运动方程，由运动方程求极限轨迹，再求出偏轴距 b，然后分别由 b/a 和 b^2/a^2 求得绕圆柱体和球体的惯性碰撞效率。但由于求解轨迹方程十分困难，难以确定偏轴距 b，故无法得到惯性碰撞效率的分析解。理论与实验分析发现，斯托克斯数 S_{tk} 是表征惯性碰撞效应的重要参数，其定义为

$$S_{tk} = \tau\frac{2v_0}{D_c} = \frac{\rho d_p^2}{9\mu}\frac{v_0}{D_c}$$

式中：τ ——张弛时间，s；
v_0 ——来流速度，m/s；
D_c ——圆柱体或球体直径，m；
ρ ——粉尘真密度，kg/m³；
d_p ——粉尘直径，m；
μ ——气体动力粘度，Pa·s。

绕圆柱体和球体的惯性碰撞效率如图 13.4 所示。可见惯性碰撞效率是雷诺数 Re_D 和斯托克斯数 S_{tk} 的函数。

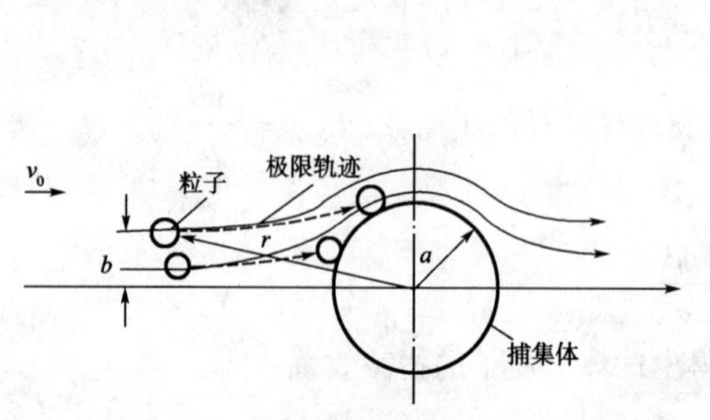

图 13.3　惯性碰撞效应

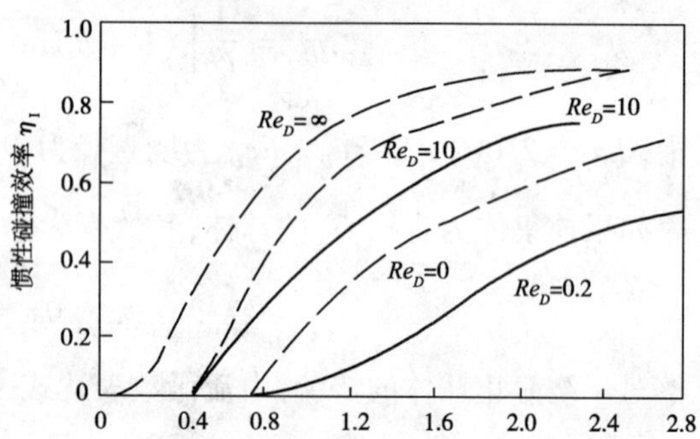

图 13.4　惯性碰撞效率与雷诺数和斯托克斯数的关系
——(实线)对圆柱体的惯性碰撞效率；
········(虚线)对球体的惯性碰撞

由于很难给出分析解，实际应用中，常给出数值解或经验表达式。如在 $0.5 < S_{tk} < 100$ 的范围内，Robinson 给出在势流中对圆柱体的惯性碰撞效率为近似表达式。

$$\eta_I = 1 - \frac{1}{S_{tk}}\int_0^\infty \frac{\exp\left(-\frac{x}{S_{tk}}\right)}{1 + x^2}dx$$

S_{tk} 通常远大于 0.5，若 S_{tk} 很小，则可忽略惯性效应。研究证明，对圆柱体，当 $S_{tk} \leqslant 1/16$，$\eta_I \to 0$。上式有很宽的适用范围，用数值积分可较方便地求解。

人们并不满意这样一个积分式，于是提出许多经验式，其中，Landahl 和 Herman 得出对于雷诺数 Re_D 约为 10 左右的圆柱体惯性碰撞效率经验式有较好的近似

$$\eta_I = \frac{S_{tk}^3}{S_{tk}^3 + 0.77S_{tk}^2 + 0.22}$$

此式在常规纤维过滤中(如布袋除尘)是适用的。

对球体的惯性碰撞效率,当 $S_{tk} > 0.3$ 时,对势流,Herne 给出下式

$$\eta_I = \frac{S_{tk}^2}{(S_{tk} + 0.25)^2}$$

当 $S_{tk} > 1.213$ 时,对粘性流,Nielsen 和 Hill 给出对球体的惯性碰撞效率经验式

$$\eta_I = \frac{\beta_4}{1 + \beta_4}$$

式中,参数 β_4 由下式计算

$$\beta_4 = 0.2453(S_{tk} - 1.213)^{0.955}$$

3. 扩散效应

当气溶胶粒子很小($d_p < 1\mu m$),这些粒子在随气流运动时就不再沿流线绕流捕集体,此时,扩散效应将起作用。

粒子向捕集体的扩散过程十分复杂,其扩散效率通常是捕集体绕流雷诺数 Re_D 和粒子贝克莱特(Peclet)数 Pe 的函数。贝克莱特数 Pe 定义为

$$Pe = \frac{v_0 d_p}{D}$$

式中,常数 D 为扩散系数,m^2/s。对于 $d_p < 1\mu m$ 粒子的布朗扩散,由斯托克斯—爱因斯坦公式给出

$$D = k_B T C_u / 3\pi\mu d_p$$

式中:C_u——库宁汉修正系数;

k_B——玻耳兹曼常数,$k_B = 1.38 \times 10^{-23}$ J/K。

当 $d_p < \lambda$(分子平均自由程)时,兰格米尔(Langmuir)给出

$$D = \frac{4kT}{3\pi d_p^2 p}\left(\frac{8RT}{\pi m}\right)^{1/2}$$

式中:T——绝对温度,K;

R——气体常数,J/(kg·K);

m——气体摩尔质量,kg;

p——气体压力,Pa。

对圆柱体的扩散效率,根据雷诺数 Re_D 和贝克莱特数 Pe 分 3 种情况:

(1)$Re_D < 1, Pe < 1$

在小 Pe 的粘性流中,Stechkina 导出扩散效率 η_D

$$\eta_D = \frac{2\pi}{Pe(1.502 - \ln Pe)}$$

(2)$Re_D < 1, Pe >> 1$

纤维过滤器常处于这一范围。Langmuir 给出

$$\eta_D = \frac{1}{2La}\left(2x\ln x - x + \frac{1}{x}\right)$$

式中，$x = 1 + 1.308(La/Pe)^{1/3}$，$La = 2.002 - \ln Re_D$

这里顺便给出 Stechkina 考虑其他圆柱体存在并有孔隙 ε 影响时扩散效率的理论解

$$\eta_D = 2.9 k_s^{-1/3} Pe^{-2/3} + 0.624 Pe^{-1}$$

式中，$k_s = -\frac{1}{2}\ln(1-\varepsilon) + (1-\varepsilon) - \frac{(1-\varepsilon)^2}{4} - \frac{3}{4}$

(3) $Re_D > 1, Pe > 1$

这属于势流范围，在烟尘净化中较少遇到这种情况。Stairmend 给出

$$\eta_D = \sqrt{\frac{8}{Pe}}$$

对球体的扩散效率，在 $Re_D < 1, Pe < 1$ 的粘性流中，Crawford 给出

$$\eta_D = 4.18 Re_D^{1/6} Pe^{-2/3}$$

当考虑周围有其他球体存在时，Pfeifer 给出

$$\eta_D = 4 A_s^{1/3} Pe^{-2/3}$$

其中：$A_s = \frac{2(1-\varphi)^5}{\omega}$

$\omega = 2 - 3\varphi + 3\varphi^5 - 2\varphi^6$

$\varphi = (1-\varepsilon)^{1/3}$

式中：ε——床层孔隙率。

粒子间的相互扩散和粒子向捕集体的扩散行为是极为复杂的物理现象，直到现在仍是气溶胶科学的重要研究内容之一。特别是表面有相互作用力存在时，其扩散机理更加复杂。这里将不做进一步讨论。但有一点必须明确：当 $d_p \geqslant 1\mu m$ 时，可忽略扩散效应。

4. 重力沉降作用

重力沉降效率的推导和其他几种捕集机理相比甚为简单，若重力沉降方向与气流方向一致，无论对圆柱体还是球体，显然有

若是水平流，则

$$\eta_G = \frac{G}{\sqrt{1+G^2}}$$

若是上升流，则

$$\eta_G = \frac{\tau_g - v_0}{v_0} = G - 1$$

式中，G 称为重力参数，$G = \tau g / v_0$。

在上升流中，重力起负作用。除非粒子很大，在大多数情况下，重力沉降效率很小，故分析中常忽略重力沉降作用。

5. 静电力作用

气溶胶粒子和捕集体通常带有电荷，这会影响粒子的沉积。粒子和捕集体的自然带电量是很少的，此时静电力可以忽略不计。但如果有意识地人为给粒子和捕集体荷电，以增强净化效果时，静电力作用将非常明显。粒子和捕集体间的静电力主要有 4 种：库仑力、象力（感应

力)、空间电荷力和外加电场力。

对于粒子在圆柱体上的电力沉降,Pich 做过较系统的理论分析。

对于球形捕集体上的电力沉降,Nielsea 和 Hill 提出一种粒子流函数的简化方法。当只有库仑力时,静电收集效率为

$$\eta_{EC} = -4K_C$$

当粒子和捕集体(无论是圆柱体还是球体)带异性电荷时,K_C 为负,$\eta_{EC} \geqslant 0$,只有外加电场力作用时,静电收集效率为

$$\eta_{EC} = \frac{K_E}{1+K_E}\left(1 + 2\frac{\varepsilon_c - 1}{\varepsilon_c + 2}\right)$$

式中,K_C、K_E 为无量纲参数,其定义是某种电力与斯托克斯阻力之比。对于球形捕集体,为求感应电荷力的收集效率,可将上式中的 K_C 用 K_{IQ},或用 K_{Iq} 代替,即可得感应电荷力的收集效率。

前面讨论的都是单一电力的收集效率。不同电力同时作用的效率推导较复杂,且多种电力联合作用的效率不一定高于单一电力的收集效率。理论研究表明,对于大多数具有重要物理意义的情况,得到的结果是惊人的:效率与流场无关。

上面系统地讨论了各种过滤机理的捕集效率。为对各机理捕集作用的大小有一个宏观的认识,现将效率随粒径的变化关系定性地绘于图 13.5 中(设静电作用时,粒子和捕集体均带电)。从图中看出,粒径在 0.5μm 左右,综合过滤效率最低。粒径在 0.01 ~ 1.0μm 之间的颗粒物称为亚微米粒子,关于亚微米粒子收集是气溶胶科学领域的一个重要研究方向。

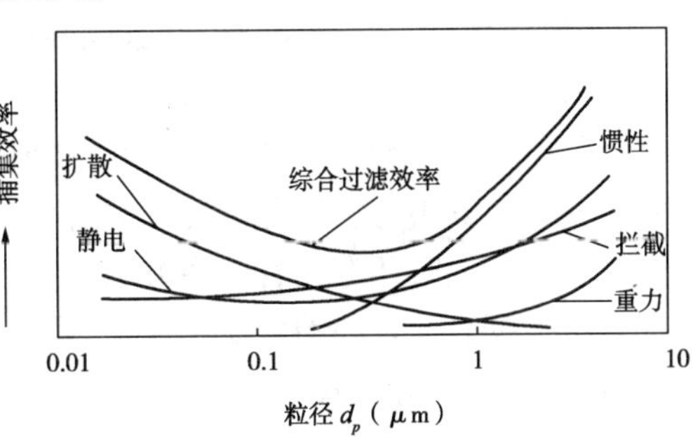

图 13.5　各机理的捕集效率随粒径的变化关系

众多的研究者对孤立捕集体对粒子的拦截、惯性碰撞、扩散、静电力、重力等各效应同时作用时的捕集机理,进行过大量的理论研究和试验,建立了许多繁难的数理模型。但到目前为止,还没有得到较普遍认可的令人满意的理论结果。许多研究者认为各效应同时作用时可直接用叠加原理,但理论研究发现这种简单的叠加是不合理的,而且误差很大(有的计算结果会大到难以置信的程度,如效率接近 1,甚至高于 1)。于是,近似地把各效应同时作用下的综合效率用串联模式来处理较符合实际。

$$\eta_R = 1 - \sum(1 - \eta_i)$$

式中:η_R——拦截效率;

η_i——各种途径的拦截效率。

显然,这种处理方法从理论上讲也是不严格的,但所得结果不会导致太大的偏差。

第二节　过滤层的收集效率

上节描述了孤立捕集体对粒子的收集机理,但在实际应用中,无论是纤维层过滤还是颗粒层过滤,过滤层都是以很多捕集体的集合形式而存在。因此,过滤层的收集效率是多个孤立捕

尘体的群体贡献。

纤维层过滤是目前主要的烟尘净化方法之一。近几年来在世界范围内，纤维过滤器（如袋式除尘器）的应用，无论在数量上还是在投入上都比其他除尘设备具有更快的增长速度。特别是覆膜技术（在滤料表面覆一层多微孔、极光滑的 E-PTFE 薄膜，即膨体聚四氟乙烯薄膜）的应用与推广，使纤维层过滤效率更高、清尘效果更好，甚至可净化有一定粘性的烟尘。从而，进一步促进了纤维过滤技术的发展。

纤维层过滤分两种过滤方式：内部过滤和表面过滤。内部过滤又称深层过滤，首先是含尘气体通过洁净滤料，这时，起过滤作用的主要是纤维，因而符合纤维过滤的机理；然后，阻留在滤料内部的粉尘将和纤维一起参与过滤过程。当纤维层达到一定的容尘量后，后续的尘粒将沉积在纤维表面，此时，在滤料表面所形成的粉尘层对含尘气流将起主要的过滤作用，这就是表面过滤。对于厚而蓬松、空隙率较大的过滤层，如针刺毡，内部过滤作用较明显；对于薄而紧、空隙率较小的过滤层，如编织滤布、覆薄滤料，主要表现为表面过滤。无论何种方式，收集效率和过滤阻力都随过滤时间而变化，这一现象称非稳态过滤。于是，过滤层的收集效率既是孤立捕尘体（单根纤维、尘粒）收集效率的函数，又是过滤时间的函数。

由于研究非稳态过滤对评价纤维滤料的收尘性能（效率、粉尘载荷、压损等）和运行管理（清尘方式、清尘效果、清尘时间控制、滤料使用寿命等）具有重要意义，所以关于非稳态过滤一直是纤维过滤理论及应用中的一个重要研究课题，许多研究者提出了非稳态过滤的效率和压力损失模型，其中，关于内部过滤的非稳态过程研究比较成熟，而在表面非稳态过滤效率方面的研究较少，同时还存在着建模方法不完善、表达式较复杂、某些参数难以确定等问题。因此，此处将根据表面过滤的尘滤尘现象，采用经典的颗粒过滤理论，建立物理意义明确的表面非稳态过滤的效率计算式。

第三节　常用滤料的种类及性能

滤料按制作方法分为纺织滤料、无纺滤料、复合滤料、陶瓷纤维滤料等。按制作材质分为天然纤维滤料、合成纤维滤料和无机纤维滤料。

1. 纺织滤料

早期的滤料多是以纺织物制成的。随着无纺纤维滤料和化纤工业的发展，无纺纤维滤料逐步成为气体中颗粒物收集的主要过滤原料。但是，由于纺织滤料具有一定的特性和实际过滤条件的要求，纺织滤料在很多方面仍得到应用。

机织的滤料是以合股加捻的经、纬纱线或单丝用织机交织而成的。因经、纬纱线都经过加捻，所以纱线密度比较大。被过滤的粒子几乎只能从经、纬线间的空隙经过。机织滤料的孔隙率一般只有 30% ~40%，而且是直通的。

纺织滤料和无纺纤维滤料相比，有如下优缺点：

（1）可制成具有较大强度和耐磨性的滤料；

（2）尺寸稳定性好；

（3）易形成平整光滑表面或薄形柔软的织物，易于清尘；

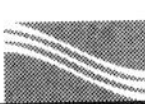

(4)易调整织物的紧密程度,既可制成较疏松的也可制成紧密的滤料;

(5)内部过滤作用小,初始效率低,只有在纺织滤料表面形成粉尘层后,才能过滤较小的粒子,未形成粉尘层或因某种原因使粉尘层遭到破坏时,效率明显下降;

(6)在同样过滤风速情况下,纺织滤料阻力大;

(7)为达到应有的效率,气布比较低。

纺织滤料的种类很多,几乎各种材质和不同结构的纺织滤料都有所应用。其中,208 绒布是我国为袋滤式除尘器专门开发的一种纺织滤料。它是以涤纶短纤维为原料单面起绒的斜纹织物。因有表面绒毛,有助于形成粉尘层,提高过滤效率。208 绒布在清尘时,粉尘层便遭到破坏,重新滤尘时效率明显下降。另外,应特别注意防止结露,因粉尘粘附在绒毛及滤料表面上结垢后,很难清尘。

2. 无纺纤维

无纺纤维的发展始于 20 世纪 60 年代。当前,袋滤式除尘器用的无纺纤维绝大部分是针刺毡。针刺毡分为有基布和无基布二类。增加基布是为了提高针刺毡滤料的强度。基布是事先织好的,生产过程中用上下纤维网将基布夹于其中,然后经过预针刺和主针刺加固,再采取必要后续处理技术即可成为所需要的针刺毡滤料。针刺毡滤料具有如下特点:

(1)针刺毡滤料中的纤维呈交错随机排列,孔隙率高达 70% ~80%,根据过滤理论,其孔隙率处在最佳的内部过滤状态,可充分发挥其内部过滤捕尘功能。这种结构既有利于形成粉尘层,清尘后也不存在直通的孔隙,过滤效率高而稳定。

(2)针刺毡滤料的孔隙率比纺织纤维高 1.6 ~2.0 倍。因而自身的透气性好、阻力低。

(3)针刺毡滤料的生产速度快、劳动生产率高、产品成本低、产品质量稳定。

3. 复合滤料

为扬长避短,可用两种或两种以上各具特色的材料加工成滤料,这种滤料称为复合滤料。有底布的针刺毡就是一种复合滤料。这种滤料用基布以增加强度,用纤网以获得理想的过滤效率。基布与面层材质相同者,严格地讲,也属复合滤料,只是人们已习惯于称之为针刺毡。如在合成纤维 Nomex 基布上刺以细玻纤制成针刺毡,可避免玻纤不抗折的缺点,同时又可获得耐温与抗腐蚀的优势。

在针刺毡滤料或纺织滤料表面覆以微孔薄膜制成的复合滤料可直接实现表面过滤,不需要事先形成粉尘层,这不仅显著提高滤料的捕集效率,而且使粉尘粒子只停留于滤料表面,尘饼容易脱落,清尘效果好,可有效地防止滤料的堵塞和结垢,因而阻力低。覆膜有助于提高滤料的疏水性,提高了对湿度较大空气净化的适用性。测试结果表明,这种覆膜滤料对 0.01 ~1.0μm 的粒子,分级效率可达 97% ~99% 以上,总效率可达 99.999%。覆膜技术是纤维过滤净化的一个发展方向。

4. 玻璃纤维滤料

玻璃纤维滤料是由熔融的玻璃液拉制而成的,是一种无机非金属材料。玻纤的耐温性好,可以在 260 ~280℃的高温下使用,可减少结露的危险。经过特殊表面处理的玻纤滤料,具有柔软、润滑、疏水等性能,使粉尘容易剥离,仅用反吹风方式即可充分达到清尘的目的。玻纤在

280℃下，其收缩率为0。与有机合成纤维比较，尺寸稳定性优越得多，在使用时不必担心透气性与过滤面积的变化以及因收缩而加大布面张力，加速滤袋破损情况的发生。玻纤有很好的抗腐蚀性，即使在强碱、强酸的空气中，对其使用寿命的影响也很小。总之，玻璃纤维过滤材料具有耐腐蚀、抗结露、尺寸稳定、粉尘剥离性好等优点，是处理含湿量高、温度高、有腐蚀性化学成分烟尘的理想滤料。

用于袋滤式除尘器的玻璃纤维过滤材料主要有玻璃纤维平幅过滤布，玻璃纤维膨体纱过滤布，玻璃纤维针刺毡滤料。玻纤的曲挠性与合成纤维相差很远。玻纤作为滤料，必须经过表面处理。表面处理工艺可分为前处理和后处理两类，所谓前处理玻璃纤维过滤布，是将玻璃纤维纱线经表面处理后，再织造成玻璃纤维过滤布；而后处理玻璃纤维过滤材料，则是把玻璃纤维纱制成织造织物或非织造织物，然后用表面化学处理制成的玻璃纤维。

目前，对于玻纤的表面处理，国内主要有以硅油为主；以聚四氟乙烯为主；以硅油、石墨、聚四氟乙烯为主；以耐酸和耐腐蚀为主等四大系列表面处理配方。如玻纤经以硅油、石墨、聚四氟乙烯为主要成分的表面处理后，可大幅度提高耐折性和耐磨性，并具有优越的耐热和疏水性。如在配方中引入耐酸成膜剂，可进一步提高耐腐蚀性。

5. 防静电滤料

作为过滤用纤维，自身或使用过程中气流或粒子的摩擦，或多或少都带有一定的电荷。我们知道静电作用可增强纤维过滤效率。但一些纤维，特别是合成纤维极易荷电。如一般丙纶毡表面电阻可达$1\times10^{14}\Omega$，摩擦1min可产生2000V的高压静电。静电放电产生的火花能引燃所过滤的可燃粉尘，当粉尘浓度高于爆炸下限时会造成爆炸。另外，易荷电的粒子积聚在滤料上，相互之间很强的引力作用会严重影响清尘效果。压损增大，滤料会在高粉尘负荷作用下破损。

为预防上述静电危害，对高比电阻纤维滤料，需提高其导电性。采用的方法是在过滤材料中引入导电纱线（电荷经导电纱线通过接地除尘器壳体释放）。导电纱线可用不锈钢丝、含石墨纤维纱等。

6. 陶瓷纤维

自从1983年发明陶瓷纤维以来，用于高温空气净化的陶瓷滤料得到很快的商业发展。高温陶瓷滤料是纤维过滤领域的高科技，陶瓷滤料具备了几乎所有过滤净化所需要的优良性能。不仅如此，由表13.1可知，陶瓷过滤器几乎对空气条件无任何限制，其过滤风速远大于常规袋式除尘器，其净化后的烟尘浓度每标米不超过1mg，净化效率极高。陶瓷滤料可烧结成不同的形状，如可制成矩形扁袋以增大过滤面积，节省空间。陶瓷滤袋不需要支撑骨架，因其本身具

陶瓷滤袋的性能

表13.1

袋长 (m)	密度 ($kg\cdot m^{-3}$)	耐磨性、疏水性、耐酸碱性、耐氧化剂、有机溶剂	使用温度（连续运行）(℃)	过滤速度（气布比）($cm\cdot s^{-1}$)	烟尘浓度（标态）($g\cdot m^{-3}$)	净化后排放浓度（标态）($mg\cdot m^{-3}$)
1.5~2	2700	很好	≤1500	1.5~5.1	1.5~150	≤1

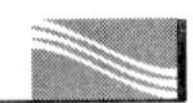

有足够的强度和刚度。可用传统的清尘方法,如反吹风或脉冲喷吹清尘方式。陶瓷滤料使用寿命长,如果陶瓷滤料出现堵塞,必要时还可采取湿式清洗。

目前,国外陶瓷过滤器主要用于燃煤发电厂、港口散货封闭作业现场、垃圾焚烧等诸多空气净化方面。尽管陶瓷过滤器的初始投资较大,但随着环保要求的日益严格和用户对空气净化的需要,陶瓷纤维过滤器具有很好的发展前景。

7. 不锈钢丝滤料

在陶瓷纤维出现之前,加工制造技术就可以把不锈钢或铬镍铁合金制成 4 ~ 22μm 的纤维丝。不锈钢丝滤料有两种:针刺毡型和烧结型。烧结型是用烧结合金将随机排列的不锈钢丝烧结成平整的多孔滤料层。到目前为止,不锈钢丝滤料产品的主要提供源仍来自挪威和比利时。

不锈钢丝过滤器也有许多优点:有较高的气布比;清尘易,无静电放电现象,抗腐蚀,容尘量大(孔隙率可达 95%),效率高。

由于生产不锈钢丝过滤器的经济技术要求较高,在应用上受到一定的限制,原因是:合金纤维针刺技术或烧结工艺难度大,制袋成本高,对滤袋或过滤单元的支撑要求滤室有较高的结构强度,而且在许多应用场合,仍需要用二次气流将高温空气的温度降至 550 ℃。目前,不锈钢丝过滤器在空气污染净化方面的应用还不广泛。

第四节　滤料的选用

如今,纤维滤料的品种极为广泛多样,任何一种滤料都不可能既经济又具备完全优良的性能。针对所给定的生产系统的运行条件做出正确的滤料选择才是至关重要的。

在选择滤料时,滤料的性能应满足以下要求:

(1)结构合理、捕集效率高;

(2)剥离性好、易清尘;

(3)透气性好、阻力低;

(4)有足够的强度、尺寸稳定性好;

(5)具有良好的耐磨、耐化学腐蚀性能;

(6)原料来源广泛、性能稳定可靠;

(7)价格低、寿命长。

滤料的选择是根据净化条件进行对比优选的过程,可从如下几方面考虑。

1. 根据气体的特性选择滤料

气体的性质包括温度、湿度、腐蚀性、燃烧爆炸性。前面较详细地介绍了各种常用纤维的物化特性,针对特定气体的性质,便可做出合理的滤料选择。

2. 根据粉尘的特性选择滤料

粉尘的特性包括粒子的形状和粒度分布、粘附性和凝聚性、吸湿性和潮解性、磨损性、可燃性和爆炸性。

粉尘形状不规则,或多个粒子凝聚成表面积较大的树枝状粉尘团,对过滤分离是有利的。对细尘捕集,纤维宜选择较细、较短、卷曲形,不规则断面型;结构以针刺毡为优,如针刺毡表面烧毛或热熔压光处理。织物或针刺毡表面覆膜是过滤超细粒子的优化选择。

对于潮湿粘性粉尘,宜选用经硅类疏水剂处理的尼龙、玻纤、长丝织物滤料,或经表面烧毛、压光、镜面处理的针刺毡滤料,表面覆膜滤料。

对于磨损性粉尘,如硅尘、铝粉、烧结矿尘等,宜采用化纤、表面拉绒滤料,表面压光、涂覆滤料。如用玻纤,宜选用经硅油、石墨、聚四氟乙烯处理的玻纤。

对于可燃、易爆粉尘,就滤料选择讲,宜选用阻燃、消静电滤料。此外,还需采取防爆、阻燃措施,如空气中掺入惰性气体、提高含湿量,增设卸压安全装置。

3. 根据清尘方式选择滤料

袋式除尘器按清尘方式分为机械振动、逆气流反吹、脉冲喷吹等方式。不同的清尘方式,滤袋的受力、变形及振动不同,所选用的滤料也不同。

对于机械振动清尘方式,由于振动力作用于悬挂滤袋的框架上,滤袋间接地接受振动波,施加于滤袋上动能较小。为有利于传递振动波,提高清尘效果,使粉尘层易剥离脱落,要求滤料薄而光滑柔软,通常选用缎纹或斜纹滤布。

逆气流反吹袋式除尘器是利用高压风机或鼓风机作为反吹风动力,在过滤状态通过移动喷嘴依此对滤袋喷吹,使滤袋变形而清尘,属中等动能清尘型。按喷嘴形式及移动方式可分为回转反吹、往复反吹和气环滑动反吹 3 种。回转反吹和往复反吹袋式除尘器常用扁袋,宜选用较柔软、较耐磨的滤料。优先选用中厚针刺毡滤料。气环滑动反吹袋式除尘器采用环缝型喷嘴,套在滤袋外面上下移动喷吹,这要求滤料耐磨、不起毛,宜选用针刺毡、压缩毡。

脉冲喷吹袋式除尘器是以压缩空气为动力,利用脉冲喷吹机构在瞬间释放压缩气流,并诱导数倍的二次气流高速射入滤袋,使滤袋急剧膨胀、震动变形而达到清尘目的。要求选用厚实、耐磨、抗张力强的滤料,优先考虑化纤针刺毡或压缩针刺毡。

4. 根据某些特殊要求选择滤料

对于处理有毒有害且粒度小的颗粒物,需要把气体中的粒子净化到 $2mg/m^3$ 以下。可采用 MPS(微孔)滤料,这是选用细丝纤维制成的针刺毡,表面有一层活性过滤层,对小于 5μm 的超细粉尘有很好的分离效果。还可选用 PTFE(聚四氟乙烯纤维)薄膜针刺毡滤料,薄膜微孔直径 3~5μm,其透过率比常规针刺毡低 1~2 个数量级。

对于有净化要求的场合,如洁净室、操作室、车间、制氧机、空压机进气口等,要求净化后的气体含尘浓度很低,运行阻力低而稳定,除采取效果好的清尘方式和较小的气布比外,应选用属表面过滤型的滤料,如经表面覆膜处理的强度较高的薄滤料、PTFE 薄膜针刺毡滤料等。

对于含油雾等粘性微尘的净化,通常不宜采用纤维过滤方法。若浓度不高且有很高的净化要求,若用纤维过滤,在运行费用可接受的情况下,可考虑无清尘的一次性滤料。只有油雾量不大、与粉尘混合后不粘袋的情况下,才可直接使用袋式除尘器。滤料宜采用斥油、斥水处理的滤料和 PTFE 薄膜滤料。

第十四章　复合式除尘

所谓复合式港口散货粉尘防治技术是将不同的除尘机理相联合,使它们共同作用以提高除尘效果。复合除尘器的型式较多,如静电旋风除尘器、静电水雾洗涤器和静电文氏管洗涤器、慢性冲击静电除尘器、静电强化过滤式除尘器、静电强化颗粒层除尘器等。于是我们注意到多数复合式除尘器都利用了静电力作用。这是因为:静电力直接作用于尘粒上,它是节能的;静电力用于尘气的分离通常比其他力强,它是有效的;静电力的产生是通过给尘粒和捕尘体荷电,以及加外电场实现的,它在技术上是方便的。本章简单介绍几种典型的复合式除尘器。

第一节　惯性冲击静电除尘器

1. 基本原理

通常静电除尘器是顺流式的,即气流的运动方向与收尘极板的布置方向是平行的。因此,气流方向与荷电粒子的电驱进方向是垂直的,这使电场中的气流速度无法进一步提高(一般含尘气流速度小于2m/s),否则会影响除尘效果。为了在静电除尘器中综合空气动力捕获机理,出现了收尘极板垂直于气流方向的新结构,从而使空气动力、颗粒惯性力与电场力的方向相同,相当于提高了粒子的驱进速度,从而提高了净化效果。适当地提高流速,惯性作用增强,还有助于除尘效率的进一步提高,这就意味着在处理相同空气量时,减少了收尘面积,减低了设备投资。图14.1是惯性冲击静电除尘器示意图。

2. 除尘效率

惯性冲击静电除尘器的除尘效率分析方法与传统的线板式静电除尘器艺的分析方法有很大的不同。它类似于惯性除尘效率的分析过程,并同时考虑电场力的作用。其分析模型如图14.2所示。下面直接给出其推导结果。

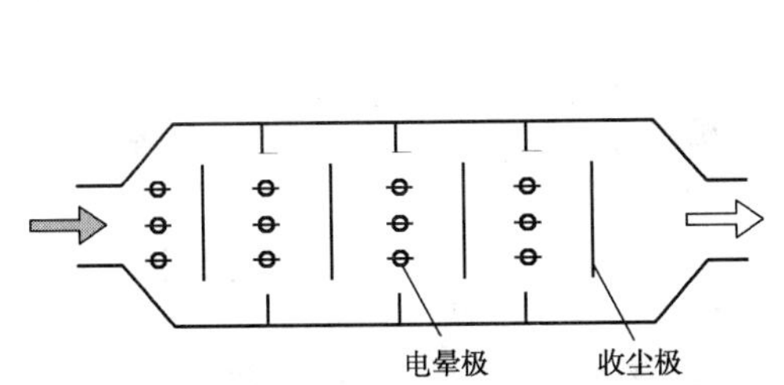

图14.1　惯性冲击静电除尘器示意图

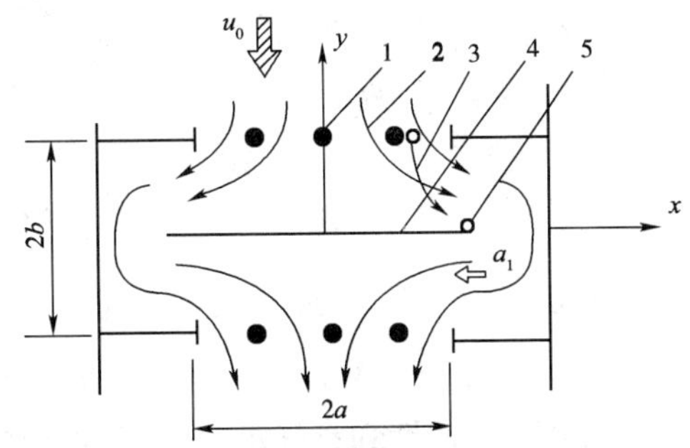

图14.2　惯性冲击静电除尘器效率分析图

1-电晕线;2-流线;3-尘粒极限轨迹;4-收尘极;5-尘粒

收尘极板正面的效率 η_1 为

$$\eta_1 = \frac{l}{a}\left(\frac{\alpha_1}{1+\alpha_1}\right)\exp\left[\frac{t}{2\tau(1-\alpha_1)}\right]$$

$$\alpha_1 = \sqrt{1+\frac{4\tau u_0}{b}}$$

式中：a——通道宽度之半，m；

l——收尘板长度，m；

τ——张弛时间，s；

u_0——气流在通道中的平均速度，m/s；

α_1——参数；

t——尘粒在通道入口端至收尘极板之间的运行时间。

$$t = \frac{2\tau}{1-\beta_1}\ln\left[\frac{1+\beta_1}{2\beta_1}\left(1+\frac{\mu_0}{BqE}\right)-\frac{\tau\mu_0^2}{\beta_1 bBqE}\right]$$

$$B = \frac{1}{3\pi\mu d_p}$$

$$\beta_1 = \sqrt{1-\frac{4\tau\mu_1}{b}}$$

式中：B——带电粒子迁移率；

b——通道入口端面与收尘极极距离，m；

q——尘粒荷电量，C；

E——场强，V/m；

β_1——参数。

气流在绕过极板后，荷电尘粒还会在极板背面继续沉降，其效率为

$$\eta_2 = \frac{BqE}{2b\mu_1}\left\{l-2\alpha_1\exp\left[\frac{1-\beta_2}{2\beta_2}\ln\frac{2\tau\mu_1-\alpha_1(\beta_1-1)}{2\tau\mu_1+\alpha_1(\beta_2+1)}\right]\right\}$$

$$\beta_2 = \sqrt{1+\frac{4\tau\mu_1}{b}}$$

式中：μ_1——收尘板与器壁间的平均流速，m/s；

β_2——参数；

其他符号意义同前。

于是一块极板的除尘效率为

$$\eta = 1(1-\eta_1)(1-\eta_2)$$

当多段串联使用时，总分级效率为

$$\eta_{Tn} = 1-(1-\eta)^n = 1-[(1-\eta_1)(1-\eta_2)]^n$$

因为利用了惯性和空气动力作用，可使电场中的气流速度成倍提高，有文献介绍其风速可达3m/s以上。惯性冲击静电除尘器的阻力比普通静电除尘器的阻力要大些，它与挡极惯性除尘器的阻力相当。

第二节　静电旋风除尘器

1. 工作原理

旋风除尘器结构简单、容易操作，但仅适用于收集数微米以上的较大尘粒。为了提高对细小尘粒的净化效果，可在旋风除尘器内设置一静电场，如图 14.3 所示。荷电粒子将同时受到电力和离心力的作用，从而使除尘效率进一步提高。

2. 除尘效率

静电旋风除尘器的效率公式可采用筛分理论。设尘粒受力分别为静电电力、离心力和气体阻力，且阻力服从 Stokes 律。建立受力平衡方程易得粒子的沉降速度 w_p 为

$$w_p = \frac{\rho_p d_{pc}^2}{18\mu}\frac{u^2}{r} + \frac{qE}{3\pi\mu d_{pc}}$$

式中：d_{pc}——分割粒径，m；

r——粒子所处旋转流场中的半径，m；

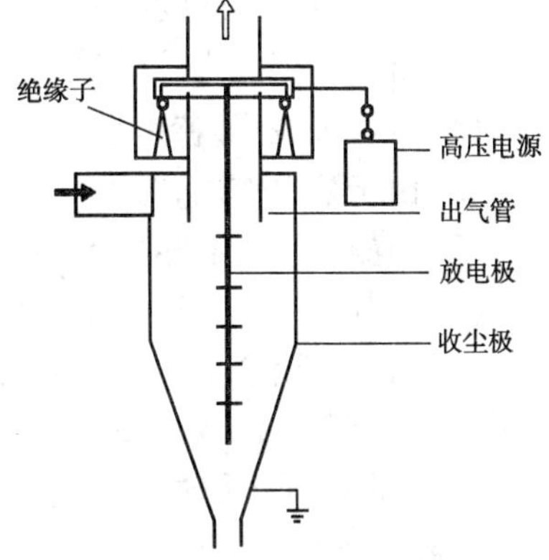

图 14.3　静电旋风除尘器结构示意图

其他符号意义同前。

假想筛分圆柱面半径等于排气管半径 r_e，并假定尘粒获得饱和荷电量

$$q = q_s = 3\pi d_{pc}^2 \varepsilon_0 E\left(\frac{\varepsilon}{\varepsilon + 2}\right)$$

代入式中，得

$$w_p = \frac{\rho_p d_{pc}^2}{18\mu_{re}}\frac{u_2}{r_e} + \frac{\varepsilon_0 d_{pc} E^2}{\mu}$$

式中：u——半径为 r_e 的圆柱面上的切向速度，m/s；

其他符号意义同前。

分割粒径 d_{pc} 为流体向内的径向速度与尘粒向外的沉降速度相等时的粒径，即

$$\frac{\rho_p d_{pc}^2 u^2}{18\mu} + \frac{\varepsilon_0 d_{pc} E^2}{\mu}\left(\frac{\varepsilon}{\varepsilon + 2}\right) - \frac{Q}{2\pi r_e L} = 0$$

式中：L——自然返回长。

求解上式，得分割粒径为

$$d_{pc} = \frac{9\mu r_e}{\rho_p u^2}\left[\sqrt{\left(\frac{\varepsilon_0 \varepsilon E^2}{(\varepsilon + 2)\mu}\right) + \frac{\rho_p Q u^2}{9\pi\mu L r_e^2}} - \frac{\varepsilon_0 \varepsilon E^2}{(\varepsilon + 2)\mu}\right]$$

于是静电旋风除尘器的效率为

$$\eta = 1 - \exp(-0.693 d_p / d_{pc})$$

这里假定收尘场强和荷电场强相等且为常数，否则，问题的解要复杂些。

静电除尘器要求切向速度小，而旋风除尘器要求切向速度大，这是一组矛盾。从收集微细粉尘的角度考虑，如果采用静电旋风除尘器，入口流速不宜超过 10m/s，否则难以显示电力作

用的存在。另外二次扬尘作用也会使静电捕尘的优势消耗殆尽,从而失去静电——旋风复合的意义。如何优化静电旋风除尘器的参数设计仍然是一个值得研究的问题。

第三节　静电增强纤维过滤除尘器

静电增强纤维过滤除尘的研究始于20世纪50年代。目前,从理论到应用应相当成熟。前面曾提到对于有燃烧爆炸危险的粉尘,不宜采用静电增强方法。另外,较强的静电附着力会使清尘困难。但如果对不可燃尘粒有解决清尘问题的方法,静电增强纤维过滤将显示其许多优越的性能:

(1)对微细粒子,特别是对0.01~1μm的气溶胶粒子有极高的捕集效率,常超过90%;

(2)由于静电作用,纤维表面沉积的粉尘层具有更蓬松的结构,过滤阻力降低;

(3)与静电除尘器相比,静电增强纤维过滤器对粉尘比电阻有很宽的适应范围;

(4)与普通纤维过滤相比,由于滤速较高,阻力降低,运行费用减少。

静电增强纤维过滤和静电除尘器的区别在于:静电增强纤维过滤除尘的收尘间距是纤维间距,比静电除尘器小2~3个数量级;静电除尘器只有带电粒子才能被捕集,而静电增强纤维过滤,由于带电纤维使粒子产生极化现象。

静电增强纤维过滤的一般形式是:含尘气流通过一预荷电区,尘粒带电。带电粒子随气流进入过滤段被纤维层收集。尘粒即可荷正电,也可荷负电。纤维滤料可加电场,也可不加电场。若加电场,可加与尘粒极性相同的电场,也可加与尘粒极性相反的电场。试验表明,加相同极性的电场,效果更好些。原因是极性相同时,电场力与流向相反(排斥),尘粒不易透过纤维层,主要表现为表面过滤,滤料内部较洁净,清尘容易。不仅如此,由于排斥作用,沉积于滤料表面的粉尘层较宽松,过滤阻力减小,同时使清尘变得更容易些。

基于上述静电增强方法,目前国外主要有以下几种结构形式:

(1)Apitron静电袋式过滤器。特点是粉尘在过滤器内部荷电,放电极与设在滤袋中心的喷吹管连接,当用压缩空气喷吹时,一方面清除了积于管内壁(相当于收尘极)上的粉尘,另一方面在滤袋内形成逆气流,达到清尘目的。Helfrich的实验表明,保持相同阻力情况下,由于静电力的作用可使处理风量提高3倍,而除尘效率基本不变。

(2)器外预荷电袋式过滤器。该装置是日本日立公司用于处理火力发电烟尘的现场试验装置。这种过滤装置将预荷电器安装在过滤器本外的含尘气流入口处,所以又称为器外预荷电袋式除尘器。采用反吹风清尘。清尘周期60min。

(3)表面电场袋式除尘器(ESFF)。由美国的纺织研究所(TRI)提出。利用布袋骨架中的竖条作为正、负极,电场在滤袋的内表面或外表面,可采用脉冲或反吹清尘。

(4)中心电场袋式除尘器(AESFF)。在脉冲袋式除尘器的滤袋中心放置电极,它与接地导电滤袋形成中心电场,或在脉冲袋式除尘器中,电晕极布置在导电滤袋之间。

静电增强纤维过滤除尘器的效率很高,对大多数含尘气体的净化总效率超过99.9%。孤立纤维静电捕集机理是静电增强纤维过滤除尘的理论基础。有众多的研究者进行过静电增强纤维过滤效率的研究,但由于影响其除尘效率的参数多而复杂,且过程为非稳态过滤,所以要分析静电增强纤维层的过滤效率是困难的。因此,这里将不讨论静电增强纤维层的过滤效率,而只探讨它的应用。

静电增强纤维过滤的应用研究应建立在现有成熟的袋滤式除尘器的基础上并采取实用的静电增强方式。根据上面的讨论,建议采取预荷电区单独设置、加反向电场方案。其结构如图14.4所示。

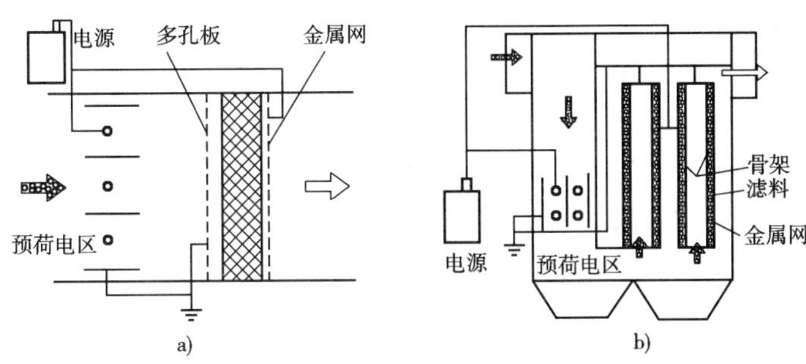

图14.4　静电增强纤维过滤除尘的结构方案

a)平面滤料静电增强方式;b)逆气流反吹袋式除尘器静电增强方式

如果每条滤袋设置放电极,不仅设计、安装复杂,而且会改变传统袋滤式除尘器的结构。因此,采取预荷电区单独设置,或预荷电与袋式除尘器分体设置较合理。加反向电场是为了增强滤料的表面过滤作用,使清尘更容易。金属网高压极与接地极间的距离视外加电压而定,平均场强在4kV/cm左右。由于袋式除尘器有内滤和外滤两种过滤方式,若采用反向电场不便,也可采用顺向电场。如果滤料为导电纤维(加石墨处理或拉金属丝,或本身就是不锈钢丝滤料),采用静电增强纤维过滤技术是有利的。

静电强化技术在除尘中的应用非常广泛。除静电增强纤维过滤除尘器、静电增强颗粒层除尘器外,几乎所有的洗涤器都可以采取静电强化技术。如荷电水雾洗涤器、静电增强文氏管洗涤器,静电填料洗涤器。其方法是:水滴荷电、尘粒荷电、加外电场。通常产生荷电水雾是必须的。如果给粉尘荷电,应使粉尘带和荷电水雾相反的异性电荷。加外电场是为了加快含尘水滴向湿壁的沉降。

另外,用化学法和电晕等离子体法进行除尘、脱硫脱硝的复合式反应器也是静电强化技术的一个重要应用。近几年来,电晕等离子体脱硫脱硝是国内外空气净化领域的一个研究热点。总之,复合式除尘器通常是空气动力与静电力的结合,其理论及其应用研究对推动空气污染控制技术的发展具有重要的意义。

第四节　磁力除尘技术

磁分离技术应用于生产实践已有很长的历史。如物料的提纯、磁力选矿等。20世纪70年代开始将磁分离技术用于对冶炼、造纸、电镀、化工等废水中颗粒物的处理。空气是流体,既然磁力能进行水污染控制,同样,磁力也能用于空气污染净化。下面将在分析磁力除尘机理的基础上探讨在除尘中的应用。

磁场的基本性质之一是它对任何置于其中的其他磁极或电流施加作用,和描述电场分布用场强 E 一样,描述磁场分布用磁感应强度 B,单位是A·m,又称特斯拉,用T表示。矢量 B 的指向是磁铁 N 极的指向。描述电场有电力线,而描述磁场用磁感应线。载流线路会产生磁场,磁感应强度的方向符合右手定则,其大小可用毕奥—萨伐尔定律计算。

这些研究内容中最重要的是提高对弱磁性粉尘的磁力。除对粒子进行预磁化,如引入磁种外,还可考虑采用预荷电,即利用洛仑兹力。

通过上面的讨论,我们知道:和电力一样,磁力直接作用于尘粒上,所以,电力除尘是节能的;静电除尘器有电击穿现象,要求有一定的电极距离、规定主场强,特定的运行条件,而磁力除尘的磁感应强度调节范围很宽,运行稳定、安全,并可在磁场内实现粒子近距离吸附。可见,磁力除尘技术具有很强的实用性(图 14.5)。

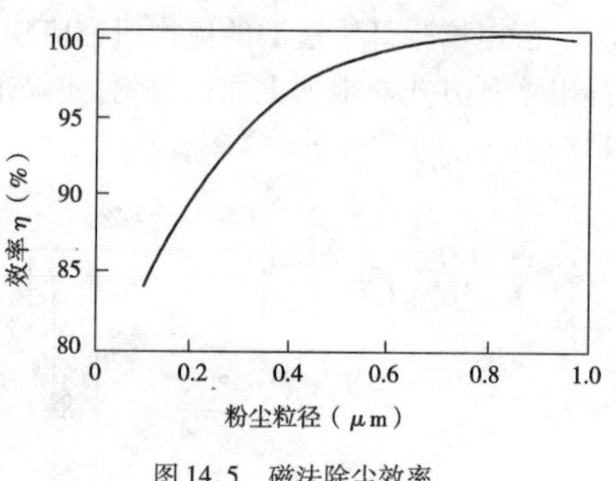

图 14.5　磁法除尘效率

第五节　电凝聚除尘技术

早在 20 世纪初,人们就开始了关于微粒的凝聚(agglomeration)或称凝并(coagulation)现象的研究。然而,直到 20 世纪末,气溶胶科学研究者才开始讨论在外电场力作用下带电粒子的凝并行为。空气污染控制理论与实践表明,采用常规的净化方法,收集 0.01 ~ 1μm 微细颗粒的效率很低。而这种亚微米烟尘对人类及环境的危害更大。多少年来,人们一直寻求有效收集亚微米烟尘的方法。静电凝并理论与净化技术的发展,为间接收集空气中的亚微米粒子提供了一个有效的途径。

在 20 世纪 60 年代初,气溶胶科学的奠基人 Fuchs 导出了带电粒子碰撞频率计算式。后来,Eliasson 等人理论计算和试验测定了异性荷电粉尘的凝并速率。William 及 Loyalka 运用场论的方法进一步完善了电凝并方程式。Watanabe 和 Suda 提出同极性荷电粉尘在交变电场中的凝并的三区式静电凝并除尘器引起了港口散货粉尘防治技术领域的关注。随后,Kauppinen 等人提出了亚微米带电粒子在交变电场中浓度随时间衰减百分率计算式。Watanabe 等人以及 Hautanen 等人对这种三区式电凝并除尘器做了较全面的试验研究。然而,Watanabe 采用的是同极性荷电粉尘在交变电场中的凝并方法。由于荷电方式、粉尘物化性质等因素的影响,粉尘群的正负电荷量往往是非对称的,向晓东及 Colbeck 教授研究了非对称异极气溶胶的电凝并过程。同时,许多研究者讨论了实现气溶胶粒子异极性荷电的方法。并提出异极性荷电粉尘在交变电场中凝并将优于同极性荷电粉尘在交变电场中的凝并设想。紧接着,许多研究者进行了异极性荷电粉尘在交变电场中凝并的理论和实验研究。另外,异极性荷电气溶胶粒子不仅有静电凝并,而且还存在同极性荷电粒子相互远离的静电弥散现象。于是,向晓东和 Colheck 理论分析和实验研究了除静电凝并外荷电烟尘的静电弥散现象,从而加深了对电凝并现象的认识。

近几年来,欧美、日本在使用静电凝并方法收集亚微米粉尘方面有了突破性进展。电凝并应用研究主要模括概括为 3 个方面:异极性荷电粉尘的库仑凝并;同极性荷电粉尘在交变电场中的凝并;异极性荷电粉尘在交变电场中的凝并。

异极性荷电粉尘的库仑凝并原理。微细粉尘在预荷电区中荷以异极性的电荷后,进入凝并区中,在凝并区,带电粉尘在库仑力的作用下聚集成较大的颗粒,然后进入收尘区中被捕集下来。

Kanazawa 等人采用图 14.6a)所示的静电凝并除尘装置收集烟草烟雾的收尘效率达 80%。Eliasson 等人的实验结果表明:在对称偶极荷电情况下,亚微米粒子的电凝并速率比中性粒子的热凝并速率高 $10^2 \sim 10^4$ 倍,这一研究结果引起气溶胶科学界的广泛兴趣。不过,这些研究往往只限于在凝并箱中的静态无外力场情况下粒子的电凝并过程。为再进一步增强凝并速率,引入外电场力是必要的。

同极性荷电粉尘在交变电场中的凝并除尘如图 14.6b)所示。粉尘在预荷电区以同极性电荷后,引入到加有高压电场的凝并区中,荷电尘粒在交变电场力作用下产生往复振动,由于粒子间的相对运动或速度差,使得粒子相互碰撞而凝并,最后在收尘区中被捕集下来。同极性荷电粉尘在交变电场中的凝并机理较复杂,目前尚无法确定其凝并系数的大小。一般认为,同极性荷电粉尘相互排斥不利于凝并,但是图 14.6 中的 3 电凝并除尘装置处理 0.06 ~ 12μm 的飞尘,比常规电除尘器的收尘效率提高 3%,即从 95.1% 增加到 98.1%。Hautanen 和 Kilpelainen 采用类似的凝并装置除油烟,也得到较好的实验结果。

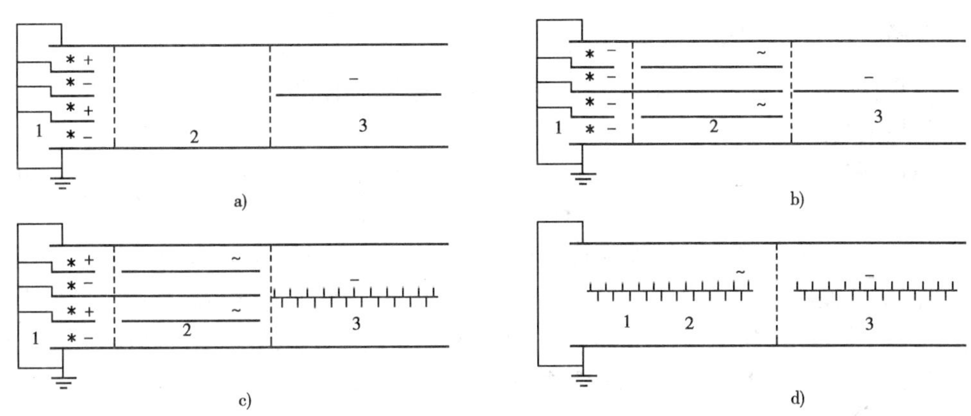

图 14.6　电凝并除尘器装置的结构形式

1-预荷电区;2-凝并区;3-收尘区

异极性荷电粉尘在交变电场中的凝并除尘装置如图 14.6c)所示。由于采用异极性预荷电方式,加快了异极性荷电粉尘在交变电场中的相对运动,有利于荷电粉尘的相互吸引、碰撞、凝并,从而提高凝并速率。根据 Kildes 等人提出的交变电场中荷电粉尘的凝并系数计算式,对于 1μm 的尘粒,在电场 $E = 4\text{kV/cm}$ 条件下,可估算出 $K_w \approx 10^{-12}\text{m}^3/\text{s}$,而库仑凝并系数 $K_c \approx 10^{-13} \sim 10^{-14}\text{m}^3/\text{s}$,因此异极性荷电粉尘在交变电场中的凝并优于异极性荷电粉尘的库仑凝并。另外,Kari 等人的对比研究发现,异极性荷电粉尘在交变电场中的凝并作用远大于同极性荷电粉尘在交变电场中的凝并。因此,异极性荷电粉尘在交变电场中的凝并除尘技术应成为电凝并除尘的发展方向。

异极性荷电粉尘在交变电场中的凝并还可以采取双区式电极布置形式,如图 14.6d)所示。和三区式相比,其创新之处是在凝并区内同时实现粉尘的荷电与凝并。其优越性在于:可使粉尘反复荷电与凝聚,荷电粉尘凝并后,其表面积增大,再次荷电后,电量增加,因此,疑并效果好;正负电晕交替进行,提高了粉尘群正负荷电量的对称性;无预荷电区,缩短了电极总长度。不仅如此,如果将传统的常规电除尘器加一交流高压电源,十分容易地改造为电凝并除尘器。从而有利于电凝并除尘技术的推广应用。

第十五章　除尘技术的选择

除尘器装置的选择，大量的问题可以归结为除尘效率、处理能力、设备费用和动力消耗之间的平衡。除少效率高的装置往往动力消耗较大或设备费较高。所以，应在全面衡量装置的技术指标和经济指标的基础上进行选择。

第一节　除尘器选择的原则

1. 根据粉尘性质选择

被捕集粉尘的性质直接影响装置的性能，尤其是粉尘的粒径分布，对装置性能影响更大。一般首先根据粉尘的粒径分布和装置的除尘效率(总效率和分级效率)来选择装置种类。目前，由于对某些除尘器尚缺乏可靠的分级效率曲线，所以在工程上常根据经验和实验数据进行粗略的选样。

选择除尘器，除首先考虑粉尘的粒径分布外，还必须全面了解粉尘的其他物理性质。例如，对于湿式洗涤器，粉尘的湿润性应为首先考虑的因素；对于电除尘器，则应考虑粉尘的比电阻；对于含有易燃易爆粉尘或气体的净化，则不宜选用电除尘器，最适合的是湿式洗涤器；对于含水率高，粘附性强的粉尘，则不宜选用袋式除尘器。

2. 根据运行条件选择

除尘系统的运行条件也是影响装置性能的重要因素。所谓运行条件，在这里主要指系统的操作工况(温度、压力等)和气体的性质。如前所述，分级效率曲线是选择除尘器的重要依据。但是，分级效率曲线仅适用于某一特定温度和压力状况及特定的含尘气体，即随运行条件的改变，曲线必然发生变化。所以，选择装置时，还必须考虑装置本身对运行条件的适应性。

空气温度对除尘器性能的影响主要有三个方面：一是对气体体积流量的影响。气体体积流量的改变会使含尘浓度改变，并且决定装置体积的大小和设备费用。二是各种除尘器因其结构材料不同，对温度有一定的适应范围。表 15.1 列出了各种除尘器的最高使用温度。也可以说，除尘器结构材料的选择应符合处理空气温度的需要。如袋式除尘器用于高温时应选择耐温滤料等。三是温度还将影响气体的粘度、密度和粉尘的比电阻等技术参数。如粘度增大将使粉尘的沉降速度减小。

除尘系统通常在常压下运行。一般说来，气体压力对除尘机制的影响较小，但当系统运行压力比大气压力高或低很多时，就需要按压力容器来设计除尘器。当生产过程本身产生高压时，可以利用其克服除尘过程的压力损失，选择高能洗涤器将变得经济可靠。

气体性质亦直接影响装置的选择。对于含尘气体中同时含气态污染物时，采用湿式洗涤器可同时实现除尘和脱除气态污染物的双重效果；对于湿度很大的气体，容易造成机械式除尘器的堵塞，易使袋式除尘器的滤料结块，因此选用湿式洗涤器也可能是适当的；当处理腐蚀性气体时，则必须考虑装置的防腐问题。

各种除尘器的耐温性　　表 15.1

种类	旋风除尘器	袋式除尘器		电除尘器		湿式洗涤器
		普通滤料	玻璃丝滤料	干式	湿式	
最高使用温度(℃)	400	80～120	250	350	80	400
备注	特高温者(＜1000℃)可采用内衬耐火材料以提高耐温性	温度随滤料种类而异	聚四氟乙烯的耐温性和价格与之差不多	高温时易产生粉尘比电阻随温度而变化的问题	温度过高会产生使绝缘部分失效的问题	特高温时，在入口内衬的耐火材料，由于与水接触，存在因冷却而出现的问题

对于运行状况不稳定的系统，要注意粉尘处理量和含尘浓度变化对除尘效率和压力损失的影响，如旋风除尘器除尘效率和压力损失，随处理空气量增加而增加；但大多数除尘器(如电除尘器)的效率却随处理空气量的增加而下降。

含尘浓度较高时，在电除尘器或袋式除尘器前应设置低阻力的预净化设备，去除较大尘粒，以使设备更好地发挥作用。例如，降低除尘器入口的含尘浓度，可以提高袋式除尘器过滤速度，防止电除尘器产生电晕闭塞。对湿式除尘器则可减少泥浆处理量，节省投资及减少运转和维修工作量。一般说来，为减少喉管磨损及防止喷嘴堵塞，对文丘里、喷淋塔等湿式除尘器，希望含尘浓度在 $10g/m^3$ 以下，袋式除尘器的适宜含尘浓度为 $0.2 \sim 10g/m^3$，电除尘适用于含尘浓度在 $30g/m^3$ 以下。

选用的除尘器必须满足达标排放的要求，应严格执行《大气污染物综合排放标准》(GB 16297—1996)等相关标准，按标准所规定的时段控制要求确定排放限值，并按标准规定选择烟囱高度。

第二节　除尘器的选择要点

影响除尘器的因素很多，在选择除尘器时除了考虑除尘器的效率、压力损失、废气排放标准、投资、运行费用、维护管理情况、安装位置和收集粉尘的处理和利用等因素外，还需要考虑含尘气体的种类和粉尘的种类。下面着重介绍含尘气体的种类和粉尘的种类对选择除尘器的影响。

1. 按粉尘的分散度选择

粉尘分散度对除尘器的性能影响很大，而粉尘的分散度即使产生粉尘的设备相同，由于操作条件不同也会有很大的差异。因此在选择除尘器的型式时首要的是确切掌握粉尘的分散度。例如当需要去除粉尘的粒径在 10μm 以上时应选离心力除尘器，当粒径为数微米以下尘粒占大部分时，则选用电除尘器、过滤式除尘器或洗涤器。而具体选择，可以根据粒径分布和其他要求，进行初步选择。然后，再依照后一节讨论的除尘器种类和型式的性能与设计要求确定。

2. 对粉尘密度的考虑

粉尘密度对除尘器的除尘性能影响很大。这种影响表现最为明显的是重力、惯性力和离心力除尘器。所有除尘器的一个共同点是堆积密度越小，尘粒分离捕集就越困难，粉尘的二次飞扬也越严重，所以在操作上与设备结构上应采取特别措施。

根据经验，对尘粒密度 ρ_p 与尘粒堆积密度 ρ_b 之比为 10 以上的粉尘，需要特别注意粉尘的二次飞扬现象。

3. 对粉尘浓度的考虑

(1)在重力、惯性力和离心力除尘器中，一般说来，进口含尘浓度越大，除尘效率越高。可是这样一般又会增加出口含尘浓度，所以不能仅从除尘效率高，就笼统地认为粉尘处理得好。

(2)在文氏洗涤器、喷射洗涤器等除尘器中考虑到喉管段的摩擦损耗和喷嘴堵塞等因素，希望初始含尘浓度在 $10g/m^3$ 以下。

(3)在过滤式除尘器中，初始含尘浓度越低时，整体的除尘性能越好。在高初始含尘浓度时，希望采用压力损失变化小的连续清尘方式。

(4)电除尘器，一般在初始含尘浓度为 $30g/m^3$ 以下的范围内使用。

4. 对粉尘粘附性的考虑

粉尘和壁面的粘附机理非常复杂，根据经验已知它与粉尘的比表面积关系很大，粉尘的比表面积越大，粉尘粘附性越强。而粉尘的比表面积与粉尘的直径成反比，因此粉尘粒径越小，比表面积就越大，其粘附性也越大。

在旋风除尘器中，粉尘因离心力粘附于壁面上，有发生堵塞的危险。而对袋式过滤器容易使过滤气体的孔道堵塞。对电除尘器则易使放电极肥大和集尘极堆积。实验表明，粉尘的粘附性对形成过滤式除尘的粉尘初层起着重要作用。

粉尘的粘附不仅与其比表面积有关，还和粉尘的组成和气体的性质以及与粉尘相互粘附的特性等有关。

5. 对粉尘比电阻的考虑

电除尘器的粉尘比电阻应该在 $10^4 \sim 10^{10}\Omega \cdot cm$ 范围之内。粉尘的比电阻随含尘气体的温度和湿度不同有很大变化。一般在 100 ~ 200℃之间，电阻值最大。如果加湿于含尘气体，则比电阻降低。因此在选用电除尘器时，需事先掌握粉尘的比电阻，充分考虑含尘气体温度的选择和含尘气体性质的调整。

6. 对处理含尘气体温度的考虑

干式除尘设备原则上必须在排出含尘气体的露点以上的温度下运行。例如在含三氧化硫的含尘气体中，即使三氧化硫是微量的，也会大幅度地提高其露点。此外：

(1)在洗涤除尘中，由于水的蒸发和排放到大气后的冷凝等原因，应尽可能在低温下进行处理。

(2)在过滤除尘中，直接或间接地处理含尘气体的温度应降低到滤布耐热温度以下。玻

璃纤维滤布的使用温度一般在300℃以下，其他滤布则在80～150℃以下。

(3)在电除尘中，使用温度可达400℃。对电除尘器要考虑粉尘的比电阻，据此来选择处理含尘气体的温度。

7. 对采用湿式除尘的考虑

湿式除尘绝大部分是用水的。如除尘设备的规模较小，需要同时除去有害气体，或者需要把极其微细的炭黑之类的粉尘完全捕集起来时，往往来用湿式除尘。

因为湿式除尘排出的含尘气体温度降低，所以除考虑到会使大气扩散效果降低，烟流拖长，烟雾降落等之外，还需要采取措施处理洗涤污水的问题。

8. 对含尘气体性质的考虑

为有效地利用除尘器，应根据情况，对如下的粉尘和含尘气体的性质，进行处理。

(1)一氧化碳空气的氧化　处理含一氧化碳的排出空气时，作为防止爆炸的措施，要在港口散货筒仓出口部位导入空气，把一氧化碳氧化成二氧化碳。

(2)提高粉尘的凝聚性　利用热交换器等间接冷却，或水喷雾的直接冷却和增湿，或者利用静电的凝并作用等来提高粉尘的凝聚效果。

(3)改变粉尘的比电阻　在高电阻粉尘的场合，如在燃料煤中，添入重油与高硫煤进行混烧，或喷入水、蒸汽、三氧化硫等调节剂，以降低粉尘的比电阻。另一方面，燃烧重油时产生的粉尘，当电阻过低时，可喷入氨气，生成电阻较高的硫铵，把全部粉尘的电阻调节在$10^4 \sim 10^{10}\Omega \cdot cm$范围之内。

9. 容量的决定

含尘气体的性质，可随操作条件或燃烧条件不同而有显著变化，且对除尘性能有很大影响。

除尘器进入实际运行后，要想获得符合设计规格的粉尘，实际上是很困难的。另一方面，操作和设备安装处所的环境条件，对设备性能是恶化还是有所改善，也是不易预计的。

因此，在决定设备的容量时，必须保证有一定的余量或预留一些可能增加设备的空间。

第三节　除尘器的性能

除尘器的性能包括以下几点：

(1)除尘装置的气体处理量；

(2)除尘器的效率及通过率；

(3)除尘器的压力损失；

(4)除尘器的基建投资与运行管理费用；

(5)除尘器的使用寿命；

(6)除尘器的占地面积或占用空间体积的大小。

以上六项性能，前三项属于技术性能，后三项属于经济性能指标。这些性能都是互相关互相制约的。这里主要介绍除尘器的流量，除尘器的效率及压力损失这三个主要技术指标。

1. 除尘装置的流量

除尘器的流量为通过设备的含尘气体流量。除尘器流量为给定值，一般以体积流量表示。对于高温气体和压力不是一个大气压气体，必须把流量换算到标准状态，其体积以 $N \cdot m^3/min$ 或 $N \cdot m^3/h$ 表示。在操作温度、压力下则以 m^3/min 或 m^3/h 表示。某些情况下，气体的特性参数与空气相近，其密度及粘度可取空气的值。

2. 压力损失

除尘装置的压力损失是指含尘气体通过除尘器的阻力，为除尘器的重要设备性能参数之一。其值愈小愈好。因风机的功率几乎与它成正比。除尘器的压力损失和管道、风罩等压力损失以及除尘器的气体流速可作为选择风机的根据。

除尘器压力损失的大小，不仅取决于设备的结构型式，而且与流体的流速有关。对同一型式的除尘设备，若经过的空气流速不相同，其压力损失也不同。空气流速愈大，其压力损失也愈大。除尘器的压力损失可用下式来表示

$$\Delta p = \xi \frac{\rho_g v_i^2}{2}$$

式中：Δp——除尘器的压力损失，Pa；

ξ——除尘器的压力损失系数，无因次，它与除尘器的型式、尺寸及空气的运动状态有关，可根据实验和经验公式来确定；

ρ_g——空气的密度，kg/m^3；

v_i——通过除尘器的气体流速，m/s。

选用除尘器何处的气体速度为通过速度以及除尘器的压力损失系数（ξ）值的确定，对不同类型除尘器有不同的选定方法，在需要计算除尘器的压力损失时，可根据选用的装置型式及其工况，直接查阅有关文献所给出的公式进行选择计算。

3. 除尘效率

（1）总效率的计算

若通过除尘器的含尘气体的流量为 $Q(m^3/s)$、粉尘的质量流量为 $G(g/s)$、气体含尘质量浓度为 $c(g/m^3)$，对应于除尘器进口、出口和落入尘斗的尘量用下标 i、o 和 c 表示，由质量守恒得

$$G_i = G_c + G_o$$

效率的定义是被捕集的粉尘量占进入除尘器总量的百分比。由此定义得总除尘效率为

$$\eta r = \frac{G_c}{G_i} \times 100\% = \frac{G_i - G_c}{G_i} \times 100\% = \left(1 - \frac{G_c}{G_i}\right) \times 100\%$$

通常，根据流量和含尘质量浓度表示总效率更为方便，因

$$G_i = c_i \cdot Q_i ; G_o = c_o \cdot Q_o$$

由式易得

$$\eta_T = \left(1 - \frac{c_o Q_o}{c_i Q_i}\right) \times 100\%$$

无漏风时，有

$$\eta_T = \left(1 - \frac{c_o}{c_i}\right) \times 100\%$$

这是最常用的总效率计算式。

(2)分级效率的计算

分级效率是指对某一粒径 d_p 或某一粒径范围 Δd_p(粒级)的除尘效率，即

$$\eta = 1 - \frac{\Delta G_o}{\Delta G_i}$$

式中：ΔG_i、ΔG_o——粒径 d_p 或在 Δd_p 范围内除尘器进、出口粉尘量。

若测得进、出口粉尘总量 G_i、G_o 和频率分布 ΔG_i、ΔG_o，于是分级效率还可表示为

$$\eta = 1 - \frac{G_o \Delta D_o}{G_i \Delta D_i} = 1 - (1 - \eta_r)\frac{\Delta D_o}{\Delta D_i}$$

若已知各分级效率，可由下式求总效率

$$\eta r = \sum_{d_{p\min}}^{d_{p\max}} \eta \Delta D_i$$

若已知颗粒群的分布函数，总效率可由下式计算

$$\eta_T = \int_0^{\infty} f(d_p)\eta(d_p)\mathrm{d}d_p$$

式中：$f(d_p)$——粉尘粒径分布函数；

$\eta(d_p)$——除尘器分级效率。

上式需采用数值积分法进行计算。

(3)串联除尘系统的效率计算

对于有两台以上除尘设备先后净化同一烟尘的串联系统，其总效率为

$$\eta_T = 1 - (1 - \eta_{T1})(1 - \eta_{T2})\cdots(1 - \eta_{Tn}) = 1 - \prod_{i=1}^{n}(1 - \eta_{Ti})$$

其分级效率为

$$\eta = 1 - (1 - \eta_1)(1 - \eta_2)\cdots(1 - \eta_n) = 1 - \prod_{i=1}^{n}(1 - \eta_i)$$

有一点需特别指出，分析除尘器的净化机理，主要是建立分级效率的计算公式。建立分级效率的计算公式之所以重要，是因为分级效率计算式中包含了影响净化性能的某些物理、化学因素或烟尘性质，从而为提高净化效果提供了改进的途径。另外，分级效率计算式还包含了净化设备的几何参数，因此，可利用分级效率计算式进行净化设备的设计。

第四节　除尘器选择的流程

经验表明，使用各种除尘装置，不仅可以提高产品质量和降低生产成本，而且也是控制粉尘污染的重要措施。

各种除尘器的除尘效率、设备费及操作费等都不一样，在设置除尘器时，应对各种除尘器的性能有深刻的理解，充分考虑粉尘发生设备的结构、原料和燃料的种类、操作条件和含尘气体的性质和量，使用除尘器的目的，需要捕集粉尘的特性和价值，捕集量等情况，以组合成最经济的除尘系统，又保证适宜的除尘效率。在除尘器的维护管理上，还应考虑由于粉尘性质不同

和操作条件变化的处理措施。

错误的选择往往会引起除尘器的性能恶化或不能使用。例如，没有充分掌握粉尘的分散度、凝聚性和湿润性等特点，可因粘结而使尘斗出尘不良，严重影响连续运转。再如，由于忽视含尘气体中腐蚀成分（三氧化硫、氯化氢等）的流向、温度和循环的状况，可能使设备的耐用年限大大缩短。

除尘器选择方法和步骤如图 15.1 所示。

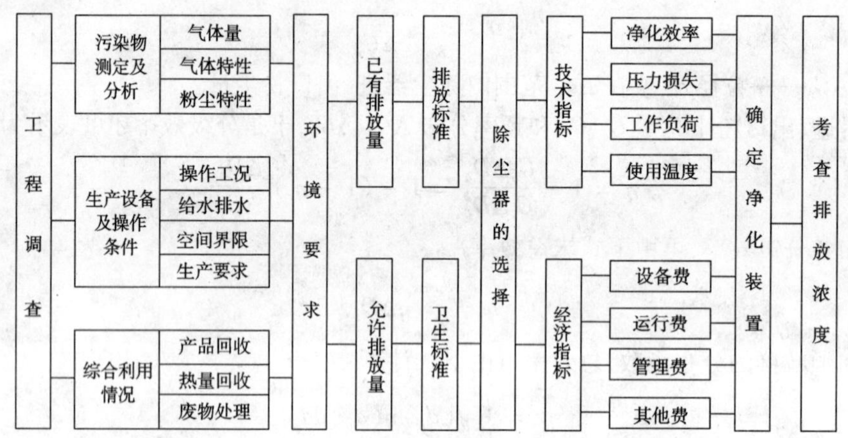

图 15.1　除尘器选择方法和步骤

第五篇　港口粉尘污染主要抑尘技术方法

第十六章　洒水抑尘

各港口堆场均建有喷洒水系统，现在的主要技术问题不是喷洒水系统的建设，而是喷洒水系统的自动化和老化洒水系统的改造。本部分将结合实例进行分析。

第一节　洒水抑尘自动管理系统

在干散货港口码头，煤炭或矿石由船舶输入码头，经桥式抓斗卸船机、斗轮堆取料机、皮带传输机等生产设备卸载并传输进入堆场或装火车运出。所运输的物料多为散状物，极易产生粉尘，造成大气污染，必须洒水除尘。如果仅靠人工进行洒水作业，工作量很大，同时产生的废水也带来污染问题，故需要设计一个集堆场洒水除尘和污水处理于一体的自动控制系统，提高生产效率和水资源的利用率，而且减少污染。该系统属于港口码头的扩建项目。

1. 可编程控制器技术

PLC 是一种专门为在工业环境下应用而设计的数字运算操作的电子装置。它采用可以编制程序的存储器，用来在其内部存储执行逻辑运算、顺序运算、计时、计数和算术运算等操作的指令，并能通过数字式或模拟式的输入和输出，控制各种类型的机械或生产过程。PLC 及其有关的外围设备都应该按易于与工业控制系统形成一个整体，易于扩展其功能的原则而设计。

世界上公认的第一台 PLC 是 1969 年美国数字设备公司（DEC）研制的。限于当时的元器件条件及计算机发展水平，早期的 PLC 主要由分立元件和中小规模集成电路组成，可以完成简单的逻辑控制及定时、计数功能。出现微处理器后，人们很快将其引入可编程控制器，使 PLC 增加了运算、数据传送及处理等功能，完成了真正具有计算机特征的工业控制装置。为了方便熟悉继电器、接触器系统的工程技术人员使用，可编程控制器采用和继电器电路图类似的梯形图作为主要编程语言，并将参加运算及处理的计算机存储元件都以继电器命名。此时的 PLC 为微机技术和继电器常规控制概念相结合的产物。

20 世纪中末期，可编程控制器进入实用化发展阶段，计算机技术已全面引入可编程控制器中，使其功能发生了飞跃。更高的运算速度、超小型体积、更可靠的工业抗干扰设计、模拟量运算、PID 功能及极高的性价比奠定了它在现代工业中的地位。20 世纪末期，可编程控制器在先进工业国家中已获得广泛应用。这个时期可编程控制器发展的特点是大规模、高速度、高性能、产品系列化。这个阶段的另一个特点是世界上生产可编程控制器的国家日益增多，产量日益上升。这标志着可编程控制器已步入成熟阶段。

20 世纪末期，可编程控制器的发展特点是更加适应于现代工业的需要。从控制规模上来说，这个时期发展了大型机和超小型机；从控制能力上来说，诞生了各种各样的特殊功能单元，用于压力、温度、转速、位移等各式各样的控制场合；从产品的配套能力来说，生产了各种人机界面单元、通信单元，使应用可编程控制器的工业控制设备的配套更加容易。目前，可编程控制器在机械制造、石油化工、冶金钢铁、汽车、轻工业等领域的应用都得到了长足的发展。

我国可编程控制器的引进、应用、研制、生产是伴随着改革开放开始的。最初是在引进设备中大量使用了可编程控制器。接下来在各种企业的生产设备及产品中不断扩大了 PLC 的应用。目前，我国自己已可以生产中小型可编程控制器。CF 系列、DKK 及 D 系列、S 系列、YZ 系列等多种产品已具备了一定的规模并在工业产品中获得了应用。此外，一些中外合资企业也是我国比较著名的 PLC 生产厂家。可以看到，随着我国现代化进程的深入，PLC 在我国有更广阔的应用天地。

目前，PLC 在国内外已广泛应用于钢铁、石油、化工、电力、建材、机械制造、汽车、轻纺、交通运输、环保及文化娱乐等各个行业，使用情况大致可归纳为如下几类：

(1)开关量的逻辑控制

这是 PLC 最基本、最广泛的应用领域，它取代传统的继电器电路，实现逻辑控制、顺序控制，既可用于单台设备的控制，也可用于多机群控及自动化流水线。如注塑机、印刷机、订书机械、组合机床、磨床、包装生产线、电镀流水线等。

(2)模拟量控制

在工业生产过程当中，有许多连续变化的量，如温度、压力、流量、液位和速度等都是模拟量。为了使可编程控制器处理模拟量，必须实现模拟量(Analog)和数字量(Digital)之间的 A/D转换及 D/A 转换。PLC 厂家都生产配套的 A/D 和 D/A 转换模块，使可编程控制器用于模拟量控制。

(3)运动控制

PLC 可以用于圆周运动或直线运动的控制。从控制机构配置来说，早期直接用于开关量 I/O 模块连接位置传感器和执行机构，现在一般使用专用的运动控制模块。如可驱动步进电机或伺服电机的单轴或多轴位置控制模块。世界上各主要 PLC 厂家的产品几乎都有运动控制功能，广泛用于各种机械、机床、机器人、电梯等场合。

(4)过程控制

过程控制是指对温度、压力、流量等模拟量的闭环控制。作为工业控制计算机，PLC 能编制各种各样的控制算法程序，完成闭环控制。PID 调节是一般闭环控制系统中用得较多的调节方法。大中型 PLC 都有 PID 模块，目前许多小型 PLC 也具有此功能模块。PID 处理一般是运行专用的 PID 子程序。过程控制在冶金、化工、热处理等场合有非常广泛的应用。

(5)数据处理

现代 PLC 具有数学运算(含矩阵运算、函数运算、逻辑运算)、数据传送、数据转换、排序、查表、位操作等功能，可以完成数据的采集、分析及处理。这些数据可以与存储在存储器中的

参考值比较,完成一定的控制操作,也可以利用通信功能传送到别的智能装置,或将它们打印制表。数据处理一般用于大型控制系统,如无人控制的柔性制造系统;也可用于过程控制系统,如造纸、冶金、食品工业中的一些大型控制系统。

(6)通信及联网

PLC 通信含 PLC 间的通信及 PLC 与其他智能设备间的通信。随着计算机控制的发展,自动化网络发展得很快,各 PLC 厂商都十分重视 PLC 的通信功能,纷纷推出各自的网络系统。新近生产的 PLC 都具有通信接口,通信非常方便。

未来,PLC 会有更大的发展。从技术上看,计算机技术的新成果会更多地应用于可编程控制器的设计和制造上,会有运算速度更快、存储容量更大、智能更强的品种出现;从产品规模上看,会进一步向超小型及超大型方向发展;从产品的配套性上看,产品的品种会更丰富、规格更齐全,完美的人机界面、完备的通信设备会更好地适应各种工业控制场合的需求;从市场上看,各国各自生产多品种产品的情况会随着国际竞争的加剧而打破,会出现少数几个品牌垄断国际市场的局面,会出现国际通用的编程语言;从网络的发展情况来看,可编程控制器和其他工业控制计算机组网构成大型的控制系统是可编程控制器技术的发展方向。目前的计算机集散控制系统 DCS(Distributed Control System)中已有大量的可编程控制器应用。伴随着计算机网络的发展,可编程控制器作为自动化控制网络和国际通用网络的重要组成部分,将在工业及工业以外的众多领域发挥越来越大的作用。

2. 工业以太网

工业以太网是基于 IEEE 802.3 (Ethernet)的强大的区域和单元网络。利用工业以太网,SIMATIC NET 提供了一个无缝集成到新的多媒体世界的途径。

企业内部互联网(Intranet),外部互联网(Extranet),以及国际互联网(Internet) 提供的广泛应用不但已经进入今天的办公室领域,而且还可以应用于生产和过程自动化。继 10M 波特率以太网成功运行之后,具有交换功能,全双工和自适应的 100M 波特率快速以太网(Fast Ethernet,符合 IEEE 802.3u 的标准)也已成功运行多年。采用何种性能的以太网取决于用户的需要。通用的兼容性允许用户无缝升级到新技术。工业以太网设备包括以下几个重要部分:

(1)工业以太网集线器

相信绝大多数人都熟悉集线器。很多人使用这种简易设备去连接各种基于以太网的设备,如个人计算机,可编程控制器等。集线器接收到来自某一端口的消息,再将消息广播到其他所有的端口。对来自任一端口的每一条消息,集线器都会把它传递到其他的各个端口。在消息传递方面,集线器是低速低效的,可能会出现消息冲突。然而,集线器的使用非常简单——实际上可以即插即用。集线器没有任何华而不实的功能,也没有冗余功能。

(2)工业以太网非管理型交换机

集线器的发展产生了一种叫非管理型交换机的设备。它能实现消息从一个端口到另一个端口的路由功能,相对集线器更加智能化。非管理型交换机能自动探测每台网络设备的网络速度。另外,它具有一种称为 MAC 地址表的功能,能识别和记忆网络中的设备。换言之,如果端口 2 收到一条带有特定识别码的消息,此后交换机就会将所有具有那种特定识别码的消息发送到端口 2。这种智能避免了消息冲突,提高了传输性能,相对集线器是一次巨大的改进。然而,非管理型交换机不能实现任何形式的通信检测和冗余配置功能。

(3)工业以太网管理型交换机

工业以太网连接设备发展的下一代产品是管理型交换机。相对集线器和非管理型交换机,管理型交换机拥有更多更复杂的功能,价格也高出许多－通常是一台非管理型交换机的3～4倍。管理型交换机提供了更多的功能,通常可以通过基于网络的接口实现完全配置。它可以自动与网络设备交互,用户也可以手动配置每个端口的网速和流量控制。一些老设备可能无法使用自动交互功能,因此手动配置功能是必不可缺的。

绝大多数管理型交换机通常也提供一些高级功能,如用于远程监视和配置的SNMP(简单网络管理协议),用于诊断的端口映射,用于网络设备成组的VLAN(虚拟局域网),用于确保优先级消息通过的优先级排列功能等。利用管理型交换机,可以组建冗余网络。使用环形拓扑结构,管理型交换机可以组成环形网络。每台管理型交换机能自动判断最优传输路径和备用路径,当优先路径中断时自动阻断(block)备用路径。

(4)工业以太网管理型冗余交换机

高级的管理型冗余交换机提供了一些特殊的功能,特别是针对有稳定性、安全性方面严格要求的冗余系统进行了设计上的优化。构建冗余网络的主要方式主要有以下几种,STP、RSTP;环网冗余RapidRingTM以及Trunking。

STP(Spanning Tree Protocol,生成树算法,IEEE 802.1D),是一个链路层协议,提供路径冗余和阻止网络循环发生。它强令备用数据路径为阻塞(blocked)状态。如果一条路径有故障,该拓扑结构能借助激活备用路径重新配置及链路重构。网络中断恢复时间为30～60s之间。RSTP(快速生成树算法,IEEE 802.1w)作为STP的升级,将网络中断恢复时间,缩短到1～2s。生成树算法网络结构灵活,但也存在恢复速度慢的缺点。

为了能满足工控网络实时性强的特点,RapidRing孕育而生。这是在工业以太网网络中使用环网提供高速冗余的一种技术。这个技术可以使网络在中断后300ms之内自行恢复。并可以通过工业以太网交换机的出错继电连接、状态显示灯和SNMP设置等方法来提醒用户出现的断网现象。这些都可以帮助诊断环网什么地方出现断开。

RapidRingTM也支持两个连接在一起的环网,使网络拓朴更为灵活多样。两个环通过双通道连接,这些连接可以是冗余的,避免单个线缆出错带来的问题。

将不同交换机的多个端口设置为Trunking主干端口,并建立连接,则这些工业以太网交换机之间可以形成一个高速的骨干链接。不但成倍地提高了骨干链接的网络带宽,增强了网络吞吐量,而且还提供了另外一个功能,即冗余功能。如果网络中的骨干链接产生断线等问题,那么网络中的数据会通过剩下的链接进行传递,保证网络的通讯正常。Trunking主干网络采用总线型和星型网络结构,理论通讯距离可以无限延长。该技术由于采用了硬件侦测及数据平衡的方法,所以使网络中断恢复时间达到了新的高度,一般恢复时间在10ms以下。

3.组态软件

组态软件,又称监控组态软件,译自SCADA,即Supervision,Control and Data Acquisition(数据采集与监视控制),组态软件的应用领域很广,它可以应用于电力系统、给水系统、石油、化工等领域的数据采集与监视控制以及过程控制等诸多领域。在电力系统以及电气化铁道上又称远动系统(RTU System,Remote Terminal Unit)。

组态软件是有专业性的。一种组态软件只能适合某种领域的应用。组态的概念最早出现在工业计算机控制中。如 DCS(集散控制系统)组态,PLC(可编程控制器)梯形图组态。人机界面生成软件就叫工控组态软件。其实在其他行业也有组态的概念,人们只是不这么叫而已。如 AutoCAD,PhotoShop,办公软件(PowerPoint)都存在相似的操作,即用软件提供的工具来形成自己的作品,并以数据文件保存作品,而不是执行程序。组态形成的数据只有其制造工具或其他专用工具才能识别。但是不同之处在于,工业控制中形成的组态结果是用在实时监控的。组态工具的解释引擎,要根据这些组态结果实时运行。从表面上看,组态工具的运行程序就是执行自己特定的任务。

虽然说组态就是不需要编写程序就能完成特定的应用。但是为了提供一些灵活性,组态软件也提供了编程手段,一般都是内置编译系统,提供类 BASIC 语言,有的甚至支持 VB。

组态软件是指一些数据采集与过程控制的专用软件,它们是在自动控制系统监控层一级的软件平台和开发环境,使用灵活的组态方式,为用户提供快速构建工业自动控制系统监控功能的、通用层次的软件工具。

组态软件应该能支持各种工控设备和常见的通信协议,并且通常应提供分布式数据管理和网络功能。对应于原有的 HMI(人机接口软件,Human Machine Interface)的概念,组态软件应该是一个使用户能快速建立自己的 HMI 的软件工具或开发环境。在组态软件出现之前,工控领域的用户通过手工或委托第三方编写 HMI 应用,开发时间长,效率低,可靠性差;或者购买专用的工控系统,通常是封闭的系统,选择余地小,往往不能满足需求,很难与外界进行数据交互,升级和增加功能都受到严重的限制。组态软件的出现,把用户从这些困境中解脱出来,可以利用组态软件的功能,构建一套最适合自己的应用系统。随着它的快速发展,实时数据库、实时控制、SCADA、通信及联网、开放数据接口、对 I/O 设备的广泛支持已经成为它的主要内容,随着技术的发展,监控组态软件将会不断被赋予新的内容。

随着工业自动化水平的迅速提高,计算机在工业领域的广泛应用,人们对工业自动化的要求越来越高,种类繁多的控制设备和过程监控装置在工业领域的应用,使得传统的工业控制软件已无法满足用户的各种需求。在开发传统的工业控制软件时,当工业被控对象一旦有变动,就必须修改其控制系统的源程序,导致其开发周期长;已开发成功的工控软件又由于每个控制项目的不同而使其重复使用率很低,导致它的价格非常昂贵;在修改工控软件的源程序时,倘若原来的编程人员因工作变动而离去时,则必须同其他人员或新手进行源程序的修改,因而更是相当困难。通用工业自动化组态软件的出现为解决上述实际工程问题提供了一种崭新的方法,因为它能够很好地解决传统工业控制软件存在的种种问题,使用户能根据自己的控制对象和控制目的的任意组态,完成最终的自动化控制工程。

组态(Configuration)为模块化任意组合。通用组态软件主要特点:

(1)延续性和可扩充性。用通用组态软件开发的应用程序,当现场(包括硬件设备或系统结构)或用户需求发生改变时,不需作很多修改而方便地完成软件的更新和升级;

(2)封装性(易学易用),通用组态软件所能完成的功能都用一种方便用户使用的方法包装起来,对于用户,不需掌握太多的编程语言技术(甚至不需要编程技术),就能很好地完成一个复杂工程所要求的所有功能;

(3)通用性,每个用户根据工程实际情况,利用通用组态软件提供的底层设备(PLC、智能仪表、智能模块、板卡、变频器等)的 I/O Driver、开放式的数据库和画面制作工具,就能完成一个具有动画效果、实时数据处理、历史数据和曲线并存、具有多媒体功能和网络功能的工程,不受行业限制。

4. 系统分析

系统分析(System Analysis)一词最早是在20世纪30年代提出的,当时是以管理问题为主要应用对象,是管理信息系统的一个主要和关键阶段,负责这个阶段的关键人物是系统分析员,完成这个阶段任务的关键问题是开发人员与用户之间的沟通。以后的大半个世纪,无论是研究大系统的问题,还是建立复杂的系统,都广泛应用了系统分析的方法。

系统分析从系统需求入手,从用户观点出发建立系统用户模型。用户模型从概念上全方位表达系统需求及系统与用户的相互关系。系统分析在用户模型的基础上,建立适应性强的独立于系统实现环境的逻辑结构。

分析阶段独立于系统实现环境,可以保证建立起来的系统结构具有相对的稳定性,便于系统维护、移植或扩充。

在系统分析阶段,系统的逻辑结构应从以下三方面全面反映系统的功能与性能:

(1)信息:完整描述系统中所处理的全部信息;

(2)行为:完全描述系统状态变化所需处理或功能;

(3)表示:详细描述系统的对外接口与界面。

系统分析方法是指把要解决的问题作为一个系统,对系统要素进行综合分析,找出解决问题的可行方案的咨询方法。兰德公司认为,系统分析是一种研究方略,它能在不确定的情况下,确定问题的本质和起因,明确咨询目标,找出各种可行方案,并通过一定标准对这些方案进行比较,帮助决策者在复杂的问题和环境中作出科学抉择。

系统分析方法来源于系统科学。系统科学是20世纪40年代以后迅速发展起来的一个横跨各个学科的新的科学部门,它从系统的着眼点或角度去考察和研究整个客观世界,为人类认识和改造世界提供了科学的理论和方法。它的产生和发展标标志着人类的科学思维由主要以实物为中心逐渐过渡到以系统为中心,是科学思维的一个划时代突破。

系统分析是咨询研究的最基本的方法,我们可以把一个复杂的咨询项目看成为系统工程,通过系统目标分析、系统要素分析、系统环境分析、系统资源分析和系统管理分析,可以准确地诊断问题,深刻地揭示问题起因,有效地提出解决方案和满足客户的需求。

系统分析方法的具体步骤包括:限定问题、确定目标、调查研究收集数据、提出备选方案和评价标准、备选方案评估和提出最可行方案。

(1)限定问题

所谓问题,是现实情况与计划目标或理想状态之间的差距。系统分析的核心内容有两个:其一是进行诊断,即找出问题是及其原因;其二是开处方,即提出解决问题的最可行方案。所谓限定问题,就是要明确问题的本质或特性、问题存在范围和影响程度、问题产生的时间和环境、问题的症状和原因等。限定问题是系统分析中关键的一步,因为如果诊断出错,以后开的处方就不可能对症下药。在限定问题时,要注意区别症状和问题,探讨问题原因不能先入为主,同时要判别哪些是局部问题,哪些是整体问题,问题的最后确定应该在调查研究之后。

(2)确定目标

系统分析目标应该根据客户的要求和对需要解决问题的理解加以确定,如有可能应尽量通过指标表示,以便进行定量分析。对不能定量描述的目标也应该尽量用文字说明清楚,以便进行定性分析和评价系统分析的成效。

(3)调查研究,收集数据

调查研究和收集数据应该围绕问题起因进行,一方面要验证有限定问题阶段形成的假设,另一方面要探讨产生问题的根本原因,为下一步提出解决问题的备选方案做准备。

调查研究常用的有四种方式,即阅读文件资料、访谈、观察和调查。

收集的数据和信息包括事实(facts)、见解(opinions)和态度(attitudes)。要对数据和信息去伪存真,交叉核实,保证真实性和准确性。

(4)提出备选方案和评价标准

通过深入调查研究,使真正有待解决的问题得以最终确定,使产生问题的主要原因得到明确,在此基础上就可以有针对性地提出解决问题的备选方案。备选方案是解决问题和达到咨询目标可供选择的建议或设计,应提出两种以上的备选方案,以便提供进一步评估和筛选。为了对备选方案进行评估,要根据问题的性质和客户具备的条件。提出约束条件或评价标准,供下一步应用。

(5)备选方案评估

根据上述约束条件或评价标准,对解决问题备选方案进行评估,评估应该是综合性的,不仅要考虑技术因素,也要考虑社会经济等因素,评估小组应该有一定代表性,除咨询项目组成员外,也要吸收客户组织的代表参加。根据评估结果确定最可行方案。

(6)提交最可行方案

最可行方案并不一定是最佳方案,它是在约束条件之内,根据评价标准筛选出的最现实可行的方案。如果客户满意,则系统分析达到目标。如果客户不满意,则要与客户协商调整约束条件或评价标准,甚至重新限定的问题,开始新一轮系统分析,直到客户满意为止。

第二节　洒水抑尘系统的老化改造

大多数港口煤炭堆场及码头以湿法除尘作为抑制各环节煤尘污染的主要手段,洒水抑尘系统担负着煤炭堆场的洒水降尘任务,是重要的环保设施。以某港口为例,改港口的洒水抑尘系统目前由以下部分组成:洒水抑尘加压泵房、供水管网、污水回收处理厂、煤堆场喷枪站、扩容堆场喷枪站、矿石堆场喷枪站、电气自动控制系统等。其洒水抑尘技术改造主要涉及部分煤堆场喷枪站、扩容堆场喷枪站、配套电气控制系统以及配套设备的改造。

1. 洒水抑尘系统的现状及存在的问题

在港口码头以洒水措施进行抑尘的历史久远,正因为此,洒水设备日趋老化,给日常洒水抑尘造成不便,为适应环保需要,我国港口码头的老旧设备急需更新改造。

以该港煤某堆场为例,投产至今已有20余年,自2001年开始,堆场的洒水系统开始陆续进行了一系列大的技术改造,洒水系统的功能效果有了很大的提高。2003年对该堆场喷枪站经过改造,已经具备较完善的功能,并且运行状况比较理想。本次改造工程主要是针对洒水作业线的系统改造,工程总计150个喷枪站。这些喷枪站利用了一些原有的旧设备,由于旧设备使用时间已久,性能不稳定,引起的洒水故障较多,例如压力信号不稳定、电磁阀常喷等,给操作者、维修者带来困难。现洒水使用的电磁阀已使用20年,阀体老化、腐蚀严重,动作极不灵敏，且不具有开阀、关阀、摆头、泄空、电源等反馈信号。控制系统没有返回信号，无法实现系统监控，喷枪使用处于不可控状态，存在极大的隐患。喷枪的材质硬度也不够，摆头机构功能不够完善。喷枪站原箱体中一部分外观损坏严重，须更新。绝大部分白铁板内衬腐蚀严重，电气柜门密封防护不够，水、煤尘极易进入。没有后开门，维修需要整体拆箱，工作量大，且在水槽一侧的箱体由于位置狭小，存在维修人员掉下坝基的安全隐患。堆场中存在配电柜供电能力小，且配电柜内元器件年代久远，规格型号已无符合条件的替代产品，无法完成备件等问题。且无温控拌热系统，冬季不能进行洒水。箱体锈蚀严重，需全部更换。综上所述，需对喷枪系统（包括喷枪站、子站、接线箱、电气、控制系统）进行更新改造。

堆场的现场消防用水使用水压较大的管道，时常爆裂消防带。需要将现有管道对接，对接后启用消防用管道，既解决了爆裂消防带问题，也满足消防压力要求；污水处理场因污水泵项目未能实行，现有污水泵功率不满足堆场泄洪作用，需将年代久远的污水泵更换为大功率的污水泵，并更换相应电气控制设备；堆场蓄水池中原进水管路使用的国产电动阀因年代久远，严重泄露，特别是冬季，用水量小，阀门不严造成水的整个冬季溢流浪费，需要进行更换。

2. 洒水抑尘系统改造工程的主要内容

1）喷枪站系统

将堆场中原有喷枪站全部拆除，根据工程要求制作全新的整套喷枪站进行安装。其中若有部分元件仍可使用，在改造中应择优留用。将所有电磁阀全部更换，安装温控伴热系统，使其冬季也能洒水。

2）电气控制系统

（1）更换接线箱。其中部分接线箱端子择优留用。

（2）更换喷枪站子站箱。其中部分子站箱内端子择优留用。

（3）将原有电缆进行更新。为能更有效地做好洒水抑尘工作，将电缆按不同用途划分，并按不同敷设方式进行敷设。

（4）控制系统改造主要包括软硬件的安装、调试。

3）土建工程

将原有的的水泥基础拆除，并根据不同需求建设新的喷枪站基础。

4）其他配套设备的改造和安装

污水处理场更换污水泵及相应电气柜。

污水泵房管道对接。

完善蓄水池的自动控制系统和在扩容堆场新增水井。

3. 洒水抑尘系统改造工程实施方案

1）喷枪站系统

根据雾状水雾重力降尘的原理，喷枪站是利用喷雾喷嘴在尘源上方或周边实施喷雾的方法，将粉尘笼罩在水雾中，由于喷出的水雾颗粒小，能与粉尘相互快速凝聚成颗粒沉积物，从而达到了抑制粉尘、保护环境的目的（图 16.1）。为了符合堆垛洒水抑尘的要求，喷枪站应适宜全年四季洒水，喷枪摆动平稳灵活，使洒水量在煤堆表面分布均匀，并要求喷射的水流射速平稳，水雾水珠直径均匀，整体无渗漏。喷枪站同时还应具备防水、防尘、密封、耐用、防冻、防盐雾等特性，其外形尺寸及布置位置应避免与堆料机、取料机正常行走发生碰撞，且其采用全不锈钢箱体，后开门，侧开电气箱门，便于维修。

每个喷枪站由喷枪、喷枪立管、电动蝶阀、手动阀门、自动泄水阀、保温伴热设施及防护装置等组成。

2）电气控制系统

（1）电气系统

图 16.1 堆场周围喷枪洒水

动力电缆应与控制电缆分开。所有进电气箱的线缆一律采取箱底、护口进线方式。箱内采用背板，走线需合乎规范，线号清晰、牢固、不褪色，护口选择要合适，夹紧电缆密封好。

为保证人身和设备的安全，应设置接地系统。所有电气设备正常不带电的金属外壳、金属管线、电缆金属外皮均需可靠接地。原系统中各现场喷枪站均已有接地极，本工程新增设备应与原接地极有效连接。

根据工程要求子站箱箱体应采用进口威图不锈钢箱，将拆卸的旧箱子中能用的接线端子在后供的子站箱中回用。

（2）控制系统

洒水控制设备使用时间已久，性能不稳定，引起的洒水故障较多。其中电磁阀老化严重，动作极不灵敏，且不具有开阀、关阀、摆头、泄空、电源等反馈信号。控制系统没有返回信号，无法实现系统监控，给操作者和维修者带来困难，使喷枪的使用处于不可控状态，存在极大的隐患。为消除由于设备老化而带来的信号不稳定、电磁阀常喷等问题，现将电磁阀全部更换为电动阀，以保证信号的及时反馈。同时对现有的软件系统和工控机进行全面升级。在保证原有功能不减少的基础上，新系统要和原有系统保证良好的衔接，新系统控制原理与原有的洒水控制系统应保持一致。

上位机洒水操作系统，外购软件采用最新版本的正版软件，控制方式与操作步骤需和原有系统保持一致，且其性能须满足现场需要。上位画面应本着便于操作员对现场设备工作状态的监控和记录的原则进行组态。

下位程序应该具有技术成熟、稳定、开放、方便维护、方便对程序进行增减操作等特点。为了在以后的调试和生产中方便检修和找到故障，所有设备均需接到相应的端子排上，以端子排作为接线终端进行布线。

3）配套土建工程

本次洒水抑尘技术改造工程中配套的土建工程大致可以分为两部分：

（1）原有喷枪站的水泥基础拆除。

（2）新喷枪站基础施工。

4. 其他配套工程实施方案

（1）污水处理场

污水处理场通过对污水进行深度处理回用，大大减少了污染物对海洋环境的排放量，同时也节约了大量的水资源，对煤尘污染控制起到积极的保障与推动作用。因污水处理场污水泵项目未能实施,污水处理场现有能力不能完全满足堆场泄洪需求。拟拆除污水泵,同时安装新泵,以提高污水处理场的工作效率。

(2)洒水泵房

将泵房中的管道对接,既解决了爆裂消防带问题,也满足消防压力要求。

(3)蓄水池

蓄水池原进水管路严重泄露,多次拆卸维修,效果均不好。特别是冬季,用水量小,阀门不严造成水的整个冬季溢流浪费。现在中水蓄水池安装新电动阀,可有效地反馈开、关信息,并将控制系统接入上位机。

(4)水井

扩容堆场的水槽和水井。

第十七章　化学抑尘

第一节　化学抑尘概述

目前国内外的许多化工企业、港口码头主要通过喷雾洒水和喷化学抑尘剂来处理料堆扬尘问题。喷雾洒水主要在尘源发生处进行的，实践表明：较好的喷雾装置，可减少呼吸性粉尘约30%。但在自然风力下，移动的水粒实际上击落空气中悬浮粉尘的机会是非常小，而且细小的粉尘也非常难以捕获到。当天气晴朗和有干燥风时，洒过水的料堆表面在很短时间内变干，水的粘性效果就消失了，所以不得不每隔一定时间重复洒水。因此这种方法的抑尘控制的效力十分有限，只能作暂时性控制。而且水的表面张力较高，与工业粉尘颗粒的浸润性较差，尤其处理一些憎水性的金属矿粉，抑尘效果更差，故在实际中需添加化学润湿剂。这种化学抑尘剂实际上是一种表面活性剂，由亲水基和亲油基两种不同性质的基团组成。当粉尘粒子与添加活性剂的水雾颗粒接触时，即形成亲油基和亲水基，从而把尘粒充分湿润，并将物料颗粒彼此粘合在一起，经自然风干后，粘合在一起的颗粒组成一层薄而多孔的壳层，覆盖在堆料表面，此覆盖层可抑制粉尘的扬尘。

国外早在20世纪50年代就开始了外加表面活性剂的水溶液抑尘的实验研究，之后广泛应用于采煤、采石、岩石破碎、爆破、凿岩、金属和非金属矿采掘、码头装卸、自卸运输及汽车运输路面等产尘作业面的抑尘。仅在1983～1984年短短一年中，全球化学抑尘剂的抑尘专利就有100多项。日本自80年代以来，与化学抑尘剂有关的专利每年多达上百个。目前世界上有20余个生产化学抑尘剂产品的厂家，而且产品的类型，多种多样，其润湿效果越来越好，用途也越来越广。随着近20年精细化工产品的迅猛发展，各种表面活性剂、超强吸水剂等高分子材料（如聚丙烯酸钠、聚乙烯酸胺树脂、聚丙烯甘醇等）得到广泛的应用，其抑尘剂的配方和制备工艺也日趋复杂，逐渐向复合型和专用型方向发展，从而使抑尘剂的作用效果不断提高和日臻完善。目前俄罗斯、美国、日本和欧洲其他许多国家的抑尘剂研究成果已处于世界先进水平，现有的大多数抑尘剂都是专利产品。与国外相比，我国在抑尘材料方面的研究工作相对比较落后，一方面是影响抑尘材料、性能的因素相当多，难度很大；另一方面我国在材料研制方面起点低，时间晚，先后有10多家科研院校开展了研究，取得了一定成果，如LPA-1和LSA-1型抑尘剂，用$^{60}CO\gamma$射线引发的淀粉-丙烯腈接枝共聚物制备的高分子抑尘树脂等。同时也出现了若干产品，如DLA，J-85，OP-10等，并在有色金属矿中使用。

表17.1列出了近年来抑尘效果较好的几种抑尘剂，更详尽的资料可参阅文献，这里不再赘述。

在实际使用中，化学抑尘剂和水组成的混合液的喷洒须使用专门的设备，而且要在高压下和天气晴朗的条件下喷洒。若堆料中出现物料的轻微塌陷和雨水滴穿的现象时，会引起覆盖层膜的突然断裂，导致部分堆料表面裸露出来而造成粉尘的再次扬尘。故需反复喷洒，以维持和修复覆盖层。这种方法对于排放源面积过大以及需要保持粉尘物料干燥的情况，其使用就受到了很大的限制，而且有效作用时间相对较短，整体费用较高。

国内外主要抑尘剂一览表　　表 17.1

研制人	抑尘剂名称	配　方	专利标号	批准或发表时间
Ishehuk I. G 俄罗斯	抑尘剂	水玻璃，增塑剂、甲基苯乙烯乳液等	SU1810585	1993/04/23
Wilson M. C 澳大利亚	液体抑尘剂	油，石蜡，气泡剂，抗氧化剂等	GB2279079	1994/12/21
Hayasaka K. K 日本	物料粘尘剂	苯胺等	JP06322357	1994/11/22
任晓华等 中国	BS－1 型抑尘剂	粘性有机物，乳化物等	鉴定成果	1992
王海宁等 中国	树脂抑尘剂	淀粉接枝聚丙烯酸钠等	科研成果	1995

尘粒在露天堆料场存放过程中造成的大气污染和自身的物料损失，是每个工矿企业所面临的问题。目前国内外上通常采取的方法可分为湿式、干式以及干湿结合的方法。

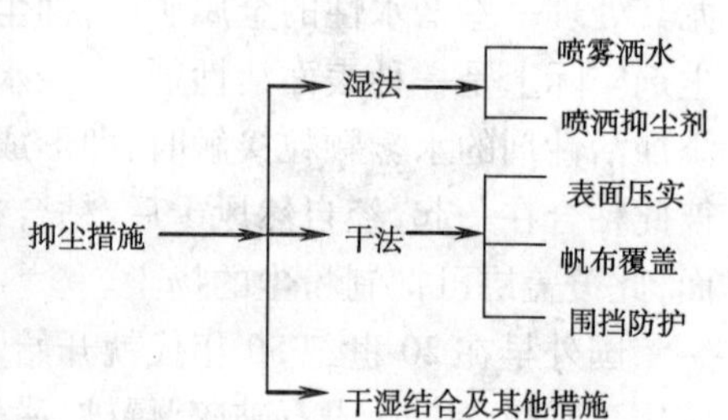

湿法是在堆料表面喷洒液体以浸润粉尘抑制飞扬的方法，是目前大多数工矿企业所采取的常规措施。同时对于小型露天场可采用塑料薄膜、帆布等进行人工覆盖的干法抑尘以及对于像矿石堆这样弃而不用的堆料则采用复土覆盖和表面压实的方法。

在环境治理工作已步入多方利用，综合治理的当今，多种措施的同步使用，达到抑防结合，标本兼治的目的是具有积极意义的。本章基于此观点，将曾用于保护农田的各种风障（如木栅、金属网、防护林等）也列作为防尘的手段，以期它山之石，可以攻玉。

第二节　抑尘剂的化学性能

湿法防尘方法在工矿企业、建筑工地、物料堆场以及裸露土地面等各种开放性扬尘场地中已有广泛的应用。文献指出：当尘粒含湿量高于 4% 时，可以保证扬尘浓度达到 $1.5mg/m^3$ 的大气环保标准。由于风吹日晒，大多数露天尘源颗粒的含水率达不到此标准，表 17.2 则为本书所讨论的港口码头露天尘样的自然含水率，由此可知，粉尘的含水率最大的仅为 2.81%，均小于 4%。若在堆料表面喷雾洒水，喷洒的水雾能润湿细小的干燥粉尘，使其相对密度增大，并粘结成较大的颗粒，在外力作用下不能飞扬。生产实践表明，洒水比较适用于温度低于 20℃，相对湿度大于 40% 的工况条件。在炎热季节和地区里，水分极易蒸发，一次喷洒（$1\sim3kg/m^3$）后，15 ~ 60min 就干了，所以就必须在道路、堆场等备有洒水车定期洒水，这就存在用水量大、洒水及时性难以保障、缺水干旱地区难以实施等缺点，同时对于疏水性强的工业粉尘而言，采用喷雾洒水时，这些粉尘不易被水完全润湿和捕捉，尤其是对细小粉尘的捕获率更低，致使不能有效地控制粉尘的飞扬。但采用抑尘剂后，能改善粉尘表面的亲水能力，增强抑尘效果，它具有抑尘效果好，不受气候、地域条件限制，综合效益高等特点，是湿法抑尘的主要发展方向。北京市政府早在1992年就作出了所有料堆、煤堆、尘堆必须密闭、半密闭或喷洒抑尘剂的规定。目前，国内较大规模的工矿企业以及大面积的开放性尘源的控制均使用化学抑尘剂。

露天尘粒自然状态下的含水率　　表17.2

尘粒试样	褐铁矿粉	精矿粉	热压铁粉	生石灰粉
自然含水率	0.45%	1.30%	2.81%	2.76%

注：堆料粉尘放置数月，未做加工处理。测试条件时间为11月，温度20℃，相对湿度50%左右。

抑尘剂是由一种或多种有机粘性物、表面活性剂和水构成的亲水基团和疏水基团所组成的高分子乳状化合物。它对尘粒实施润湿、固结和凝聚三种功效。这种抑尘剂分子可降低水的表面张力；增强水分子与粉尘之间的吸附，使得尘粒得以充分湿润；同时喷洒在尘粒表面时，化学分子通过机械结合、扩散结合及化学键结合的作用，使其凝固成有一定厚度及强度的固体薄层以抵抗风力等因素的破坏作用，并利用自身的粘性，将细小尘粒相互凝聚成较大的颗粒，以减少粉尘飞扬的几率。图17.1则是露天尘源矿粉喷洒抑尘剂前后在S－2369N型扫描电子显微镜下的情况。从图中看出：在没有喷洒抑尘剂时，尘粒呈分散状，颗粒间存有间隙；喷洒抑尘剂后，抑尘剂乳液在颗粒缝隙间流动，并依靠溶液自身的粘性，使颗粒在溶液的胶联作用下形成一层膜状物，从而达到凝聚小颗粒、固结成膜的作用。图中也显示了单个较大颗粒的周围被乳液浸润、环绕的状况。

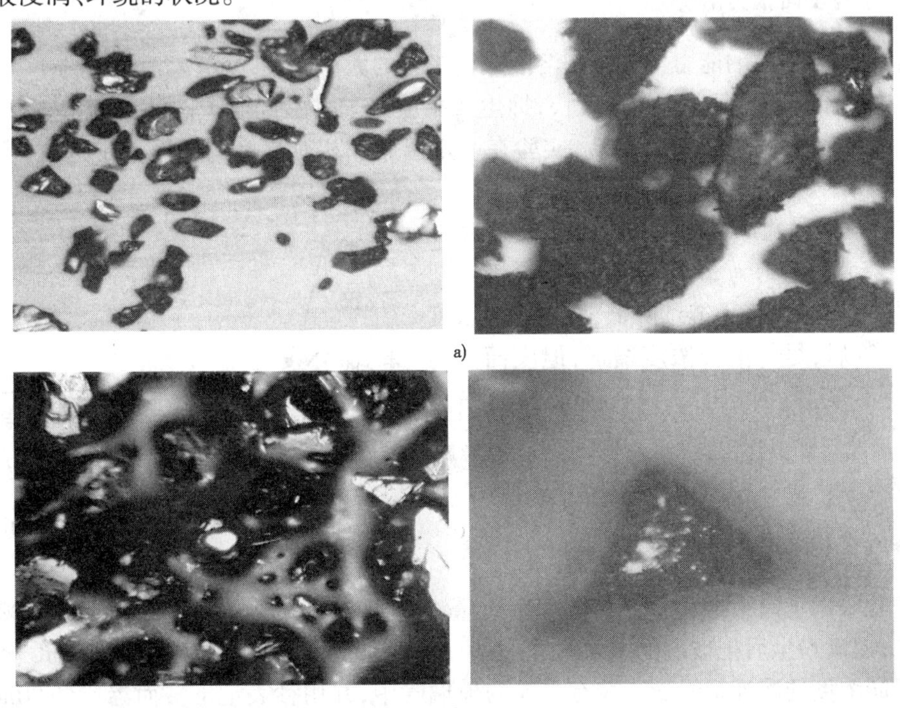

图17.1　扫描电子显微镜下的粉尘颗粒

a）喷洒抑尘剂前的尘粒；b）喷洒抑尘剂后的尘粒

化学抑尘技术自20世纪80年代引入国内后，便受到广大化学工作者和环保工作者的极大关注，现已研制出硬质覆膜和软质覆膜等多种覆盖膜。材料多选用聚丙烯酸酯、异氰酸酯化合物、聚乙烯亚胺及乙二醛聚氨酯与脲醛共聚物等高分子聚合物。

我们采用目前国内大型工矿企业普遍使用的抑尘剂作为测定对象，对抑尘剂的使用性能进行分析。这种抑尘剂为乳白色不透明乳液，味微甜，略带刺鼻性气味，有粘性，粘在手上很快成白色薄膜，初步断定为类似于乳胶的树脂聚合物。该产品主要性能指标见表17.3。

所用抑尘剂的主要性能指标 表17.3

外观	临界胶团浓度（mol/l）	导电率（$\Omega \cdot cm^{-1}$）	水溶性浊点（℃）	pH值	毒性
乳白色液体	2.86×10^{-2}	8.5×10^{-2}	≥100	7~8	无毒

1. 抑尘剂的元素分析

为进一步确定抑尘剂的组成，采用X荧光分析仪做元素分析，其结果见表17.4。不难看出：此种抑尘剂是CH_2基团为主的高分子碳氢化合物，辅以Na、K、S、Si无机元素。主要是由亲水基团的贡献及高分子链的伸展程度决定其性能。这方面内容不在讨论之列，故不再展开。

抑尘剂的荧光元素分析 表17.4

CH_2	SO_3	Na_2O	SiO_2	Cl	K_2O
99.5%	0.399%	0.0954%	0.0194%	0.00685%	0.00259%

2. 抑尘剂表面张力的测定

抑尘剂润湿尘粒的能力与抑尘剂溶液表面张力的大小有关，溶液表面张力越小，抑尘剂越易在尘粒表面铺展，润湿尘粒的速度快，抑尘效果就好。实验选取了四种浓度：2%、5%、10%和15%，采用表面张力计进行测定。实验在一定温度和相对湿度的恒温室中进行，测定结果如图17.2所示。

从图17.2中可以看出抑尘剂溶液浓度在2%时，溶液表面张力为$5.01 \times 10^{-2} N/m^2$，随着溶液浓度的增加，表面张力继续降低，而在溶液浓度增加到10%后，尽管溶液浓度增加，但表面张力基本保持不变，此时，比25℃下纯水表面张力$7.04 \times 10^{-2} N/m^2$下降了约34.3%，这表明溶液的润湿能力有了极大的改善。

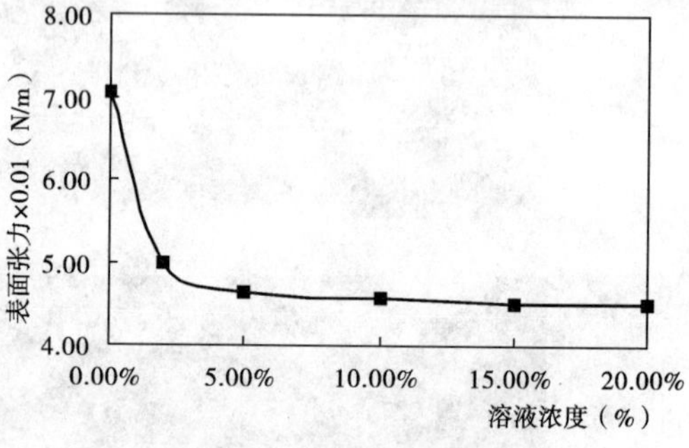

图17.2 不同浓度下的溶液表面张力

3. 渗透性和膜层表干实验

本实验采用正向渗透实验方案，先将一定量的尘样装入内径为5mm，长度约为100 mm的玻璃管中，填满粉尘后把玻璃的下端封住，并插在标有刻度的垂直板上，用装有2mL溶液的滴定管将不同浓度的溶液缓慢滴入装有尘粒的玻璃管中，并用秒表记下液面渗透到20mm处所需的时间。在相同条件下，溶液渗透越快，说明其渗透性越好。实验结果见图17.3。

图17.3表明：溶液浓度越小，则溶液的粘度越低，水所占的比例越大，其渗透性就越好。尘粒在不同浓度下的渗透性均反映了随溶液浓度增大，渗透时间长，渗透性弱的特点。值得一

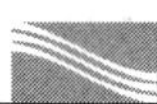

提的是:各种尘粒在相同浓度下的渗透性有较大的个体差异:精矿粉的渗透时间最长,渗透性最弱;而热压铁粉和褐铁矿较为相似,造成此现象的原因是尘粒自身成分的憎水性强弱导致的。

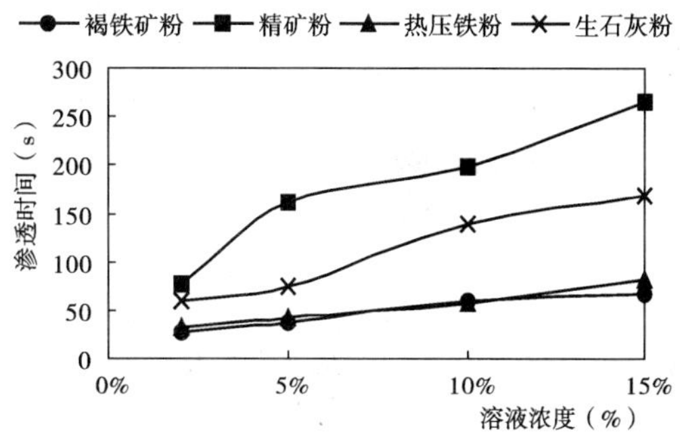

图 17.3　粉尘试样的渗透性实验

同时参照标准 JC 500—92 涂膜表干时间实验方法进行抑尘剂的表干时间测定,在一定环境温度和相对湿度的恒温室中,溶液的表干时间为约为 4h,实干时间约为 10h。在 11 月以建议用量的喷洒量在尘样表面喷洒,尘粒接触到抑尘剂后,颜色立即变深,约 4h 后结成硬膜,这与实际使用情况相符合。实验中抑尘剂的喷洒用量无特殊说明外均按产品说明书的建议用量使用,以下不再强调。

第三节　抑尘剂的抑尘性能

1. 吸湿放湿性实验

将不同浓度的抑尘剂溶液,分别取 20mL 洒到装有 200g 粉尘尘样的蒸发皿中,待其湿润尘样后称重,再将其置于露天自然环境中,每天上午、下午各称重一次,测定尘样中含水率 g,同时监测大气相对湿度和温度。这样经过若干天的测定,即可得到抑尘溶液的吸湿放湿性与时间和大气温湿度变化的关系,测定结果如图 17.4 所示。

尘样含湿率的计算为

$$g = \frac{m_w}{m_s + m_r} \times 100\%$$

式中:g——尘样含水率;

m_w——喷洒抑尘剂后的尘样重量,kg;

m_s——完全干燥后尘样的重量,kg;

m_r——抑尘溶液中的重量,kg。

将样品放置在露天,第 1 天内含水量变化很快,白天日晒后,含水量急剧下降;晚上大气相对湿度有所增大,尘样吸收空气中的水分,其含湿量也有所增加。到第二天白天,大气湿度下降,吸收在尘样中的水分释放出来,含水量又下降。这样,尘样的含水率就随着外界气温、湿度的变化而上下起伏。经过一段时间,约到第三天后,尘样达到自然风干的状态,其含水量的变化幅度微乎其微。此时观察到,尘样有明显的板结现象,颜色有些变白,没有第一天喷洒时的颜色深;而且随着时间的推移,尘样的板结现象也越发明显,用手触摸尘样,膜层较脆,极易破裂。表明此剂量、此气温条件下的抑尘剂有效时间约为 3 天。

2. 抗温实验

制备好尘样后,将其放置到预先调好温度的恒温箱中进行蒸发实验,测得一定时间内不同浓度下的尘样蒸发情况,可用蒸发量与时间和浓度之间的关系表示洒有抑尘溶液的尘样抗蒸发性,见图 17.5。

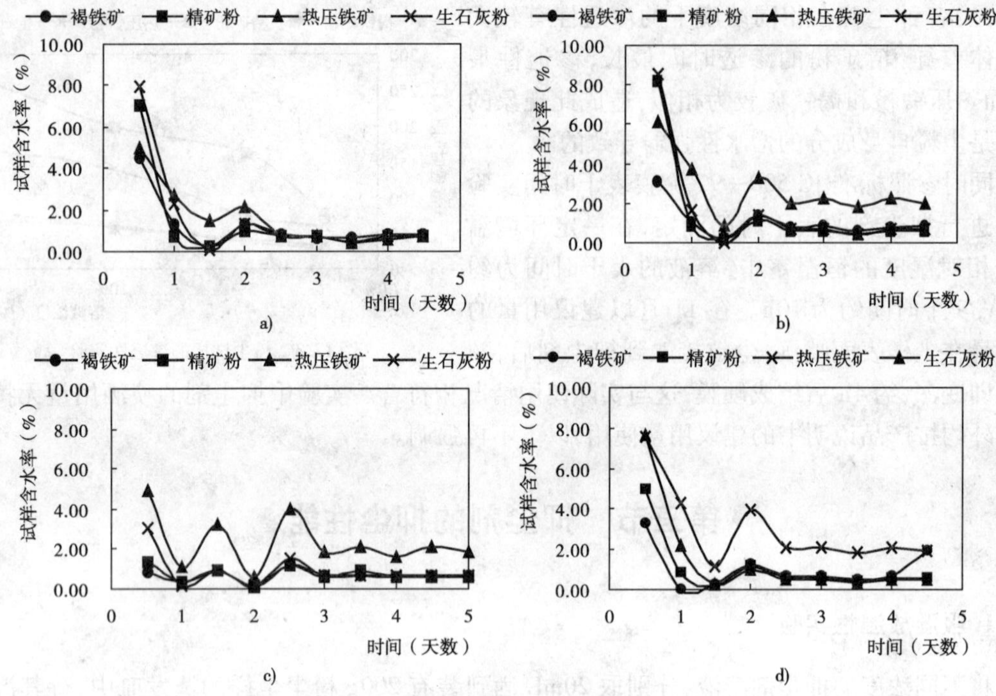

图 17.4 尘样露天含水率的变化

a) 抑尘溶液浓度为 2%；b) 抑尘溶液浓度为 5%；c) 抑尘溶液浓度为 10%；d) 抑尘溶液浓度为 15%

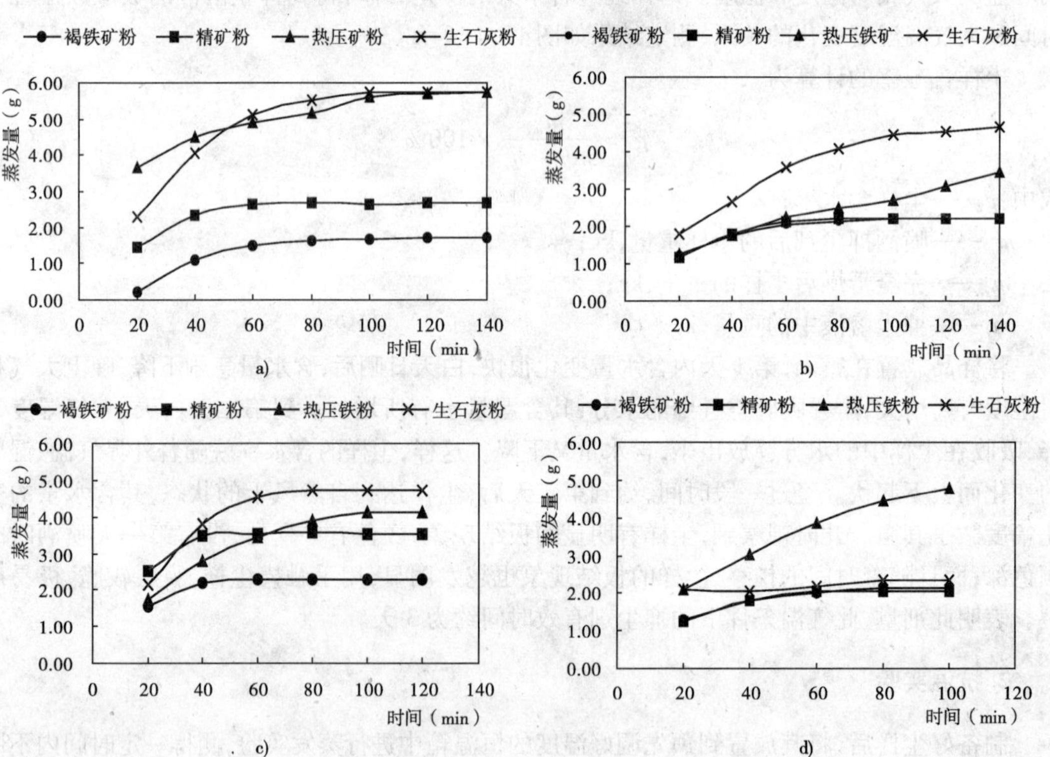

图 17.5 尘样的抗蒸发实验

a) 抑尘溶液浓度为 2%；b) 抑尘溶液浓度为 5%；c) 抑尘溶液浓度为 10%；d) 抑尘溶液浓度为 15%

从图 17.5 中可知,开始时尘样的蒸发量都很大,随着加热时间的延长,蒸发量的变化很小,并逐渐趋于稳定。就这四种尘样而言,溶液浓度不同,其蒸发量有所不同:热压铁粉的蒸发量在不同浓度下均较大,可能是热压铁粉的颗粒大小不均,颗粒之间的孔隙大,水分渗透地快,蒸发的也快。而精矿粉颗粒小而均匀,整体密实,在浓度较高时,由于溶液粘结性较大,易将小颗粒团聚起来,表面形成膜层,故保水性能较好,蒸发量就相对较小。生石灰颗粒表面有一层粉末状物质,极易溶于水,当溶液浓度低,粘性弱时,不足以将颗粒聚结起来,当外界温度较高时,水分快速蒸发,如图 17.5a)、b)所示;而当浓度增大时,溶液粘性明显增强,颗粒易表面形成膜层,水分就不易流失了,尘样的抗蒸发性有所提高,如图 17.5d)所示。同时从外观上观察,经 2h 的烘烤后,此浓度下的尘样表面薄层仍没有曝皮和开裂现象。

再次制备好尘样,放置到温度为 -15℃ 的冷冻箱内,进行低温干燥实验,结果见图 17.6。由此图可知:2h 后,尘样的失水量趋于稳定。同时观察到,尘样都不同程度地出现结霜和冻裂的现象。既然蒸发量与时间有关,为了更好地反映蒸发的快慢与浓度的关系,绘制了尘样蒸发率与浓度图,并将高温和低温的情况作一比较,见图 17.7。由此图可知:由低温干燥所造成的尘样失水量远小于高温烘烤所导致的失水量。故在冬季可适当降低溶液浓度,以此降低抑尘成本,达到经济使用的目的。在高温下溶液浓度达到 10% 时,尘样的蒸发率变化就很小了,表明此浓度下的尘样保水性能较好。

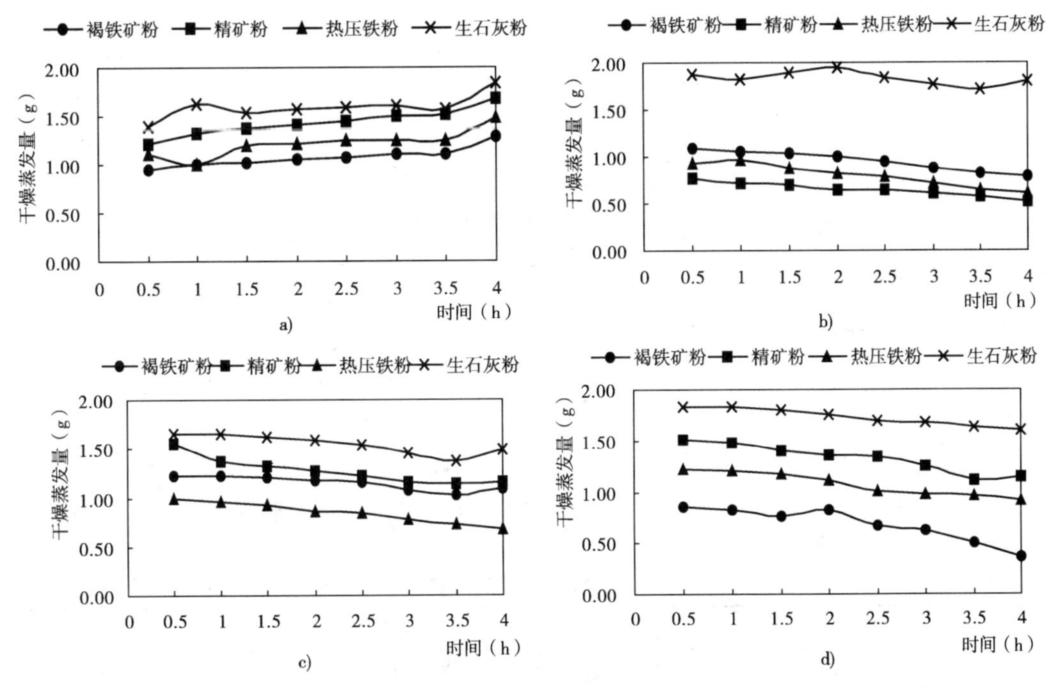

图 17.6　尘样低温干燥实验

a)抑尘溶液浓度为 2%;b)抑尘溶液浓度为 5%;c)抑尘溶液浓度为 10%;d)抑尘溶液浓度为 15%

3. 风洞抗风实验

为进一步证实此结论,将加热后的尘样和冻融后尘样继续放在风洞中。结果见图 17.8。加入抑尘剂后,尘粒的起动风速明显增大,在该地区出现频率最多的二级风力作用下,基本不会起尘。

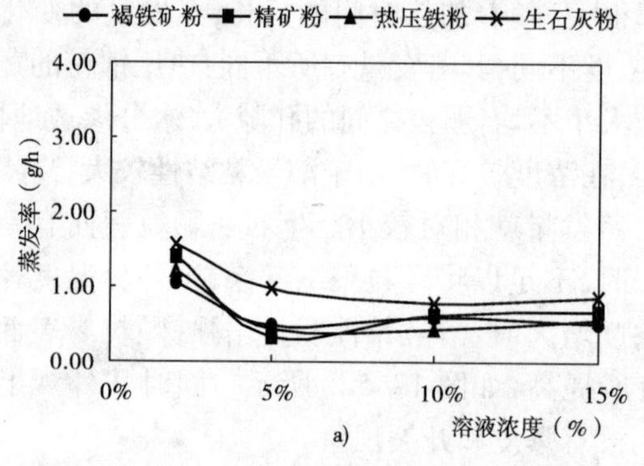

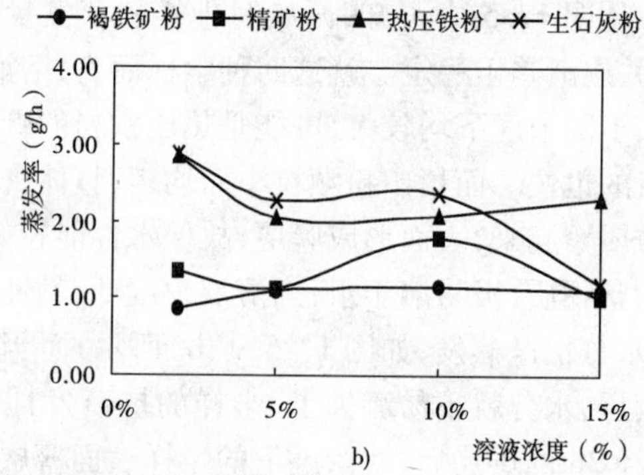

图 17.7　尘样水分蒸发率与溶液浓度配比的关系

a）高温实验（60℃）；b）低温实验（－15℃）

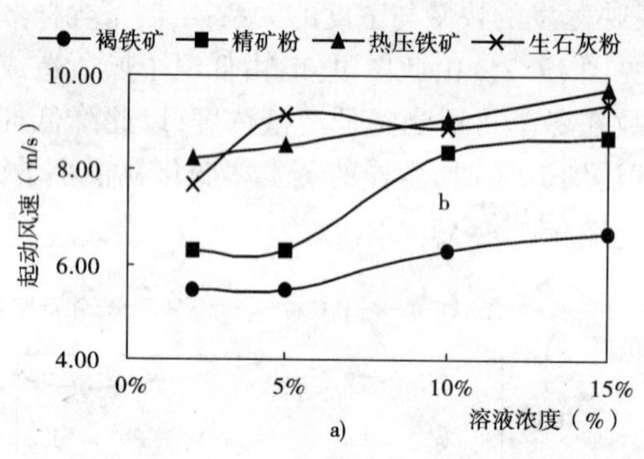

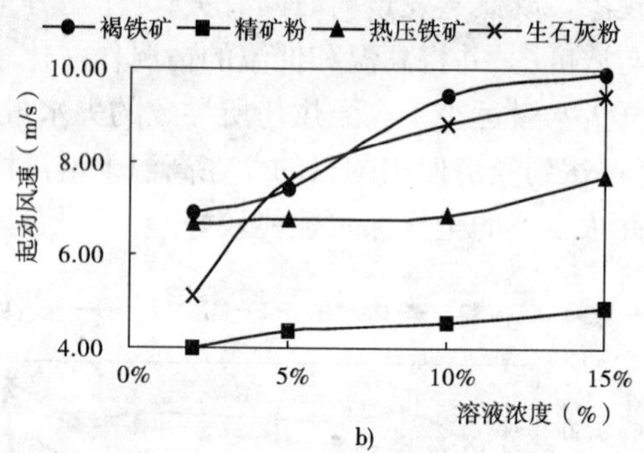

图 17.8　两种工况后的风洞实验

a）加热后工况；b）冻融后工况

4. 人工降雨实验

为了获知尘样雨淋后的效果，进行了室内人工模拟降雨实验。由上述实验中初步断定10%浓度配比的溶液抑尘性能较好，故选取了10%浓度溶液喷洒到尘样中，待其表面固化后，作为此实验尘样。实验中主要考虑了降雨强度这表征天然降雨的重要特征的指标，而忽略了其他降雨指标如均匀性、雨型等因素的影响。根据文献推荐的指标 q_5，即降雨历时 5min 的暴雨强度为 3.36L/s×100m²，压力为 98.85Pa，重现期为 1 年。实验中通过调节水压以满足暴雨强度要求。其结果见表 17.5。

人工模拟降雨试实验　　表 17.5

尘样名称	实 验 结 果
褐铁矿粉	膜表面有膨润现象，无起泡、无溅蚀
精矿粉	膜表面有膨润现象，表面层有溅蚀、物料有流失
热压铁粉	膜表面有膨润现象，表层部分颗粒有松动、滑落现象
生石灰粉	膜表面有膨润现象，表面层有溅蚀，且边缘处略有松动

将尘样从散水面取出后，自然干燥，尘样表面有明显的板结现象，并留有溅蚀的痕迹。其中精矿粉尘在经历此暴雨后，抑尘硬膜被破坏，伴有尘粒的流失，表明抑尘功能基本丧失，需重新喷洒。

5. 无侧限抗压强度实验

实验采用的抑尘剂属于硬膜覆盖。在喷洒到堆料表面约4h后，覆在堆料上层的颗粒在抑尘剂溶液的作用下相互胶连起来，形成硬膜。这层膜的强度十分关键，因为它的好坏直接影响到抑尘效果的优劣。硬膜强度大，可以在自然风力、雨力甚至某些机械外力作用下，能够保持完好，不破裂，就能保证硬膜所覆盖的散状尘粒不会裸露在外面，也就避免造成二次扬尘的可能性；如果硬膜强度低，则很容易碎裂，暴露在裂缝部位的粉尘易导致新的扬尘。尤其是大面积的破裂，所造成的新污染也不容低估。所以对硬膜的强度分析是十分有必要的。而这种强度的测定在实际现场的操作中是十分困难的，且带有破坏性和不可复原性。基于这种考虑，此处采用理论计算的方法试图对此问题加以解决，其中硬膜的材料属性通过无侧限抗压强度实验的方法来确定。

无侧限抗压强度是指试样在无侧向压力的条件下，抵抗轴向压力的极限强度，以此来确定试样的强度参数。试验采用应变控制式试验方法，在电动应变式无侧限压力仪上完成，如图17.9所示。

a)

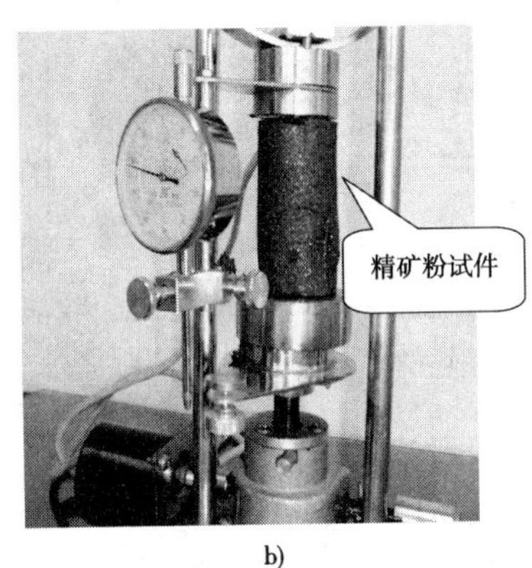

b)

图17.9 测定试件强度的试验仪器

a)电动应变式无侧限压力仪；b)试验用试件

首先制备好不同浓度溶液下的尘样，待溶液完全浸润后，放入成模筒中，经若干小时静置后，制成标准试样。这时将试样置于压缩仪的加压板上，转动手轮使上下两端加压板恰好与尘样接触，并调整量力环和位移量表的起始零点。以一定轴向应变为速度转动手轮，并记录轴向压力及量力环的变形量，直至试样被破坏为止。试样的应力应变曲线，见图17.10。再取曲线上最大轴向应力值作为无侧限抗压强度 q_u，见表17.6。

尘样硬膜的极限抗压强度 q_u(kPa) 表17.6

尘样名称	2%	5%	10%	15%
褐铁矿粉	10.32	13.91	16.89	17.23
精矿粉	2.39	2.41	2.44	2.77
热压铁粉	1.05	1.40	1.36	1.85
生石灰粉	2.94	4.94	5.29	7.80

由图17.10可知：在试件受力的早期，随着轴向应力的增加，此方向上的应变也随之增大，其变化可近似看成一条斜线，表现出材料弹性的特征；当应力继续增大时，超出了材料的弹性

范围,达到试件的强度极限后,变形遭到了破坏。之后应力减小,应变迅速减小。试件的极限强度值就是材料在破坏之前所能承受的最大应力。

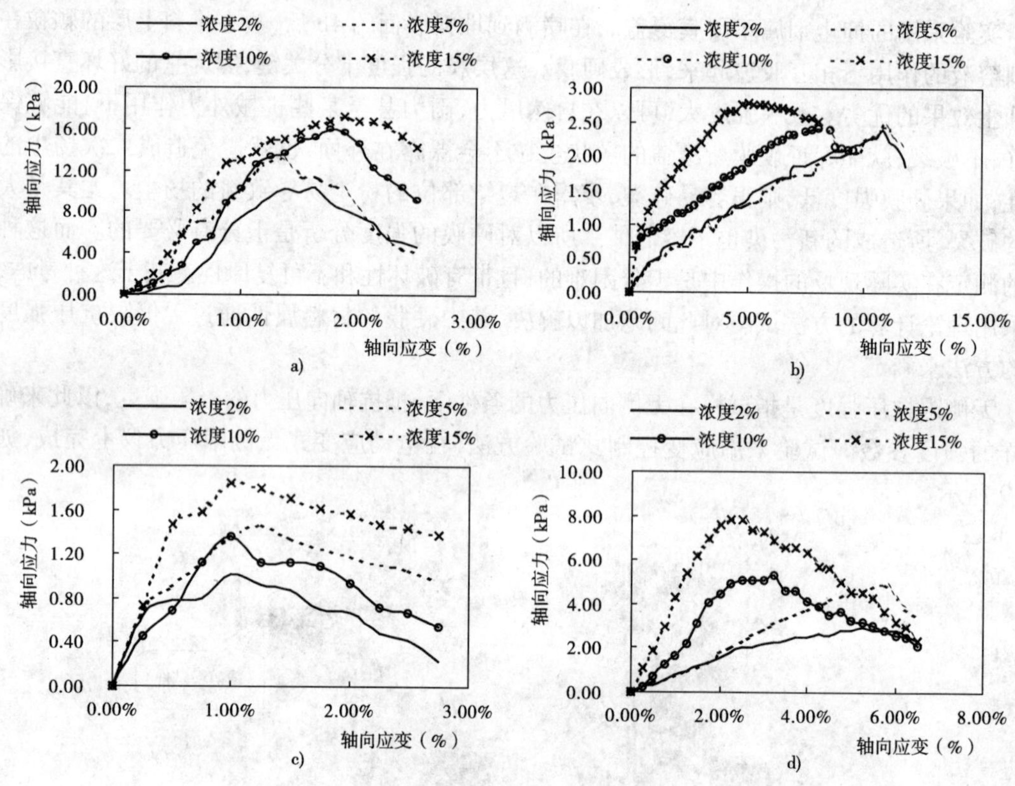

图 17.10 无侧限抗压强度曲线

a)褐铁矿粉;b)精矿粉;c)热压铁粉;d)生石灰粉

由表 17.6 可知:褐铁矿粉的抗压强度远大于其余三种尘样,其抗压性能最好,热压铁粉的抗压能力最差。随着溶液浓度的增大,尘样的抗压强度均有不同程度地增大,其中精矿粉和热压铁粉试件的抗压强度的增大并不显著。

第四节 抑尘层的应力性能

1. 硬膜材料属性的确定

材料所表现出的属性与所受到的外力有关,在不同量级的外力作用下,表现出不同的属性。为便于数学分析与计算,通常在一般的计算条件下假设材料为弹性、各向同性、均质、可无限分割而不改变性能,并且服从胡克定律,即应力与应变成正比。但 R. J. 罗克通过非常仔细的试验表明:各种材料在任何应力作用下,无论应力怎么小,均可能对胡克定律有所不符和偏离,故这些假设实际上不是绝对正确的。但他同时又指出:根据这些假设导出的应力与应变公式,对几乎所有的工程问题均能得出令人满意得结果,特别是在材料极限之内,可以认为胡克定律基本上正确的,在大多数情况下弹性极限与材料极限非常接近,无须将两者加以区别。这就表明,在物体所受到的外力小于物体材料的极限强度值,物体处于弹性阶段内,就可将物体视为弹性材料。由图17.10可知,试件在受力的开始,在没有达到极限强度值之前,基本处于弹性阶段,应力与应变的关系基本满足胡克定律。但为进一步确定材料的属性,还需考察物体所受外力的情况。

在自然条件下,堆放在露天料场内的粉尘堆料基本上不受机械外力的作用,故这里只考虑了风载和雨力的影响。根据文献风载的计算如下

$$w_k = \beta_z \mu_s \mu_z w_0$$

式中:w_k——风载荷值,kN/m^2;

β_z——高度 z 处的风阵系数;

μ_s——风载荷体型系数;

μ_z——风压高度变化系数;

w_0——基本风压值,kN/m^2。

可得出风载荷 w_k 远小于表17.6中各尘样的极限强度值。根据文献得出,暴雨的雨力接近与精矿粉试件极限值,故在暴雨作用下,抑尘薄层极易破坏,但0.60 kPa的水平风载和2.00kPa的垂直雨力都在尘粒硬膜试件的弹性作用范围内,这时物体可视为弹性体,基于此论点进行以下分析。

材料的弹性模量是指正应力与正应变的比值,它是表示材料弹性性质的重要指标,反映了材料对弹性变形的能力,其值越大,材料抵抗弹性变形的能力也越大,则产生弹性变形所需的应力也越大。将实验结果整理,得出各硬膜的弹性模量见表17.7。

尘样硬膜的弹性模量(kPa)　　表17.7

尘样试件	2%	5%	10%	15%
褐铁矿粉	727.27	908.57	1350	1447
精矿粉	22.33	24.09	28.23	55.40
热压铁粉	116.80	124.00	135.00	185.00
生石灰粉	55.96	85.91	204.4	346.67

2. 计算模型的受力分析

在确定材料属性后,假定覆有抑尘层的堆料尘粒忽略内部颗粒之间的接触作用力,视为一个整体,并具有各向同性和均匀材质的特点。这样,计算模型就抽象为由两种不同弹性材料所构成,上层为抑尘薄层,下层为堆料实体。并进一步假定抑尘薄层均匀地、等厚地覆盖堆料体上,整个模型呈半圆状,两层物体之间通过接触单元的相互耦合,来实现力的相互作用和传递。考虑到模型呈半圆对称型,将其简化成二维平面问题。

由弹性体的基本方程得到弹性体单元所受的应力,可用一应力列阵表示

$$\{\sigma\} = \begin{Bmatrix} \sigma_x \\ \sigma_y \\ \tau_{xy} \end{Bmatrix} = [\sigma_x, \sigma_y, \tau_{xy}]^T$$

式中:σ——弹性体所受的应力,N;

σ_x,σ_y——弹性体所受的正应力,N;

τ_{xy}——弹性体所受的剪应力,N。

则力的平衡方程为

$$\frac{\partial \sigma_x}{\partial x} + \frac{\partial \tau_{xy}}{\partial y} + X = 0$$

$$\frac{\partial \tau_{xy}}{\partial x} + \frac{\partial \sigma_y}{\partial y} + Y = 0$$

式中:X,Y——弹性体所受的外力,对于抑尘层而言,为分布在其上表面的风载或雨力;对于堆料实体而言,则为抑尘层传递的接触力。

物体在受力后发生位置的改变和形状的变化,产生变形。用位移来描述应变,即得出弹性体的几何方程,为

$$\{\varepsilon\} = \begin{Bmatrix} \varepsilon_x \\ \varepsilon_y \\ \gamma_{xy} \end{Bmatrix} = \begin{Bmatrix} \dfrac{\partial u}{\partial x} \\ \dfrac{\partial v}{\partial y} \\ \dfrac{\partial u}{\partial y} + \dfrac{\partial v}{\partial x} \end{Bmatrix} = \begin{bmatrix} \dfrac{\partial}{\partial x} & 0 & 0 \\ 0 & \dfrac{\partial}{\partial y} & 0 \\ \dfrac{\partial}{\partial y} & \dfrac{\partial}{\partial x} & 0 \end{bmatrix} \cdot \begin{Bmatrix} u \\ v \end{Bmatrix}$$

式中:ε——弹性体的应变;

$\varepsilon_x,\varepsilon_y$——弹性体的线应变;

γ_{xy}——弹性体的角应变;

u,v——弹性体在受力后产生的位移,m。

将弹性体内应力与应变联系起来,可用物理方程表示

$$\{\sigma\} = \begin{Bmatrix} \sigma_x \\ \sigma_y \\ \tau_{xy} \end{Bmatrix} = \frac{E(1-\mu)}{(1+\mu)(1-2\mu)} \begin{bmatrix} 1 & \dfrac{\mu}{1-\mu} & 0 \\ \dfrac{\mu}{1-\mu} & 1 & 0 \\ 0 & 0 & \dfrac{1-2\mu}{2(1-\mu)} \end{bmatrix} \cdot \begin{Bmatrix} \varepsilon_x \\ \varepsilon_y \\ \tau_{xy} \end{Bmatrix}$$

式中:E——材料的弹性模量;

μ——材料的泊松系数。

上式可简写成

$$\{\sigma\} = [D] \cdot \{\varepsilon\}$$

式中:$[D]$——弹性矩阵,完全由表征材料弹性特征的 E 和 μ 确定。

将上述问题略加综合,便可知上面共有 8 个未知量:两个位移分量 u,v,三个应变分量 ε_x,$\varepsilon_y,\gamma_{xy}$,三个应力分量 $\sigma_x,\sigma_y,\tau_{xy}$。现有 2 个平衡方程,3 个几何方程,3 个物理方程,方程个数与未知量相同,在理论上是可以求解的。

3. 用有限元方法求解应力方程

根据弹性力学理论分析可知:如果弹性体的位移分量是坐标的已知函数,就可以用几何方程求得应变分量,从而用物理方程求得应力分量。然而这里仅仅我们知道弹性体约束处的位移分量,不足以求得整个弹性体的应变。这就必须将实体离散、分解成若干个有限单元,用单元节点位移来表示弹性体中任一点的应变和应力。最后通过单元分析和整体合成的方法得以

求解，这种方法就称为有限元法。

有限元法(Finite Element Method，简称 FEM)，也称为有限单元法或有限元素法，基本思想是将求解区域离散为有限个，且按一定方式相互连接在一起的单元组合体。它是随着电子计算机的发展而迅速发展起来的一种现代计算方法。它最初是在 20 世纪 50 年代作为处理固体力学问题的方法出现的，1960 年 Clough 用有限法成功处理了平面弹性问题，并提出有限单元的名称，这才使得有限元法的理论和应用都得到了迅速发展。现在有限元法已经广泛应用在结构力学、电磁学、流体力学等许多学科，已成为数值分析的有利工具。有限元的求解步骤详见文献，这里从略。

我们针对模型成半圆状的特点，选用对形状边界有较强适应性、应用较多的平面三角形实体单元，如图 17.11 所示。在三角形顶点即节点处相互连接，组成有限个单元的集合体，以代替原有的连续弹性体。抑尘层与堆料实体相接触的部分设为接触单元，从而实现两者间的耦合。在边界约束条件的处理上，根据实际情况，抑尘层固结后，与地面接触的部分一般不滑移。故在抑尘层与地面接触的两端设为刚性约束，位移为 0。

4. 计算结果显示与分析

采用有限元程序计算了覆有不同浓度的抑尘层堆料在露天下，可能受到强风、暴雨袭击后的变形破坏情况。这里分为三种情况加以考察：第一种情况是受到强风的作用；第二种情况是受到暴雨的袭击；最后一种是强风、暴雨共同作用的情况。下面就逐一讨论。

(1)在风压作用下

在水平风载的作用下，如图 17.12 所示。基本风压值按该地区 50 年一遇的情况计算。计算结果显示，覆有不同浓度的尘粒堆料的受力变形基本类似，这里仅选取覆有 10% 浓度的抑尘层堆料加以说明，受力变形情况见图 17.13、图 17.14、图 17.15 及图 17.16，其余从略。

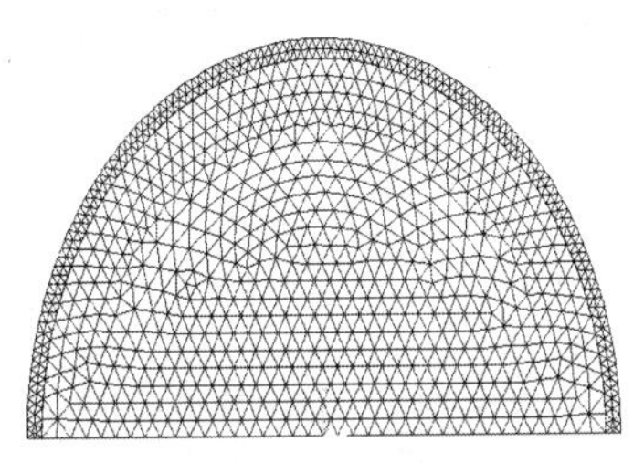

图 17.11　模型网格的离散化

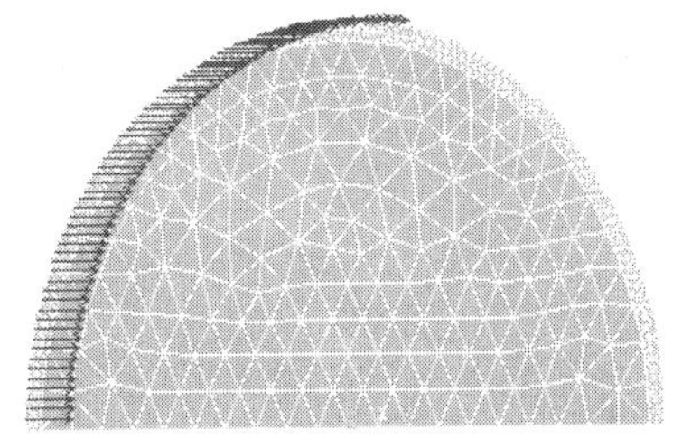

图 17.12　在计算模型中施加风载

受到从左至右的风力作用使得尘粒堆料沿水平向右方向发生了变形，其中变形最大处是受到风压作用的左上表面，此处即为抑尘层最易破裂处。整个堆料的变形传递分层进行，抑尘层表面最大，随后传递到堆料内部，变形的程度逐渐变小。由于尘粒堆料的两端视为刚性约束，没有位移，但受到外力作用后，作为反约束的表现，产生了应变，所以靠近两端处也存在变形，而且应是应力较为集中的地方。

从应力分布图中可以看出：受到风压作用的那侧抑尘表面的应力分布最为集中，与之相接触的那部分矿粉堆料的受力也相对较大。堆料内部应力逐渐减弱，同样在堆料的两端变形较集中的地方，应力也较内腹区域大。

为了较清楚反映覆有不同浓度抑尘层的尘粒堆料的受力变形情况，选取堆料中可能出现

A=0.0020　B=0.0062　C=0.0104
D=0.0145　E=0.0187　F=0.0229
G=0.0271　H=0.0321　I=0.0354

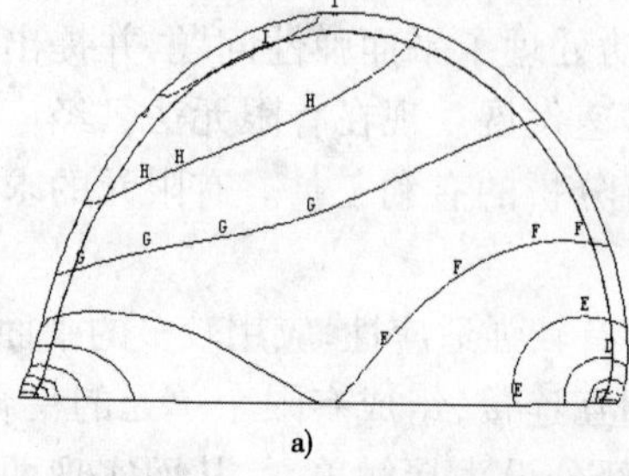

a)

A=0.0000　B=0.1578　C=0.3157　D=0.4736
E=0.6315　F=0.7894　G=0.9473　H=1.1050
I=1.2630　J=1.4210　K=1.5790　L=1.7370
M=1.8950　N=2.0530　O=2.2110　P=2.3680
Q=2.5260　R=2.6840　S=2.8420　T=3.0000

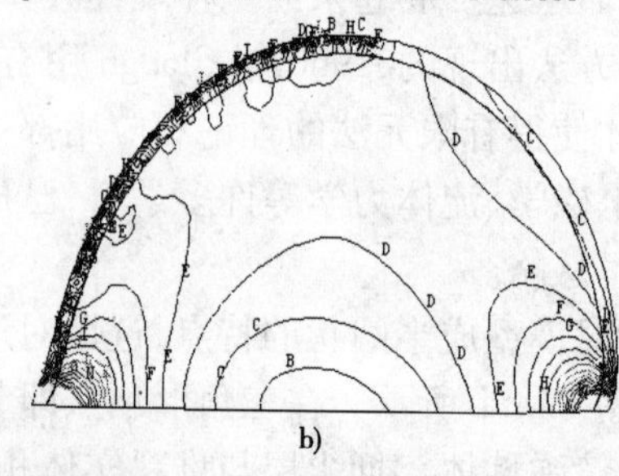

b)

图 17.13　褐铁粉堆的受力情况

a)位移变形(mm);b)应力强度(kPa)

A=0.0845　B=0.2535　C=0.4226
D=0.5916　E=0.7607　F=0.9297
G=1.0990　H=1.260　I=1.4370

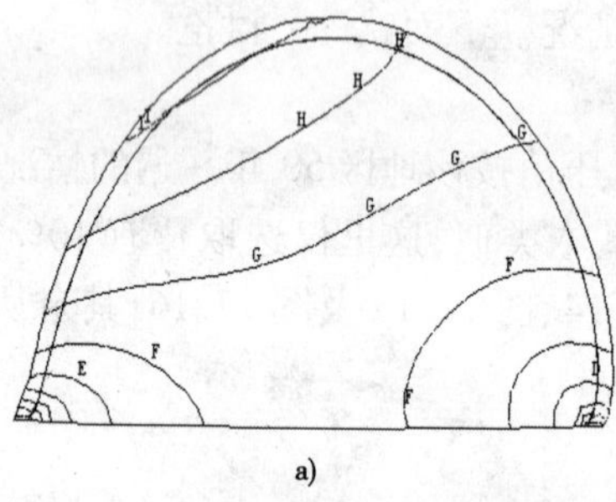

a)

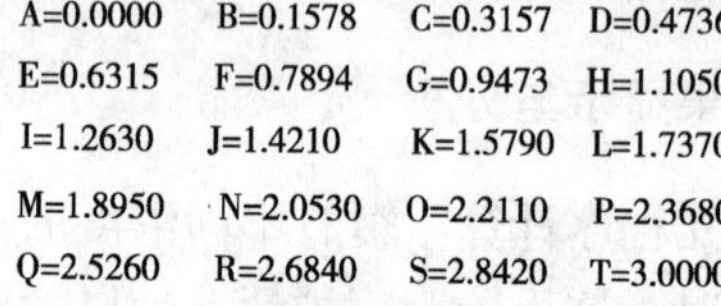

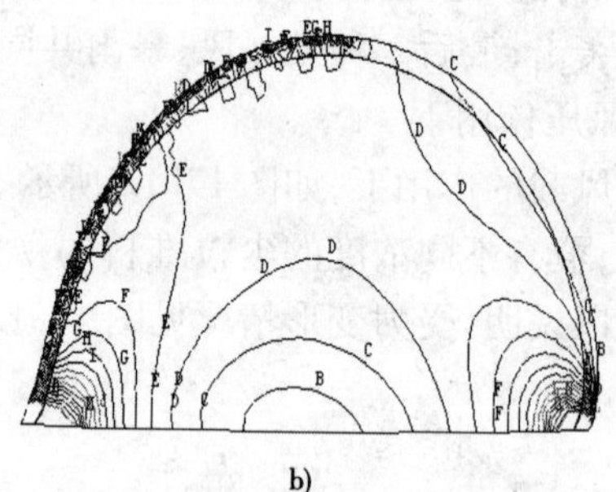

b)

图 17.14　精矿粉堆的受力情况

a)位移变形(mm);b)应力强度(kPa)

A=0.0165　B=0.0497　C=0.083
D=0.1160　E=0.1492　F=0.1823
G=0.2155　H=0.2486　I=0.2817

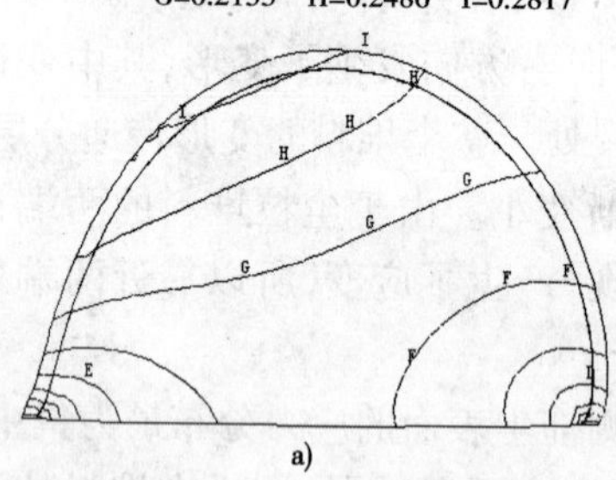

a)

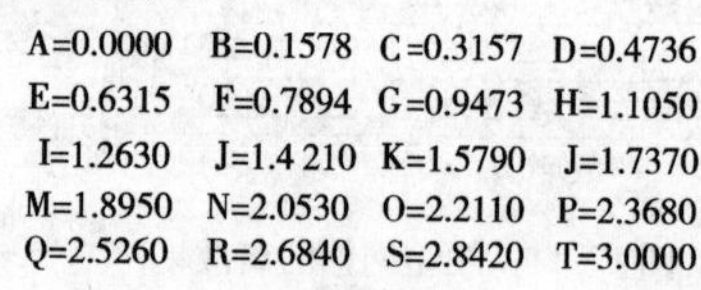

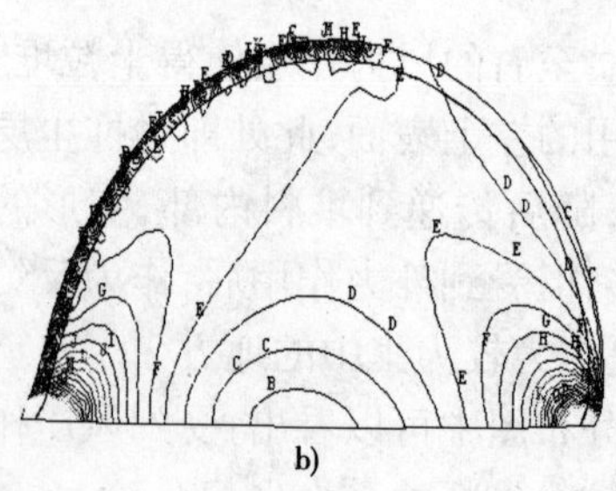

b)

图 17.15　热压铁粉堆的受力情况

a)位移变形(mm);b)应力强度(kPa)

的最大变形为应变量,绘制了变形位移与抑尘浓度之间的关系曲线,见图 17.17。

A=0.0076 B=0.0228 C=0.0381
D=0.0534 E=0.0686 F=0.0839
G=0.0991 H=1.1444 I=0.1296

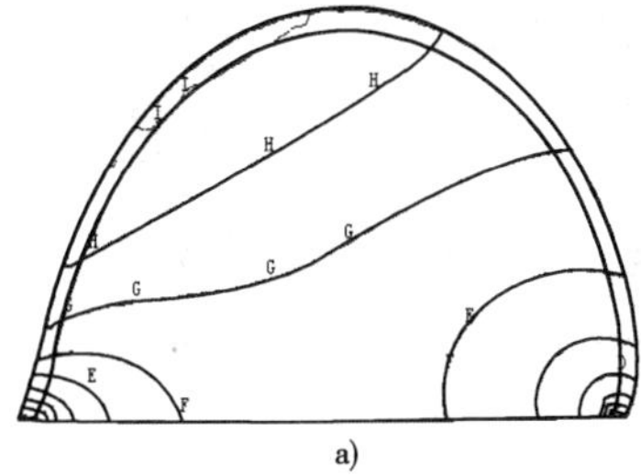

a)

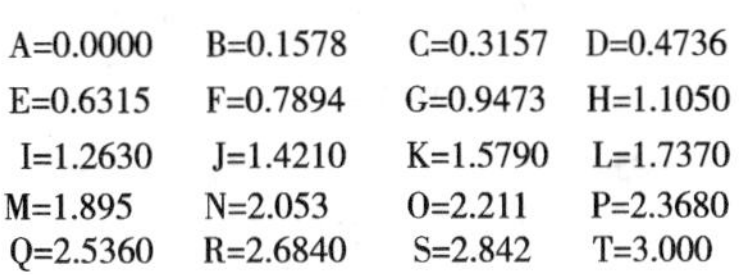

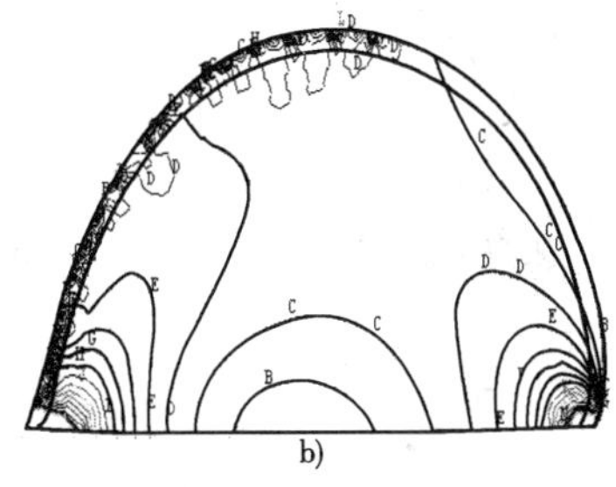

b)

图 17.16 生石灰粉堆的受力情况

a)位移变形(mm);b)应力强度(kPa)

精矿粉由于材质最软,弹性模量最小,故在外力作用下变形最显著,随着抑尘浓度的增大,抑尘层材质有所坚硬,这时变形量逐渐减小。由此反映出:抑尘浓度增大,依靠溶液粘性胶连作用使得颗粒间的孔隙变小,矿粉较为密实,弹模增大,抗击变形能力增强。褐铁矿粉材质最硬,弹模最大,所以它的变形微乎其微。热压铁粉在各个浓度下的变形几乎没有变化,这是因为,抑尘浓度的增大并没有使得它的弹模有明显增大,2% 浓度下的弹模足可以抵抗外力的作用了,所以在外力不变、弹模没有太大增加的情况下,它的变形是不会有大的变化的。与此相比较的是生石灰粉,由于抑尘浓度的增加,弹模成倍增加,导致不同浓度下有不同的变形程度。

(2)垂直雨力作用下

前面指出,暴雨雨力为 2kPa。假定雨力的作用方向是铅直向下的,均匀作用在整个抑尘层上。值得一提的是,随着暴雨作用时间的加长,抑尘硬膜的材料属性在不同的水分作用下,会很快发生变化。为忽略暴雨作用时间对材料属性的影响,此处暴雨作用视为瞬时作用力处理。计算结果见图 17.18 和图 17.19,仅以覆有 10% 浓度抑尘层的褐铁粉堆和精矿粉堆的受力情况为例说明,其余相类似,从略。

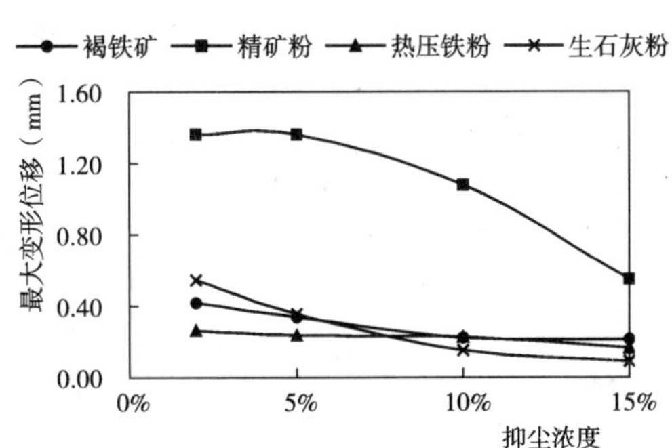

图 17.17 风压作用下的最大变形位移

在垂直雨力的作用下,堆料的变形是沿着压力作用方向直接从上而下传递的,中间的变形最大,逐渐向两侧减弱。与变形分布相反,应力分布恰好是两端大,中间区域小。同样,堆料两端的应力大而集中,是最易破坏的部位。在前面的人工雨淋实验中也发现,尘样的边缘是最先松动的,这里的理论计算也说明了此点。精矿粉堆的变形最大,近有 1cm 多的变形量,已超过它的极限应变,在此雨力下,其抑尘层基本上遭到破坏。图 17.20 为覆有不同浓度抑尘层的堆料在垂直雨力作用下的变形情况。

(3)在风载和雨力共同作用下

在露天下堆料可能同时受到强风和暴雨双重袭击,在此情况下,矿粉堆料实际上受到水平

A=0.07610　B=0.1083　C=0.1406
D=0.1729　E=0.2051　F=0.2374
G=0.2671　H=0.3019　I=0.3342

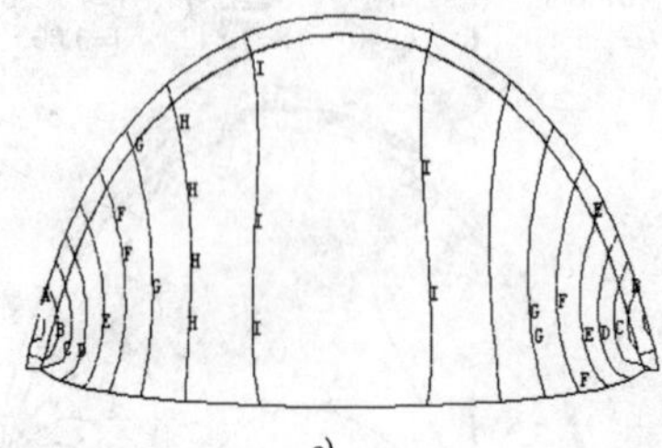

a)

A=0.0000　B=2.0830　C=4.1670　D=6.2500
E=8.3333　F=10.4170　G=12.500　H=14.5830
I=16.667　J=18.750　K=20.833　L=22.9170
M=25.00　N=27.083　O=29.1670　P=31.250
Q=33.333　R=35.417　S=37.500　T=39.5830

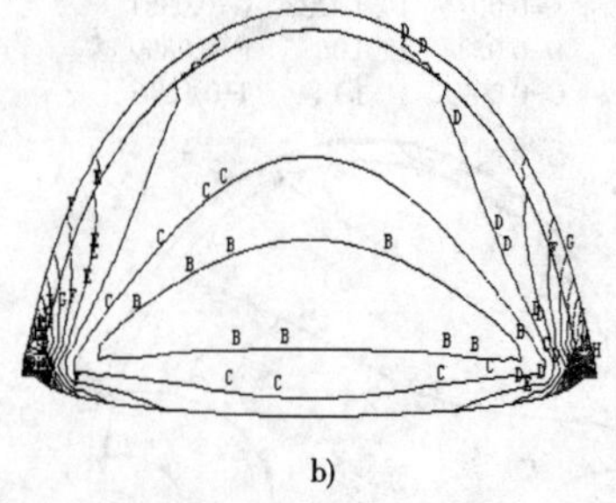

b)

图 17.18　褐铁粉堆的受力情况

a)位移变形(mm);b)应力强度(kPa)

A=3.0980　B=4.4100　C=5.7230
D=7.0360　E=8.3490　F=9.6620
G=10.942　H=11.287　I=11.600

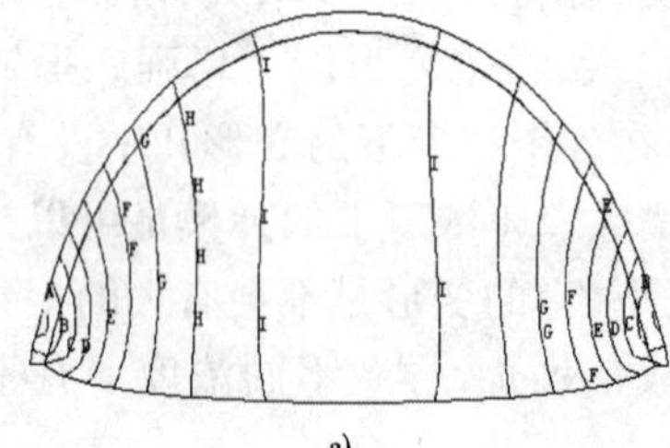

a)

A=0.0000　B=2.0830　C=4.1670　D=6.2500
E=8.3333　F=10.4170　G=12.5000　H=14.5030
I=16.6667　J=18.7500　K=20.8333　L=22.9170
M=25.000　N=27.0830　O=29.1670　P=31.2500
Q=33.333　R=35.4170　S=37.500　T=39.5830

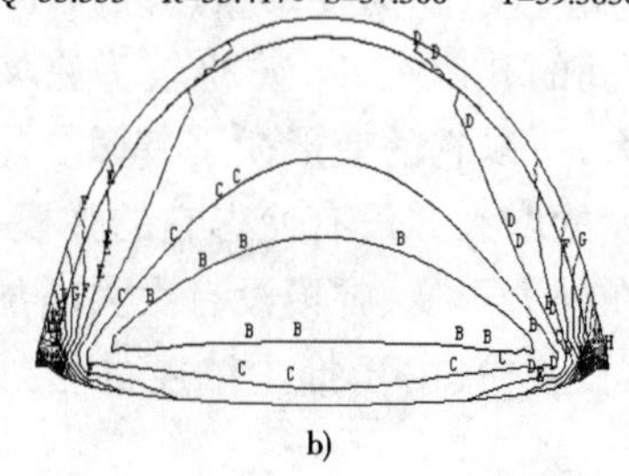

b)

图 17.19　精矿粉堆的受力情况

a)位移变形(mm);b)应力强度(kPa)

A=0.0123　B=0.0371　C=0.6181
D=0.0865　E=0.1112　F=0.1359
G=0.1607　H=0.2154　I=0.2407

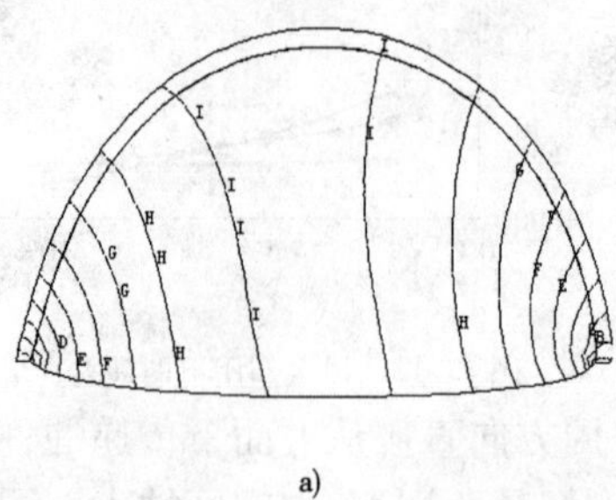

a)

A=0.0000　B=2.0830　C=4.167 0　D=6.2500
E=8.3333　F=10.417　G=12.500　H=14.583
I=16.667　J=18.750　K=20.833　L=22.917
M=25.00　N=27.083　O=29.1670　P=31.250
Q=33.333　R=35.417　S=37.500　T=39.5830

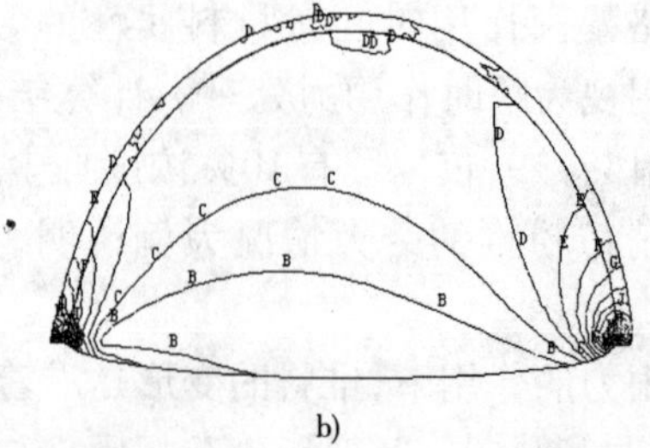

b)

图 17.20　褐铁粉堆的受力情况

a)位移变形(mm);b)应力强度(kPa)

风力和垂直雨力的共同作用,其变形和应力分布见图 17.21 和图 17.22。

从图 17.21、图 17.22 可以看出:堆料的变形是沿着合力的作用方向,等值线有所倾斜,这正反映了力的矢量合成原理。在合力的作用下,堆料的变形位移也表现出相类似的特点。应力分布从抑尘层的上表面开始逐渐向右偏移,最容易遭受破坏的部位仍是堆料的两端和风力

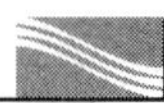

作用的上表面。显然,在合力的作用下,变形的程度更大。图 17.23 显示了精矿粉在不同状态作用下的变形情况。可以想象在受到强风和暴雨双重作用下,喷洒在精矿粉上的抑尘层破坏的程度更大,抑尘功能随之丧失。

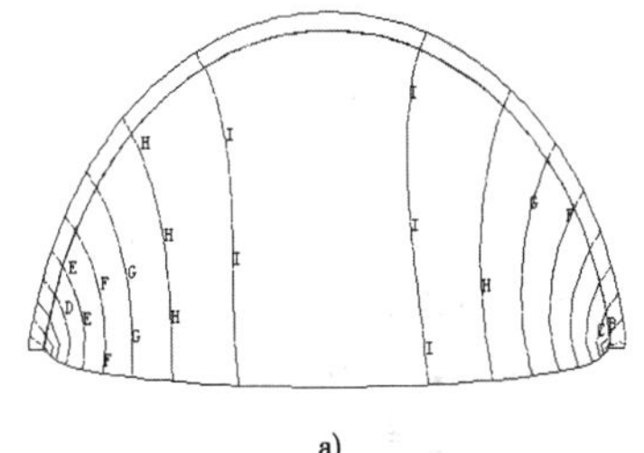

a)

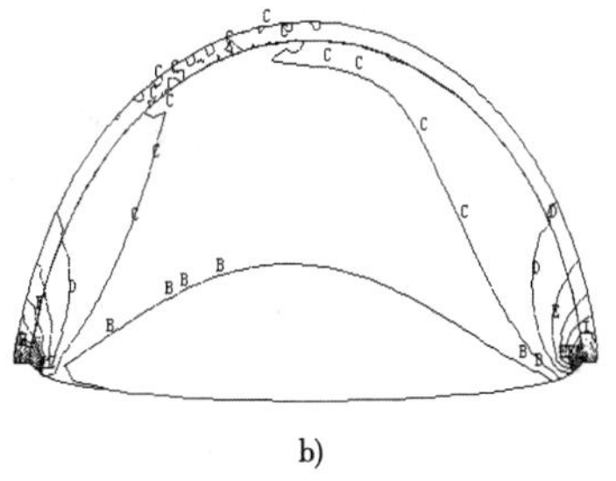

b)

图 17.21　精矿粉堆的受力情况

a)位移变形(mm);b)应力强度(kPa)

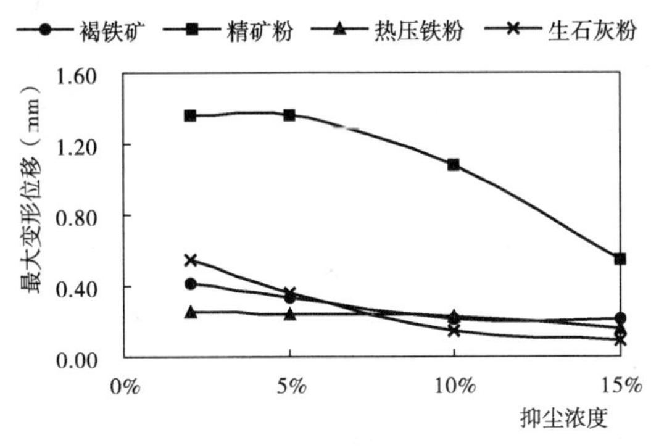

图 17.22　暴雨作用下的最大变形位移

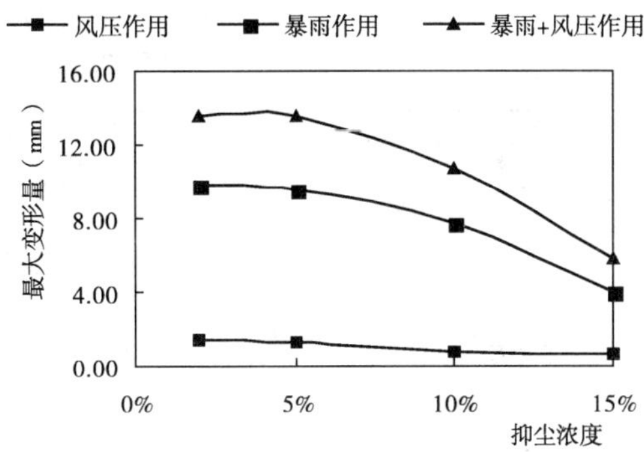

图 17.23　精矿粉在不同条件下的变形

第五节　抑尘剂的经济分析

以此处所讨论的港口码头露天堆料场为例,简单计算了湿法抑尘的综合成本,见表 17.8。

从表 17.8 可知喷洒化学抑尘剂的一次性设备投入不多,但年运行费用比喷雾洒水的高出近一倍。其中抑尘剂的价格是影响年运行费用的主要因素。同时抑尘剂实施的对象,即尘粒的物性、特征、粒径分布等千差万别,选择出价廉物美的抑尘剂,也是件很困难的事。而且国内外还没有研制出一种普遍适用,且抑尘效果非常好的万能抑尘材料,所使用的抑尘剂大都是单一型、针对型的抑尘材料。而抑尘效果好,适用范围广的复合抑尘材料的研究刚刚起步。所以在以湿法抑尘作为控制开放性尘源主导方法的当今,努力地去寻找一种价格低廉、材料来源广泛、性能优异、能抵抗各种恶劣环境的新型化学抑尘材料仍将是这个领域研究的方向。

湿法抑尘的综合成本比较　　表 17.8

比较项目	喷雾洒水	喷洒化学抑尘剂
年运行费用	1)水费 40 万 m^2 喷洒面积,按 0.5L/m^2 用量,水价暂以 0.6 元/吨为准,全年洒水天数以 200 天计算。 $S_1 = 4.0 \times 10^6 m^2 \times 0.5 kg/m^2 \times 0.6 \times 10^{-3}$ 元/kg × 200 = 24 万元 2)全年人工费 有 8 人组成的一班组进行专岗作业,月人均工资按 2000 元/人计。 $S_2 = 8 \times 2000 \times 12 = 19.20$ 万元 3)全年车辆运行(燃料费、维修费等)平均一辆暂按 4 万元/年计。 $S_3 = 12 \times 4 = 48$ 万元 年运行总费用:24 + 19.20 + 48 = 91.2 万元	1)抑尘剂费用 用量相同,溶液密度按 1.4kg/L 计,抑尘剂价暂以 1000 元/吨为准,抑尘平均有效期暂定 7 天左右,喷洒天数按 60 天计。 $L_1 = 4.0 \times 10^6 m^2 \times 0.7 kg/m^2 \times 1000 \times 10^{-3}$ 元/kg × 60 = 168 万元 2)全年人工费 人员减至 2 人,月人均工资按 2000 元/人计。 $L_2 = 2 \times 2000 \times 12 = 4.8$ 万元 3)全年车辆运行(燃料费、维修费等)平均一辆暂按 4 万元/年计。 $L_3 = 2 \times 4 = 8$ 万元 年运行总费用:168 + 4.8 + 8 = 180.8 万元
一次性设备费用	需 12 台洒水车; 暂以国产解放价格为准:12 万元/台。 $S_4 = 12$ 万元/台 × 12 台 = 144 万元	只需 3 台洒水车; 附加加注装置,价格暂为 14 万元。 $L_4 = 14$ 万元/台 × 3 台 = 42 万元
总投入	$S = 91.2 + 144 = 235.2$ 万元	$L = 180.8 + 42 = 220.8$ 万元

第十八章 生态抑尘

第一节 生态抑尘概述

随着全球环境的日益恶化,绿化家园的口号深入人心,营造植物围挡,建造防风林来治理大气扬尘的措施引起了人们的极大关注。据有关资料显示:1 公顷的柏树林一昼夜可吸收 30 ~ 50kg 的粉尘。在尘源的周围设置风障(如防风网、防护林、防风网等),通过风障对风的阻截作用,可极大地减少堆料表面的风力,从而减少颗粒的起尘量。

林带防尘完全没有化学抑尘剂可能造成的二次环境污染问题,林木好像天然过滤器,吸附大量飘尘的树叶在经雨水冲刷后,又恢复其滞尘能力,而且可极大降低抑尘维护的费用。若与化学抑尘剂相结合使用,则效果更佳。从此意义上看,研究林带的防风效应就很有必要了。

风障(木栅、金属网和防护林的统称)作为干法围挡措施的一种,其实国外很早就用于高速公路中以防止路面积雪或减弱刺眼阳光的反射。这种系统同钝体围挡一样,可建立在露天堆料场主导风的上风向,以提供一种经常性的保护。它既没有水和化学抑尘剂进行湿法抑尘所产生的副作用,也没有像钝体围挡时所受到特定条件的限制。风障均为疏透性的多孔介质,大气来流只有一部分能穿透过去。故其背风侧将有一个平均风速减弱区,此即风障的屏蔽效应。

防护林作为风障的一种,不仅具有如木栅、金属网的屏蔽功效,而且作为一种人工林生态系统骨架的重要组成部分,对于在保护环境、减少污染及降低灾害等方面的作用是不言而喻的。作为减小风力,削弱风强的一种完全环保型防尘措施,它可广泛应用于道路两侧、露天矿料场、农田间以及水土保持区等诸多易扬尘的场合。基于此,此处选取防护林作为研究风障防护效应的对象,以探求此类围挡措施在防尘问题中的运用。

其实对林带防风效应的研究很早就开始(国外从 1930 年前后开始,国内从 50 年代开始),早期的研究大多集中在风洞实验和现场观测的水平上,观测数据杂而分散,缺乏防护效应的机理研究,更无严格的数学分析。通常采用的实验方法是借助烟流法和丝线法在风洞中对林带的屏蔽作用进行观测。尤金(1950)认为:林带起空气动力栅的作用,将大涡碎成小涡,使大量的平均运动能量变成小涡旋的乱流运动能量,引起气流结构的改变。阿尔门特(1954)指出:紧密结构林带好像一个涡旋发生器。在林带背后形成涡流。而通风结构林带则像空气动力扩散器,由林带下部孔道出来的气流在背风面扩散,风速降低。斯玛科斯(1963)利用烟雾法和水工流槽实验,得出了与尤金、阿尔门特相似的结论。他还认为:由于林带背风面风速梯度的存在,产生一个上升力,使得林带背风面形成的涡旋被抬升,流向更高、更远处。在此时期,国内作了林带流场的风洞放烟实验。对三种基本林带类型:紧密结构林带、疏透结构林带和通风结构林带的气流分布进行了现场观测,其实验结果为确定林带防风效应奠定了基础。

根据这些文献的结论,可将林带内的气流分布可归纳为:

(1)紧密结构林带:绝大部分气流被抬升,在林带上面越过,在迎风面形成明显的涡旋,并在林带脚下产生回流区,而在林带背风面则形成剧烈的湍流区。

(2)疏透结构林带:迎风而来的气流中有一部分被抬升,另一部分气流穿过林带,并在背风面扩散,形成湍流区。迎风面的林带脚下看不到回流。

(3)通风结构林带:迎风面而来的气流可较明显地分成三部分:一部分从林带上面越过;另一部分向下倾斜,由树干部位的通风孔道穿过林带,在林带背风面扩散;第三部分则均匀透过林冠在林冠背风面形成湍流区。

随着实验水平的不断提高和观测内容的不断深入,研究工作更着重于林带前后湍流场的变化和能量的转化分析上。有研究利用了长白山阔叶红松林冠层上下测量的廓线及湍流资料,对长白山森林冠层的湍流结构做了较为详细的研究。结果表明:冠层内的风速遵循指数规律,动量交换系数满足指数率。由于较大的叶面面积指数(Leaf Area Index)使得冠层内 x,y,z 三个方向的湍流度都较为接近,而且明显大于冠层上方值。冠层下的湍流并不遵从局地各向同性假设和 Tayor 冰冻假设。Raupach 和 Shaw,Raupach 和 Thom 在分析试验数据后指出:在林冠中,气叶拖拽力不仅造成尾迹产生区、平均流动动能向湍动能的转化,而且由湍流涡引起的附加能则以很小的尺度转化成高频湍流,从而形成能量的串级过程。同时湍动能的尾迹产生率与剪切产生率相当,尾流湍流因尺度小,而很快地被耗散掉,故在总脉动中不占很大的比例,由此给出了林带内气流能量的转化通道,如图 18.1 所示。

由于植物的枝、干、叶等把大涡打碎,产生尺度较小的涡,小涡更容易耗散,变成内能。从图 18.1 可看出:林带内两种能量通道并存。这就有可能造成两条通道的交叉而出现能量传递的某种短路现象,故他们的研究成果,足使人们相信林带内的湍流能量的传递不是按通常的能量串级理论预测的方式进行。

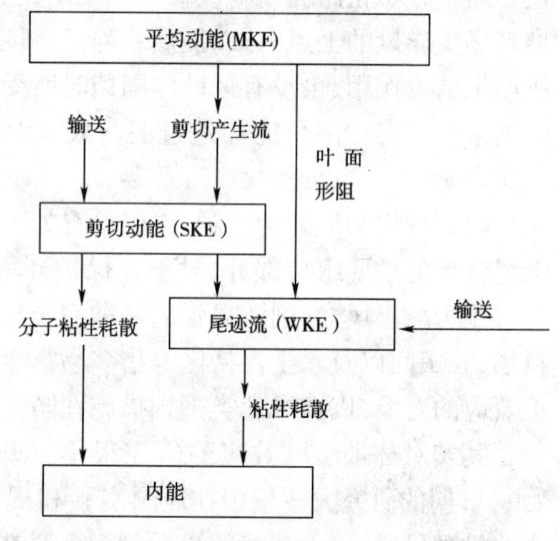

图 18.1　林带内气流能量转化通道

20 世纪 70 年代,Patanker 和 Spalding 对 N-S 方程的求解提出了压力耦合方程的半隐式解法(Semi-Implicit Method for Pressure Linked Equations)以来,数值计算迅猛发展,并与风洞实验一样成为研究林带湍流场的有力手段。

Tan 等在开创植被湍流数值研究时,为了反映气流与植被之间的相互作用,在平均运动方程中增加了一个植被阻力项 D_f,此表达式仍为现在的林带研究所沿用。

$$D_f = C_d A(z) \cdot \overline{u}^2$$

式中:D_f——植被阻力项,N;

C_d——植被阻力系数;

$A(z)$——叶面积密度,m^2/m^3;

$\overline{u}$——来流平均风速,m/s。

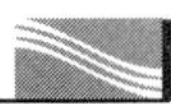

Zhenjia Li 和 D. Lin (1990)建立了空气流过或穿过森林边缘的稳态数值模拟。他采用了一阶封闭模式,用局地梯度扩散参数处理雷诺应力项,即

$$-\overline{u'w'} = K\frac{d\bar{u}}{dz}$$

式中:$-\overline{u'w'}$——二阶速度关联项,m^2/s^2;

K——湍流扩散系数,m^2/s;

此式和动量方程联立,并用 Plant 的混合长度来处理湍流扩散系数,再加上对和 $C_dA(z)$的假设,得出了空气流入林带的风速廓线。

Finnigan、Shaw 和 Raupach 等人完成了有条件的林带采样分析。他们发现:在不同深度的林冠中均存在林冠结构中的高度间歇现象以及明显的由于风引起的林冠渗透现象。因变量变化而引起的局地产生率和流量的变化与高处的输送率相比是可忽略的,而这种高处的输送率则对应着湍流收支方程的输送项。这次林冠观测的重要性在于:它澄清了一阶闭合(k 理论)不能提供湍流在物理现象上令人满意的参数化处理。只有一个例外:Li 等人(1985)用一阶闭合方法包括了附加项,以提高流动方向上对动能渗透的预测。

Tilden Weyers 指出:应用梯度扩散理论来描述林冠内湍流输送的局限已被广泛认可了(Legg 和 Monteith 1975、Shaw1977、Raupach 和 Thom1981、Domand 和 Bradley 1983)。那么代替梯度扩散理论来模拟湍能交换的另一种方法是:高阶封闭方程(Wilson Shaw 1977、Lewelln Sheng 1980、Inoue 1981)。但高阶闭合模型的缺点在于是在参数化三阶速度关联项中引用了梯度扩散假设,而且在二阶矩的收支方程中的压力—变形项中和湍动能耗散项中出现了需调整的常数。作为对高阶闭合模型的改进,Tilden Weyers 选用高阶闭合方案时,对雷诺应力的收支方程中的速度三阶矩的参数化处理的方法是建立三阶矩的收支方程并采用准高斯假设转化成已视为已知量的二阶矩形式,而在湍动能耗散项的参数化处理中采用湍流耗散尺度,并以现场观测的农作物为例相对比,模拟值能很好地与实际观测值相一致。值得一提的是,模拟出了与观测值相吻合的林冠内的逆速度梯度现象和林冠上的正速度梯度现象,但是对于玉米林冠中二阶速度关联项的风廓线的预测与实际观测值相比有些偏大。他认为这是应力收支方程中压力—变形项和(或)湍动能耗散项中的耗散尺度不合适的参数化处理导致的。

总之,随着湍流高阶模式理论的发展,带动了高阶模式在林带湍流中的利用。目前植被湍流研究中,主要是引用大气边界层中及薄剪切层中高阶模式理论的成果,基本放弃了局部梯度假设,从 Reynolds 应力输送方程的模化入手,结合植被特点进行的。现有主要的 4 种计算模型,见表 18.1。

各种高阶模型的封闭模式 表 18.1

研究者	封闭模式
Wilson & Shaw	主要引用 Mellor 的闭合模式。在处理三阶速度关联项的参数化时利用了二阶关联的梯度扩散,并引入长度尺度,使湍流趋向各项同性;粘性耗散项假设为各项同性,引入长度尺度(经验关联式)来参数化粘性耗散率。
J D Lin	主要引用 Hanjalic 和 Launder 的模型。三阶速度关联项的处理方法于 WS 模型相同。粘性耗散项采用了涡粘度假设,并增加了尾迹湍流对耗散率的贡献。

续上表

研究者	封闭模式
J Wilson	基本上沿用 Launder 的模型。把湍流动能分成低频段和高频段。将剪切湍动能对尾迹湍动能的贡献用一经验公式表示。粘性耗散项用时间尺度表示。
Meyers & U Paw	放弃了对三阶速度关联项的参数化处理,而是建立了该项的控制方程。在方程中的四阶关联项采用准高斯分布假设。粘性耗散项的处理与 WS 模型相同。

第二节　防风林带动力效应的数学模型

空气穿过林带的流动过程是以削弱来流速度和改变湍流结构为特征,是动能转化成较多的脉动耗散为特点的复杂流动现象。早期的防护林研究多以现场观测为主,辅以野外实验,这类方法一方面受到天气条件的制约,短期内很难得到大量的观测数据,另一方面这类实验本身需要消耗大量的人力物力,这些局限迫使人们试图从理论研究中获得更多的信息。但理论研究因为流动模型封闭的困难性和诸多参数的不确定性而使其变得格外复杂。下面就结合近30年理论发展的最新成果对防护林带周边的流场进行数值研究,其中首要解决的问题是流动现象的描述和林带树木的模型化问题。

1. 林带—气流的相平均处理

对于空气流动来说,林带可看成气流流过的多孔介质。我们知道,描述流动的所有物理变量都只针对于流体空间,而不包含固体所占用的空间。因此流动控制方程通常是微方程。但根据 Whitaker(1969,1973)发展的多孔介质的平均方法,可将这些方程转化成流体和固体介质在内的所有空间都成立的宏观方程。通过这样的数学处理既消除了林带结构上局地的变化,又在物理和数学意义上得到了明确的解释。

将相平均运用到微分方程时,就出现了针对空间和时间的两种平均。为简化数学上的处理,此处主要讨论林带的时均流场。故时均方程中只存在空间平均的问题,只需用体积相的平均方法处理。对于任一尺度变量 ψ 的体积相平均可定义为

$$< \psi > = \frac{1}{V}\int_V \psi \mathrm{d}V$$

式中:ψ——任一求解的物理变量;

V——元素体积,m^3。

对于林带而言,元素体积包括气流 α 和林带冠层内的叶片 β。即

$$V = V_\alpha + V_\beta$$

而气流的 α 体积相平均则定义为

$$< \psi >_\alpha = \frac{1}{V_\alpha}\int_{V_\alpha} \psi \mathrm{d}V$$

对尺度变量 ψ 的微分方程采用体积平均定理则有

$$< \nabla\psi > = \nabla < \psi > + \frac{1}{V}\int_{A_{\alpha-\beta}} \psi \cdot n \mathrm{d}V$$

式中:$A_{\alpha-\beta}$——气流 α—林带冠层 β 的界面面积,m^2;

n——垂直于界面的法向量。

假定林带内叶片和气流之间的界面恒定时

$$\frac{1}{V}\int_{A_{\alpha-\beta}}\psi \cdot n\mathrm{d}A = 0$$

这样公式简化成

$$<\nabla\psi> = \nabla <\psi>$$

2. 气流穿过林带的控制方程

在忽略柯氏力和浮升力作用下，穿越林带气流的时均动量方程和连续方程为

$$\frac{\partial u_i u_j}{\partial x_j} + \frac{\partial}{\partial x_j}u'_i u'_j = -\frac{1}{\rho}\frac{\partial P}{\partial x_i} + \nu\frac{\partial^2 u_i}{\partial x_i^2}$$

$$\frac{\partial u_i}{\partial x_i} = 0$$

式中：$u_i u_j$——风速的二阶关联项，$\mathrm{m^2/s^2}$；

$u'_i u'_j$——脉动速度的二阶关联项，$\mathrm{m^2/s^2}$。

对公式各项取空间相平均，得

$$<\frac{\partial\overline{u_i u_j}}{\partial x_j}> + <\frac{\partial}{\partial x_j}\overline{u'_i u'_j}> = -\frac{1}{\rho}<\frac{\partial\overline{P}}{\partial x_i}> + <\nu\frac{\partial^2\overline{u_i}}{\partial x_j^2}>$$

为便于数学上的处理，并假定二阶速度关联项$\overline{u_i}\ \overline{u_j}$，$\overline{u'_i u'_j}$在空气—林冠树叶界面上也恒定。则公式左项处理为

$$<\frac{\partial\overline{u_i}\,\overline{u_j}}{\partial x_j}> = \frac{\partial}{\partial x_j}<\overline{u_i}\,\overline{u_j}>$$

$$<\frac{\partial\overline{u'_i u'_j}}{\partial x_j}> = \frac{\partial}{\partial x_j}<\overline{u'_i u'_j}>$$

其中速度的二阶关联项可继续处理为

$$<\overline{u_i}\,\overline{u_j}> = <\overline{u_i}><\overline{u_j}> + <\overline{u'_i u'_j}>$$

公式右项可处理为

$$-<\frac{1}{\rho}\frac{\partial\overline{P}}{\partial x_i}> = -\frac{1}{\rho}\frac{\partial<\overline{P}>}{\partial x_i} - \frac{1}{\rho V}\int_{A_{\alpha-\beta}}\overline{P}\cdot n\mathrm{d}A$$

$$<\nu\frac{\partial^2\overline{u_i}}{\partial x_j^2}> = \nu\frac{\partial^2<\overline{u_i}>}{\partial x_j^2} + \frac{1}{V}\int_{A_{\alpha-\beta}}\overline{\tau}_{ij}\cdot n_j\mathrm{d}A$$

其中：

$$\overline{\tau}_{ij} = \nu\left(\frac{\partial\overline{u_i}}{\partial x_j} + \frac{\partial\overline{u_j}}{\partial x_i}\right)$$

这样平均动量方程可重写成

$$\frac{\partial}{\partial x_j}<\overline{u_i}><\overline{u_j}> + \frac{\partial}{\partial x_j}(<\overline{u'_i u'_j}> + <\overline{u'_i u'_j}>)$$

$$= -\frac{1}{\rho}\frac{\partial<\overline{P}>}{\partial x_i} + \nu\frac{\partial^2<u_i>}{\partial x_j^2} - \frac{1}{\rho V}\int_{A_{\alpha-\beta}}\overline{P}\cdot n\mathrm{d}A + \frac{1}{V}\int_{A_{\alpha-\beta}}\overline{\tau}_{ij}\cdot n_j\mathrm{d}A$$

公式左侧第二项$\frac{\partial}{\partial x_j}(<\overline{u'_i u'_j}>+<\overline{u'_i u'_j}>)$项为速度关联所引发的动量传输项，即林带植被中所指的速度扫掠—喷发项；右侧 $-\frac{1}{\rho V}\int_{A_{\alpha-\beta}}\overline{P}\cdot n_j \mathrm{d}A$ 项代表了空气—林冠树叶之间的气压拽力，$\frac{1}{V}\int_{A_{\alpha-\beta}}\overline{\tau}_{ij}\cdot n_j dA$ 项则为粘性拖拽力项，这两项总称为空气—林冠树叶的阻力项。

同理连续方程为

$$\frac{\partial<\overline{u}_i>}{\partial x_i}=0$$

构成了描述林带流场的微分控制方程。但由于公式中出现脉动速度的二阶关联项$\overline{u'_i u'_j}$，必须引入模型方程才能将控制方程封闭。

3. 控制方程的封闭与参数化方法

公式左项中非局地扩散通量$<\overline{u'_i u'_j}>$可处理为

$$\frac{\partial}{\partial x_j}(<\overline{u'_i u'_j}>)=\alpha\frac{<\overline{u}>(H)-<\overline{u}>}{1+\beta A(z)}\cdot\frac{z}{H}$$

在公式右项中，设 $F_x=-\frac{1}{\rho V}\int_{A_{\alpha-\beta}}\overline{P}\cdot n_j \mathrm{d}A+\frac{1}{V}\int_{A_{\alpha-\beta}}\overline{\tau}_{ij}\cdot n_{ij}\mathrm{d}A$，这项可处理为

$$F_x=-\frac{1}{2}C_d\cdot A(z)\cdot<\overline{u}>^2$$

式中：C_d——气—叶拖拽系数；

$A(z)$——随高度分布的叶面面积密度，$\mathrm{m}^2/\mathrm{m}^3$。

z——林带内某点高度，m；

H——林带高度，m；

α,β——模型经验常数。

这样在公式就只剩下$<\overline{u'_i u'_j}>$项的处理了，湍流模型的复杂与否也因此项的处理不同而出了各种模型。此处采用植被数值模拟中的高阶雷诺剪切模型（Reynold Shear Model），这样就必须根据雷诺剪切应力项（$<\overline{u'_i u'_j}>$）收支方程来处理此项，从而得以封闭流场。剪切应力项（$<\overline{u'_i u'_j}>$）的收支方程为

$$\frac{\partial<\overline{u'_i u'_j}>}{\partial t}=-\left(<\overline{u'_i u'_j}>\frac{\partial<\overline{u'_j}>}{\partial x_i}+<\overline{u'_j u'_i}>\frac{\partial<\overline{u'_i}>}{\partial x_j}\right)+\overline{\frac{1}{\rho}<P>\left(\frac{\partial<u'_i>}{\partial x_j}+\frac{\partial<u'_j>}{\partial x_i}\right)}+$$
$$\frac{\partial}{\partial x_l}\left[-<\overline{u'_i u'_j u'_l}>-\frac{1}{\rho}\overline{<P>(\delta_{ij}u_i+\delta_{ij}u_j)}\right]+\left[<\overline{u'_i u'_j}>\delta_{ij}F_p+\right.$$
$$\left.<\overline{u'_j u'_i}>\delta_{ij}F_\tau\right]\Big)-\left[2\nu\frac{\partial<u'_i>}{\partial x_l}\frac{\partial<u'_j>}{\partial x_l}-\frac{\partial}{\partial x_l}\left(\nu\frac{\partial u_i u_j}{\partial x_l}\right)\right]$$

上述方程收缩指标i与j并乘以1/2，便得到湍动能$k=\frac{1}{2}<\overline{u'_i u'_j}>$满足的微分方程，即我们熟知的$k$方程。

方程变成时均方程时可简写成

$$P_{ij}+R_{ij}+T_{ij}+W_{ij}-\varepsilon_{ij}=0$$

式中：P_{ij}——湍流作用的产生项；

R_{ij}——压力—变形项；

T_{ij}——高阶速度关联导致的湍流输送项；

W_{ij}——气流—树叶间的气压拽力和粘性拖拽力所引起的尾迹湍动项；

ε_{ij}——湍动能扩散耗散以及分子粘性耗散项。

下面就依次讨论 R_{ij}、T_{ij}和 ε_{ij}的湍流参数化处理。

(1)压力—变形项 R_{ij}的参数化

由泊松方程,得到了压力通过速度表示的表达式。它是一个冗长的微分方程,为便于分析可简写成

$$R_{ij} = R_{ij,1} + R_{ij,2} + R'_{ij,1}$$

右侧第一项为脉动速度关联项。选用 Rotta 的湍流模型。

$$R_{ij,1} = -C_1\frac{\varepsilon}{k}\left(<\overline{u'_i u'_j}> - \frac{2}{3}\delta_{ij}k\right)$$

右侧第二项反映了平均运动变形速度与脉动速度间的相互作用。选用 Launder, Rodi 等,独立导出的最广为人知的准各向同性模型。

$$R_{ij,2} = -C_2\left(P_{ij} - \frac{2}{3}\delta_{ij}P\right)$$

其中:

$$P_{ij} = -<\overline{u'_i u'_l}>\frac{\partial<\overline{u'_j}>}{\partial x_l} - <\overline{u'_j u'_l}>\frac{\partial<\overline{u'_i}>}{\partial x_l}$$

$$P = -<\overline{u'_i u'_j}>\frac{\partial<\overline{u'_i}>}{\partial x_j}$$

右侧最后一项则是考虑气流在冠层流动,受到树叶阻碍影响的壁面附加项。选用 Shir 的修正模型

$$R'_{ij,1} = \frac{\varepsilon}{k}\left(<\overline{u'_i u'_j}>\delta_{ij} - \frac{3}{2}<\overline{u'_i u'_j}>\delta_{ij} - \frac{3}{2}<\overline{u'_l u'_j}>\delta_{jl}\cdot\left(\frac{l}{z}\right)\right.$$

在林带冠层内 Wilson 和 Shaw 的根据实验结果,l 表示为

$$l = \frac{C_3}{C_d\cdot A(z)}$$

(2)湍流输送 T_{ij}项的参数化

此项出现了速度的三阶矩关联项。此处选用非各项同性的梯度扩散模型。

$$T_{ij} = C_s\frac{k}{\varepsilon}\left(<\overline{u'_l u'_l}>\frac{\partial<\overline{u'_i u'_j}>}{\partial x_l} + <\overline{u'_i u'_l}>\frac{\partial<\overline{u'_j u'_l}>}{\partial x_l} + \overline{u'_j u'_k}\frac{\partial<\overline{u'_l u'_l}>}{\partial x_l}\right)$$

(3)尾迹产生项 W_{ij}参数化

此项可处理为

$$W_{ij} = C_d\cdot A(z)\cdot<\overline{u_i}>^3$$

(4)耗散项 ε_{ij}的参数化

选用陈景仁提出的非各项同性的耗散项模型为

$$\varepsilon_{ij} = \frac{\overline{<u'_i><u'_j>}}{k}\varepsilon$$

这样就完成了雷诺剪切收支方程和时均动量方程的参数化处理。上述各公式中的经验常数见表 18.2。

模型中各经验常数的取值 表18.2

C_1	C_2	C_3	C_s	α_0	β_0
1.8	0.55	0.06	0.11	0.04	0.8

在对上述公式的处理中气—叶阻力系数 C_d 是一个重要的动力参数。据文献的现场观测表明：C_d 是一个与树种、现场地貌有关等变量。

4. 气—叶阻力系数的确定

取风向方向为 x 轴，气流穿过林带，速度逐渐减弱，在林带内某点(x,y,z)风速为 u，通过微水平位移 dx，风速下降 du，即

$$du = -ku dx$$

式中：k——林带内风速减弱系数。

由于林带的遮蔽作用，临近林带边缘处的气流速度 u_f，不再是远方平均来流速度 $\overline{u}$。u_f 可表示为

$$u_f = (0.8 + 0.2\alpha)\overline{u}$$

式中：u_f——将要穿越林带的来流风速，m/s；

α——林带透风系数。

透风系数 α 可表示为

$$\alpha = u/\overline{u}$$

在 $x = 0 \to x, u = u_f \to u$ 区间有

$$\int_{u_f}^{u} \frac{du}{u} = -k\int_0^x dx$$

得

$$u = u_f e^{-kx}$$

在林带内某点(x,y,z)，取一体积元 $dV = dxdydz$，dV 内迎风面积为 $A(z)\cdot dV$，大气来流对 dV 的阻力为

$$d\phi = \frac{1}{2}\rho_a[u(x,y,z)]^2 \cdot A(z) \cdot dV$$

式中：ϕ——气—叶阻力，N。

远方来流平均速度遵循对数分布。设林带长度为 D，纵断面宽度为 W，高度由粗糙面高度 z_0 到林带高度 H。

整个林带 $x = 0 \to D, y = 0 \to W, z = z_0 \to H$ 内积分，有

$$\phi = \int_{z_0}^{H}\int_0^W\int_0^D \frac{1}{2}\rho_a A(z)\cdot\left[(0.8 + 0.2\alpha)\frac{u_*}{\kappa}\ln\frac{z}{z_0}\cdot e^{-kx}\right]^2 dxdydz$$

$$= \frac{u_{0*}^2}{k\cdot\kappa^2}A(z)W\cdot(0.8 + 0.2\alpha)^2\rho_a\cdot W\cdot(1 - e^{-2kD'})\left[H\left(\ln\frac{H}{z_0}\right)^2 - 2H\ln\frac{H}{z_0} - 2z_0\right]$$

而其中林带内风速减弱系数 k 可表示为

$$k = -\frac{1}{D}\ln\frac{\alpha}{0.8 + 0.2\alpha}$$

根据阻力系数的定义有

$$C_d = \frac{\phi}{0.5u_f^2} = \frac{A(z)}{2}\frac{W}{D}\left[\left(\frac{\alpha}{0.8+0.2\alpha}\right)^2 - 1\right]\ln\frac{\alpha}{0.8+0.2\alpha}\left[1 + \frac{1-2\frac{z_0}{H}}{\left(\ln\frac{H}{z_0}-1\right)^2}\right]$$

由上式可知:阻力系数与透风系数 α、叶片面积密度 $A(z)$、风障结构尺寸 W,D,H 以及下垫面粗糙度 z_0 有关。在地貌、风障透风系数一定的情况下,C_d 则与模型树木的具体结构尺寸有关,不同的林带结构尺寸代入公式,便得出该林带所对应的 C_d。

5. 树木计算模型化

自然界的树冠边界千变万化,太不规则,无法精确描述。同时对于防护林研究的目的在于考察防护林外的流场情况,而不是林带内部的流动,这样就可以忽略林带内部复杂固体边界元结构的影响。考虑到计算的可操作性和可验证性,此处选用大桥他风洞实验的模型树木。树高 6m,树冠是边长为 3m 的立方体,叶片的形状是边长为 30cm 的正方形,叶片厚度为 1mm,叶片之间无交叉错叠,叶片和气流间隙交错排列,整个树木详细尺寸可参考相关文献。其中树冠部分如图 18.2b)所示。

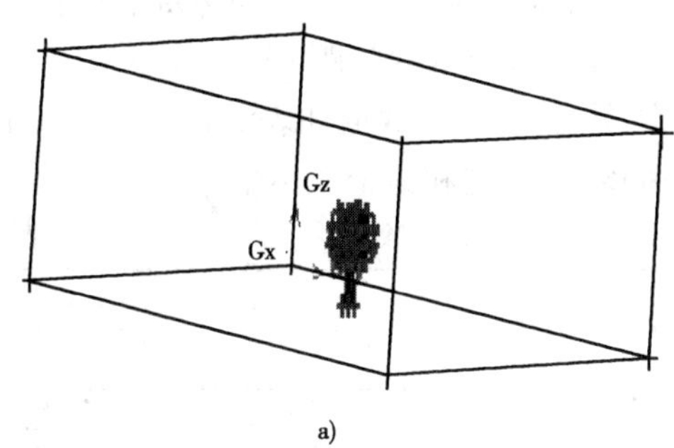

a)

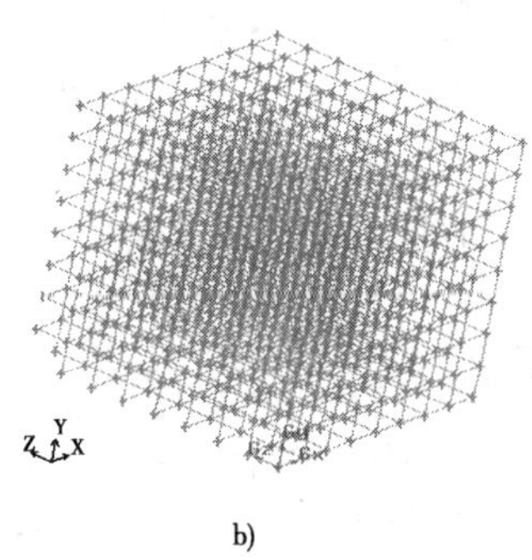
b)

图 18.2　数值计算用树木模型

a)单个树木模型;b)模型树冠

通过控制叶片的数目,可得到不同的叶片面积密度 $A(z)$ 和叶面积指标 LAI(leaf area index)。该指标综合了整个树木高度的影响,是判定树种、树龄的重要依据,它可表示为

$$\mathrm{LAI} = A(z) \cdot H$$

根据上式就可控制不同的树种所对应的 $A(z)$,这样在具体计算中只需改变树木高度、树冠叶片的数目就可模拟出不同的树木结构。根据各种林带情况,组成算例(表 18.3),以求计算的通用性。

各算例列表　　表 18.3

算例序号	LAI	对　　象	C_d 值	参考来源
Case1	程度 3	针叶树林	0.9	平冈他
Case2	程度 5	落叶广叶树林	1.3	大桥他
Case3	程度 6	广叶树林成熟期	2.2	近腾纯正
Case4	程度 8	常绿广叶树林	3.1	藤野毅他
Case5	程度 10	常绿针叶树林的最大值	4.6	久野之

第三节 防风林的防风效果研究

1. 计算工况安排

林带的结构是指林带内树木枝叶的密集程度和分布状况。对于单一林带而言,可划分为紧密结构、疏透结构和通风结构。它的主要结构参数为:林带疏透度β,林带高度H、林带宽度S。其中林带疏透度β可定义为

$$\beta = \frac{\omega}{\Omega} \times 100\%$$

式中:β——林带疏透度;

ω——透光孔隙的投影面积,m^2;

Ω——林带总投影面积,m^2。

β值取决于树种、树龄及林带的宽度。若不考虑树种和树龄这两个因素的影响,那么β仅是林带宽度的S函数;而参数S,既取决于林带中树木的排数N,又取决于每排树木之间的距离l,但对于单排林带而言,S仅由树木的间距决定。根据这样的分析,将防护林带的结构参数主要限定在林带疏透度β、林带高度H、林带宽度L以及同排树木的间距l这四个影响因子。同时为使模拟工作量不至于过大,每一因子各取3种情况,各因子的取值如表18.4所示。其中疏透度β的三种取值代表了三种不同的林带结构:通风型、疏透型和紧密型林带。

影响因子的取值安排　　表18.4

取值情况	1	2	3
林带疏透度β(%)	52	31	19
林带高度H(m)	12	10	8
林带宽度L(m)	4	6	8
同排树木的间距l(m)	4	5	6

2. 计算结果分析

林带数值计算的边界条件与围挡钝体流场计算条件相同。气流穿过风障的风速分布见图18.3。图中显示:在风障的背风面,风速得到了极大的下降,尤其在背风面的腹心地带,风速下降了70%。随着水平距离的增大,风速又有所增大。在林带两侧,由于流型的急剧分离,风速均有了不同程度的增大。从图b)可看出:来流风穿过林带时,在林带上方的风速呈现出减小—增大趋势,模拟出了喷发—下掠现象。此处只列出Case1的速度分布情况,其他算例的速度分布类似,从略。

图18.4为各算例的速度水平分布情况,并引用了大桥他的风洞实验结果相比较。从图中可以看出:计算结果与风洞实验结果吻合较好,在风障背风面处都出现了削弱谷现象。

同时因C_d不同,在相同的来流风速下,风障背面的风速削弱程度有所差异。Case1与Case5相比,风速的下降幅度竟有1m/s之多的差距。风速的垂直分布再次表明:大气来流受到林带的阻挡,一部分被迫抬升,在林带上方形成加速区;另一部分则穿过林带,风速急剧下降,形成弱风区。在风速降至最低后,又逐渐恢复。

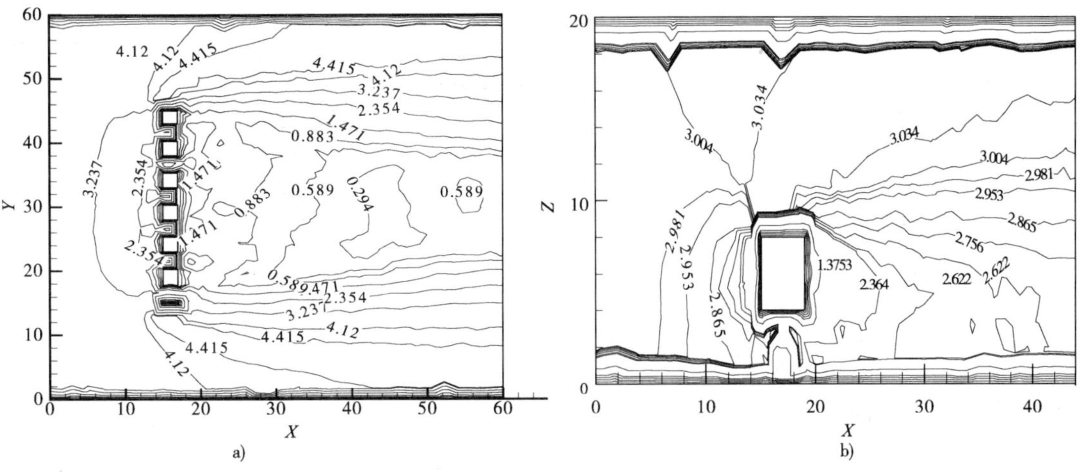

图 18.3　Case1 的流场分布

a)平均风速的水平分布;b)平均风速的垂直分布

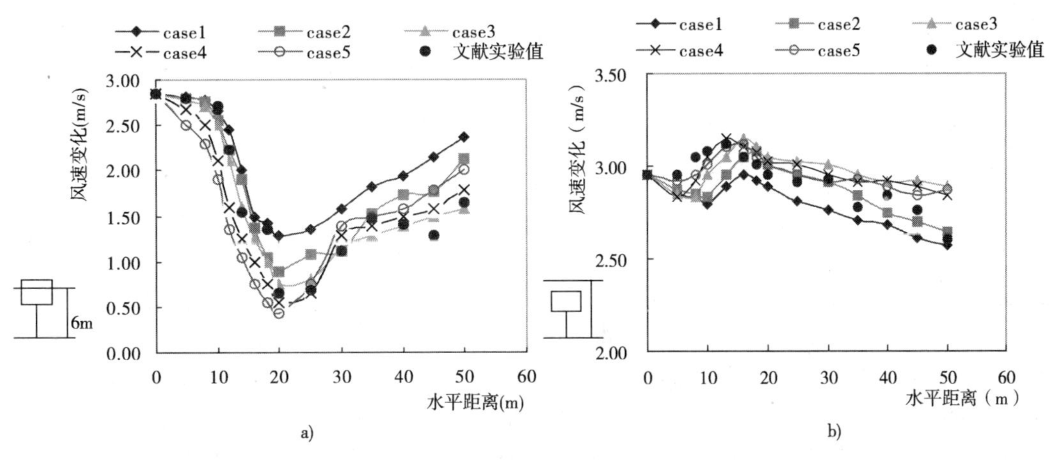

图 18.4　来流风穿越林带的风速分

a)穿过林带;b)掠过林带

3. 数值计算的结果分析

为使模拟工况能够尽可能多地反映不同林带参数所对应的林带结构，此处依旧遵循正交试验的安排，并选用 $L_{27}(3^{13})$ 正交表，共 27 个计算工况，其结果代表了 81 种不同的因子组合。按 $L_{27}(3^{13})$ 表定出计算工况如表 18.5 所示。

为了便于统一分析和比较，此处的结果指标与围挡钝体的相同，仍选用最大允许风速比率。

这里仅列举了工况 4、工况 8、工况 14、工况 19 和工况 24 的计算结果，分别见图 18.5、图 18.6 和图 18.7，其余从略。

分析图 18.5 不难看出：工况 4 和工况 8 的工况基本表征了紧密型林带的风速分布。工况 8 中树木的疏透度较小，同时树木之间的间距较密，极大地增强了整个林带的紧密性。这样来流风受到了林带的横向阻截后，大部分气流沿林带高度向更高、更远出流走，只有少部分气流

数值计算结果汇总 表 18.5

序号	计算条件				结果指标	序号	计算条件				结果指标
	β	H	L	l			β	H	L	l	
1	52%	12m	4 m	4m	41.5%	15	31%	8m	6m	5m	41.0%
2	52%	10m	6m	4m	24.7%	16	19%	12m	4m	5m	45.1%
3	52%	8m	8m	4m	44.5%	17	19%	10m	6m	5m	50.5%
4	31%	12m	6m	4m	31.8%	18	19%	8m	8m	5m	53.1%
5	31%	10m	8m	4m	46.6%	19	52%	12m	8m	6m	36.9%
6	31%	8m	4m	4m	40.9%	20	52%	10m	4m	6m	35.9%
7	19%	12m	8m	4m	42.5%	21	52%	8m	6m	6m	34.9%
8	19%	10m	4m	4m	37.6%	22	31%	12m	4m	6m	33.8%
9	19%	8m	6m	4m	52.6%	23	31%	10m	6m	6m	35.5%
10	52%	12m	6m	5m	35.7%	24	31%	8m	8m	6m	52.8%
11	52%	10m	8m	5m	50.0%	25	19%	12m	6m	6m	46.7%
12	52%	8m	4m	5m	46.6%	26	19%	10m	8m	6m	49.7%
13	31%	12m	8m	5m	46.2%	27	19%	8m	4m	6m	51.3%
14	31%	10m	4m	5m	58.8%						

穿过林带的枝干进入背风区的。对照工况 4 和工况 8 的风速分布看出，穿过林带的来流风对整个风场的影响很小。增大树木疏透度和树木间距，如工况 14、工况 19 和工况 24 所示。这时来流风的流向分成两部分，一部分绕过林带流走，另一部分则直接穿过林带。间距越大，穿过林带的风量就越大，林带的阻挡功效就越低。林带的遮蔽区域被树木间距分割成一个个小的防护区域，主要在树冠的背风面处。而且树冠越大，遮蔽的区域就越大，对比工况 19 和工况 24 可说明这一点。这些树木间隙处，受到树木之间的相互作用，气流呈纺锤状分布，风速由里到外，逐渐增大。

林带对空气的阻力构成了压力场的扰动，而扰动的压力分布又改变着风速，改变了的风速再次影响着压力场的分布。更确切地说，风场的扰动时时影响着压力的分布。图 18.6 显示了各工况流场所对应的压力场的分布。由于林带的整体通透性，使得在林带的迎风面，主要是在靠近林带进口处，压力分布就呈现出负压的情况，有文献认为这是林带的通透卷吸作用导致的。疏透诱导的功效大于阻截围挡式的遮蔽，产生了不同于围挡钝体的风压场：钝体的迎风面处风压为正值，只有在背风面才为负值。林带背风面处，随着防护区域的沿展，风压值逐渐恢复。

湍动能不仅表征了大气湍流特征对流场的影响，而且也反映了流场的运动波动状况，湍动能越大则表明气流的脉动性越强，产生波动的可能性就越大。各工况的湍动能分布见图18.7。由于树叶、树干以及树木之间的相互交织、牵连作用，大尺度的涡流被打碎，林带入口湍动能的等值线被分割呈若干个零星分布的状态，最典型的是工况 4 的湍动能分布。

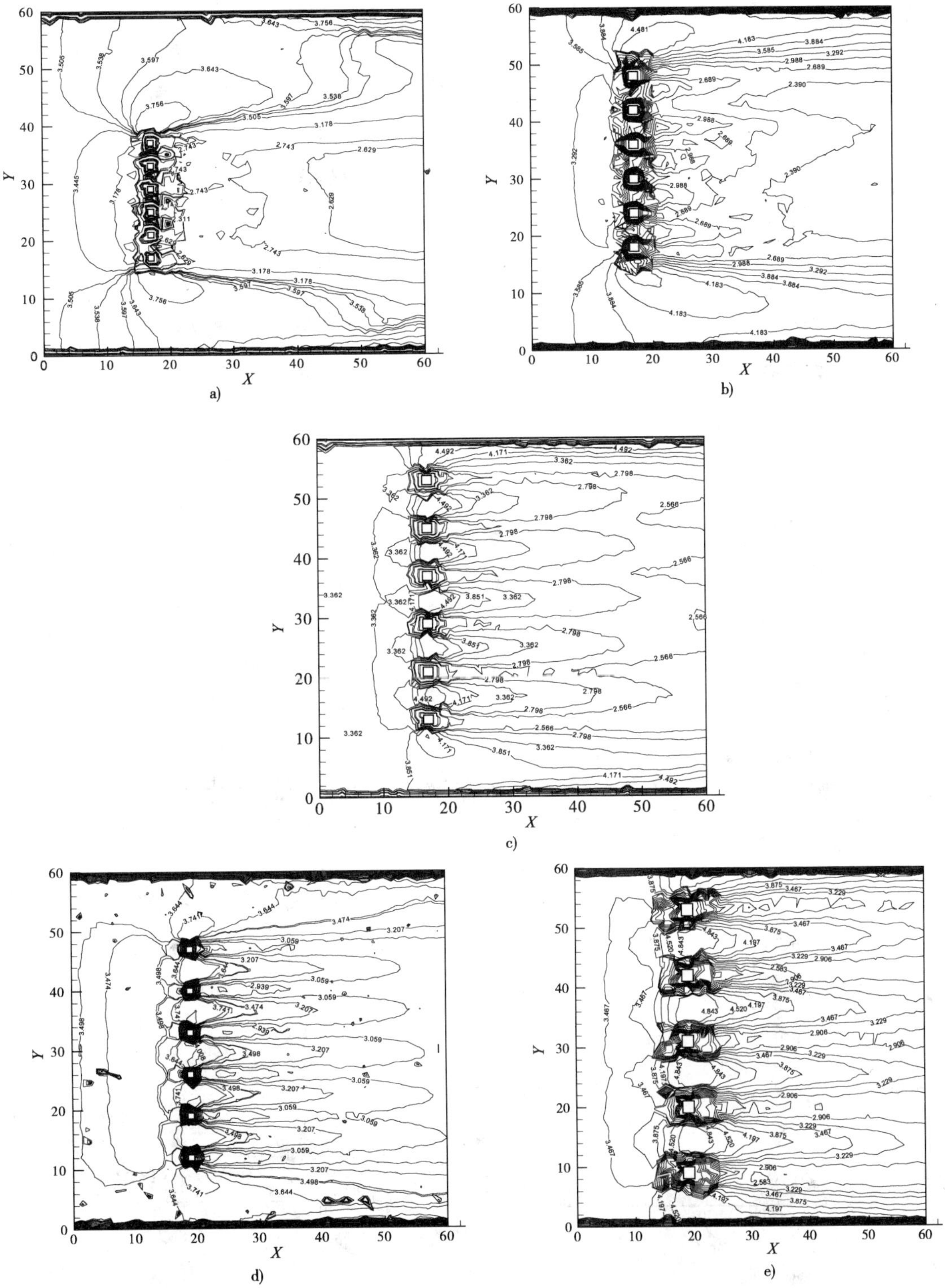

图 18.5　各计算工况下风速的水平分布

a) 工况 4；b) 工况 8；c) 工况 14；d) 工况 19；e) 工况 24

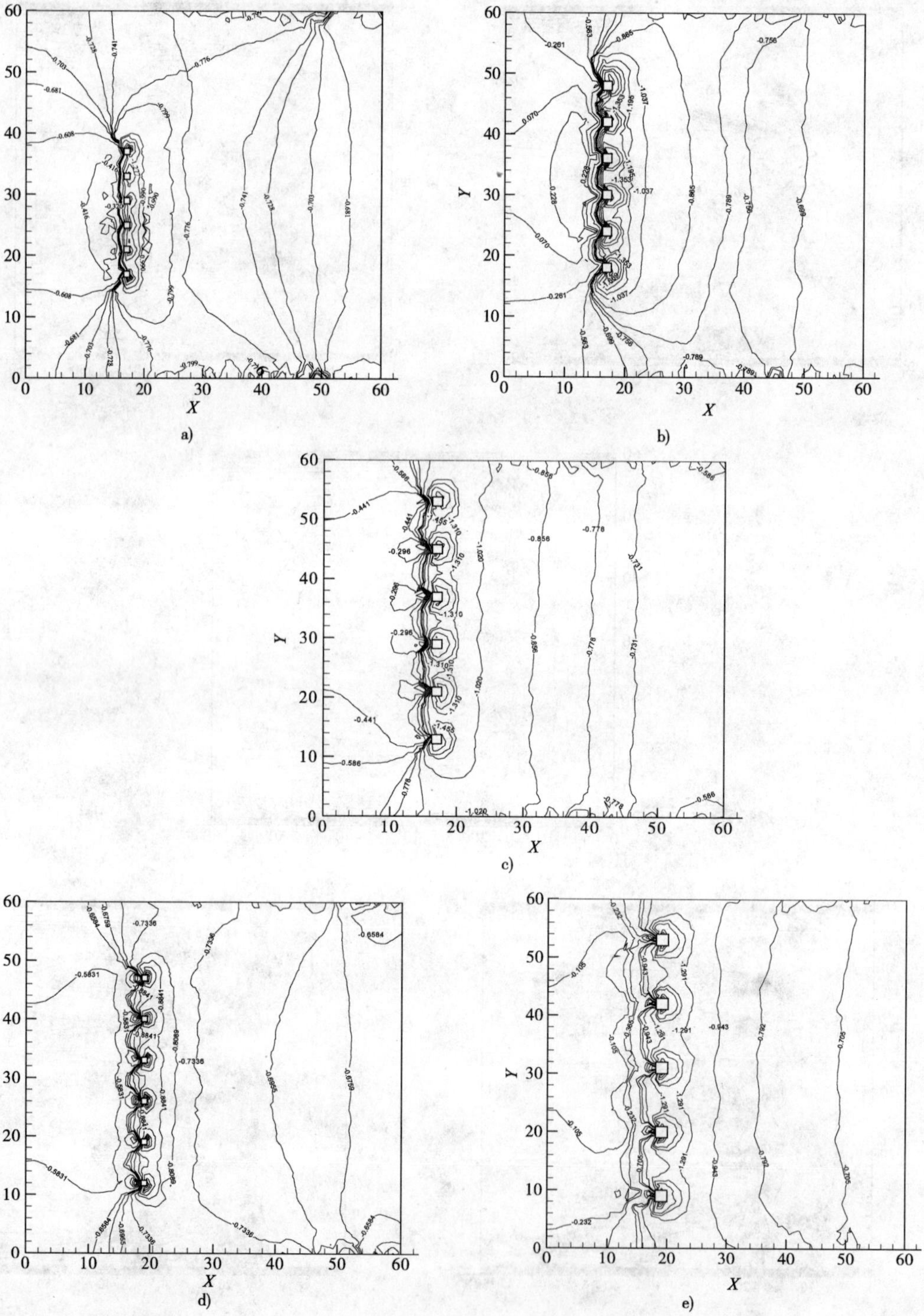

图 18.6　各计算工况下压力的水平分布

a) 工况 4；b) 工况 8；c) 工况 14；d) 工况 19；e) 工况 24

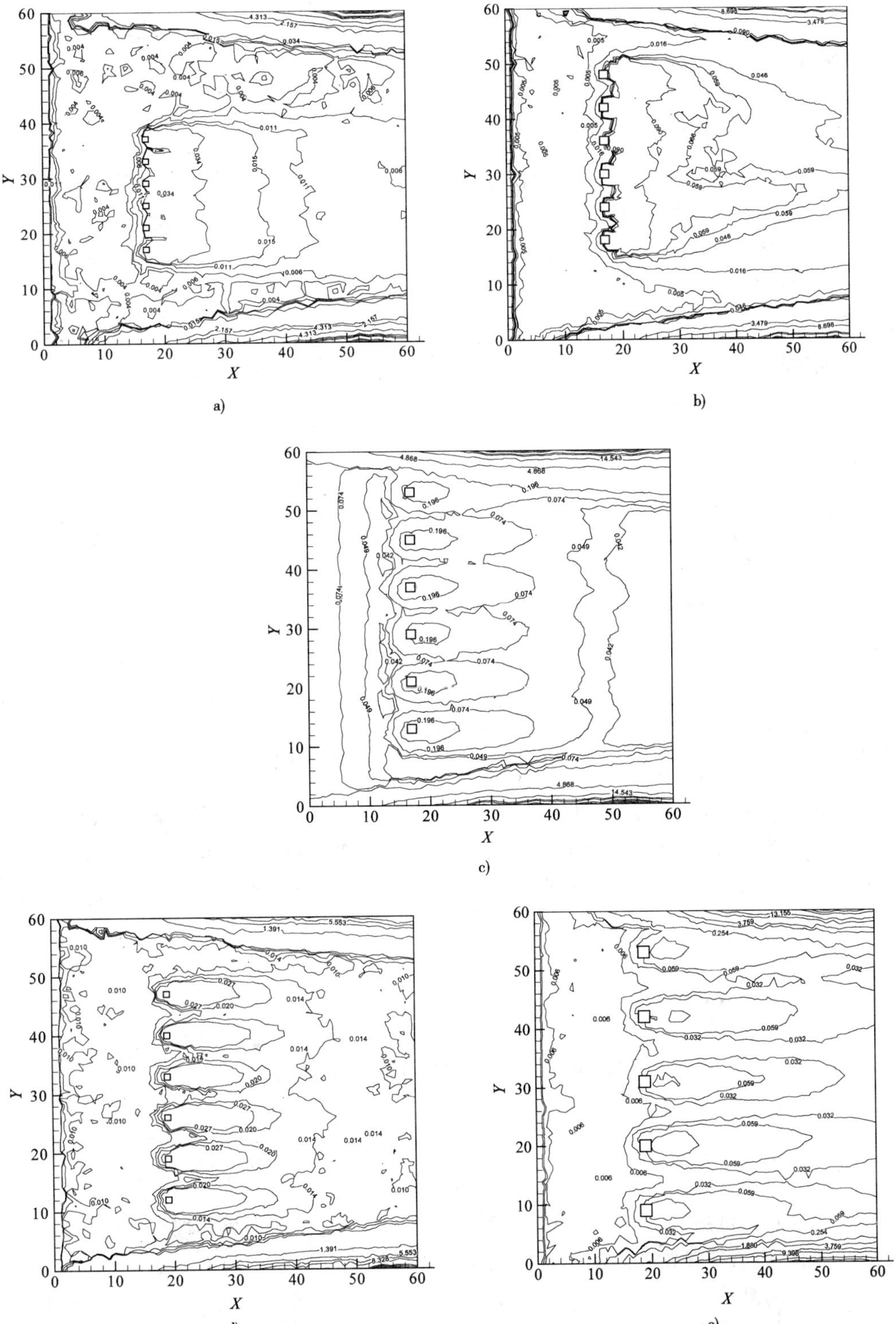

a)

b)

c)

d)

e)

图 18.7 各计算工况下湍动能的水平分布

a)工况 4;b)工况 8;c)工况 14;d)工况 19;e)工况 24

在对27种不同工况下的计算表明：各工况的防护效果相差不大，试验指标基本上在30%~50%内变化。其中工况14的试验指标最高为58.8%。它所对应的林带结构配置为：林带疏透度31%，高度10m，宽度4 m，树木间距5 m。这种疏透型林带的防护效果较好。

4. 防护林带—粉尘颗粒的天然蓄积库

尘粒在大气中输运，再转移到植物表面上，包含着许多复杂的生物、化学和物理过程。研究表明：颗粒物通过三种方式沉积到植物表面上的。在重力作用下的尘降作用(Sedimentation)，在涡流作用下的碰击作用(Impaction)和在降水作用下的沉积作用(Deposition)。这些大小不同的颗粒物与极其多样化的植物表面，在变化多端的小气候和颗粒物特性不同的条件下相互作用，形成了非常复杂的关系。正因如此，关于树木去除自然或人为来源颗粒物数量的定量分析的研究非常稀少。但关于树木林带是粉尘颗粒物的重要蓄积库的假说，则有充分的证据说明的。不妨以此处所列举的模型树木信息为例说明(表18.6)。

树木吸收粉尘颗粒物数量的估算

表18.6

计算条件	树冠直径：3m； 树木高度：6m； 叶面积指数(LAI)：程度5
假设补充条件	树冠覆盖地面面积：$7.07m^2$ 植物吸收颗粒物的通量：$2.5\times10^3\mu g/(m^2\cdot h)$ * 一株树的总表面积：$5\times7.07=35.35m^2$
计算结果	一株树吸收颗粒物的数量：$35.35\ m^2\times2.5\times10^3\mu g/(m^2\cdot h)\times10^{-9}\times24h$/天$\times365$天/年$=0.77t$/年

* 美国环境保护局1976年提供。

这里的结果为一株树的滞尘能力：一年吸收的粉尘颗粒竟高达0.77t。试想上千株树木的吸收能力是何等之强！一个极粗糙的说明，却反映了植物的吸尘、滞尘能力不容低估的事实。若要更好的计算植物在自然状况下的蓄积能力，就必须考虑一系列复杂的变量，包括污染物浓度、气象参数、树木的精确尺寸等因素。同时还必须考虑影响植物阻截和滞留效率的因素，如植物和颗粒物表面各自的润湿度、表面结构以及植物的生长期等。由此可见，建立定量分析树木蓄积能力的系统模式是有相当难度的，然而树木这种对尘粒的宏观吸附能力不容小视。

第四节　植物的滞尘能力

1. 植物滞尘能力测定

因植物区系分布具有差异性，直接比较植物物种的滞尘能力不具有现实价值和参考意义。在这里，我们给出植物滞尘能力的测定方法和主要结论供港口粉尘防治工程实际应用时参考。

1)滞尘量的测定

树木叶片滞尘量的分析目前尚无统一的标准方法，本次实验采用研究文献中的常用方法。

(1)取滤纸若干张，用圆珠笔标上编号，置于万分之一天平上称重，并记录下相应数据(w_1)。

(2)采集回来的叶片经蒸馏水浸泡24 h后，叶片上大部分粉尘已经脱落，但是仍有少量粉

尘残留在叶片表面。戴上聚乙烯塑料手套,逐个清洗叶片,并用蒸馏水冲洗手套,防止粉尘的损失。

(3)将浸泡清洗之后干净的叶片置于实验台上晾干,同时进行烧杯中粉尘液的过滤工作。

(4)将叶片置于85℃的烘箱中杀青半个小时,之后将温度调为65℃,烘24h,取出称重,记为干重。

(5)取下过滤完的滤纸,置于60℃的烘箱内烘3h后称重,记录相应数据(w_2)。滤纸两次重量之差($w_2 - w_1$)即为粉尘总重。

(6)计算。干重滞尘量=($w_2 - w_1$)/洗净叶片烘干重(g/g);湿重滞尘量=($w_2 - w_1$)/洗净叶片重量;单位面积滞尘量=($w_2 - w_1$)/A(叶面积)(mg/cm^2)

2)叶面积的测定

采用打孔称重法。取每种树种已晾干的叶片20片,在实验室用打孔器打孔,打下叶片的小圆片即面积是定值,将20个小圆片称重,再将20片全部叶称重,用小圆片的重量和面积与全部叶的重量与面积的比例关系,计算出采集样品的全部叶面积。同时称量每个树种采集回来叶片的总重,记为湿重。

3)粒径分析

采集的植物叶片,带回实验室用蒸馏水洗涤、浸泡,洗下叶片表面的粉尘,洗涤液采用粒度分析仪测定粉尘粒度分布。

(1)分散介质

分散介质是指用于分散样品的液体。所选定的介质要与被测物之间具有良好的亲合性;介质与被测物之间不发生溶解,不使颗粒膨胀;分散介质应纯净、无杂质;根据上述原则,此处试验采用蒸馏水作为叶面尘的分散介质。

(2)样品超声分散系统、搅拌和循环系统保证分散液的均匀性。根据叶面尘特性,超声分散时间设置为60s,搅拌速度3000r/min,循环速度为2500r/min。

(3)样品的测试与数据分析

按照标准的粒度分析操作步骤,测试叶面尘的粒度。运用系统自带的颗粒粒度测量分析系统(Particle Diameter Measure & Analysis System)进行数据的采集和分析。测试过程中,每5s采集数据一次,共采集15组以上数据,最后取平均值。

4)叶片显微结构分析

(1)显微镜样品的制备

取采集的新鲜植物叶片1到2片,用镊子轻轻的撕开叶片使其上表皮露出,用刀片切下上表皮,制成玻片,用显微镜观察、拍照。

(2)扫描电镜样品的制备

选取新鲜植物样品,用蒸馏水洗净后,切取少量,用4%戊二醇固定,0.4M的磷酸缓冲液漂洗3次,每次30min,1%锇酸固定3小时,再用0.1M的磷酸缓冲液清洗3次,每次30min;再用酒精逐级脱水(30%—50%—70%—100%—100%),无水乙醇与醋酸异戊酯置换,1:1,1:2各一次。纯醋酸异戊酯一次。

临界点干燥、粘合、喷金,观察、拍照。

5)实验结论

(1)植物种类、植物类型和计量单位的不同,叶面滞尘量大小有所不同。一般灌木在滞尘量最大，落叶乔木次之，常绿乔木滞尘量最小。

(2)同种植物随高度和污染源距离的增加，其滞尘量随之减少。且低矮处和靠近污染源处，滞尘量越大。

(3)植物滞尘能力与叶片气孔密度、表面粗糙程度、叶面被毛情况有一定关系。此外，能分泌粘液和油脂的叶片滞尘能力强，同时植物的叶面积指数与滞尘量是密切相关的，植物叶面积指数与滞尘量之间存在显著的正相关关系；植物叶片滞尘过程还与环境因子等有关，如风速与滞尘量之间的关系为负相关。

2. 植物叶面结构对滞尘能力的影响

植物之所以能够滞尘，一方面，是由于茂密的树冠具有降低风速的作用。随着风速的降低，空气中的部分悬浮颗粒逐渐沉降，另一方面，树木的枝、叶具有一定的表面积，且表面粗糙，有些叶子的表面生有绒毛或分泌粘性液体使粉尘更易粘附。由于植物能够吸附过滤粉尘，使空气中粉尘减少。植物滞尘能力与树冠的高低、总叶面积、叶片大小、叶片着生角度、叶片表面的粗糙程度有很大关系。

蒙尘的植株经雨水的淋洗，又恢复其吸尘的能力，因此树木是空气的天然过滤器。由于树种的差异使其形态结构和生物学特性诸如叶片形态结构、叶面粗糙程度、叶片着生角度、分泌物，以及树冠大小、疏密度等不同，对粉尘的阻滞能力也有差异。一般叶片宽大、平展、硬挺而风不易抖动，叶面粗糙、有油脂分泌的植物滞尘能力强，叶面光滑的滞尘能力弱。植物叶片的细毛和凹凸不平的树皮是截留吸附粉尘的重要植物形态特点。有些树木的单位叶面积滞尘量虽不高，但它树冠高大，枝叶茂密，总叶面积很大，所以全树滞尘能力就十分显著。

植物叶片滞尘量的大小与叶片的形状、性质以及滞尘方式有着密切联系。植物叶片滞尘通过三种方式同时进行：一是滞留或停着，降尘随机落在叶片的表面，这种降尘很容易被风刮起，如樟树、银杏等；二是附着，因叶面的构造如沟状结构，能够吸附一定量的降尘，这种方式滞尘比较稳定，不易被风刮起，如紫叶李、悬铃木、广玉兰等；三是粘附，靠植物叶表面特殊的分泌物沾粘降尘，这种方式最为稳定，如柏树以及其他松柏类的树种。美国的 Little(1977)和 Wedding(1975)试验都表明，叶子构造对捕捉颗粒的效率十分重要，多绒毛的叶片表面集结气溶胶的效力为光滑叶子的 8 倍，多毛的向日葵为鹅掌楸的 10 倍。

1)植物叶面气孔密度与滞尘

气孔是叶、茎及其他植物器官上皮上许多小的开孔(图 18.8)。高等陆地植物表皮所特有的结构。狭义上常把保卫细胞之间形成的凸透镜状的小孔称为气孔。有时也伴有与保卫细胞相邻的 2 ~4个副卫细胞。把这些细胞包括在内是广义的气孔(或气孔器)。紧接气孔下面有宽的细胞间隙(气室)。气孔在碳同化、呼吸、蒸腾作用等气体代谢中，成为空气和水蒸气的通路，其通过量是由保卫细胞的开闭作用来调节，在生理上具有重要的意义。

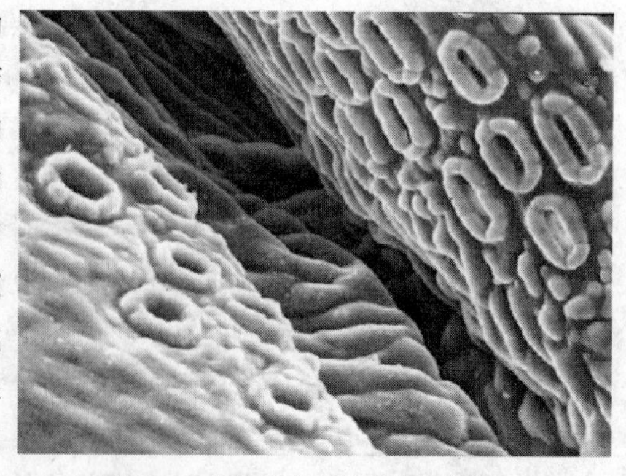

图 18.8　植物下表皮气孔分布显微图

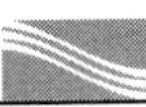

气孔是从表皮细胞中发生的,气孔母细胞横分裂为三,中央细胞再分为二,成为保卫细胞,左右二细胞则成为副卫细胞的形式,相反,也有母细胞仅二分为保卫细胞的形式,后者被视为原始型。

气孔器是由植物叶片表皮上成对的保卫细胞以及之间的孔隙组成的结构,常称之为气孔,是植物与外界进行气体交换的门户和控制蒸腾的结构。保卫细胞区别于表皮细胞是结构中含有叶绿体,只是体积较小,数目也较少,片层结构发育不良,但能进行光合作用合成糖类物质。

双子叶植物的气孔有四种类型:①无规则型,保卫细胞周围无特殊形态分化的副卫细胞;②不等型,保卫细胞周围有三个副卫细胞围绕;③平行型,在保卫细胞的外侧面有几个副卫细胞与其长轴平行;④ 横列型,一对副卫细胞共同与保卫细胞的长轴成直角,围成气孔间隙的保卫细胞形态上也有差异,大多数植物的保卫细胞呈肾形,近气孔间隙的壁厚,背气孔间隙的壁薄;稻、麦等植物的保卫细胞呈哑铃形,中间部分的壁厚,两头的壁薄。

植物表皮上两个特化的细胞——保卫细胞围成的间隙或包括两个保卫细胞及其围绕形成的开口。在叶片单位面积中气孔的数目及其分布状态,因种类不同而异。有些植物叶片的上表皮、下表皮都有气孔,但下表皮较多;有些植物只限于下表皮,气孔在表皮上的位置,各有不同,有的与表皮细胞位于同一水平上;有的突出于表皮;有的凹陷在表皮之下,这些都反映着植物与环境的关系。

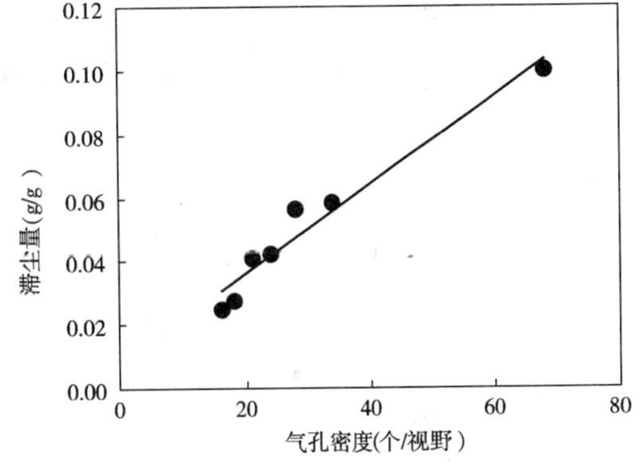

图 18.9　植物气孔密度与滞尘

一般来说,植物滞尘量随着气孔数量的增加而增加。这可能是由于气孔及保卫细胞更容易吸附粉尘(图 18.9)。

2)植物叶面毛被密度与滞尘

毛形态结构,所有已观察种类的毛状体均为多细胞组成,分为 3 大类 6 类型:

(1)单列毛:由单列细胞组成,毛体较柔软,毛细胞方形至长方形(或短圆柱形,或长圆形)。①棉毛:毛细长,长超过 500μm,相互缠绕。②柔毛:毛较短,长不超过 500μm,较稀疏。

(2)复合毛:上半部为单列毛,下半部为 2 ~4 列细胞组成,长短不一。

(3)多列毛:由多列细胞组成,毛尖端渐尖,常有多个细胞,毛坚硬或较坚硬。①刚毛类:毛坚硬,粗壮,长粗比一般不超过 5 倍,少有较长者,细胞列数多至 15 列以上,排列整齐或不整齐,毛细胞常为方形,多边形,或椭圆形。②糙毛或硬毛类:毛状体细长,稍坚硬,先端常弯曲或卷曲,长粗比大于 5。

从图 18.10 可以看出,构树上下表皮毛差异很大,上表皮主要以刚毛为主,且相对较稀疏,下表皮为单列毛中的棉毛,长而密,交织在一起,能较好的固定粉尘;红花檵木上下表皮毛特征相同均为星状毛,下表皮明显较上表皮少;悬铃木主要是分枝毛,虽然枝杈多,但总体数量较少;金叶女贞主要是单列毛中的柔毛,虽然长度较短,但数量很多。一般来说,滞尘量大的毛被数量多。在实验过程中可以看到构树叶片的粉尘主要滞留在正面而非反面,相对而言毛被短而多的滞尘能力强(图 18.11)。

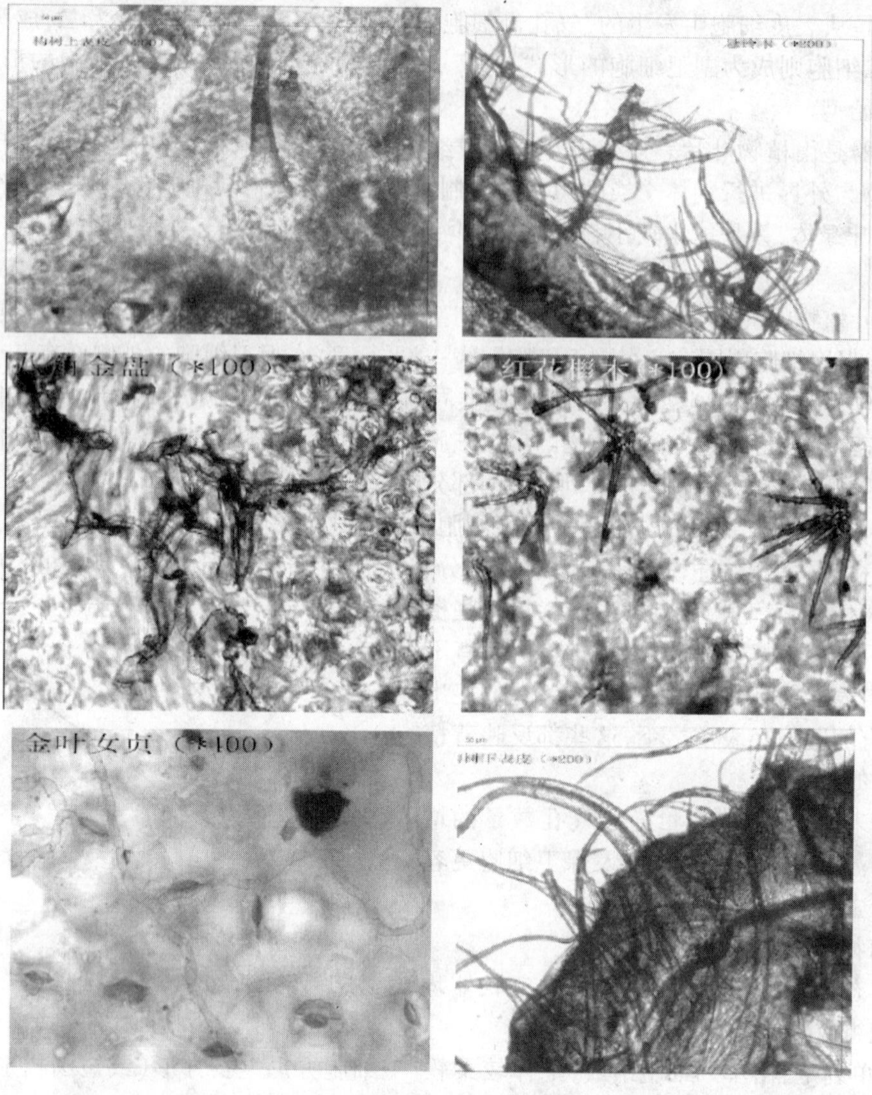

图 18.10　植物毛被分布特征显微图

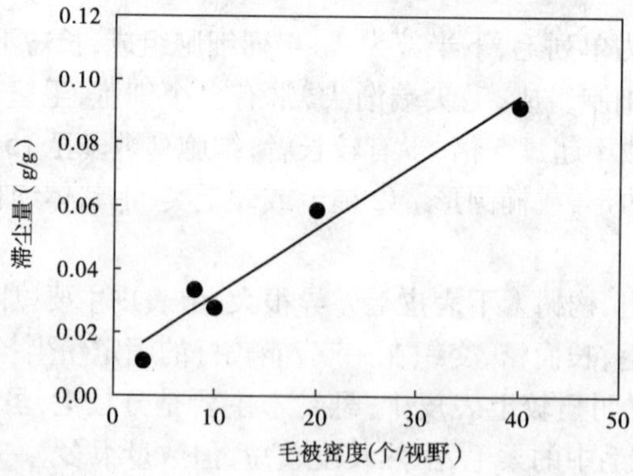

图 18.11　植物叶片毛被密度与滞尘

第十九章　防　风　网

防风网是指具有一定开孔率的网材或板材，其材料一般为金属（钢、铝等）、非金属或二者的组合。防风网也称为挡风抑尘网、挡风抑尘板等。防风网的作用一是作为屏障阻止粉尘飞行，二是以自身的微环境来调节空气流动，即实现挡风抑尘效果。

防风网应用范围相当广泛，在农业上防风网用于提供对农作物的微气候，在沙化比较严重的地区，用于减少砂石的堆积；在环境保护中，防风网能减少散料物体装卸和堆放过程中的逸散。

随着现代工业的发展，各类煤炭、矿石等散料在装卸和储存作业中粉尘对环境污染日益严重。这些粉尘不仅严重影响着人们呼吸系统的健康，而且危害人们的生存环境，对大气环境造成严重的污染，而且造成不必要的物料流失。目前，我国采取的治理措施主要是在煤堆表面喷洒水增湿，在喷洒水中加入一些表面结壳剂、润湿剂等化学药剂。但这些措施有一定的局限性。因此人们越来越重视用防风网防治空气粉尘污染的研究。

第一节　防风网的工作原理

防风网防尘机理与散货堆场起尘、粉尘漂移、扩散、沉降机理本质上有直接关系。以煤堆场为例，其主要防尘机理是防风网能控制改善煤堆场区的风流场，减小堆场区的风速、减小堆场区风流场的紊流度。强风经过防风网后，仅部分来风透过防风网，其机械能衰减并变为低速风流，与此同时，这部分风在网前的大尺度、高强度旋涡被衰减、梳理成小尺度、弱强度旋涡。防风网后这部分低速、弱紊流度风流掠过煤堆场，形成低风速梯度、低风速旋度，弱涡量和弱紊流度的堆场区流场，使煤堆场低处起尘量大幅度减少。强风只能部分透过防风网，而大部分风量被向上排开，并与主风流在防风网顶部汇集成更高速风流，这部分高速风流与紧邻下方网后的低速风流速度差很大，沿下游形成风速梯度很大，旋涡强度很高向低处发展的较长的条带区。在此条带区内高速风流和低速风流间产生强烈的动量交换和能量交换，使下部风流风速提高，很快恢复到来流风速，此即风流再附。若防风网高度不足，再附距离短，则堆场很多煤堆顶部可能落入风速梯度很大，旋涡强度很高的条带区。由于煤堆顶部煤的压实程度很低，所以此种情况煤堆顶部的起尘量反而增大，使煤堆场的总起尘量减小不理想。通过风洞模拟试验选择科学的防风网结构和防风网布局，最终使煤堆场总起尘量大幅度减小，煤尘漂移、扩散距离大幅度缩短，防护距离内的空气含尘度大大降低，煤尘落尘量大大减小。

相比混凝土实体墙，防风网采用了材质轻的开孔高分子复合材料板或金属因而运输方便，并且还有施工周期短、维护简便快捷、利于大面积推广应用点。由于墙体采用高分子复合材料，因此还具有阻燃、抗老化、良好的弯曲硬度、色彩美观等优点。

料堆起尘主要有两大类来源。一是料堆场表面的静态起尘，二是在堆取料程中的动态起尘。前者主要与物料表面含水率、环境风速等有关，后者主要作时的作业落差、装卸强度等有关。

对于散料堆场，只要外界风速达到一定大小，风力使料堆表面颗粒产生的向移的动力足以克服颗粒自身重力和颗粒之间的摩擦力以及其他阻碍颗粒迁外力时，颗粒就被剥离堆垛表面而起尘，这个临界风速就称为起尘风速。煤炭粉尘起尘扩散规律试验研究表明，料堆起尘量与风速之间的关系为

$$Q = a(U - U_0)^b S$$

式中：U——风速；

U_0——起动风速；

S——堆表面积；

a,b——系数。

从上式可以看出，料堆起尘量 Q 与风速差（$U - U_0$）的高次方成正比。因此，降低料堆场的实际风速是减少起尘量的最有效方法。从上式还可以看出，要使起尘量 Q 变小，主要的办法是降低（$U - U_0$）的差值。而降低（$U - U_0$）的差值又具体的有两种途径，一是减小 U，二是增大 U_0。在煤堆表面覆盖障碍物和实施喷淋，即是为了增大 U_0，而设置挡风抑尘墙的则是为了减小 U，二者殊途同归。经验公式也说明了，使用挡风抑尘墙、表面覆盖和喷淋技术增湿三种方法都是减少起尘量的有效措施。从原理上看，防风网的存在降低了达到煤堆附近区域的气流速度和湍流度。

开孔率的改变和挡板形状的变化直接影响到挡风抑尘的效率。开孔率与挡风效率之间目前还没有十分直接的函数关系。可以利用 CFD 软件来对不同的开孔率下的工况进行模拟，比较各自的挡风效果，从而进行优化选择。挡板的其他几何参数对挡风效果的影响也是如此。防风网在港口粉尘防治中使用时，一般需要解决设网方式、设网高度和防风网与堆垛的距离三个主要问题。煤场设置的防风网，根据堆场范围大小、堆场形状、堆场地区的气候、风力分布等因素，一般分为主导风向设网和四周设网两种方式。防风网高度主要取决于堆高度、堆场大小和对环境质量要求等。防风网与堆场堆垛的距离结合港口的作业情况、装卸料要求、消防要求而定。

第二节　防风网的结构和功能

1. 防风网的结构

防风网主体由地下基础，支护结构和挡风板组成。防风网的地下基础，一般都由预制混凝土块或者现场浇注水泥而形成。支护结构一般由钢支架组成，主要需要考虑能给防风网提供足够的强度，来抵御强风在墙体表面形成的高压；同时也应该在一定程度上考虑外观的美观性。设计中一般按照一定风速和风压作为设计参数。支架主体采用钢管，以采用钢筋，但是后者不如前者美观。

挡风板大多数厂家采用无机非金属材料经模压一次成型，产品使用环境的温度范围为 -40℃至 80℃，能满足大多数实际工况。使用的材质有高密度聚乙烯、树脂等。目前也出现了使用纤维材质作为挡风板的原材。挡风板与支架的连接方式采用螺钉与压板固定。整体防风网的理用寿命在 15 年至 20 年。

挡风板的一个重要的参数是开孔率，即整块板中间所开孔面积与整块板面积的比值，也被称为孔隙率。显然开孔率应为 0 至 1 之间。挡风板的具体尺寸和开孔率应该根据当地不同的气象条件，和不同煤堆堆场际工况，如堆料形状和堆料高度等，来确定最佳值。我们借助计算

流体力学数值模拟工具，对防风网的效果进行数值研究，从而进行工程应用。

2. 防风网的功能

防风网在港口粉尘防治中是非常有价值的工具，当风速超过最初的使颗粒物发生运动的阈值风速时，土壤的移动率与风速的平方成正比。因此，即使很小的风速降低量也会导致风力的侵蚀力很大的减小。虽然，防风网最重要的作用是减小下游风速和湍流强度，但防风网还可以影响堆场大气的能量平衡、空气温度、空气湿度和污染物浓度等（McNaughton，1988）。

（1）影响气流

防风网的主要目的是用来减小其下游的风速的，气流不可能被阻挡的。气流接近防风网的时候或者是穿过或者是从周围绕过防风网。当气流接近障碍物的时候，在上风一侧形成了高压区，高压使得一部分气流从周围绕过障碍物（称为绕流），余下的气流穿过障碍物（称为渗流），绕流和渗流的相对比值由障碍物的开孔率来决定（Raine，Stevenson，1977）。因此防风网的开孔率降低则绕流便会增加。在某一开孔率的时候，防风网的下风向处流线出现分离现象。出现流线分离的区域就是强湍涡区，这对农业生产是极为不利的因为它可以导致风力侵蚀作用的增强。因此重要是要维持一定的开孔率来使得气流穿过防风网。

（2）降低风速

防风网下游的风速被表示为防风网上游离地面一定高度处的开放风速的百分比。风速的减小量取决与防风网的结构特征和气流接近防风网的角度。在一些科技文献中人们经常用这些屏蔽参数来描述防风网后气流的风速截面，一些研究人员研究了最小的相对风速和最小的相对风速所对应的下游离防风网的距离（Heisler，Dewalle，1988）。通常定义屏蔽范围为风速的降低至少在20%处。最小相对风速在开孔率较低的屏蔽带为0.16（Gloyne，1954）在开孔率较高的屏蔽带为。防风网后面较高的湍流度和渗流穿过防风网是最小相对风速不会出现在防风网近处的重要原因（Plate，1971）。

第三节　防风网研究进展

设置防风网以达到控制局域风环境是一项多学科交叉的技术。具体地说，挡风墙牵涉着材料学、空气动力学、多相流体力学、气象学、渗透力学等多个学科的知识。

国外对防风网的研究工作开展的较早，国内起步较晚，而且前期的研究对防尘机理、加工工艺、工程设计的专门研究工作较少，多数都停留在风洞实验和现测的水平上，实测数据分散，不具备普适性。随着近年对环境保护的重视程增加，国内在防风网方面的研究力度也在不断加大。

近30多年来，日本、美国、澳大利亚、英国、新西兰等国家对防风网防尘技术进行了研究。日本从20世纪70年代起，相继在港口煤堆场使用了防风网，并制定了露天储存煤场设备防止煤粉尘飞散方法概要。美国国家环保局于1986年对防风网的有关研究工作进行了归纳总结，提出了防风网在美国露天煤场的使用的建议。防风网在国内外已经是一项成熟有效的防尘技术。防风网在国外成功应用的有日本电源开发株式会社下辖的三个最大的发电厂、台湾台中火力发电厂燃煤储运场、日本东京电厂、荷兰鹿特丹港务局等，已成功采用了防风网防尘，并取得较好的防尘效果。荷兰鹿特丹港务局采用半圆形的薄壳RC防风网来防止港区航道强劲的西风，取得了美观、防风的双重效果。日本松浦电厂煤堆场采用网高19m的Π形布置方案的金属防风网，其透风率为40%，应付风速为34m/s，寿命可达30～40年，日本东京电厂采用口形布置防风网，它采用1.5mm厚的镀锌板，压制成大波纹多孔板，网孔率为40～60%，在防风、抑尘方面均取得了较好的效果。台湾台中火力发电厂燃煤储运场采用防风堤与防风网相结合的防风措施，取得了很好的防风效果。另外在具有亚洲国际商港之称的高雄，其在港口地区采用高为12m，长度为1500m的防尘网，并采用花样嵌板，运用温和、高尚花样，经施打孔径大小配合；使其具有艺术、防风双重效果。

目前国内外的防风网技术发展日趋成熟，在日本、加拿大和中国对煤炭堆场在自然风状态下的防尘、抑尘方面已广泛使用。防风网技术上是可行，同时根据防风网的风洞试验研究结论得出，采用防风网防尘效果显著。我国的防风网防治粉尘污染技术的研究起步比较晚，对其防治机理、加工工艺和工程设计与应用的专门研究比较少。20世纪80年代中期用环境风洞结合码头煤堆场防风网防尘措施研究的课题，对防风网的有关参数进行了验证，对防风网的防尘机理，防风网主要结构参数特征开孔率等作了一些研究工作。近年来台湾海洋大学河港工程系在防风网多层结构及网后空气紊流结构方面进行了一些研究工作。

1997年台湾学者用大涡模拟的方法研究了垂直平板的挡风效果，指出当开孔板的开孔率增大时，由于挡板而产生的涡有被拉长的趋势。

大陆学者在起尘问题上，做了一系列重要的实验工作。1992年通过风洞实验，采用真实煤粉的煤堆模型模拟了大气层湍流以及复杂地形，对煤堆起尘量及降尘量分布的影响，得出结论低层大高湍流造成的风力的扰动是起尘的主要原因之一，建筑物和地形起伏造成湍流并增大风速的垂直分量，另外，煤堆的几何形状也对风压和摩擦力的分布要影响。1993年给出了实验模拟大气边界层中起尘降尘问题时的一般相似性，并再次通过风洞实验模拟了湍流和复杂地形条件下的煤堆起尘问题，得出煤堆周围和港区内多植树有助减少煤粉起尘，因为植物对气流的垂直扰动挡作用，煤堆表面喷水也可以减少起尘。在他们的实验中金属网后方的气流速度有下降。随后1997年专门针对防风网对起尘的影响的风洞实验中进一步得出结论，防风网的屏蔽作用取决于防风网的孔隙率径雷诺数。1998年还指出了防风网的宏观吸附效应，即有一定顺风向厚度的风了有使背风侧平均风速的减小的作用外，还使最终进入空气的粉尘减少。2003年在边界层风洞中模拟了防风网附近的湍流流动，应用子波分析对防风网泄流的湍流信号进行了研究，发现与无防风网时相比，湍涡的能量及发生的频率都有显著降低。验证了防风网具有降低风速和降低湍涡发生频率的作用。

近年随着计算机技术的发展，力学中开始出现计算流体力学（CFD）这一分支，人们得以利用计算机来实现很多模型的数字化模拟，CFD技术给人们提供了一条新的探求未知世界的途径。对比实验研究，计算机模拟成本低，耗时短，可以轻松的改变模型中的参数。数值模拟已经成为科学工作者的有力武器，是研究人员们手中和理论推导、实验实证同样举足轻重的工具，是第三个法宝。从而，人们在研究防风网的挡风效果时，风洞实验不再是唯一的途径，国内外的学者都通过CFD这一有力的武器在防风网的研究方面取得了突破性的进展。

对露天堆料场内的防风网进行数值模拟研究，分析风速以及防风网的几何因子对于挡风效果的影响，主要讨论墙的厚度和高度对挡风效果的影响。

Alhajraf等建立了开孔率为50%的挡风板平板模型，分别从二维和三维角度出发，研究了只有一层挡风板，和有两层挡风板时，固体粒子在挡风板周围的穿透和沉积现象。U. Boldes等设计了一个实验，通过人工控制生成一束较稳定的圆柱形涡让涡流通过多孔介质平板，以此

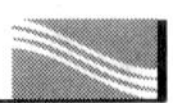

来观察和测量多孔介质平板对涡流的影响。

韩国的几位学者在这一领域里做了持续性的工作。1998 年 Sang-Joon Lee 和 Cheol-Woo Park 通过实验研究了边界层流场流过平板后放置的三棱锥时，开孔平板和棱锥流场区域的压力、速度等等参数，得出结论，平板开孔率为 40% ~50% 时，到底棱锥表面的气流压力会被最大地衰减。他们随后的进一步实验表明，如果在棱锥后方在添置一个开孔，棱锥表面的压力会比只有一块开孔平板时再减少一半。1999 年 Sang-Joon Lee 和 Hyoung-Bum Kim 利用 PTV 设备对一个湍流尾穿过多孔平板时的流态进行了测量，得到的结论是平板的开孔率越大时，平板流场的湍流强度和边界层中的剪切应力越小，剪切层中流线的曲率越小。2000 年 Sang-Joon Lee 和 Cheol-Woo Park 针对一个具体的海边露天储煤场建立与实物比例为 1∶800 的模型，根据当地两年以来的气象数据给定边界层来件，测定结果是设置了开孔率为 40% 的防风网时，到达煤堆表面的气流压煤堆表面的剪切应力比没有防风网时下降了一半。并且给出建议，应该在煤四周设置防风网，以应付可能的各种风向，还有，在连续的超过 5 个煤堆的露天煤场，应该考虑在煤场中部也建立一堵防风网。

2001 年 Sang-Joon Lee 和 Hee-Chang Lim 用有限体积法和 RNG k-ε 湍流模并运用结构化网格，对开孔平板后方放置三角锥在大气边界层来流条件下的进行了数值模拟。得出的结是开孔率为 0.3 ~0.5 时的挡风板具有最佳的效果。通过 PTV 实验装置针对三种不径，同时却有相同开孔率的开孔平板在模拟的大气湍流边界层条件下，在水槽中进行了实验研究得出结论，在来流由开孔平板顶端而引起的剪切层开孔最小的平板的湍流度最高。Sang-Joon Lee 等还实验了同一平板开孔率不均匀时带来的影响，他们在实验中将一块开孔平板分段，每段的开孔率都不同，然后保持其中两段的开孔率不变，使另外一段板孔率变化，由此进行了 3 组实验。

2002 年 Sang-Joon Lee 等对平板挡风板堆的起尘的阻挡作用进行了实验研究，实验中改变堆的高度和平板的开孔率，并使用不同粒径的沙子进行了实验，最后得到和临界起尘风速相关的系列结论。在风速接近临界风速时，沙粒开始震动，并有少量沙粒开始跳跃，风速达到和超过临界风速后，沙堆背风面的涡区的大量沙粒迅速逃逸。实验中还发现，当平板开孔率为 30% 时，临界起尘风速最大，也即此时挡风效果最佳。当平板开孔率超过 30% 时，临界起尘风速近似地与沙粒的粒径成正比。

综合以上内容可以看出，计算流体力学学科的发展给防风网的研究带来了新的活力。CFD 学科的发展和实验技术的不断提高，如热线风速仪等新型测试设备的出现都推动着防风网的研究的进步。在以上提到的代表性的研究中，主要研究内容都是关于平板挡风板的挡风效果的机理性的实验研究，以及少量的数值模拟研究，风洞实验的实验数据比较分散，研究人员都非常关注开孔率、防风网的高度和布置情况、物料料堆的高度等对挡风效果的影响。这些都为防风网在港口的工程应用提供了很大的参考价值。

第四节 防风网抑尘效果的影响因素

1. 结构因素

(1)防风网板的形状

防风板的形状有多种形式(图 19.1)。根据风洞试验检测，防风板在一定的开孔率下具有明显地降低风速和紊流度的作用，防尘效果好。目前防风板在国内外已得到广泛应用。

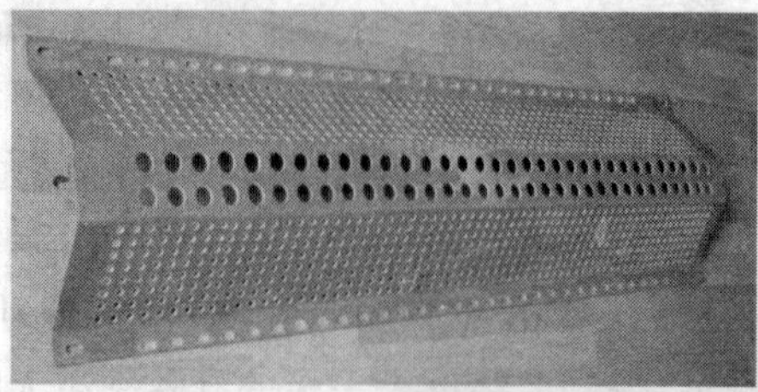
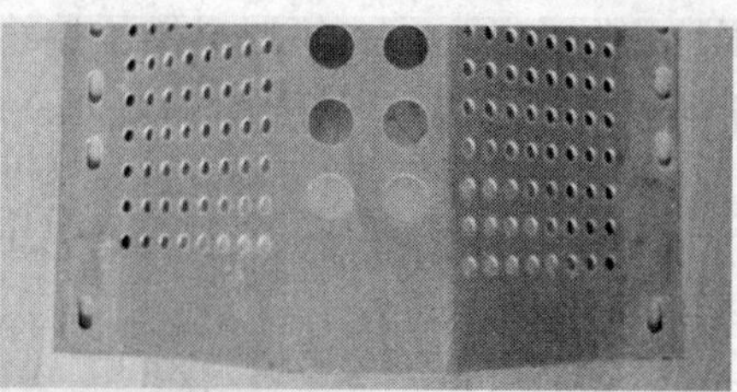

图 19.1 防风板

(2)防风网的材质

根据使用目的、环境状态的不同，防风网使用不同的材质。目前国内外较为广泛使用的防风网材质主要有四种：镀铝锌网板、玻璃钢网板、柔性纤维网和拉伸塑料网。

考虑到海岸地区大气环境的腐蚀性，在港口堆场防风网推荐采用镀铝锌板材。镀铝锌网板由镀铝锌板材加工而成，它是一种高品质的合金镀层产品。其显著特点是具有优异的耐腐蚀性和耐湿热性，还具有耐高温腐蚀的性能。DLX 型钢板的冷弯成形性、固定性、焊接性、着漆性等都十分优良，表面非常美观，不用涂装即可使用。考虑到造价因素，设计使用年限较短的港口堆场防风网也可采用玻璃钢网板和柔性纤维网。

(3)防风网的开孔率

开孔率是决定整个防风网屏蔽作用的唯一重要的因素。一些研究人员已经对开孔率同最小相对风速及最小相对风速所在的位置的关系的进行了大量的研究(Tananka,1956;Eimo,1964;Heistrer 和 Dewalle,1988)。Sturroek(1969)发现了在最小相对风速和风速恢复大小的距离有很重要的正比关系。人们普遍接受 Naegeli 所做的关于开孔率对风速降低量的影响的理论。他使用芦苇为材料制成人工的防风网做了一系列的实验。他按照开孔率将防风网分成了以下几种类型：开孔率很低、低、高、很高四种，他的研究结果显示风速的恢复率、最小相对风速和最小相对风速所处的位置同防风网的开孔率是有很明显的关系。根据他的理论，在开孔率很低防风网后面形成的最小相对风速是最小的，但是它的风速恢复率却要比其他类型的防风网要高很多。因此，虽然开孔率高的防风网对风速的降低作用不是最大的，但它会形成长的屏蔽距离。

后来进行的野外和风洞实验证明了上述理论。在利用人工制作的防风网的风洞实验中，Raine 和 Stevenson 发现减少开孔率，则平均风速的降低量就会增加，最小相对风速就会向气流的上游移动。同时也得到了随着开孔率的减小风速恢复到上游的条件更加的快。风洞实验已经表明最佳的开孔率介于一定范围之间(Jensen,1954;Raine,Stevenson,1977)。处于这个范围的防风网在最大的风速降低量和下风向的屏蔽范围起到了最佳的作用。然而最近描述气流绕

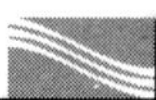

过防风网的数值模拟的研究对是否开孔率很低的防风网要比开孔率低的防风网实际庇护的面积要小提出了质疑。有学者从防风网实验获得的结果，认为开孔率越小，则屏蔽范围越大，风速的降低量也越大。

防风网的开孔率对防风网后的湍流度也会造成影响（Plate，1971；Heisler，Dewalle，1988）。防风网的设计的其中的一个目的是减小湍流强度。风速降低量大的区域同时也是湍流强度高的区域（Raine，Stevenson，1977），在多孔的防风网的条件下，气流在穿过孔的过程中气流所具有的能量足以消除湍涡的形成，湍流度的减小同时也降低了气流流过防风网的垂直分量，因此降低了防风网下游风速的增加率。湍流度随着开孔率的减小而增加，同时随孔的粗糙度的增加而增加，因此孔的粗糙度较小的防风网要优于粗糙度大的防风网（Raine，Stevenson，1977）。Bean 认为由防风网导致的湍流运动控制下游的屏蔽范围。

防风板的开孔率是防风板孔的面积与总面积之比，是设计、加工防风板的重要参数。根据风洞试验结果，防风板的开孔率与防风网后风速的降低掩护范围有直接关系。通过风洞试验数据分析，防风网的开孔率为一定范围时具有较好的防风效果，即网后风速较小，如图 19.2 所示。防风板的开孔率在此基础上增加时，防风网后的风速下降区域最长，既风流再附距离最远，可以达到 30～50 倍网高度的距离，但是在网后 10 倍网高距离的风速的减低不显著。因此，适合的防风网开孔率比较适用于堆场上风向的防风，使其对网后的防风效果明显，风流再附距较长，即避护范围较大，如图 19.2 所示。

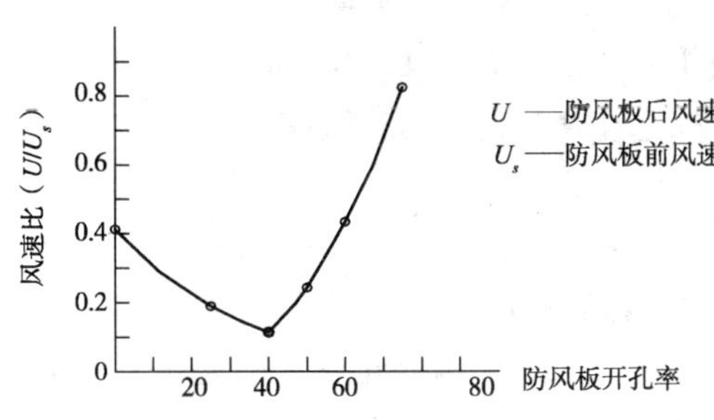

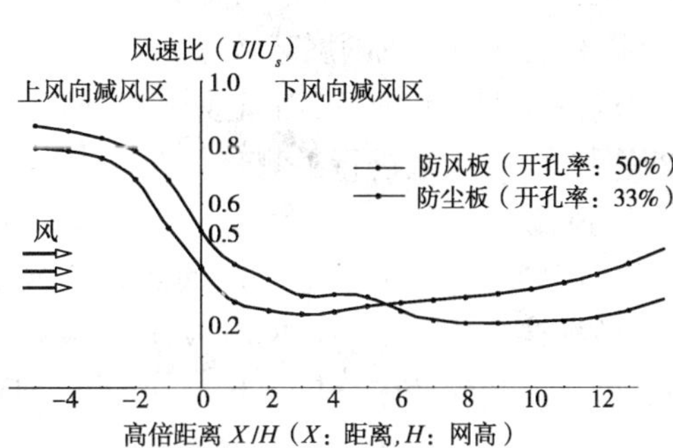

图 19.2　防风板开孔率与防风效果（风速比）关系

（4）孔的分布

一些研究者已经对孔的分布对防风网屏蔽作用的影响进行了研究，在不同的研究当中有不同的结论。一些研究者建议在靠近地面处开孔率要高，还有一些研究人员则认为在防风网的上半部分具有高的开孔率要比在下半部分具有高的开孔率更加的有效（Unert，1984）。进行防风网的模型比例的风洞实验，防风网距离地面有一定的距离，发现孔分布不均匀的防风网比分布均匀的防风网（具有相同的孔面积）的屏蔽效果要差（Jensen，1954）。在现在的野外利用人工制作的防风网进行的实验中，Wilson 对靠近地面具有小的开孔率，上部具有大的开孔率的防风网进行了研究，后获得了防风网下游风速的降低量有略微的增加的结论。在实际的应用中这种对防风网的改进是不具有重要的意义的。

（5）孔径

McNaughton 对孔径进行了研究指出网孔的大小与形状对网后近处的气流的湍流结构有影响，但没有进行深入的研究。以前的研究中得出若网孔太小则会导致网后近处的湍流结构受到抑制。通过研究网后近处的平均风速和湍流强度与孔径雷诺数（Re）之间的关系，得出 *Re*

存在一个临界值约为1000，当大于1000时湍流强度和风速便不再随着孔径雷诺数变化，当小于1000时则满足线形关系。

(6)阻力系数

防风网的空气动力属性同阻力系数(压力损失)是相关的(Klingheil,1982;Heisler,Dewalle.1988)。这个系数定义为气流穿过防风网后的压力损失同ρu^2的比值，其中ρ为气流的密度，u为穿过风障的风速(McNaughton,1988)。研究认为防风网的阻力系数取决于网后近处的压力差，实际上是屏蔽作用的反映，通过研究11种孔径、形状不同但开孔率基本一致的防风网得出基本一致的阻力系数，因此认为这是由于具有相同的开孔率，而孔的形状和大小是没有影响的。阻力系数为防风网的开孔率和防风网的形状的函数(Heisler和Dewalle,1988)，因此阻力系数是不受风速的影响的，它可以作为防风网有效性的一个评价参数(Klingheil,1982)。许多的研究人员认为阻力系数在描述防风网的有效性来说是一个很准确而且有效的参数，目前在自然防风网中还没有实际的计算方法来计算这个参数，因此目前在评价自然防风网时其用途是很有限的。Josen(1954)认为防风网对气流的影响与孔的尺寸和孔的形状是没有关系的。而Baines和Peterson认为冷值同孔的形状和尺寸是有密切的关系的，防风网的孔是光滑的还是粗糙的。比较具有相同的开孔率但不同的孔的尺寸，使得湍流强度出现了差异，导致了气流的流速在防风网的下风向近地面风速衰减率的不同，当阻力系数增加时，防风网背后的最小相对风速就会减小，同时水平的屏蔽范围也会相应的减小。一些研究人员认为阻力系数等于4时会具有最佳的防风网屏蔽效果，当大于4的时候会产生更大的风速衰减率，但是却增加了气流的湍流强度，因此会抵消风速衰减所获得的效果。Grunert(1984)，Benndorf，Grunert对自然防风网的阻力系数进行了测定。在风洞中，他们发现阻力系数会随着风速的增加而减小。

(7)拖拽系数

防风网的动力特性是由防风网对气流的拖拽力所决定的(Raine，stevenson，1977)。因此拖拽系数被认为是评价防风网有效性的一个基础。拖拽系数同作用于防风网上的单位长度拖拽力和防风网顶端的接近风速相关联，对防风网的拖拽力同防风网的结构和气流的动力特性相关。对人工制作的防风网的拖拽系数可以在风洞中直接进行测定，一些研究人员尝试了各种方法对自然防风网的拖拽系数进行测定(Seginer,1975)。研究人员认为从相对风速的衰减确定的拖拽系数是无效的，因为正对气流的面积是随着风速在不断地变化的。在以上所论述的空气动力开孔率的测定的替代方式中，光学开孔率可以作为评价防风网效果的可靠的参数。

2. 设计因素

(1)防风网平面布置

防风网平面设置主要有主导风向上风向设置型和四周设置型，也有三面设置的形式。设网方式主要考虑堆场的大小、形状和当地的风向、风频等气象条件。

防风网设在距堆垛2~3倍堆高的距离处为最佳距离。对于由多个堆垛组成的煤堆场而言，可视堆场周围情况，因地制宜地设置防风网。一般可沿堆场堆垛边上设置防风网。日本的研究表明，防风网与最近堆垛的距离可控制在1.0~1.5倍堆高之内。

在港口堆场进行防风网建设时，不仅要考虑堆场的大小、形状和当地的风向、风频因素，还要考虑堆场的现场设网条件。需对拟设网堆场进行深入的现场调查，主要包括堆场建造物、机械设备、地下管线及其道路等设施，以保证防风网的建设和营运不影响堆场的正常营运和堆场

辅助建筑物的相关功能。

(2)设网高度

防风网的高度是决定水平屏蔽范围的最重要的结构因素,因为屏蔽范围同防风网的高度是成正比的。离防风网的距离通常的表达方式是几倍的防风网高度(H),因此屏蔽范围和最小相对风速所处的位置是根据防风网的高度来表达的。

煤堆场防风网的高度主要取决于煤堆垛高度、煤堆场范围等因素。

风洞试验表明:当防风网的高度为堆垛高度的0.6~1.1倍时,网高与抑尘效果成正比;当防风网高度为堆垛高度1.1~1.5倍时,网高与抑尘效果的变化逐渐平缓;当防风网高度为堆垛高度1.5倍以上时,网高与抑尘效果的变化不明显。因此,防风网的高度一般在堆垛高度1.1~1.5倍内选取。防风网高度的确定还应考虑煤堆场范围的大小,使煤堆场在防风网的有效庇护范围之内。风洞试验表明:对网后下风向2~5倍网高的距离内,煤堆垛减尘率可达90%以上;对网后下风向16倍网高距离内,煤堆垛综合减尘效率达到80%以上;在网后25倍网高的距离处有较好的减尘效果;到网后50倍网高的距离处仍有削减风速20%的效果。

实际应用中,大规模的防风网工程高度设计应在防风网抑尘效果较好的高度范围内确定几组方案,通过风洞试验或数值模拟对比分析,最终确定最佳设计高度。

(3)防风网结构设计

在考虑防风网的结构设计时,不仅需按规范计算等效静风压,对防风网应力、位移进行静力分析,在煤堆场规模较大时,如单面长度上千米、高十几米的防风网还需进一步研究防风网的动荷载、阻力系数及振动等结构安全性问题。以某港口矿石堆场防风网工程为例,设计时除按规范规定进行了结构计算,还通过风洞试验确定阻力系数,并通过有限元ANSYS软件对防风网进行结构分析。研究表明,该工程防风网结构自振周期远离能量较大的脉动风荷载周期,不会发生共振现象。在脉动风荷载作用下,该工程防风网结构的位移和应力均有明显的动力放大效应,与规范计算方法相比,位移的动力放大系数在1.3左右,立柱和斜支撑应力的动力放大系数分别为1.332和1.433。若在规范方法中考虑1.4的风荷载分项系数,则与动力分析方法的计算结果很接近。同时也证明了对防风网结构进行脉动风荷载作用下的动力分析是十分必要的。

在南方地区多台风,风向多变,风力较大,可能造成防风网的坍塌和损坏,因此进行防风网设计时风荷载取值不仅要考虑规范规定的基本风压,还应该结合当地的气象资料,尤其是台风的资料,适当提高设计级别以提高防风网的结构安全。

3. 外部因素

1)大气稳定度

大气稳定度是影响气流流动的湍流水平的其中的一个外部因素。这个参数描述了地面以上温度的垂直变化轮廓,可以说明是否上风向的浮力会影响大气混合。因此大气稳定度影响未被扰动的气流的湍流量级。它可以通过在气流和土地表面之间的机械摩擦来增强或抑制湍流的产生。在晴朗的天气里,由于高度敏感的热对流和有限的垂直混合导致了巨大的表面传热,因此形成了很强的垂直温度梯度,于是浮力对防风网上游的大气混合产生了很大的影响。

在中性的大气条件下,空气温度以干绝热递减率垂直变化,当太阳辐射减小的时候这种条件会在多云和多雨的情况下出现,因此热流率为零。在中性条件下没有浮力对大气混合的影响。当热流率为负值的时候稳定的大气条件大部分出现在夜间同时形成了逆温层。逆温层极大的抑制了大气混合。

在有关的防风网文献中,大气稳定度通常表达为 H 与 L 的比例,H 是防风网的高度,L 是 Monin-Obukhov 长度,该长度是大气湍流的机械产生率和热产生率之间的关系。L 是摩擦速度、气温梯度、热流的函数。当稳定度是很重要的时候它的绝对值在数值上是很小的,因此稳定度影响的增加使得 H/L 的绝对值变大。

对大气稳定度进行量化除了测定速度的减小量之外还需要其他的一些条件,这就使得测量变得更加的复杂。另一种方式是采用定性的方法。如 Pasquill 分类法,这种分类方法是从风速的测量和百分云量的测定获得的(表 19.1)。

大气稳定度对风速降低的影响是造成防风网下游屏蔽范围差异性的主要原因。然而,大多数的研究人员认为防风网的屏蔽范围在稳定的条件下要比在不稳定的条件下大。

Pasquill 稳定度级别划分表

表 19.1

地面风速（地面 10m 处）(m/s)	白天太阳辐射			夜间	
	强	中	弱	多云	晴朗
<2	A	A ~ B	B		
2 ~ 3	A ~ B	B	C	E	F
3 ~ 5	B	B ~ C	C	D	E
5 ~ 6	C	C ~ D	D	D	D
>6	C	D	D	D	D

(1)太阳辐射

强——0% ~20% 云量覆盖

中——20% ~80% 云量覆盖

弱——80% ~100% 云量覆盖

(2)大气稳定度划分

A——极不稳定

B——不稳定

C——弱不稳定

D——中性

E——弱稳定

F——稳定

注意:中性 D,是白天或是夜间的多云天气。

Seginer 发现了稳定度在 10 倍防风网高度的距离处对水平屏蔽曲线具有很明显的影响,而对这种由防风网的作用所产生的湍流的起主导作用的防风网影响较小。在相似的实验中,Millei(1975)发现无论是稳定或是不稳定的条件下最小的风速都出现在 2 倍防风网高度的距离处。Van Eimem(1957)发现在不稳定的大气条件下,最小的相对风速会下降,而且这个最小相对风速所处的位置会向稳定的大气条件下靠近,风速的恢复在不稳定的条件下要比在稳定和中性的条件下更加的快。研究者对这种现象的解释是:增加的热不稳定性与高的湍流水平联系在一起,随后将上方高速气流较好的混合在一起进入屏蔽区域。并发现在不同的大气稳

定条件下风速的降低量是没有变化的。

一些研究者如 Rollin 认为大气稳定性对风速的恢复作用是没有影响的,因此在他的数据分析中将其忽略了。另外的一些研究者认为风速的测定是采用接近中性的大气层结下的数值,因此将稳定度对风速恢复的影响减到了最小。

在防风网对湍流传动和微环境影响的研究中,McNaughton 认为在防风网的下游存在两个明显的微环境区。即紧贴着防风网后使得湍流强度和湍涡尺度均减小的近尾区和远离防风网使得湍流强度和湍涡尺度增加的远尾区。近尾区是一个在接近中性的条件下从防风网的上部到离地面大约 8 倍防风网高度远处的地面的三角形。有学者提出热量、水蒸气的湍流传动在近尾区减小而在远尾区增强。

McNaughton 同时探讨了热传递对大气稳定性的影响以及对防风网的空气动力的影响。大气稳定性对防风网屏蔽作用的影响表明风洞实验的结果和野外条件下的实验是不具有可比性的,因为在风洞实验中无法保证同自然条件下相似的流动条件和湍流水平。Bradiey 等(1983)阐明了自然条件下的结果只有在中性的大气条件下才与风洞实验和绝热理论下的结果具有可比性。

2)下垫面粗糙度

毗邻防风网的地面粗糙长度是影响进入一侧气流湍流水平的第二个外部因素。它是衡量地表面动力粗糙的一个参数。它与表面粗糙元素有很大的关联,假如粗糙元素具有弹性则会使风速降低。在有关的防风网文献中,表面粗糙度表示为 h/Z_0 的比值,其中 h 是防风网的高度,Z_0 是上风向植被的粗糙长度,它的值近似等于植被高度的十分之一。增加的比例可以导致下风向风速更大的降低量。防风网的屏蔽范围也会随着表面粗糙度的增加而增加。通过将表面粗糙度从 670 减小到 80 时得到下风向大于 $7.5h$ 处风速的衰减量增加 10～12%,在小于 $7.5h$ 范围内则没有影响。

3)风向

当风向与防风网成垂直关系的时候防风网的作用会形成很大的屏蔽范围。随着风与防风网所成的角度从 90°开始减小,则防风网的屏蔽范围也开始减小。Heisler 和 Dewalle 列出了以下从垂直开始偏离的风向的影响:

(1)防风网的有效开孔率可能会发生变化;

(2)气流增加了绕防风网末端的流动;

(3)流动可能会在水平向改变方向;

(4)随着大气稳定度变化的旋涡影响可能会出现。

对于自然风障来说,与风障所成的角度和有效开孔率之间的关系不同于人工制作的防风网(Heisler,Dewalle,1988)。由于宽度的影响,自然风障在倾斜的风向条件下其屏蔽作用要比人工制作的风障减小量小。人工制作的防风网由于风向从垂直偏离使得栅条之间的有效孔面积增加,这被认为是风速降低量减小的原因。对于自然防风网则由于风向的改变使得沿着气流方向的有效开孔率下降。在一些文献中,引用一些研究提出相对于垂直于防风网,风向在 30°范围内变化时对其屏蔽作用几乎没有影响。而另有研究指出风向变化在 40°的范围内时对其屏蔽作用是没有很大的影响的。

4)最小相对风速

目前有许多的研究人员建议使用防风网下风向最小相对风速作为衡量防风网屏蔽作用的

参数。数据表明最小相对风速可以作为比较不同防风网开孔率的一个指标，这个结论得到了Heisler和Dewalle的认同，他们发现下风向最小相对风速具有一种随着开孔率的增加而增加的趋势。另有分析发现下风向最小相对风速与防风网的下半部分的开孔率具有一定的关系。

第五节　防风网研究案例一

1. 项目概况

某煤炭码头有限公司煤炭专用码头为专业深水煤码头的主体工程。码头岸线长度近千米，码头主体共分10余个结构段。

2. 研究内容

本次研究的主要内容包括防风网工程基础条件、防尘平面和高度的布设方案、防风网的工艺方案等内容。

3. 防风网设置方案

(1)设网条件调查

①自然条件

主要调查工程区域自然条件。图19.3为大于启动风速的风向频率玫瑰图。

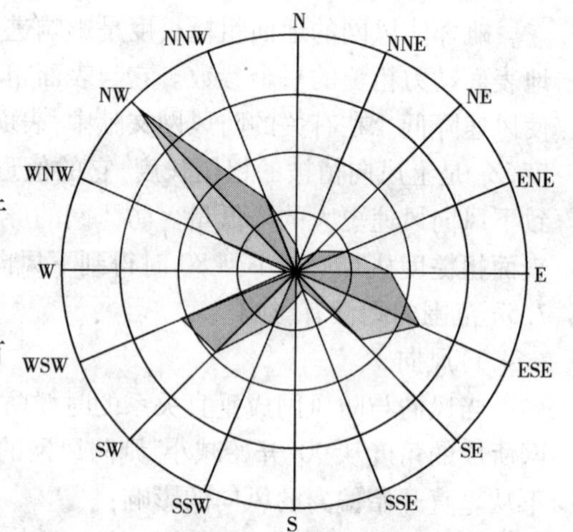

图19.3　大于启动风速的风向频率玫瑰图

②设网基础条件

经过现场勘察，在堆场的东、西、南、北侧均具有设网条件。

(2)防风网设置方案

①防风网设置方案一

沿煤堆场西侧、北侧、东侧和南侧布置防风网。如图19.4所示。

②防风网设置方案二

沿煤堆场东侧、北侧和西侧布置防风网。如图19.5所示。

③防风网设置方案三

沿煤堆场西侧和东侧布置防风网。如图19.6所示。

④防风网设置方案四

沿煤堆场西侧和东侧布置防风网。如图19.7所示。

4. 数值模拟计算分析

(1)计算模型

计算区域为底面正16边形的棱柱。煤堆和建筑物置于计算区域的中心。图19.8为计算模型图。

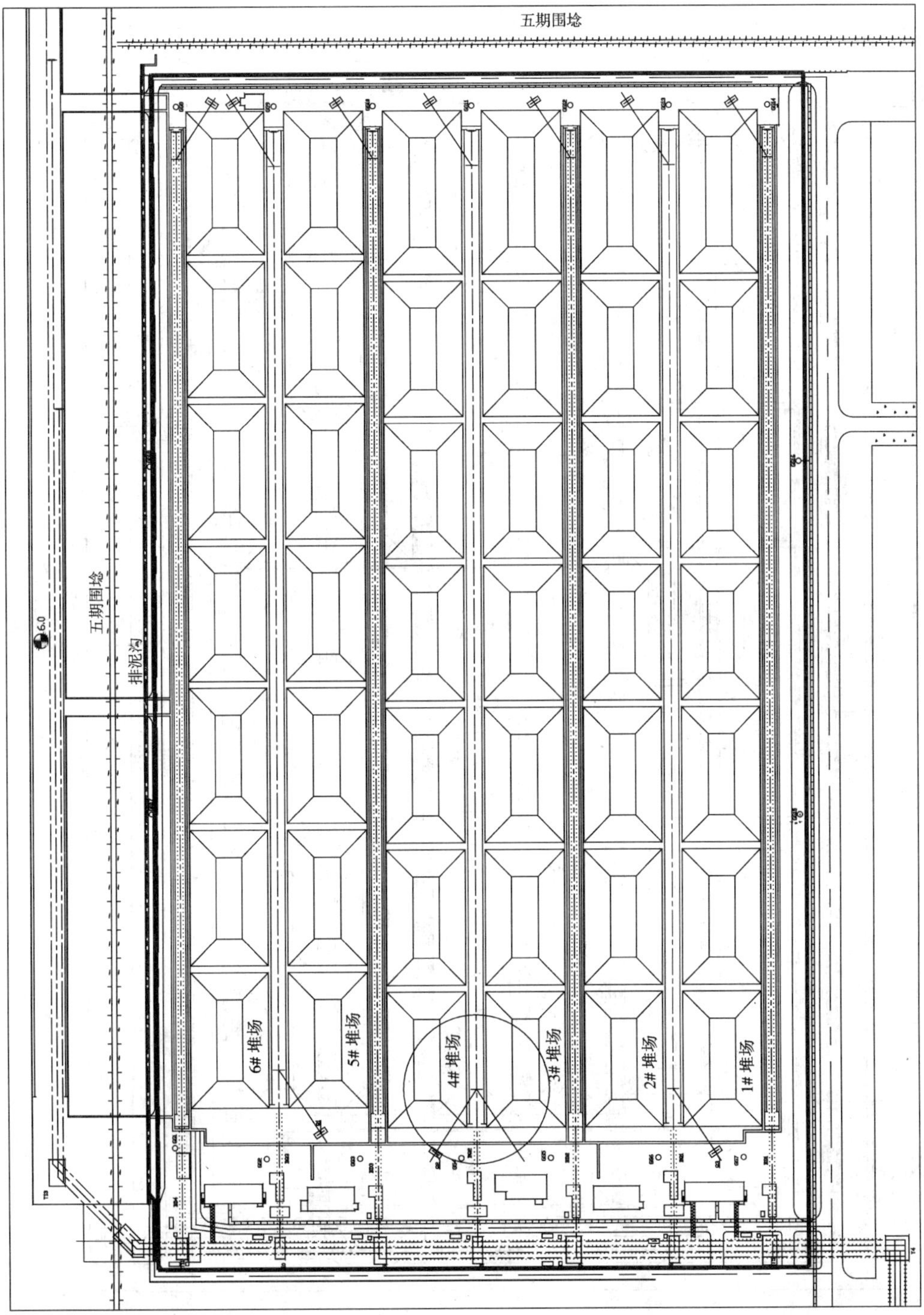

五期围埝

五期围埝

排泥沟

6.0

6# 堆场

5# 堆场

4# 堆场

3# 堆场

2# 堆场

1# 堆场

图 19.4 防风网设置方案一

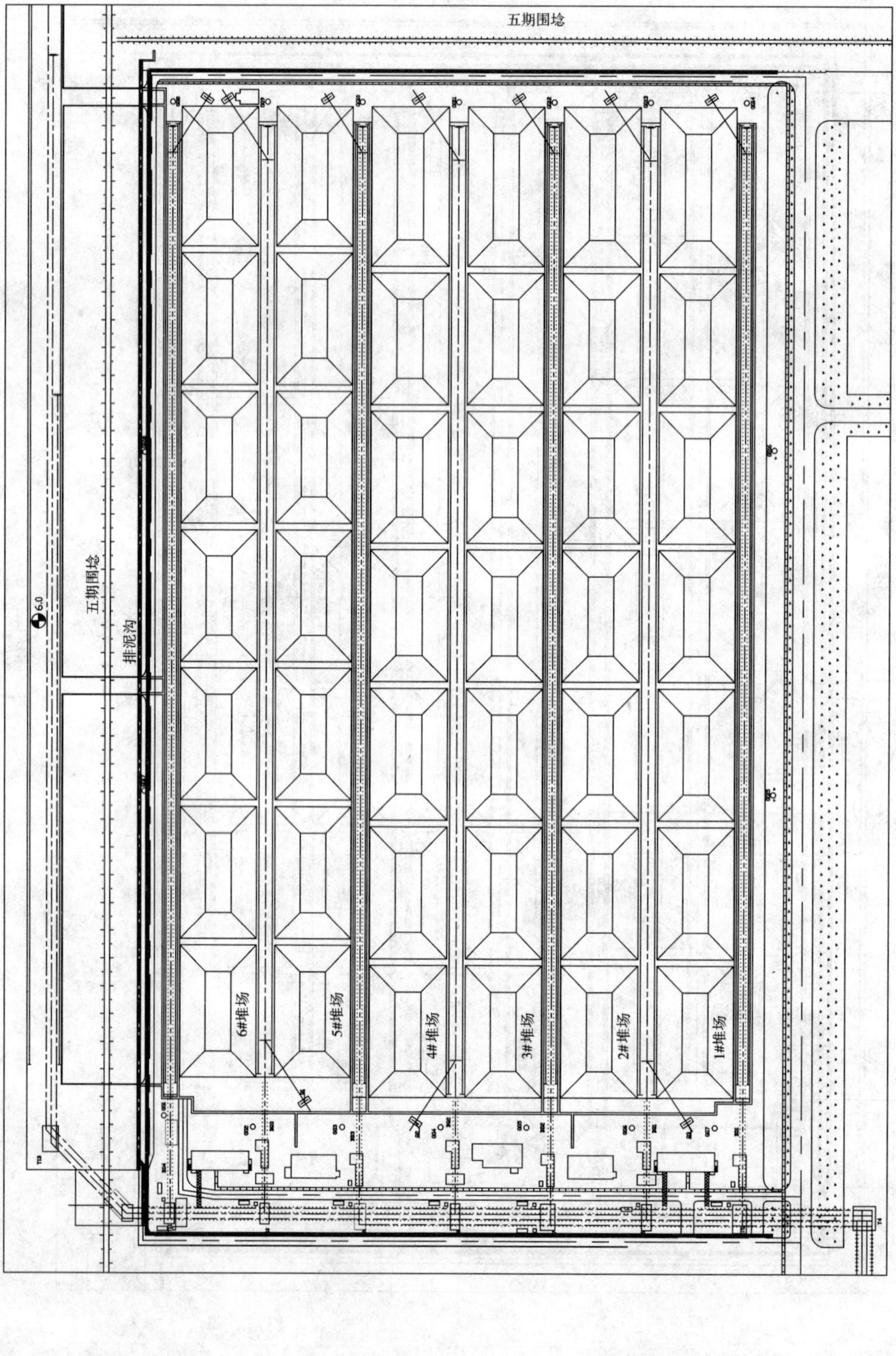

图 19.5 防风网设置方案二

图 19.6 防风网设置方案三

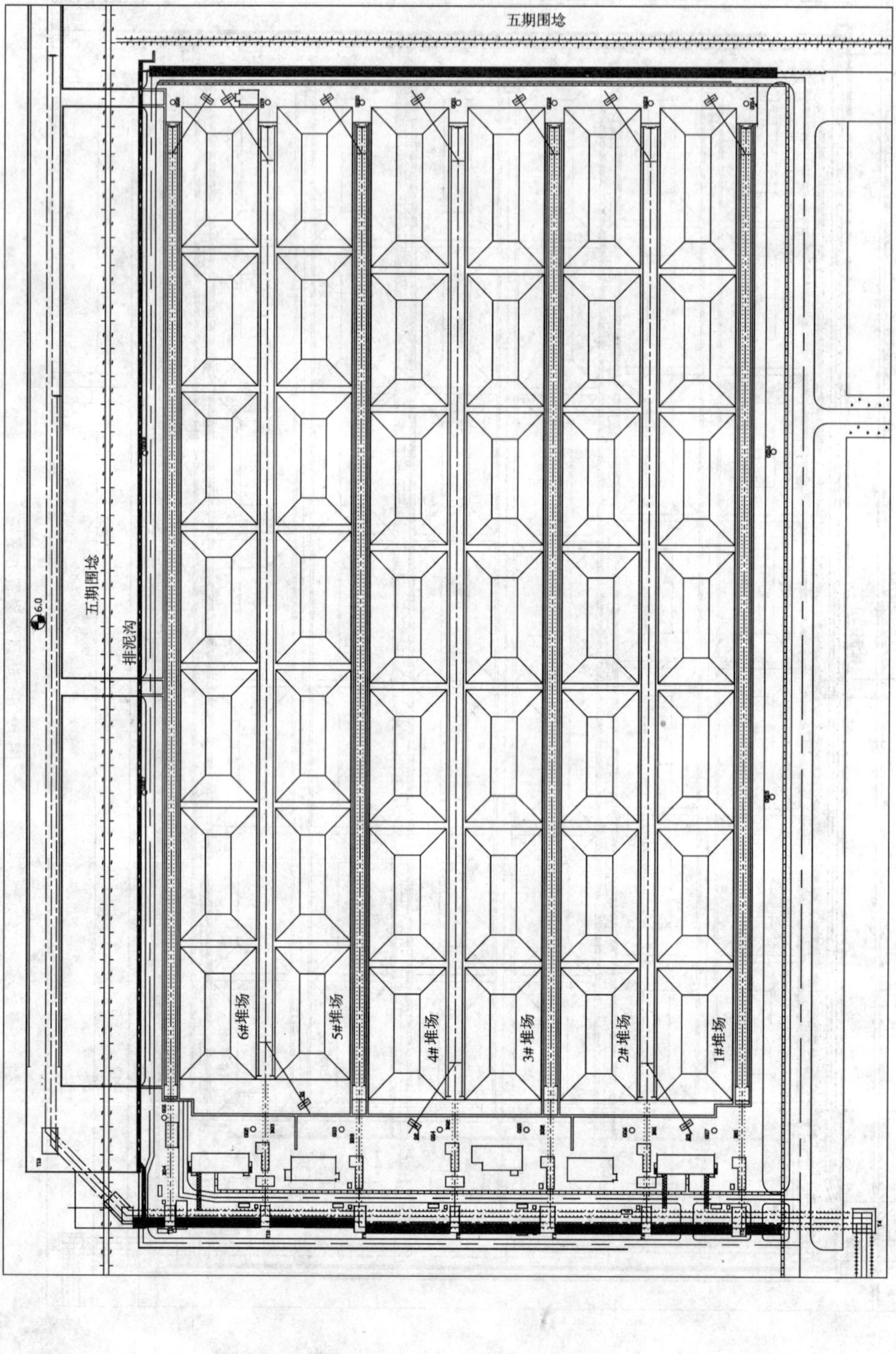

图19.7 防风网设置方案四

Grid
May 14, 2006
FLUENT 6.1 (3d, segregated, ske)

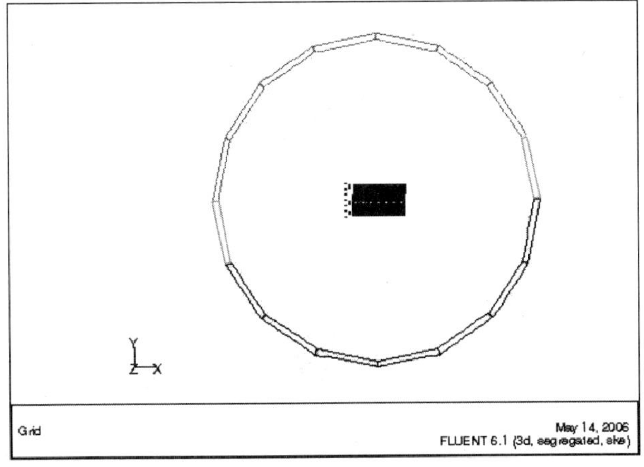

图 19.8 计算模型图

(2)网格生成

网格剖分时,将计算区域分成数十个区,每个区分别生成网格,每个区的网格视实际需要,采用不同的生成方式,最后所得网格类型:部分为六面体网格,部分为金字塔网格,体网格数平均在百万个左右(图 19.9 ~ 19.11)。

Grid
May 14, 2006
FLUENT 6.1 (3d, segregated, ske)

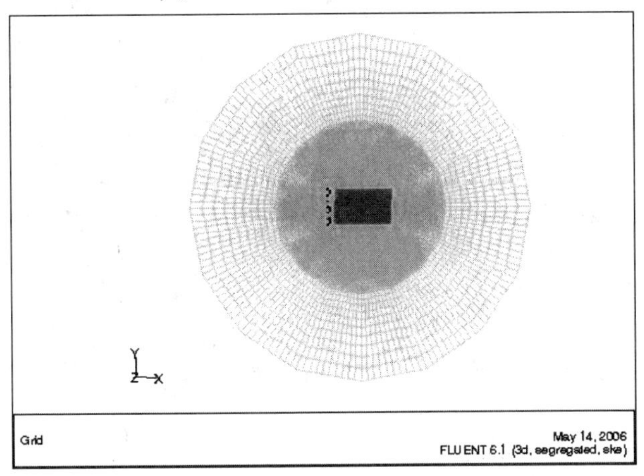

图 19.9 计算区域网格分布图(全局)

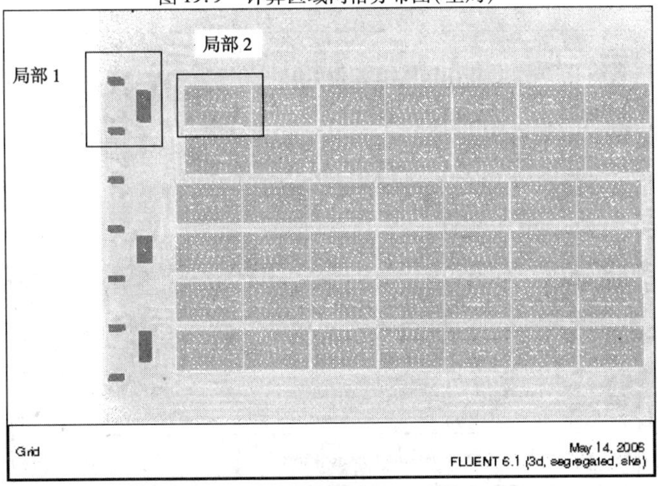

局部 1
局部 2
Grid
May 14, 2006
FLUENT 6.1 (3d, segregated, ske)

图 19.10 建筑物和煤堆周围的网格分布图

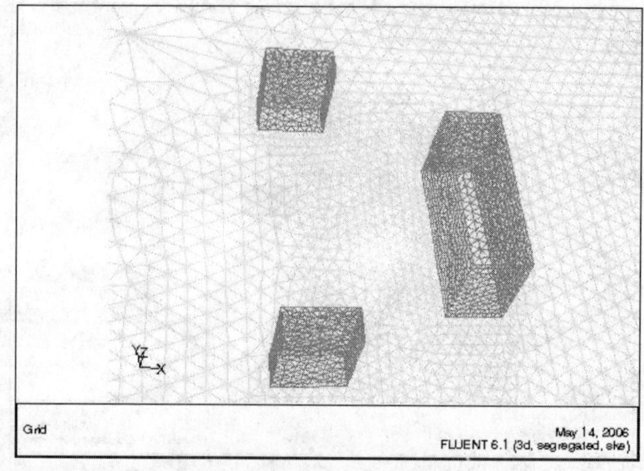

图 19.11　建筑物的网格分布图(局部)

(3)数值模拟计算结果

数值模拟计算结果是将煤堆表面的摩擦风速分成网格区间,小于等于启动摩擦风速为一个区间,将各个网格的摩擦风速值所占的面积统计出,根据公式计算出各个风向的排放源强系数(图 19.12 和图 19.13)。

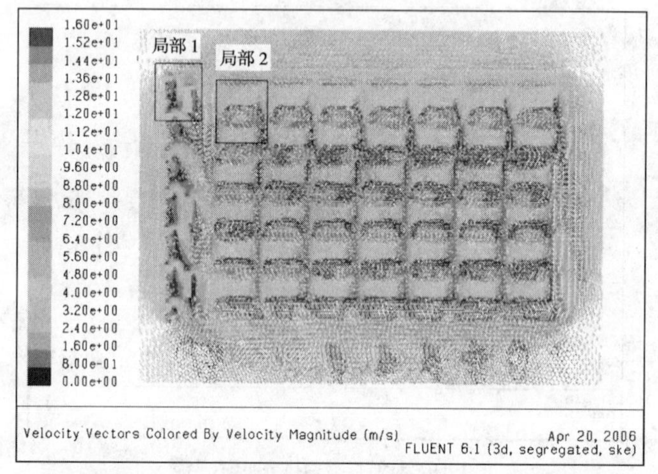

图 19.12　无网方案、N 风向速度流场图(全局)

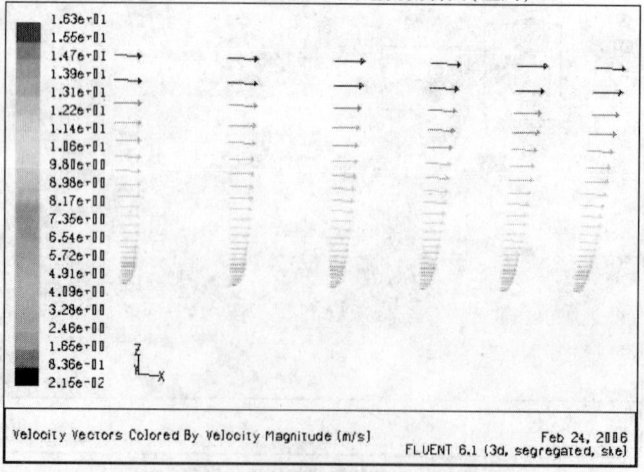

图 19.13　无网方案、N 风向速度流场图

(4)防风网设置方案抑尘效果分析

各设置方案在不同含水率条件下的防风网抑尘率见表19.2所示。

从表19.2分析看，在含水率1的条件下，布置方案一的综合抑尘率最大，达到60.45%；布置方案二的综合抑尘率为41.13%；布置方案四的综合抑尘率最小，为26.81%。布置方案四的抑尘率与布置方案三的抑尘率仅差0.74%，可以看出布置方案三与布置方案四的抑尘效果基本相同。

各设置方案的抑尘率　　表19.2

抑尘率	方案一	方案二	方案三	方案四
含水率1	60.45%	41.13%	27.55%	26.81%
含水率2	72.02%	54.74%	41.89%	41.68%
含水率3	82.74%	78.12%	72.58%	72.45%
含水率4	90.62%	88.11%	84.24%	84.17%
含水率5	96.2%	95.3%	93.21%	93.16%
含水率6	98.7%	98.46%	97.5%	97.48%
含水率7	100%	99.99%	99.98%	99.98%

5. 防风网工艺方案

(1)防风板形状

防风板的形状有多种形式，根据风洞试验检测，某一板型防风板在一定的开孔率下具有明显地降低风速和紊流度的作用，防尘效果好。目前防风板在国外已得到广泛应用，因此本工程推荐使用具有较好防风效果的防风板。

(2)防风板材质

本次防风网工程由于考虑该港的气象条件及地理位置，因此推荐金属型防风板，这种防风板具有耐候性好、韧性强、使用寿命长等优点。与国内其他材料相比，同样具有较好的性能价格比。

6. 经济效益分析

在采用布置方案三进行防风网建设的情况下：

(1)减少煤炭损失

根据有关研究成果，防尘网的使用，可能减少的起尘量可以用下式估算

$$Q = W \cdot \eta \cdot M \cdot N$$

式中：Q——减尘量；

W——码头煤炭年总运量；

η——码头煤炭总起尘量占总运量的百分比；

M——整个煤炭堆场起尘量占总起尘量的百分比；

N——防尘网平均减尘效率。

参考以上研究成果即可算得，该防风网工程的建成每年可使堆场减少煤炭损失量和因此而产生的经济价值。

(2)节约除尘用水

根据有关研究成果,防尘网的使用与现有的湿法除尘相比还可节水50%。以此可算得项目建成后每年节约除尘用水量和每年可节约除尘用水的费用。

7. 结论

经现场勘查分析,堆场四周均基本具备设网条件。经过研究分析前三种布置方案均有优缺点,综合分析布置方案一抑尘效果最佳,但其投资相对较高。布置方案二抑尘效果相对小,但其投资相对小,布置方案三抑尘效果最小,但其投资也最小。目前该项目正在进行工程可行研究的深化工作,计划于工程研究通过审批后进行项目的实施。

第六节　防风网研究案例二

1. 项目概况

我们为某港设计的防风网布置于该港煤堆场工程东、西、北三侧、总长近3000m。防风网高度20余米。

2. 研究内容

该港煤炭码头防风网工程研究范围为堆场。防风网设计要求以达到环保效果为原则,粉尘总量在现有环保措施基础上消减60%以上;堆场附近5km范围内的环境影响程度减小50%以上;防风网建设满足港口正常运营的要求;安全可靠,经济合理,维护简单。主要考虑大于煤炭粉尘启动风速的全年风向频率基础上,在不同方案中综合考虑该港冬季的气象条件和工程四周具备的设网条件,提出几种防风网平面布设方案。

3. 防风网设置方案

1)自然条件

(1)地理位置

该港位于某海西岸,河口外北侧海区。距市中心40余公里。

(2)气象条件

根据该港多年风实测资料统计分析得出,该区常风向为SSW,次常风向为SW,其出现频率分别为11.1%和10.9%;强风向为ENE,次强风向为NE,风频率分别为0.4%和0.1%。

港口所在区域属大风较多的地区之一。根据长期历史记录,最大风速为22m/s,风向秋冬季节以偏北风为主,春季以偏东风居多,夏季雷暴大风则方向不定。按影响本区大风的天气系统分析,有寒潮、台风、龙卷风、气旋雷暴等,以寒潮大风为主。本区自20世纪60年代以来因龙卷风造成灾难性损失的亦达6次之多,台风大风亦有发生,但相对较少。

根据本次防风网建设防尘以控制煤堆场总起尘量为目标的原则及类似工程风洞试验研究成果,煤炭堆场的煤炭初始含水率按照自然含水率计算,其煤炭粉尘的启动风速按实际启动风速计算。根据以上原则,本次统计按照启动风速对气象资料进行统计。

从全年各风速段风向频率统计结果可以看出,各风向风速大于启动风速的频率总合为

59.52%。其中风速大于启动风速的风向频率中 SW 风向频率最大，为 7.81%，其次为 SSW 风向，频率为 6.51%。全年风速大于启动风速的风向频率玫瑰图如图 19.14 所示。

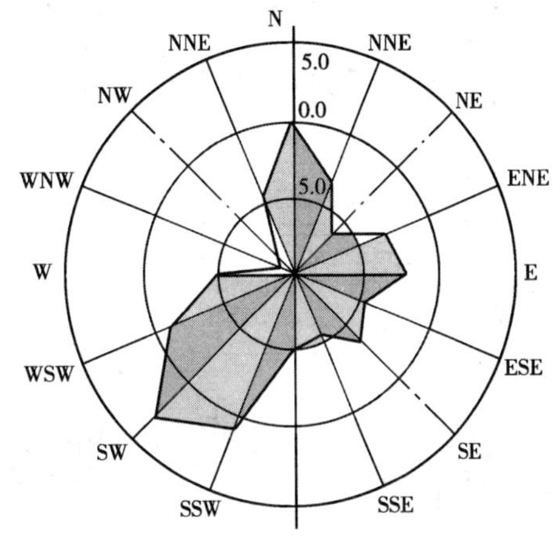

图 19.14　全年风速大于启动风的风向频率玫瑰图

(3)工程地质条件

该港及其附近在大地构造上，基底构造上沉积了较厚的第三、第四系地层，其中第四系地层较厚。

(4)抗震

根据测定，确定本场地地震动峰值加速度为 0.05g，相当于地震基本烈度 6 度。

2)防风网平面布设方案比选

该港煤炭码头防风网工程研究范围为一期、二期堆场。防风网设计要求以达到环保效果为原则，粉尘总量在现有环保措施基础上消减 60% 以上；堆场附近 5km 范围内的环境影响程度减小 50% 以上；防风网建设满足港口正常运营的要求；安全可靠，经济合理，维护简单。主要考虑大于煤炭粉尘启动风速的全年风向频率基础上，在不同方案中综合考虑该港冬季的气象条件和堆场一期、二期工程四周具备的设网条件，提出五种防风网平面布设方案。通过数值模拟计算及风洞试验得到不同防风网平面布设的抑尘率，见表 19.3。

防风网平面布设方案　　　表 19.3

方案	方案一	方案二	方案三	方案四	方案五
布置方案					

从分析看，在自然含水率条件下，方案一、三、四、五的抑尘率明显高于方案二的抑尘率，并且能够达到环保效果的要求。抑尘率最大的为平面布置方案一，抑尘率为 88.22%；其次为平面布置方案五，抑尘率为 86.93%；抑尘率最小的为平面布置方案二，仅为 83.51%；在洒水措施下，方案一抑尘率为 69.98%；其次为平面布置方案五，抑尘率为 64.92%；抑尘率最小的为平面布置方案二，仅为 57.98%。经过上述分析，方案一、三、四、五这四种方案均能符合环保效果的要求，但从经济性、施工工期等角度出发，推荐该港煤堆场防风网布置方案为布置方案三。

3)总平面布置(图 19.15)

4. 数值模拟计算分析

(1)计算模型

计算区域为底面正 16 边型的棱柱。煤堆和建筑物置于计算区域的中心。图 19.16 为计算模型图。

(2)网格生成

网格剖分时，将计算区域分成数十个区，每个区分别生成网格，每个区的网格视实际需

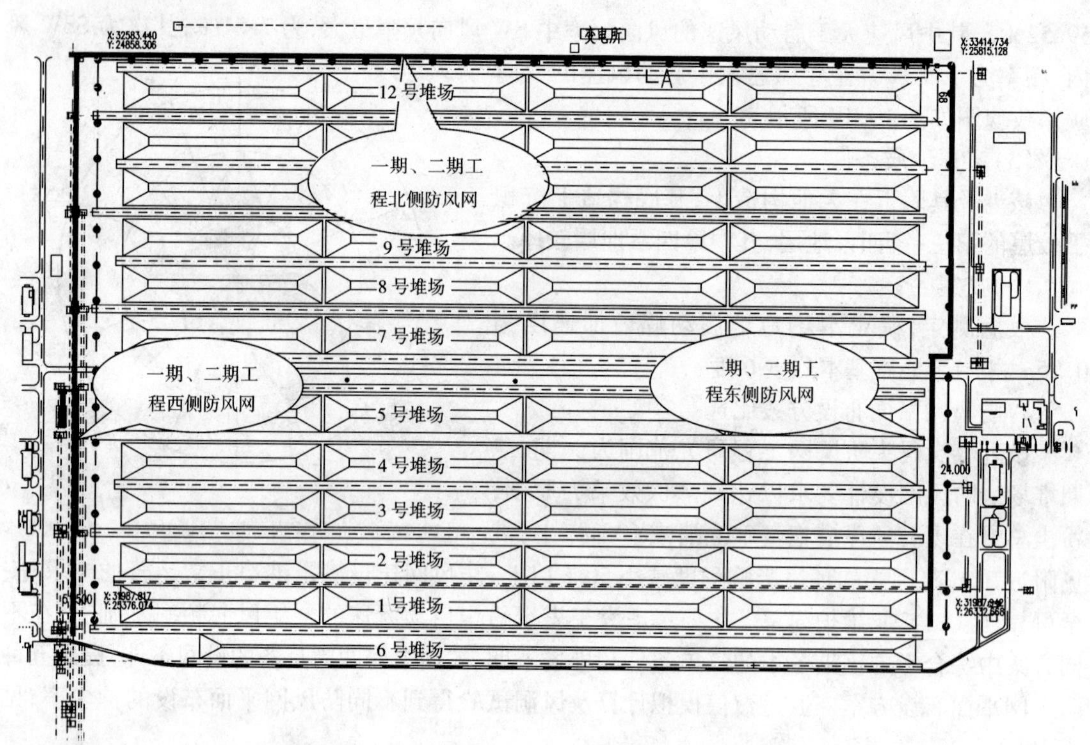

图 19.15　某港煤炭堆场一期、二期工程防风网布置方案

要，采用不同的生成方式，最后所得网格类型：部分为六面体网格，部分为金字塔网格，体网格数平均在百万个左右（图 19.17～19.19）。

（3）计算结果

数值模拟计算结果是将煤堆表面的各个网格的摩擦风速值所占的面积统计出，根据公式计算出各个风向的排放源强系数。本部分仅给出示例（图 19.20 和图 19.21）。

5. 工艺方案

（1）防风网整体结构形式

根据目前国内外关于大规模储煤场的煤尘飞散预测与控制研究的研究结果、国内外防风网工程现状以及风洞试验结果得出的防风网的形状与防尘效果及其防尘范围的关系。并根据该港区煤炭堆场的实际情况，推荐防风网的整体结构形式。

（2）防风网板主要参数

防风网板型参数主要包括开孔率、开孔形式、板形三方面；防风板的开孔率是防风板孔的面积与总面积之比，是设计、加工防风板的重要参数。根据防风网风洞试验结果，防风板的网板形状、开孔形式和开孔率等参数与风压、防风网后风速的降低有直接关系。防风网的开孔率是决定尾流结构的最重要因素。

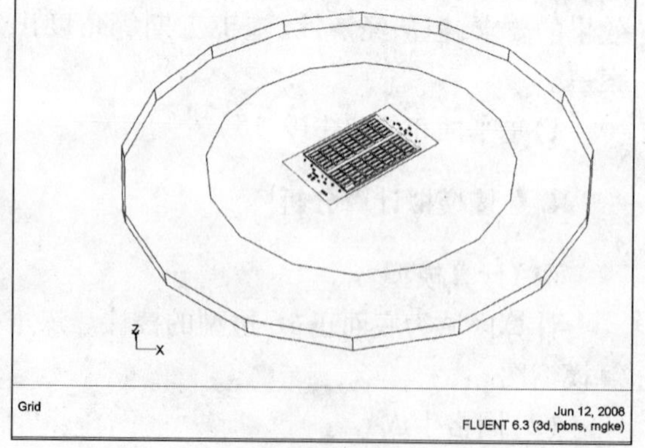

图 19.16　计算模型图（全局）

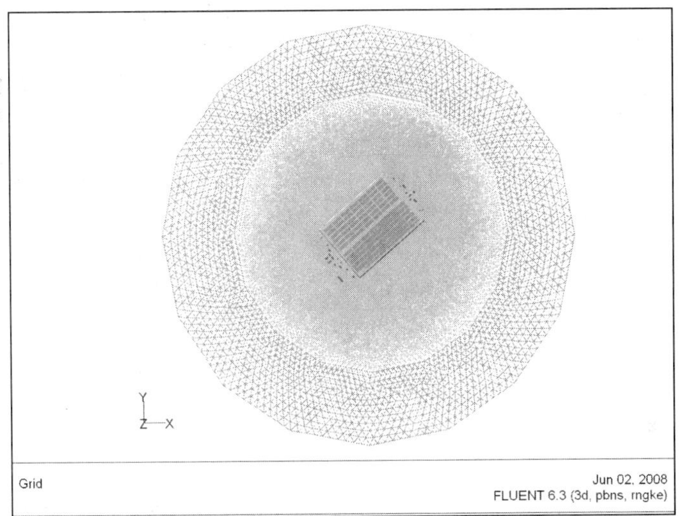

图 19.17　计算区域网格分布图(全局)

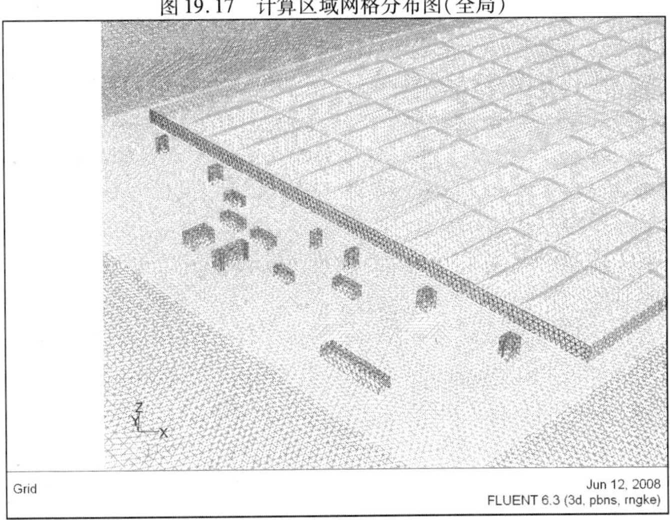

图 19.18　建筑物和煤堆周围的网格分布图(局部)

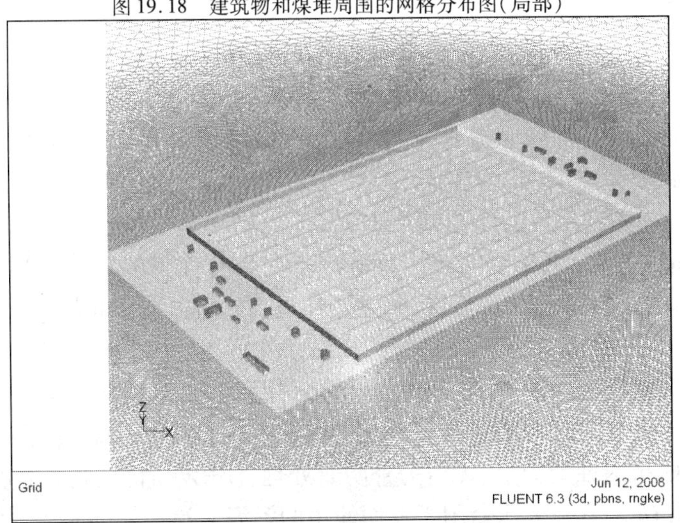

图 19.19　建筑物和煤堆周围的网格分布图(局部)

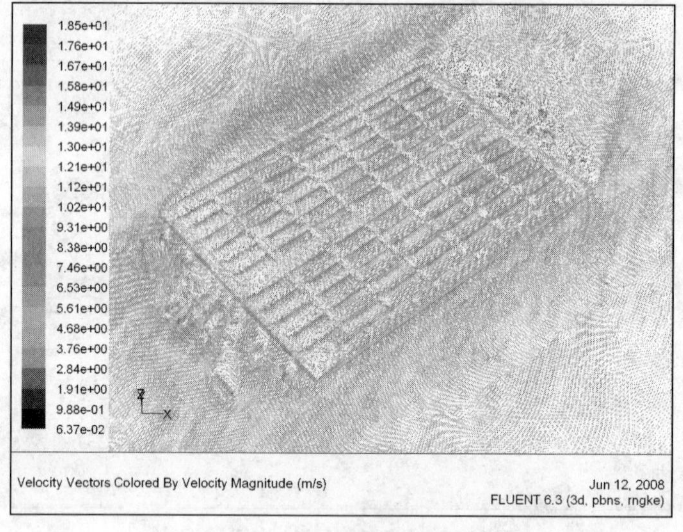

图 19.20　布置方案一 SSW 风向数值模拟计算流场图

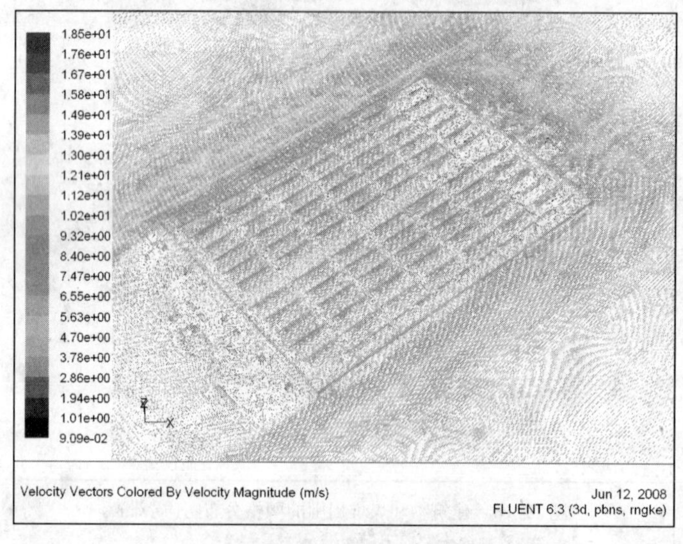

图 19.21　布置方案一 NE 风向数值模拟计算流场图

(3)防风网板材质

目前国内外防风网主要分为四类,包括 DLX 型钢网板和玻璃钢网板,以及平面网板的拉伸塑料网和纤维针织网。

DLX 型钢板是一种高品质的合金镀层产品,广泛用于建筑、汽车、家电及彩涂、包装等行业。大量的试验研究表明,DLX 型钢板的显著特点是具有优异的耐腐蚀性与耐湿热性能,与普通钢板相比,其耐腐蚀性提高 2 ~6 倍,耐湿热性提高 3 倍以上;同时,经试验证明,DLX 型钢板还具有耐高温腐蚀的性能,它可在 315℃的高温条件下,经过一周(168h)时间的氧化不致褪色;即使温度高达 700℃时,它仍然具有抵抗严重氧化和产生鳞皮的能力。此外,DLX 型钢板的冷弯成形性、固定性、焊接性、着漆性等都十分优良,表面非常美观,不用涂装便可使用。主要特点是耐候性强、抗腐蚀能力好,无需另外防腐处理,使用寿命长,尤其适用于海岸地区。缺点是成本高。因此 DLX 型网板适合用于长期使用的沿海煤炭堆场的防风网的建设。

玻璃钢网板主要由高分子复合材料挤压成型，主要特点是材质轻盈，成本低，对风速及紊流度的消减作用明显，安装方便。其主要缺点是在海岸地区网板易老化。板与板、板与柱的连接处容易破损裂缝，在极大风及风频与网板发生共振时容易脱落，使用寿命为5~10年。

拉伸塑料网是由韩国农业用网引申而来，主要采用挤出塑料进行拉伸而成形的，开孔成菱形状。该网的特点主要在于对风速的下降具有一定的效果，但对粉尘的捕捉效果差，价格较低，安装方便。由于塑料产品在紫外线长期暴晒下容易老化，使得其使用寿命只能保持3~5年，因此拉伸塑料网适合于过渡堆场的防风网建设。

纤维网是由高强度的聚脂纤维丝以独特的结构编织而成，颜色为森林绿。具有较好的抑尘效果，但其对紊流度的消减效果较差。另外该网板容易受到破坏，从而影响整体效果。

通过以上对四种防风网板型的分析，结合投资以及该港煤炭码头长远经济效益分析，本工程推荐防风网板型为DLX型网板。

本工程结合设计并已施工完成的多项防风网工程的实际工作，考虑风压等因素，建议给出工程的防风网板的厚度。

(4)防风网板防腐

防风板采用板材涂层，表面处理，板材本身满足防腐要求。机械冲孔时，因为强大的冲击力，将冲孔边缘的镀层带入孔周边。孔周微量基底外露，初始会产生微量红锈，但随后孔周围的镀膜成份开始溶解形成致密的保护膜，这一过程持续数月后孔周的冲孔面将被完全覆盖。该保护膜导电性较弱，可以抑制孔周的腐蚀反应，避免长期腐蚀。并且，镀膜中含的Si可以促进上述保护层形成。故冲孔后防风板不需另做防腐处理。

本防风网工程采用的防风板的设计弯折角度较小，不会导致镀层的损伤和折痕。同时，应选择能够保证材质的供应商提供板材，在多处防风网工程实例也证实：合格产品镀层弯曲试验，弯曲一定程度后试样外表面不会出现镀层剥落。

6.经济效益分析

(1)减少煤炭损失

该港煤堆场防风网建设后将大大减少堆场及周边环境的大气粉尘含量，同时可以减少港口的煤炭损失量。

(2)节约除尘用水

根据研究，防风网的使用与现有的湿法除尘相比还可节约除尘用水，本项目防风网建设后年节约除尘用水量和每年可节约除尘用水费用可算得。

7.结论

经过研究分析防风网平面布置方案采用布置方案三，沿该港煤堆场东、北、西侧设置防风网。防风网高度，防风网板型，防风板材质，防风网整体结构形式，防风网安装形式，防风网支柱结构方案均按设计结论进行。

第二十章 筒仓系统

第一节 筒仓系统概述

煤炭储运是港口、电厂、煤矿等企业必不可少的生产中间环节，起到缓冲、生产保障作用。煤炭储存形式分为堆存和仓储。露天存储是最为原始的存储方式，随着经济发展和社会进步，仓储应用逐渐增多。

国际上，美国由于政府提供补贴，主要发展了钢板仓，尤其1975年至1978年的三年间，美国钢板筒仓建设发展迅猛。加拿大从20世纪60年代开始淘汰房式仓，建立全部筒仓的仓储体系。目前，国外主要的煤筒仓有，荷兰EMO码头的直径20m、高50m煤筒仓6个；美国DTA码头的仓容4000t煤筒仓2个。

我国的仓储工业主要借鉴了日本和苏联的模式。这两个国家在20世纪50年代都是以房式仓为主要仓型。日本从60年代开始对立筒仓建设进行补贴，筒仓得以大量发展。苏联从1946年至1965年建了很多房式仓，1965年以后主要建钢筋混凝土筒仓，在1978年以后又建了近千吨钢板仓。

虽然各国家仓储发展的时间各异，但有共同的规律：①仓型发展都经历了房式仓→钢筋混凝土筒仓→钢板筒仓的过程；②筒仓终将成为散货存储的主要仓型。

我国在仓储发展上大体经历了如下阶段；新中国成立初期，由于受财力、物力的限制，煤炭存储主要靠露天堆存；从“一五”开始，仓容建设得以发展，在全国范围内建起了一批房式仓；1979年后，各地相继建了一批钢筋混凝土筒仓；1986年后，我国从西德引进LIPP设备，同时组建了钢板仓公司，开始建设钢板筒仓。

目前，准格尔黑岱沟露天矿大型动力煤选煤厂建有混凝土筒仓9个，筒仓直径22m，高54m，煤仓总容量13.5万吨，单个筒仓仓容为1.5万吨；还建有产品仓（混凝土筒仓）9个，筒仓直径15m，高35m，煤仓总容量2.7万吨。此外，由江苏沙钢集团建设的设有64个大型贮配煤筒仓，总贮煤能力64万吨的亚洲最大贮配煤筒仓工程已投入使用。

考虑煤仓港口应用的可行性时，应从环保、投资运行、功能、规模、地域等方面综合评估，最终做出决定选择具体形式和方案。

筒仓堆存特点是：更加注重环保的有效性，除码头上暴露部分外基本处于封闭状态，尤其适合当地风景区的保护要求；堆场占地面积少；投资费用较高；筒仓高度大，煤炭进仓提升消耗的能量较多，但煤炭出仓因设备能耗低，能量节约较多，筒仓进、出总能耗与传统的堆场作业方式相近。

第二节 钢筒仓结构设计基本理论

1. 设计原则和基本要求

钢结构设计的基本原则是：贯彻国家的技术经济政策，做到技术先进、经济合理、安全适用和确保质量。设计钢结构筒仓时，应从工程实际情况出发，合理选用材料。结构方法和构造措施，满足结构构件在加工。运输、安装和使用过程中的强度、稳定性和刚度要求，并符合防火、防腐蚀要求。宜优先选用通用的和标准化的结构构件，减少制作、安装工作量。在钢结构的设计文件中，应注明建筑结构的设计使用年限、钢材牌号，连接材料的型号(或钢号)和对钢材所要求的力学性能化学成分及其他的附加项目保证。此外，要注明所要求的焊缝形式焊缝质量等级端面刨平顶紧部位及对施工的要求。

(1)结构的使用年限和安全等级

结构的可靠度是指在规定的时间内，在规定的条件下，完成预定功能的概率，因此必须确定一个设计基准期。《建筑结构可靠度设计统一标准》(GB 50068)规定的基准期为50年。依据《粮食钢板筒仓设计规范》的设计工作寿命不应少于25年。但是对于用于储存具有腐蚀性的物质的钢结构筒仓时，其设计工作寿命应比上述年限更少。建筑结构设计时，应根据结构破坏可能产生的后果(危及人的生命、造成经济损失、产生社会影响等)的严重性，采用不同的安全等级。在工业企业贮运系统中，贮存原料及成品的筒仓，其结构的破坏可能给整个工业生产带来严重的后果，故筒仓的安全等级不应低于二级。

(2)结构的极限状态

根据设计基本原则，结构设计要解决的问题就是在结构的可靠性和经济性之间选择一种最佳的平衡，使由最经济的途径建成的结构能够以适当的可靠度完成各种预定的功能要求。结构设计采用以概率论为基础的极限状态设计法(简称概率极限状态设计法)，用分项系数设计表达式进行计算。和其他建筑结构一样，钢结构筒仓的极限状态也分为承载力极限状态和正常使用极限状态两大类。承载力极限状态是指结构或构件达到最大承载能力或出现不适于继续承载的变形，包括构件和连接的强度破坏、疲劳破坏和因过度变形而不适于继续承载，结构和构件丧失稳定，结构变为机动体系和结构倾覆等。正常使用极限状态是指结构或构件达到正常使用或耐久性能的某项规定限值，包括影响结构、构件和非结构构件正常使用或外观的变形，影响正常使用的振动，影响正常使用或耐久性能的局部损坏等。

2. 钢结构用材料

(1)钢材的力学性能

钢材的力学性能是指标准条件下钢材的屈服强度、抗拉强度、伸长率、冷弯性能和冲击韧性，以及厚钢板的 z 向(厚度方向)性能等，也称为机械性能。

(2)建筑钢材的类别

建筑钢材分为碳素结构钢和低合金结构钢。碳素结构由纯铁、碳及多种杂质元素组成，其中纯铁约占99%。低合金结构钢还加入合金元素，但总量通常不超过5%。碳素结构钢分为五种，规范只推荐Q235。低合金结构钢也分为五种，其中Q345、Q390和Q420是GB50017推荐使用的钢种。

(3)建筑钢材的选用原则

GB 50017规范对结构钢的力学性能和化学成分等合格保证项目作了如下强制性规定：承重结构的钢材应具有抗拉强度、伸长率、屈服强度和硫、磷含量的合格保证；对焊接结构，尚应具有含碳量的合格保证、焊接承重结构、重要的非焊接承重结构采用的钢材还应具有冷弯实验的合格保证。

钢结构的钢材牌号，一般应在设计规范推荐的、不同级别的 Q235、Q345 钢种选用。当有合理依据时，也可以采用 Q390 和 Q420 钢，碳素结构钢的质量应符合 GB/T 700 的规定，低合金高强度结构钢的质量应符合 GB/T 1591 的规定。

为保证承重结构的承载力和防止在一定条件下出现脆性破坏，应根据结构的重要性、荷载特征（是否直接承受动力荷载）、结构形式、应力状态、连续方法（焊接或非焊接）、钢材厚度、工作环境（是否低温工作、是否有侵蚀性介质）等因素综合考虑，选用合适的钢材牌号和材性。Q235-A、Q235-B 级钢宜优先选用镇静钢，焊接承重结构不应选用 Q235-A 钢。在各种使用条件下钢构件所选用钢材的牌号、性能质量等级、应保证的力学性能和化学成分项目等。

3. 结构体系类型及选用

结构体系是筒仓的承重骨架，是建筑物赖以支撑的主要构件集合体。在筒仓施工和正常使用过程中，结构体系不但要承担竖向荷载，还要承担水平荷载。因此结构体系除了必须设置竖向承重体系外，有时还必须设置一定的抗测力（水平荷载）体系。钢结构筒仓的结构体系类型很多，如框架体系、框架—支撑体系、框架—墙板体系、框架—剪力墙体系、框架—核心筒体系，以及上述结构体系的混合体系。

1）建筑钢材的选用原则

（1）框架体系

框架是由钢梁和钢柱连接组成的一种结构体系。梁与柱的连接可以是刚接、半刚接或者铰接，但不宜全部铰接。当梁柱全部为刚性连接，且结构中无其他抗侧力体系时，称为纯框架结构。此种结构体系只是适用于一般的中、低民用钢结构房屋中，即沿房屋的纵向和横向均采用刚接钢框架作为主要承重构件和抗侧力构件，也可以采用平面框架体系，但必须注意加强各根框架之间的连接和支撑。

由于框架结构无承重墙，对建筑设计而言具有很高的自由度，建筑平面布置灵活，可以做有较大空间的会议室、餐厅、营业厅、教室等，便于实现人流、物流等建筑功能。需要时可以分割称为小的空间或拆除隔墙改为大的空间，使用非常灵活。外墙采用非承重结构可使建筑立面设计灵活多变，另外轻质墙体的使用还可以大大降低结构自重，减小地震作用，降低结构和基础造价。框架结构的构件易于标准化生产，施工速度快，而且结构各部分的刚度比较均匀，自振频率低。对地震作用不敏感。

水平荷载对框架有两个方面的作用：各层结构承受水平剪力、整体结构承受倾覆力矩。因此对应的框架侧向位移也又两部分组成：

（2）框架—支撑体系

以框架为基本结构，在房屋纵向、横向或其他主轴方向，根据侧力大小布置一定数量的垂直支撑所组成的结构体系称为框架—支撑体系（图 20.1），是多、高层钢结构中比较常用的一种结构体系。框架—支撑体系也具备平面布置灵活等特点，设计、制作、安装简便，承载功能明确，且侧向刚度较大，但支撑的设置容易与建筑立面处理等建筑要求发生冲突。

支撑按与框架连接位置的不同可分为中心支撑、偏心两大类。当支撑斜杆的设计轴线通过框架梁与柱中心线的交点时为中心支撑，布置方式有十字交叉性形，单斜杆式、人字或 V 形等多种，多层框架结构多采用中心支撑，在两个方向均宜对称布置，支撑框架之间楼盖的长宽比不宜大于 3。支撑斜杆的设计轴线偏离框架梁与柱中心线的交点时为偏心支撑，布置方式

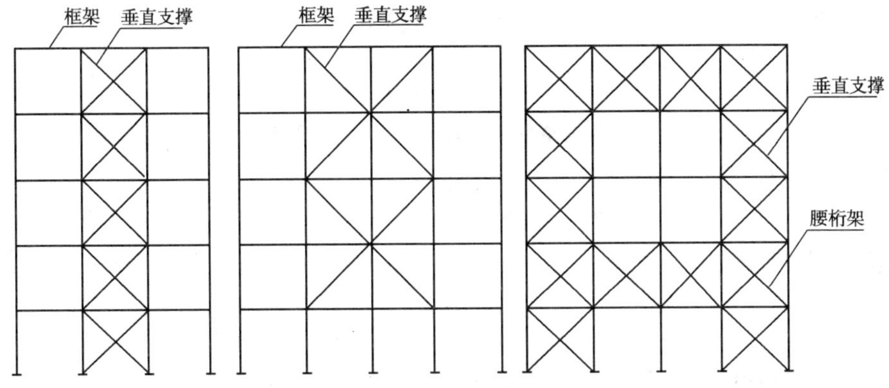

图 20.1　框架—支撑体系立面图

有门架式、人字式、V 形、单斜杆式等，在抗震设防烈度较高地区，宜采用偏心支撑。

采用框架—支撑体系的建筑，不仅因为有刚度较大的支撑作为抗侧体系，使得整体结构侧移减小；而且由于框架与支撑的共同作用，大大减小了结构下部的较大层间侧移，各楼层的层间侧移角渐趋一致，因此适用的层数比框架体系增加较多。

当承受轴力的支撑杆件长细比较小时，即使发生屈服，结构承载力也基本上不退化，显示出较好的承载状态和稳定的恢复力特性。采用中心支撑时，容易因支撑长细比较大受压失稳而导致结构承载力下降，并引起较大的侧向变形。偏心支撑则能较好地解决这一问题，偏心支撑体系指支撑斜杆一端与梁相连，支撑轴线偏离梁柱段在正常使用或小震情况下保持弹性变形，偏心支撑框架的设计原则是强柱、强支撑和弱消耗梁段，即在大震时消耗梁段形成塑性铰，具有稳定的滞回性能，即使消能梁段进入应变硬化阶段，柱、支撑和其他梁段仍保持弹性。其弹性阶段的刚度接近于中心支撑框架，弹塑性阶段的延性和消能能力接近延性框架，是一种良好的抗震结构。在大震情况下，可以通过其非弹性变形，产生塑性铰耗能，具有较高的抗震能力。

(3)框架—剪力墙体系

在框架结构中，布置一定数量的剪力墙，使框架和剪力墙结合起来，共同抵抗水平荷载，就组成了框架—剪力墙体系，在这种体系中，剪力墙刚度较大，承担大部分水平剪力，整个结构的侧向刚度大大提高，框架则主要承担竖向荷载，同时也承担大量的水平荷载，因此，柱的截面减少。框架为剪切型变形，而剪力墙为弯曲变形，二者通过刚性楼板协同工作，共同抵抗水平荷载，变形相互协调。

(4)框架—核心筒体系

若将框架—剪力墙体系中的剪力墙封闭成核心筒，外侧周边为钢框架，就形成了框架—核心筒体系。由于筒体的承载能力、侧向刚度和抗扭能力都比剪力墙大大提高，因此框架—核心筒体系是高层建筑物典型的结构形式之一。

2)结构体系的选用

各种结构体系各有优缺点，主要区别是抗侧力能力不同。一般来说，从框架体系、框架—支撑体系、框架—剪力墙体系、框架—核心筒体系依次增强。除此之外，在建筑功能、结构造价、施工条件等方面也有些区别。各种结构体系的适用高度都超过了钢结构筒仓的高度，原则上讲，都可以使用，但在实际工程中具体采用哪种结构体系，应综合考虑各方面的因素，做到技术先进、经济合理、安全适用和确保质量。

4. 结构地震反应分析方法

工程结构的抗震设计,除了按建筑物重要性分类确定设防烈度、选择有利于建筑物的地段和场地类型、确定有利抗震的结构方法外,还要由分析计算的方法,求出预期地震作用下结构所产生的内力和变形,这就是结构的地震反应分析。目前,用于结构地震反应分析的方法,大多属于惯性力作用下的振动解法。采用的方法主要有底部剪力法、振型分解反应谱法和时程分析法。

(1)底部剪力法

底部剪力法是高层建筑结构抗震设计时拟静力计算水平地震作用的一种简化计算方法,是反应谱分析中的一种近似方法,便于设计者手算。它是应工程设计的需要而提出来的。

某些多自由度体系的结构,地震作用下的振动是以基本振型为主,或者高振型虽占有较大比重但它的瞬时侧移形状可以采用一个既定的曲线、图形和某一规律来描述。此类仅按唯一形状发生侧向挠曲的结构,由于各部位相对侧移的比值在任何时刻都是相同的,即不同时刻结构各点的侧移以同一比例放大或缩小,犹如一个刚体作单自由度振动,从而使原来的多自由度体系变成了广义单自由度体系。对于这类结构,任何瞬间,只要知道结构上某一点的位移,其他各点的位移就能根据其固有的规律唯一地确定。所以,在确定这类结构的水平地震作用时,可以根据其基本周期来确定其总水平地震作用,然后再按照某一分布规律来确定结构各部位的水平地震作用。这一思路为多自由度体系抗震分析的简化奠定了基础,从而引导出底部剪力法。

(2)振型分解反应谱法

振型分解反应谱法是目前世界各国普遍采用、借助于电算求解的一种较精确的拟静力计算水平地震作用的方法。其计算结果可直接用于高层建筑结构的抗震设计。

所谓振型分解反应谱法就是利用振型的正交性,把结构在地震作用下的复杂振动分解成为按各个振型独立振动的叠加。利用标准反应谱分别计算结构在各自振型下的地震效应,然后对各自振型下的地震效应进行组合,从而得到结构的整体地震效应。

(3)时程分析法

时程分析法是对结构的运动微分方程进行逐步积分求解的一种动力分析方法。由时程分析可得到各质点随时间变化的位移、速度和加速度动力反应,进而可计算出构件内力的时程变化关系。由于此法是对运动方程直接求解,又称直接动力分析法。时程分析法在工程结构抗震设计中可以更真实地描述结构地震反应,校对与补充反应谱分析的误差与不足。

5. 结构动力特性分析

1)模态分析

模态分析是研究结构动力特性一种近代方法,是系统辨别方法在工程振动领域中的应用。模态是机械结构的固有振动特性,每一个模态具有特定的固有频率、阻尼比和模态振型。这些模态参数可以由计算或试验分析取得,这样一个计算或试验分析过程称为模态分析。这个分析过程如果是由有限元计算的方法取得的,则称为计算模记分析;如果通过试验将采集的系统输入与输出信号经过参数识别获得模态参数,称为试验模态分析。通常,模态分析都是指试验

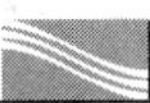

模态分析。振动模态是弹性结构的固有的、整体的特性。如果通过模态分析方法搞清楚了结构物在某一易受影响的频率范围内各阶主要模态的特性,就可能预言结构在此频段内在外部或内部各种振源作用下实际振动响应。因此,模态分析是结构动态设计及设备的故障诊断的重要方法。

机器、建筑物、航天航空飞行器、船舶、汽车等的实际振动千姿百态、瞬息变化。模态分析提供了研究各种实际结构振动的一条有效途径。首先,将结构物在静止状态下进行人为激振,通过测量激振力与胯动响应并进行双通道快速傅里叶变换(FFT)分析,得到任意两点之间的机械导纳函数(传递函数)。用模态分析理论通过对试验导纳函数的曲线拟合,识别出结构物的模态参数,从而建立起结构物的模态模型。根据模态叠加原理,在已知各种载荷时间历程的情况下,就可以预言结构物的实际振动的响应历程或响应谱。

近十多年来,由于计算机技术、FFT 分析仪、高速数据采集系统以及振动传感器、激励器等技术的发展,试验模态分析得到了很快的发展,受到了机械、电力、建筑、水利、航空、航天等许多产业部门的高度重视。已有多种档次、各种原理的模态分析硬件与软件问世。在各种各样的模态分析方法中,大致均可分为四个基本过程:

(1)动态数据的采集及频响函数或脉冲响应函数分析

①激励方法。试验模态分析是人为地对结构物施加一定动态激励,采集各点的振动响应信号及激振力信号,根据力及响应信号,用各种参数识别方法获取模态参数。激励方法不同,相应识别方法也不同。目前主要由单输入单输出(SISO)、单输入多输出(SIMO)多输入多输出(MIMO)三种方法。以输入力的信号特征还可分为正弦慢扫描、正弦快扫描、稳态随机(包括白噪声、宽带噪声或伪随机)、瞬态激励(包括随机脉冲激励)等。

②数据采集。SISO 方法要求同时高速采集输入与输出两个点的信号,用不断移动激励点位置或响应点位置的办法取得振形数据。SIMO 及 MIMO 的方法则要求大量通道数据的高速并行采集,因此要求大量的振动测量传感器或激振器,试验成本较高。

③时域或频域信号处理。例如谱分析、传递函数估计、脉冲响应测量以及滤波、相关分析等。

(2)建立结构数学模型　根据已知条件,建立一种描述结构状态及特性的模型,作为计算及识别参数依据。目前一般假定系统为线性的。由于采用的识别方法不同,也分为频域建模和时域建模。根据阻尼特性及频率耦合程度分为实模态或复模态模型等。

(3)参数识别　按识别域的不同可分为频域法、时域法和混合域法,后者是指在时域识别复特征值,再回到频域中识别振型,激励方式不同(SISO、SIMO、MIMO),相应的参数识别方法也不尽相同。并非越复杂的方法识别的结果越可靠。对于目前能够进行的大多数不是十分复杂的结构,只要取得了可靠的频响数据,即使用较简单的识别方法也可能获得良好的模态参数;反之,即使用最复杂的数学模型、最高级的拟合方法,如果频响测量数据不可靠,则识别的结果一定不会理想。

(4)振形动画　参数识别的结果得到了结构的模态参数模型,即一组固有频率、模态阻尼以及相应各阶模态的振形。由于结构复杂,由许多自由度组成的振形也相当复杂,必须采用动画的方法,将放大了的振形叠加到原始的几何形状上。

以上四个步骤是模态试验及分析的主要过程。而支持这个过程的除了激振拾振装置、双通道 FFT 分析仪、台式或便携式计算机等硬件外,还要有一个完善的模态分析软件包。通用的模态分析软件包必须适合各种结构物的几何特征,设置多种坐标系,划分多个子结构,具有多种拟合方法,并能将结构的模态振动在屏幕上三维实时动画显示。

2)谱分析

谱分析是一种将模态分析的结果与一个已知的谱联系起来计算模型的位移和应力的分析技术。谱分析替代时间—历程分析,主要用于确定结构对随机载荷或随时间变化载荷的动力响应情况。

反应谱理论的主要内容是:建筑物可以简化为离散的多自由度体系,多自由度体系又可按照自振振型分解为若干个等效(广义)单自由度体系的组合。每个等效单自由度体系的地震最大反应可以从设计反应谱求得;多自由度体系的地震最大反应,将等于各个等效单自由度体系地震最大反应(即各个振型地震反应)按照某种遇合法则所得的综合反应。

反应谱理论的基本假设是:

(1)结构是弹性的,地震反应可以采用叠加原理来进行振型耦合;

(2)结构所有支座处的地震作用完全相同,基础与土层之间无相互作用;

(3)结构的最不利地震反应等于它的最大地震反应,而与其他动力反应参数无关。

例如达到最大反应数值的次数或概率,在该理论中就没有得到考虑。按照规范推荐的振型分解反应谱法,进行了结构的地震反应谱分析。选用规范规定的设计反应谱,考虑与设计烈度强度一致的水平地震影响系数,特征周期取0.45;振型组合采用CQC方法。

3)时程分析

(1)规范规定

规范规定:特别不规则的建筑、甲类建筑和表20.1所列高度范围的高层建筑,应采用时程分析法进行多遇地震下的补充计算,可取多条时程曲线计算结果的平均值振型分解反应谱法计算结果的较大值。

采用时程分析法时,应按建筑场地类别和设计地震分组选用不少于二组的实际记录和一组人工模拟的加速度时程曲线,其平均地震影响系数曲线应与振型分解反应法所采用的地震影响系数曲线在统计意义上相符,其加速度时程的最大值可按表20.2采用。

采用时程分析的房屋高度范围

表20.1

烈度和场地类型	房屋高度范围
8度I、II类场地和7度	>100
8度III、IV类场地	>80
9度	>60

时程分析所用地震加速度时程曲线的最大值

表20.2

地震影响	6度	7度	8度	9度
多遇地震	18	35(55)	70(110)	140
罕遇地震	—	220(310)	400(510)	620

(2)地震波的选择

地震波的选取应考虑峰值加速度、持续时间、场地土性质、地震的卓越周期等因素。从理论上,时程分析方法比反应谱法更为深入,但由于计算量比较大以及地面运行不易预测,目前它一般作为反应谱分析的补充,可以用来研究结构的动力性能。地震波的选择很重要,如果能选用本地区已有的实际地震记录,这是最为真实的地震记录,但大多数工程场地没有实际地震记录。此时,一般可按场地土类型选用同类场地土的已有记录。

4)减震控制理论

早在20世纪三、四十年代,日本学者在提出水平静力理论的同时,还提出了其他一些抗震

理论,其中一个是绝缘理论,又称免震、消震或减震结构理论。其原理是在结构物与地基连接处割断水平力的传递,使地震动无法从地基传到上部结构去。采用在结构与地基之间设缓冲层或将结构基础底部做成圆弧形等方法实现该理论的意图,并且有些方法也在个别房屋使用。但由于当时人们对地震动和结构振动特性均不够了解,且存在许多当时无法实现的技术以及造价过高等原因,该理论并没有得到应有的重视。这个理论可以看作是减震控制理论的最早雏形。直到1972年美国学者J. T. P. Ya首次提出结构控制的概念以来,结构减震控制的研究和应用才越来越得到人们的广泛关注和重视。经过20世纪70~90年代美国、日本、新西兰和中国等国家工程抗震研究者对各种减震控制技术的大量研究,减震控制日益形成了一个新的理论体系,我国学者周福霖教授创造性地提出了结构减震控制体系的概念,使得各种减震控制技术上升到了抗震设计理论的新阶段。

6. 地震设计的基本要求

1)抗震设计原则

为了减小地震作用,降低震害,抗震设计应遵守以下原则:

(1)选择有利的场地、地基和基础确定建筑场地时,应该优先选择对建筑抗震有利的场地,如稳定基岩、坚硬土、平坦且密实均匀的中硬土等。

(2)远离危险的地段,如可能发生滑坡、坍塌、地陷、泥石流的地带,以及可能发生地表错位的地震断裂地带。建筑场地范围内有地层断裂分布时,应根据地质情况判断其是否属于发震断裂。

(3)尽量避免在条状突出的山嘴、孤立的山丘、非岩质的陡坡、河岸和边坡边缘等不利地段建造丙类及以上建筑。当必须在不利地段建造时,应采取措施确保地基在地震作用下的稳定性。

2)设防烈度

地震烈度是指在一定地点震动的强烈程度,也可以理解为地震场的强度。由于地震具有很大的随机性,根据在50年的设计基准期内发生概率的大小,可以分为基本烈度(10%)、多遇烈度(63%)和罕遇烈度(2%)三种。

设防烈度是指国家批准的作为一个地区抗震设防依据的地震烈度,一般情况下即是该地区的基本烈度。设防烈度应按照抗震设计规范(GB 5001)的附录A采用。

3)建筑抗震设防目的和设计方法

抗震设计规范(GB 50011)采用“三水准”建筑抗震设防目标:

第一水准:当遭受低于本地区抗震设防烈度的多遇地震烈度时,一般不受损坏或不修理仍可继续使用;

第二水准:当遭受相当于本地区抗震设防烈度(地震基本烈度)时,发生一定程度的破坏,不需修理或经过一般修理后仍可使用;

第三水准:当遭受高于本地区抗震设防烈度的预估计的罕遇地震烈度时,应不至于倒塌或发生危及人身安全的严重破坏。

在进行抗震设计时,原则上应满足三水准的抗震设防目标,在具体做法上,为了简化起见,抗震规范采用“两阶段”设计方法:

第一阶段设计:按多遇小地震作用效应和其他荷载效应的基本组合验算结构构件的承载

能力,以及在小震作用下的结构弹性变形,以满足第一水准的抗震设防目标要求。

第二阶段设计:在罕遇大地震作用下验算结构的弹塑性变形,以满足第三水准抗震设防目标要求。

7. 结构分析

多层建筑钢结构的体形多样、受力复杂且杆件数量较多,因此在进行静力、动力分析时,一般都是借助于计算机采用有限元法来完成,计算速度快且精度较高。

但掌握结构的近似计算方法还是具有重要的意义。对于比较规则的结构,可以简化成平面结构,用近似方法计算,可以检验有限元结果的合理性,学习近似方法可以使设计师对结构的受力特点和传力路径有更深刻的理解。

1)结构分析的原则

(1)多层钢框架的结构分析,应根据其抗侧力体系的类型分别按不同方法进行计算。

(2)在设计中,采取能保证楼体刚度的构造措施后,可假定楼面在其自身平面内为绝对刚性。当不能保证楼板的整体刚度时,应采用楼板平面内的实际刚度计算。

(3)多层框架的计算模型应视具体结构形式和计算内容确定。平面布置较规则、质量和刚度沿高度分布均匀、不计扭转效应时,可采用平面结构计算模型;当比符合平面结构假定时,宜采用空间计算模型。

(4)柱间支撑两端可采用刚性连接,但可按两端铰接计算,其端部连接的刚度可以通过支撑构件的计算长度加以考虑。

(5)对于多层工业建筑,框架顶点的总位移、层间相对水平位移不宜超过规范限值。抗震设防的结构,在求得水平地震作用后,尚应按标准荷载组合验算结构层间位移。

2)结构分析的方法

建筑钢结构的体形多样、受力复杂且杆件数量较多,因此在进行静力、动力分析时,一般都借助计算机采用有限单元法来完成,计算机速度快且精度较高。对于层数不多且可以简化成平面模型的框架结构体系,也可以采用手工计算方法来完成,对纯框架结构,计算竖向荷载作用下框架内力主要有:力矩分配法、分层法、迭代法等;计算水平荷载作用下框架内力的简化方法有:反弯点法、改进反弯点法(D 值法)。

3)多层结构近似计算方法

(1)结构近似计算的基本过程

结构计算的第一步,是根据建筑设计和使用要求,选用合适的结构形式,进行结构布置。多层建筑结构选用和布置原则,结构形式和结构布置不同,采用的计算方法也不相同,但是近似计算的基本过程是一致的。

①提取平面模型;

②估算截面尺寸;

③确定计算简图;

④荷载计算。

(2)框架结构近似计算方法

力法、位移法、弯矩分配法、无剪力分配法均可用来计算框架结构内力和侧移,但是多层钢结构往往杆件较多,超静定次数很高,采用这些方法比较费时,因此实际计算时一般用近似法

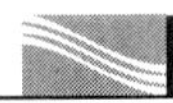

分别计算结构在竖向荷载和水平荷载作用下的内力和位移。

①框架结构在竖向荷载作用下近似算法

框架结构在竖向荷载作用下近似算法有力矩分配法、分层法、迭代法等;根据精确法的计算结果可以知道,在竖向荷载作用下,框架的侧移很小,并且竖向荷载只对受荷的构件和与之相连的构件影响较大。

以层为单元将框架分为若干个无侧移刚架,每个无侧移刚架包括本层所有的水平构架和与之相连的垂直构件。所有构件的截面尺寸和几何长度保持不变。除了底层与基础相连的柱保持其边界条件不变,其他所有柱构件的远端均视为固定端。

用弯矩分配法计算各个无侧移刚架。底层柱基础处,可按原结构将其视为固定支座,传递系数为1/2;而非底层的柱,其实际上的约束条件并非完全固定,而是弹性约束,因此,对于非底层的柱,其线刚度应乘以0.9的修正系数,同时其传递系数取1/3。所得的水平构件的内力即为水平构件内力的近似值。上下两层同一垂直构件的内力相加,即为该垂直构件的内力近似值。

叠加后的弯矩不平衡,但一般相差很小。如果差别较大,可以将不平衡弯矩再作一次弯矩分配,但是不再传递。

②框架结构在水平荷载作用下的近似算法

计算框架内力的简化方法有:计算水平荷载作用下框架内力的简化方法有:反弯点法、改进反弯点法(D值法)。

框架在水平荷载作用下的近似计算方法大多数是从寻找柱的反弯点出发的,如果梁柱的线刚度比不小于3,则在水平荷载作用下,可以假定柱的两端只有侧移而转角为0,于是在柱中必然存在一个反弯点,且对于非底层柱,反弯点靠近柱的中间,而底层柱的反弯点位于柱高2/3处。据此可以建立框架分析的。

又称改进的反弯点法。由于在实际的多层结构中,梁柱的线刚度比不一定能满足大于3的条件,节点处梁构件存在转角,反弯点的位置也不一定靠近柱的中间,这时反弯点法的精度较差。为了考虑节点转角的影响,用修正柱的侧移刚度和调整反弯点高度的方法来计算框架结构在水平荷载作用下的内力。由于修改之后柱的侧移刚度用D表示,因此该方法又称为D算法。

4)结构分析的有限元方法

有限元法的基本思路是将整个结构离散成由有限个且按一定方式相互连接在一起的单元的组合体。根据其形状和受力特点,这些单元可以归结为几种标准单元。由于采用有限元法可以模拟任何形式的结构且对结构的简化近似可以做到最少,因此有限元计算精度很高,能反映结构的真实受力状态,能够分析复杂结构在复杂受力状态下的响应,因此得到广泛应用。

根据节点基本未知量的不同,有限元可以分为位移法、力法及混合法。结构分析经常采用的是位移法,它的基本未知量是节点位移。采用基于位移法的有限单元法进行结构分析的主要步骤如下。

(1)物体离散化

将某个工程结构离散为由各种单元组成的计算模型,这一步称作单元剖分。离散后单元与单元之间利用单元的节点相互连接起来;单元节点的设置、性质、数目等应视问题的性质,描述变形形态的需要和计算进度而定(一般情况单元划分越细则描述变形情况越精确,即越接近实际变形,但计算量越大)。所以有限元中分析的结构已不是原有的物体或结构物,而是同新材料的由众多单元以一定方式连接成的离散物体。这样,用有限元分析计算所获得的结果只是近似的。如果划分单元数目非常多而又合理,则所获得的结果就与实际情况相符合。

(2)单元特性分析

①选择位移模式

在有限单元法中,选择节点位移作为基本未知量时称为位移法;选择节点力作为基本未知量时称为力法;取一部分节点力和一部分节点位移作为基本未知量时称为混合法。位移法易于实现计算自动化,所以,在有限单元法中位移法应用范围最广。

当采用位移法时,物体或结构物离散化之后,就可把单元总的一些物理量如位移,应变和应力等由节点位移来表示。这时可以对单元中位移的分布采用一些能逼近原函数的近似函数予以描述。通常,有限元法我们就将位移表示为坐标变量的简单函数。这种函数称为位移模式或位移函数。

②分析单元的力学性质

根据单元的材料性质、形状、尺寸、节点数目、位置及其含义等,找出单元节点力和节点位移的关系式,这是单元分析中的关键一步。此时需要应用弹性力学中的几何方程和物理方程来建立力和位移的方程式,从而导出单元刚度矩阵,这是有限元法的基本步骤之一。

③计算等效节点力

物体离散化后,假定力是通过节点从一个单元传递到另一个单元。但是,对于实际的连续体,力是从单元的公共边传递到另一个单元中去的。因而,这种作用在单元边界上的表面力、体积力和集中力都需要等效的移到节点上去,也就是用等效的节点力来代替所有作用在单元上得力。

(3)单元组集

利用结构力的平衡条件和边界条件把各个单元按原来的结构重新连接起来,形成整体的有限元方程。

(4)求解未知节点位移

解有限元方程式得出位移。这里,可以根据方程组的具体特点来选择合适的计算方法。

通过上述分析,可以看出,有限单元法的基本思想是一分一合,分是为了就进行单元分析,合则为了对整体结构进行综合分析。

第三节　筒仓系统研究案例

1. 项目概况

煤炭是我国储量最多、产量最大、最经济、最现实的可利用能源,在国民经济的发展中起着举足轻重的作用。煤炭资源集中在我国西北地区的自然布局与我国经济发展东南沿海明显快于西部的形势,形成了我国煤炭运输中"北煤南调"、"西煤东运"、"海铁联运"的格局。随着我国经济的发展,煤炭消费量快速增长,对铁路运力和港口运力提出了更高的要求。

某集团有限责任公司是大型煤炭企业集团,拥有储量丰富、煤质优良、管理科学、技术先进、效率和效益突出的全国大型矿区,对煤炭国内市场供应及外贸出口有着重大影响。公司煤炭产销量已连续多年稳居国内首位。根据初步预测,2009 年该集团煤炭产量将达到 3 亿吨,下水量将达 2.3 亿吨;2020 年煤炭产量将达 4.5 亿吨,下水量达 3.5 亿吨。目前,该集团煤炭

主要在国内几处较大港装船下水。

其中某港是我国大型的综合性主枢纽港，也是我国能源物资和原材料运输的主要中转港之一。多年以来，煤炭一直是该港的主要支柱货种，吞吐量持续稳定增长。目前，该港已成为我国较大煤炭装船港之一，2006 年煤炭运量突破 7000 万吨。

近年，由该港(集团)有限公司与某能源股份有限公司共同出资建设煤炭码头工程投产试运行，发挥了双方共同经营煤炭物流的优势，进一步确立了该集团和该港口在国内外煤炭出口市场上优势地位。

为满足今后发展需要，适应我国煤炭运输市场不断增长的趋势，双方拟合资建设煤炭码头二期工程。

二期工程并没有采取常规的“五大机”作业系统，而是引进了在大型电厂和煤矿广泛应用的煤筒仓作为煤炭堆存方式，煤炭由火车抵港到装船输出的整个工艺过程，全部实现自动化作业，全封闭作业，这在我国大型散货码头尚属首次。这种堆存和装卸工艺更便于采取较先进的防尘措施，完全将露天堆场的无组织排放转变为为每个筒仓专设的静电除尘器排气筒的有组织排放，极大地减少了煤粉尘的产生量。与其他港口生产工艺相比较，该工程的工艺流程是目前国内领先水平。

2. 平面布置

根据该港口规划，在本工程泊位后方为规划的铁路车场，作为设计单位考虑到将储煤筒仓区尽量靠近铁路车场布置，一方面可以缩短装船皮带机距离，另一方面也可充分利用港区陆域，节约用地，为港区后续发展留有充分空间。

煤炭储存采用圆形筒仓，单个仓容 3 万吨，共布置 33 个筒仓。33 个筒仓分成 3 组，每组 11 个筒仓构成一条堆取料作业线，近期实施 9 个，远期预留 2 个。同作业线筒仓中心距，相邻作业线筒仓间距按设计要求设定。筒仓采用全地上设计，仓下皮带机布置在地面以上。

3. 筒仓工艺设计

共布置了 3 排筒仓，每排 11 座筒仓。卸车进仓和装船出仓均在堆场西侧。

进出仓工艺型式采用仓顶进料和仓底出料的工艺型式。每排筒仓仓顶布置 1 条进仓皮带机，额定能力与卸车系统一致，通过仓顶卸料小车定点卸料进仓；每排筒仓仓底布置 2 条出仓皮带机，出仓设备采用活化振动给料机。

根据生产调度安排，通过调整活化振动给料机出力和皮带秤数据反馈，实现连续、高效、精确、自动化配煤。

(1)筒仓堆场容量及单仓参数

①筒仓总容量确定

堆场所需容量按设计容量。

②筒仓主要参数

斗式锥底筒仓，单仓容量 3 万吨。筒仓出仓布置 2 排 3 列出口。

(2)进出仓设备选型

①进仓设备

进仓设备型式进行了多方案比较，包括犁式卸料器，卸料小车 + 旋转布料机组合方案和卸料小车方案。满足本工程大运量、高带速进仓特点,采用卸料小车更为合适。卸料小车串联在仓顶进料输送机上,通过卸料小车大车走行,在不同仓顶实现多点卸料。卸料小车能力与仓顶进仓线能力一致。

②出仓设备

斗式锥底筒仓出仓给料设备可选机型有活化振动给料机、振动式给料机、带式给料机等。活化振动给料机具有出力大、物料可有活化效防止堵煤、可靠性高等优势,本阶段筒仓出仓设备选用活化振动给料机。每个筒仓与出仓口对应布置双排6台活化振动给料机。仓底出仓输送机沿仓群长度方向布置,每个仓底设置两线出料输送机。

③防堵空气炮

筒仓下部出料采用6台活化振动给料机,给料机本身具有对上方物料扰动破拱的功能,煤炭在仓内储存周期又不长,仓内煤炭出现起拱堵仓的可能性较低,因此,设计在锥斗与仓壁接口处预留防堵空气炮的气管及埋件,设备暂不采购,气源与预留筒仓惰化气源合用。

④进出仓带式输送机

主要为仓顶进仓线和仓底出仓线。

⑤计量装置

在筒仓出料的皮带机上设置皮带秤,通过计量信号反馈控制给料器,达到控制流量、保证准确、高效配煤的目的。

(3)倒仓工艺

装船接力皮带机东侧,平行增设一条倒仓皮带机。皮带机自北向南运行,头部延伸至应急堆场,定点卸料。应急堆场的堆垛和取料作业均采用单斗装载机(考虑倒仓作业工况很少发生,故流动机械依托港内资源,不再采购单斗装载机)。同时将仓底皮带机伸缩头的有效行程增加,以满足“一对四”的流程需要。

应急堆场的煤炭在进行必要降温处理后,可通过单斗机将煤炭装在仓底皮带机上进行装船作业,装卸点在皮带机出仓位置,也可用自卸汽车将煤炭倒运至工程堆场。

4. 筒仓除尘系统

本工程在每个仓顶移动卸料车上各设1套干式除尘系统随移动卸料车移动,共设3套除尘系统,每套除尘系统处理风量一定。当移动卸料车卸煤时,该除尘系统工作,将含尘气体处理后经风机排入到仓顶通廊内,再由通廊顶部屋顶风机排到室外。

本工程在每条仓底出仓皮带处设干式除尘系统。每个筒仓下部有6台活化给料机,设计在每台给料机至出仓皮带设密闭溜管和密闭罩,在密闭罩上开设吸尘罩和吸尘支管,经除尘干管和除尘器相连。每个吸尘支管上均设电动风阀,根据给料机的工作情况控制电动风阀的开启。本工程每2个仓共设1套除尘系统,设15套除尘系统,每套除尘系统处理风量一定。除尘器和排风机放置于两个筒仓之间的室外地面上。

每套干式除尘系统主要由吸尘罩、圆风管、静电除尘器、排风机及消声器、阀门、收尘箱和支承架等附件组成。工作时排风机启动,在风管系统中产生负压气流,通过吸尘罩将含尘气体吸出,并沿风管输送到除尘器内,通过除尘器的电场作用将粉尘颗粒收集下来,再由卸尘器排出返回到流程中或直接由运尘小车运走,清洁空气由风机排出。排风口处空气含尘浓度达标。

除尘设备采用技术先进、安全可靠、能耗低适用于输煤系统的专用高压静电除尘器。输煤

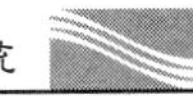

系统的专用高压静电除尘器是针对煤粉尘高湿、低比电阻特点研制开发的专用电除尘器，它有能耗低、除尘效率高、维护简单等优点。除尘器采用恒功率高压脉冲供电方式，解决了常规电除尘器易发生闪络、破坏绝缘、堵尘等问题。该型除尘器已在一期工程使用，通过两年来的使用取得了成熟使用经验。减少了由于布袋破损导致除尘效率下降进行布袋更换维护工作，带有煤尘回收除尘系统在取得了良好的除尘效果时，使除尘收集的煤尘得到了回收利用，在达到环保预期效果的同时，取得了良好的经济效益和节能降耗作用。排风机采用离心风机，该类型排风机具有效率高、工作可靠、压力曲线平稳、使用范围广等特点。对于设置在室外的风机采用防水防尘型风机。

5. 筒仓安全系统

筒仓安全系统是包括筒仓安全、人员安全和设备安全等一整套完善的安全保证体系，它包括三个部分：筒仓安全监测系统、筒仓惰化保护系统、筒仓自动泄爆门。

(1)筒仓安全监测系统

筒仓安全监测系统由就地检测设备和监测系统组成。每个筒仓内就地检测设备有：料位、温度和可燃气体检测设备。每个筒仓顶部设一个筒仓安全监测柜。各监测柜与筒仓分站监测系统通过现场总线连接，筒仓分站监测系统与二期总的中控室采用光纤工业以太网进行通信。

筒仓安全监测系统能够反映出每个筒仓内煤位、煤层的温度及可燃可爆气体组份的真实情况，输出数据，正确指导惰化、置换系统的启动和停运。

①筒仓内料位监测

在每个筒仓顶部布置连续监测雷达料位计，兼顾加煤和卸煤的煤位变化。加煤时是最佳的探测点，能够探测到下锥体的最高煤位，回波信号准确。

在筒仓顶部布置高煤位传感器。

另外在每个筒仓内部设升降式综合监测机构，每套综合监测机构采用重锤式料位测量原理实现料位测量。

②筒仓内温度监测

在每个筒仓壁下部一定高程处匀布热电阻测温点；测点伸入筒仓内的深度应不小于250mm，测温范围应达到 $-20 \sim +240$℃，测点精度为Ⅰ级。

另外沿中筒壁不同高度分层匀布若干电阻测温点。

筒仓内部温度采用多点温度探测绳测温(探测绳由上下固定的钢丝做外圈保护)，测点形式为抗冲击型设计，测温温度范围应达到 $-20 \sim +400$℃，测点精度为Ⅰ级。沿 ϕ24m 直径上均布 6 根温度探测绳，每根探测绳上设 5 个测温点。

③可燃气体监测

在每个筒仓顶部设置固定式气体监测装置，每个监测点都得到 CO，C_2H_6，C_3H_8 单一浓度的数据，计算出三种复合浓度、链烷比，并且示出最高值，提供多级预报和警报。

(2)筒仓防爆设施

本工程在每个筒仓顶部设置自动启闭防爆门，每个防爆门直径为 1.6m，总面积为 $52m^2$，泄压比约为 0.0015。

本工程在每个筒仓顶部设置防爆轴流屋顶风机，每台风机风量为 $5000m^3/h$。当筒仓内可燃气体浓度达到规定值时，开启此风机排除筒仓上部可燃气体。

附录　港口煤尘防治规定

第一章　总　　则

第一条　为有效治理煤尘危害,保护港口煤炭装卸作业职工的安全与健康,依据国家有关法规和标准,制定本规定。

第二条　本规定适用于各类煤码头作业和新建、扩建、改建及技术改造的煤码头工程。

第三条　煤码头各作业点的煤尘浓度必须符合《港口装卸作业煤粉尘浓度控制指标(JT 2006—84)》(附录一)的规定;室内操作间的煤尘浓度必须符合《工业企业设计卫生标准(TJ 36—79)》(附录二)中的有关规定。

第二章　工程项目的立项要求

第四条　新建、扩建和改建煤码头,必须结合职业安全卫生评价进行防尘除尘措施的可行性论证。对选址、总体布局和装卸工艺及设备的选择必须综合考虑防治煤尘的需要。

第五条　对现有煤码头进行技术改造时,应把煤尘治理列为改造的重要内容。

第六条　煤码头装卸工艺和设备选型,应结合我国国情和地区特点,优先选用技术先进、安全可靠、低污染的工艺和设备。

第七条　编制《工程建设项目初步设计》时,应包括环境保护和职业安全卫生篇章,设计内容中有关防尘除尘设施所需资金、设备、材料及施工安装等,应在该工程中统一安排。

第八条　新建、扩建和改建煤码头工程可行性研究和初步设计的审查以及工程竣工验收,必须有所在地劳动部门和同级行业安全技术管理部门参加。

第九条　已批准建设的煤码头工程,其防尘除尘等劳动保护设施及相应的配套设施必须与主体工程同时设计、同时施工、同时投产使用。

第三章　除尘措施和技术要求

第十条　各作业场所应根据本地的实际情况和作业特点采用湿式或干式除尘措施,有效地控制煤尘浓度。

第十一条　码头建设应考虑防尘用水的水源情况。湿式除尘,除利用自来水、天然水外,还应积极考虑综合利用废水污水处理后使用。

第十二条　寒冷地区的港口,必须对防尘供水系统采取防冻措施。地下管道必须埋入冰冻线以下,并应进行防腐处理。露天管道须有保温措施。所有管道和供水槽应有排空装置。喷枪及喷嘴部位除配备排空装置外,还可采用加热保温、压缩空气吹扫等装置。严寒地区的港口应对蓄水池进行防冻保护。

第十三条　为有效防治煤尘,保证煤炭质量,湿式除尘的供水、排水系统应符合下列要求:

(一)各喷洒装置所供水的水质应达到《港口煤炭作业除尘用水水质标准(JT 2015—89)》

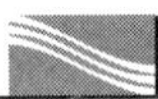

(附录三)的要求;

(二)一般宜配备水池和泵房等专用给水系统,保证喷枪、喷嘴的喷洒压力;

(三)专用给水系统应由控制室或泵房控制,供水状况要有明显的标示。

第十四条　堆场喷枪的设置和喷洒方式应根据堆场面积、煤堆的形状、煤种、煤炭粒度分布、煤炭含水量和气象等具体条件合理安排。有条件的港口可通过自动控制系统进行现代化管理。堆场喷枪应符合如下要求:

(一)耐高水压,分散性好,不易损坏,喷洒性能适应堆场面积和堆高的要求;

(二)抬升角度、设置位置和高度能够满足堆场的最佳覆盖率;

(三)设有自动控制的喷洒系统应同时配备现场手动控制装置。

第十五条　喷嘴使用应符合如下要求:

(一)喷嘴应安装在各类装卸机械的产生部位;

(二)喷嘴须耐高水压、雾化效果好、不易堵塞和损坏,喷嘴类型、安装数量、设置方式和角度、喷洒压力及喷洒量应针对不同装卸机械的起尘情况和喷洒抑尘效果选择使用;

(三)喷水系统的开启与关闭,应能由装卸机械联锁控制;

(四)装有喷嘴的装卸机械应配备有效的供水装置,如固定式取水槽和卷筒式取水管等。

第十六条　需要进行水冲洗的作业面应设有供水点,通过适当的软管和喷头进行冲洗。

第十七条　采用湿式防尘方式时,宜配备相应的化学抑尘剂添加装置,用于特殊的疏水煤种和长期堆存煤炭的防尘。

第十八条　对含水量有特殊要求的煤炭,在不宜采用足量喷水或注水法抑尘时,可采用干式除尘法或化学抑尘法等措施。

第十九条　采用注水防尘技术时,应解决含水量的控制、注水深度、注水均匀性等技术问题。

第二十条　采用封闭方法防尘,必须在装卸流程中设有铁器检测和分离装置,防止煤炭中夹带的金属损坏封闭装置和其他设备。

封闭设施的煤炭进出口必须设置橡皮防尘帘,防止煤尘逸出。

第二十一条　大型封闭设施中应采用有效的除尘系统。除尘系统中的除尘器应符合如下要求:

(一)除尘器应配有防噪声、防振动设施;

(二)袋式除尘器中的布袋应选用疏水型滤料,防止在处理湿度大的煤尘气流时失效和损坏;

(三)采用洗涤除尘器时,必须配有煤污水处理系统;

(四)采用静电除尘器时,必须使用取得国家防爆许可证的静电除尘器。

第二十二条　煤码头宜设防护林带,以降低自然气候条件对堆场和作业区起尘的影响。

第二十三条　从事有煤尘作业的人员,必须配戴防尘口罩等个体防护用品。

第四章　装卸工艺中的防尘对策

第二十四条　翻车机卸煤易于控制煤尘,装卸量较大的港门可优先选用。使用翻车机应采取如下防尘措施:

(一)翻车过程中应同时从不同部位喷水抑尘;

(二)翻车机下部、给料机和受料皮带机均需设置封闭装置和有效的除尘设施,整个翻车机房应尽量考虑封闭或半封闭;

(三)对翻车机房各作业面应配置清扫设施,防止二次扬尘;

第二十五条 使用螺旋卸车方式应符合如下要求:

(一)螺旋卸车机可用建筑物予以封闭或半封闭,以减少邻近作业场所的污染。但必须采取相应的除尘措施,控制机房内的煤尘浓度;

(二)卸煤过程中应采用喷水等方式抑尘。

第二十六条 现有链斗式卸车机易扬尘,应增加防尘除尘措施,采用新式链斗卸车机应符合如下要求:

(一)链斗取料部位和落料口应有喷水抑尘措施;

(二)卸料臂应可升降,臂的头部应加罩和伸缩溜筒,以减少落差。

第二十七条 使用抓斗卸船、卸车作业应符合如下要求:

(一)抓斗闭合完好;

(二)受料斗的大小应与抓斗相匹配;

(三)受料斗应装有合适的回尘挡板和有效的喷洒水装置;

(四)抓斗的落料高度应尽量小;

(五)避免抓斗过满产生溢漏。

第二十八条 使用皮带输送机作业应符合如下要求:

(一)固定式皮带机架离地面应有一定高度,以便于清扫;

(二)码头前沿皮带机、装卸机械悬臂皮带机和靠近居民区或公路两侧的堆场皮带机应设置挡风板,挡风板应高出皮带机50~100cm;

(三)在不影响机械作业的前提下,高架露天固定皮带应设置皮带机罩。

第二十九条 皮带机应尽量减少转运点和降低转运点落差。皮带机头部滚筒处应设有效的皮带清扫或冲洗装置,机房作业面应配置清扫设施,防止二次扬尘,转运点应符合如下要求:

(一)应加罩密封,罩的进出口加防尘帘;

(二)除密封外,必要时应使用有效的除尘装置或喷水措施。

第三十条 露天堆场作业是煤炭存取的基本方式。堆场应采取如下措施:

(一)堆场的长边方向应尽可能与当地主导风向一致,减少煤堆起尘;

(二)配置喷洒系统或其他抑尘设施;

(三)堆场、道路间应有分隔;

(四)堆场道路定期洒水和清扫,以防二次扬尘。

第三十一条 坑道式堆场和卸煤机械底部深坑道中的人工开斗式坑道作业,劳动条件差,煤尘治理困难,新建工程不得采用。

在采用卸煤机械底部深坑道或坑道式堆场作业时,应符合如下要求:

(一)采用自动给料和落料机械将煤炭直接输送至皮带机;

(二)坑道内的给料机、落料机、皮带机等起尘点,要全封闭,并配有通风除尘装置;

(三)坑道内应配备良好的排水、冲洗或清扫以及通风系统。

第三十二条 堆取料机作业应采取如下防尘措施:

(一)堆料臂应能升降,以减少裸露落差,堆料机的堆料臂的前端加头罩和溜筒,从溜筒下

口到垛面落差高度控制在1m以内；

（二）取料机的头部和转运点、堆料机的下料处，应设喷洒水抑尘装置。

第三十三条　装船机作业应采取如下防尘措施：

（一）装船机卸料臂应能升降，卸料口配有伸缩溜筒，以减少裸露落差；

（二）在卸料口应设置喷洒水装置抑尘；

（三）码头作业面应设置清扫设施，防止二次扬尘。

第三十四条　汽车装煤时，应尽量降低落料高度并平整压实，离开煤场时，应适当冲洗轮胎。

第五章　监督管理

第三十五条　对各类防尘、除尘设施应建立相应的管理制度，并设专人负责设备的使用、养护及维修。设备完好率应达到90%以上，利用率应达到80%以上。

第三十六条　因技术、设备不配套而达不到第三十五条规定的完好率、利用率的防尘、除尘设备，应按本规定的有关要求添置配套或改进。除尘效果差，达不到除尘要求的，应予改进或报废。

第三十七条　企业安技部门应加强煤码头煤尘防治的监督工作，检查防尘设施的管理状况和除尘效果，发现问题应及时与有关技术管理部门研究解决。

第三十八条　企业安全技术管理部门应及时掌握煤码头作业场所煤尘定期监测数据，建立作业场所粉尘浓度情况档案，对于长期从事煤炭装卸作业的人员，应建立职工卫生档案，定期体检。

第三十九条　在煤尘浓度严重超标，气象条件恶劣的情况下，监督管理人员有权提出停止作业。

第四十条　煤尘浓度的监测按《作业场所空气小粉尘测定方法（GB 5748—85）》（附录四）中的有关规定进行。

第六章　附　　则

第四十一条　本规定由交通部、劳动部共同解释。

第四十二条　本规定自1991年10月1日起试行。

第四十三条　交通部原“港口煤尘防治试行规定”同时废止。

主要参考文献

Abergel, F. and R. Temam, On some control problems in fluid mechanics. Theoretical and Computational Fluid Dynamics, 1990. 1(6): 303-325.

Ackermann, I. J., et al., Modal aerosol dynamics model for Europe development and first applications. Atmospheric environment, 1998. 32(17): 2981-2999.

Adrian, R. J., Particle-imaging techniques for experimental fluid mechanics. Annual Review of Fluid Mechanics, 1991. 23(1): 261-304.

Aliev, G. M., Technologies for dust removal and cleaning industrial gases: Handbook. Metallurgiya, Moscow, 1986.

Allen, T., Particle size measurement. 1996: Springer.

Anderson, D. A., J. C. Tannehill, and R. H. Pletcher, Computational fluid mechanics and heat transfer. 1984: Hemisphere New York.

Anderson, D. M., G. B. McFadden, and A. A. Wheeler, Diffuse-interface methods in fluid mechanics. Annual review of fluid mechanics, 1998. 30(1): 139-165.

Anderson, J. D., Fundamentals of aerodynamics. 2001: McGraw-Hill Boston.

Annuka, E. and M. Mandre, Soil responses to alkaline dust pollution. Dust Pollution and Forest Ecosystems. A Study of Conifers in an Alkalized Environment, Publ. Inst. Ecol, 1995. 3: 33 -43.

Astarita, G. and G. Marrucci, Principles of non-Newtonian fluid mechanics. 1974: McGraw-Hill New York.

Aynsley, R. M., W. H. Melbourne, and B. J. Vickery, Architectural aerodynamics. 1977: Elsevier Science Ltd.

Bagnold, R. A., The physics of blown sand and desert dunes. 1941, New York: William Morrow and Company.

Baker, A. J., Finite element computational fluid mechanics. Research supported by NASA, US Air Force, and US Navy. Washington, DC, Hemisphere Publishing Corp., 1983, 522 p., 1983.

Banerjee, S. K., R. K. Dhar, and M. K. Ghose, Air pollution due to coal washery projects and its abatement measures. Environmental Management, 1996. 20(2): 235-240.

Barkan, A., et al., Laboratory observation of the dust-acoustic wave mode. Physics of Plasmas, 1995. 2(10): 3563-3565.

Batchelor, G. K., An introduction to fluid mechanics. 1967: Cambridge Univ. Pr.

Benamou, J. D. and Y. Brenier, A computational fluid mechanics solution to the Monge-Kantorovich mass transfer problem. Numerische Mathematik, 2000. 84(3): 375-393.

Bernstein, J. D., Alternative approaches to pollution control and waste management. 1993: Published for the Urban Management Programme by the World Bank.

Bertin, J. J. and M. L. Smith, Aerodynamics for engineers. 1989: Pearson US Imports & PHIPEs.

Bird, R. B., R. C. Armstrong, and O. Hassager, Dynamics of polymeric liquids, vol. 1, Fluid Mechanics. John Wiley& Sons, New York, 1987.

Biryukov, S., Method and apparatus for dust removal from surfaces. Israeli patent application, 2000. 116489.

Blight, G. E., Wind erosion of tailings dams and mitigation of the dust nuisance. Journal South African Institute of Mining and Metallurgy, 2007. 107(2): 99.

Borka, G., The effect of cement dust pollution on growth and metabolism of Helianthus annuus. Environmental Pollution, 1980. 40: 249-256.

Boylu, F., H. Dincer, and G. Atesok, Effect of coal particle size distribution, volume fraction and rank on the rheology of coal-water slurries. Fuel Processing Technology, 2004. 85(4): 241-250.

Brabin, B., et al., Respiratory morbidity in Merseyside schoolchildren exposed to coal dust and air pollution. Archives of Disease in Childhood, 1994. 70(4): 305-312.

Budinsky, K., Rotating centrifugal separator with continuous dust removal. Staub-Reinh. Luft, 1970. 30: 7-13.

Burov, A. A., D. A. Serebryanskii, and A. Lepikhin. Dust removal in a steel vacuum degassing system. 2003.

Canuto, C., et al., Spectral methods in fluid mechanics. 1987, Springer-Verlag, New York.

Cashdollar, K. L., Coal dust explosibility. Journal of Loss Prevention in the Process Industries, 1996. 9(1): 65-76.

Cashdollar, K. L., M. Hertzberg, and J. K. Richmond, Inhibition of coal dust explosions: Comparison of the 8-liter laboratory chamber and experimental mine. 1983.

Castranova, V., et al., The response of rat alveolar macrophages to chronic inhalation of coal dust and/or diesel exhaust. Environmental Research, 1985. 36(2): 405-419.

Cermak, J. E. and E. American Society of Mechanical, Applications of fluid mechanics to wind engineering. 1975: American Society of Mechanical Engineers.

Changchi, Y. A. N., C. Zhizhong, and L. I. Dewen, Research and trials on dust removal by ventilation at mechanized heading faces. Respirable Dust Hazard Control in the World Ming Industry, 1996.

Chantrell, R., J. Popplewell, and S. Charles, Measurements of particle size distribution parameters in ferrofluids. IEEE Transactions on magnetics, 1978. 14(5): 975-977.

Chapman, D. R., Computational aerodynamics development and outlook. AIAA J, 1979. 17(12): 1293-1313.

Chen, L. J. and W. M. Cheng, The risk evaluation of mine coal-dust explosion based on BP neural network. Journal of Coal Science & Engineering(China), 2007. 13(004): 396-399.

Chorin, A. J. and J. E. Marsden, A mathematical introduction to fluid mechanics. 1993: Springer.

Chow, C. Y. , An introduction to computational fluid mechanics. 1979: John Wiley & Sons.

Cole, J. D. , On a quasi-linear parabolic equation occurring in aerodynamics. Q. appl. Math, 1951. 9(3): 225-236.

Coltrin, M. E. , R. J. Kee, and G. H. Evans, A mathematical model of the fluid mechanics and gas-phase chemistry in a rotating disk chemical vapor deposition reactor. Journal of the Electrochemical Society, 1989. 136: 819.

Cornelis, W. M. , R. Hartmann, and D. Gabriels. Assessing and controlling dust pollution in the harbour of Ghent. 1998.

Crawford, M. , Air pollution control theory. 1976: McGraw-Hill Companies.

Crochet, M. J. , Numerical simulation in non-Newtonian fluid mechanics. Lecture series- van Kareman Institute for fluid dynamics, 1995. 3: 1-52.

Cumpsty, N. A. , Compressor aerodynamics. 1989: Halsted Press.

Denn, M. M. , Issues in viscoelastic fluid mechanics. Annual Review of Fluid Mechanics, 1990. 22(1): 13-32.

Devinny, J. S. , M. A. Deshusses, and T. S. Webster, Biofiltration for air pollution control. 1999: CRC Press.

Dickinson, M. H. , Unsteady aerodynamic performance of model wings at low Reynolds numbers. 1993. 45-64.

Douglas, J. F. , Fluid mechanics. 2005: Prentice Hall.

Drelich, J. , et al. , Preparation of a coal surface for contact angle measurements. Journal of Adhesion Science and Technology, 1997. 11(11): 1399-1431.

Drinker, and T. Hatch, Industrial dust; hygienic significance, measurement, and control. 1954.

Duo-min, L. and T. Shu-tang, The relation of the threshold velocity of coal dust to its size and humidity. Applied Mathematics and Mechanics, 1991. 12(6): 513-519.

El-Darier, S. M. and M. M. Migahid. Ecophysiological disturbances in two halophytic species in response to cement dust pollution. 1999.

Ellington, C. P. , The aerodynamics of hovering insect flight. V. A vortex theory. Philosophical Transactions of the Royal Society of London. Series B, Biological Sciences (1934-1990), 1984. 305(1122): 115-144.

Ellington, C. P. , The aerodynamics of hovering insect flight. II. Morphological parameters. Philosophical Transactions of the Royal Society of London. Series B, Biological Sciences (1934-1990), 1984. 305(1122): 17-40.

Erasmus, T. and A. F. De Villiers, Ore dust pollution and body temperatures of intertidal animals. Marine Pollution Bulletin, 1982. 13(1): 30-32.

Ernst, H. , et al. , Pulmonary inflammation in rats after intratracheal instillation of quartz, amorphous SiO2, carbon black, and coal dust and the influence of poly-2-vinylpyridine-N-oxide (PVNO). Experimental and Toxicologic Pathology, 2002. 54(2): 109-126.

Faxvog, F. R. and D. M. Roessler, Carbon aerosol visibility vs particle size distribution. Ap-

plied Optics, 1978. 17(16): 2612-2616.

Ferreira, A. D. and P. A. Vaz, Wind tunnel study of coal dust release from train wagons. Journal of Wind Engineering & Industrial Aerodynamics, 2004. 92(7-8): 565-577.

Ferreira, A. D., D. X. Viegas, and A. C. M. Sousa, Full-scale measurements for evaluation of coal dust release from train wagons with two different shelter covers. Journal of Wind Engineering & Industrial Aerodynamics, 2003. 91(10): 1271-1283.

Finlayson, B. A., The method of weighted residuals and variational principles, with application in fluid mechanics, heat and mass transfer. Mathematics in science and engineering, 1972. 87.

Flagan, R. C. and S. K. Friedlander, Particle formation in pulverized coal combustion—a review. Recent Developments in Aerosol Science, 1978: 25-59.

Fletcher, B., The incipient motion of granular materials. Journal of Physics D: Applied Physics, 1976. 9(17): 2471-2478.

Foniok, R., Hybrid dispersive mixtures and inertized mixtures of coal dust-explosiveness and ignitability. Staub Reinhaltung der Luft, 1985. 45(151).

Freedman, R. W. and A. G. Sharkey, Recent advances in the analysis of respirable coal dust for free silica, trace elements, and organic constituents. Annals of the New York Academy of Sciences, 1972. 200(1 Coal Workers' Pneumoconiosis): 7-16.

Frenklach, M. and S. J. Harris, Aerosol dynamics modeling using the method of moments. Journal of colloid and interface science, 1987. 118(1): 252-261.

Friedlander, S. K. and S. Kay, Smoke, dust, and haze: Fundamentals of aerosol dynamics. 2000: Oxford University Press New York.

Fukuzaki, N., T. Yanaka, and Y. Urushiyama, Effects of studded tires on roadside airborne dust pollution in Niigata, Japan. Atmospheric Environment (1967), 1986. 20(2): 377-386.

Gauthier, D., S. Zerguerras, and G. Flamant, Influence of the particle size distribution of powders on the velocities of minimum and complete fluidization. Chemical Engineering Journal, 1999. 74(3): 181-196.

Gelbard, F., Y. Tambour, and J. H. Seinfeld, Sectional representations for simulating aerosol dynamics. J. Colloid Interface Sci, 1980. 76(2): 541-556.

Gemci, T., N. Chigier, and J. A. Organiscak. Spray characterization for coal mine dust removal. 2003.

Gerhart, P. M., R. J. Gross, and J. I. Hochstein, Fundamentals of fluid mechanics. 1992: Addison-Wesley Reading etc.

Ghose, M. K. and S. K. Banerjee, Status of air pollution caused by coal washery projects in India. Environmental monitoring and assessment, 1995. 38(1): 97-105.

Ghose, M. K. and S. R. Majee, Air pollution caused by opencast mining and its abatement measures in India. Journal of Environmental Management, 2001. 63(2): 193-202.

Gilson, J. C., Recent epidemiological evidence from the United Kingdom on the relation of atmospheric pollution and coal-dust exposure to chronic nonspecific lung disease. Am Rev Respir Dis,

1961. 83: 407-408.

Glass, A. S. and J. W. Larsen, Coal surface properties. Specific and Nonspecific Interactions for Polar Molecules and Surface Tensions for Hydrocarbons at the Surface of Illinois No. 6 Coal. Energy & Fuels, 1994. 8(3): 629-636.

Goldstein, R. J., Fluid mechanics measurements. 1996: Taylor & Francis.

Grinshpun, S. A., et al., Indoor air pollution control through ionization. Advances in air pollution series, 2004: 689-704.

Groenestijn, J. W. and P. G. M. Hesselink, Biotechniques for air pollution control. Biodegradation, 1993. 4(4): 283-301.

Haagen-Smit, A. J., The control of air pollution. Scientific American, 1964. 210(1): 24-31.

Han, N. W., J. Bhakta, and R. G. Carbonell, Longitudinal and lateral dispersion in packed beds: Effect of column length and particle size distribution. AIChE Journal, 1985. 31(2).

Harrington, D. Y. and S. M. Kreidenweis, Simulations of sulfate aerosol dynamics-I model description. Atmospheric Environment, 1998. 32(10): 1691-1700.

Harry, E. G., Air pollution in farm buildings and methods of control: a review. Avian Pathol, 1978. 7(4): 441-454.

Heath, J. R., C. M. Knobler, and D. V. Leff, Pressure/temperature phase diagrams and superlattices of organically functionalized metal nanocrystal monolayers: the influence of particle size, size distribution, and surface passivant. Journal of Physical Chemistry B, 1997. 101(2): 189-197.

Hegazy, A. K., Effects of cement-kiln dust pollution on the vegetation and seed-bank species diversity in the eastern desert of Egypt. Environmental conservation, 1996. 23(3): 249-258.

Helble, J. J. and A. F. Sarofim, Influence of char fragmentation on ash particle size distributions. Combustion and Flame, 1989. 76(2): 183-196.

Helsen, L., Sampling technologies and air pollution control devices for gaseous and particulate arsenic: a review. Environmental Pollution, 2005. 137(2): 305-315.

Hu, Q., Dust removal by surfactant containing water sprays. Master of Science Thesis, The Pennsylvania State University, PA, 1992: 12-22.

Hucho, W. and G. Sovran, Aerodynamics of road vehicles. Annual Review of Fluid Mechanics, 1993. 25(1): 485-537.

Iqbal, M. Z. and M. Shafig, Periodical effect of cement dust pollution on the growth of some plant species. Turkish Journal of Botany, 2001. 25(1): 19-24.

Jameson, A., Aerodynamic design via control theory. Journal of Scientific Computing, 1988. 3(3): 233-260.

Jayaraman, N. I., J. F. Colinet, and R. A. Jankowski. Recent Basic Research on Dust Removal for Coal Mine Applications. 1992.

Karamcheti, K., Principles of ideal-fluid aerodynamics. 1966: John Wiley & Sons Inc.

Katz, J. and A. Plotkin, Low-speed aerodynamics. Journal of Fluids Engineering, 2004. 126: 293.

Kay, J. M., R. M. Nedderman, and P. J. Moss, Fluid mechanics and transfer processes. International Journal of Heat and Fluid Flow, 1986. 7(2): 88.

Kilgroe, J. D., W. S. Lanier, and T. R. V. Alten, PCDD/Fs formation in dust removal devices. Proceedings of the 15th National Waste Processing Confenerence, ASME, 1995: 145-153.

Kim, H. H., Nonthermal plasma processing for air-pollution control: a historical review, current issues, and future prospects. Plasma Processes and Polymers, 2004. 1(2).

Kim, J., et al., Aerosol hygroscopic properties during Asian dust, pollution, and biomass burning episodes at Gosan, Korea in April 2001. Atmospheric Environment, 2006. 40(8): 1550-1560.

Kon, L. C., The development and application of a wind erosion model for the assessment of fugitive dust emissions from mine tailings dumps. International Journal of Mining, Reclamation and Environment, 2007. 99999(1): 1-21.

Krupnick, A. J. and P. R. Portney, Controlling urban air pollution: a benefit-cost assessment. Science, 1991. 252(5005): 522-528.

Kuethe, A. M. and C. Y. Chow, Foundations of aerodynamics: bases of aerodynamic design. 1986: Wiley New York.

Kuethe, A. M. and J. D. Schetzer, Foundations of aerodynamics. 1959: John Wiley & Sons Inc.

Kuliyev, A. N., The effect of the dust pollution to tundra vegetation in Vorkuta outskirts (the Eastern Part of the Bol'-shezemel'skaya Tundra). Nauchnyye osnovy okhrany prirody [Scientific fundamentals of Nature Protection]. Moscow, 1977: 22-28.

Kundu, P. K. and I. M. Cohen, Fluid mechanics. 2007: Academic Press.

Landau, L. D. and E. M. Lifshitz, Course of theoretical physics. vol. 6: Fluid mechanics. 1987: London.

Larsen, D. J., L. J. Von Doenhoff, and J. V. Crable, The quantitative determination of quartz in coal dust by infrared spectroscopy. American Industrial Hygiene Association journal, 1972. 33(6): 367.

Lehocky, A. H. and P. L. Williams, Comparison of respirable samplers to direct-reading real-time aerosol monitors for measuring coal dust. American Industrial Hygiene Association Journal, 1996. 57(11): 1013-1018.

Lewis, K., The effect of suspended coal particles on the life forms of the aquatic moss Eurhynchium riparioides (Hedw.). Freshwat. Biol, 1973. 3: 251-257.

Lewis, T. R., et al., A chronic inhalation toxicity study of diesel engine emissions and coal dust, alone and combined. International Journal of Toxicology, 1989. 8(2): 345-375.

Liao, C. M. and J. J. R. Feddes, Modelling and analysis of airborne dust removal from a ventilated airspace. Canadian Agricultural Engineering, 1991. 33(2): 355-362.

Lighthill, J., An informal introduction to theoretical fluid mechanics. The Institute of Mathematics & its Applications Monograph Series, Oxford: Clarendon Press, 1986, 1986.

Linden, P. F., G. F. Lane-Serff, and D. A. Smeed, Emptying filling boxes: the fluid mechanics of natural ventilation. Journal of Fluid Mechanics Digital Archive, 2006. 212: 309-335.

Lions, P. L., Mathematical topics in fluid mechanics. 1996: Oxford University Press, USA.

Luckham, P. F. and M. A. Ukeje, Effect of particle size distribution on the rheology of dispersed systems. Journal of colloid and interface science, 1999. 220(2): 347-356.

Mandre, M., Effects of dust pollution on carbohydrate balance in conifers. Dust Pollution and Forest Ecosystems. A Study of Conifers in an Alkalized Environment. Publ. Inst. Ecol, 1995. 3: 78-95.

Mandre, M. and L. Tuulmets, Pigment changes in Norway spruce induced by dust pollution. Water, Air, & Soil Pollution, 1997. 94(3): 247-258.

Mandre, M., et al. Response reaction of conifers to alkaline dust pollution. Changes in growth. 1994.

Manecki, A. and J. Tarkowski, Mineralogical-chemical characteristics of atmospheric dust pollution in the surroundings of Dobczyce reservoir supplying drinking water for the city of Cracow. Ekologia Polska, 1994. 41(3): 289-306.

Maxwell-Meier, K., et al., Inorganic composition of fine particles in mixed mineral dust-pollution plumes observed from airborne measurements during ACE-Asia. Journal of Geophysical Research-Atmospheres, 2004. 109(D19): D19S07.

McElroy, M. W., et al., Size distribution of fine particles from coal combustion. Science, 1982. 215(4528): 13-19.

McGraw, R., Description of aerosol dynamics by the quadrature method of moments. Aerosol Science and Technology, 1997. 27(2): 255-265.

Meng, Z., D. Dabdub, and J. H. Seinfeld, Size-resolved and chemically resolved model of atmospheric aerosol dynamics. Journal of Geophysical Research-Atmospheres, 1998. 103(D3).

Mentnech, M. S., et al., Effects of coal dust and diesel exhaust on immune competence in rats. Journal of toxicology and environmental health, 1984. 13(1): 31-41.

Merrick, D. and J. Highley. Particle size reduction and elutriation in a fluidized bed process. 1974.

Milligan, P. J. M., et al., Association of spatial distribution of childhood respiratory morbidity with environmental dust pollution. Journal of Toxicology and Environmental Health Part A, 1998. 55(3): 169-184.

Milne-Thomson, L. M., Theoretical aerodynamics. 1973: Courier Dover Publications.

Mittal, K. L., ed. Particles on surfaces. 1988, Plenum Press: New York.

Mizes, H., et al., Small particle adhesion: measurement and control. Colloids and Surfaces A: Physicochemical and Engineering Aspects, 2000. 165(1-3): 11-23.

Monin, A. S. and A. M. Yaglom, Statistical fluid mechanics:. Vol. 2. 1975: MIT press.

Monin, A. S., A. M. Yaglom, and C. M. Ablow, Statistical fluid mechanics: The mechanics of turbulence. American Journal of Physics, 1977. 45: 1010.

Monin, A. S., A. M. Yaglom, and A. M. Jaglom, Statistical fluid mechanics: mechanics of turbulence. Vol. 1. 1971: MIT press.

Moorman, W. J., T. R. Lewis, and W. D. Wagner, Maximum expiratory flow-volume studies on monkeys exposed to bituminous coal dust. Journal of Applied Physiology, 1975. 39(3): 444-448.

Naidoo, G. and D. Chirkoot, The effects of coal dust on photosynthetic performance of the mangrove, Avicennia marina in Richards Bay, South Africa. Environmental Pollution, 2004. 127(3): 359-366.

Natusch, D. F. S. and J. R. Wallace, Urban aerosol toxicity: the influence of particle size. Science, 1974. 186(4165): 695-699.

Nazaroff, W. W. and G. R. Cass, Mathematical modeling of indoor aerosol dynamics. Environ. Sci. Technol, 1989. 23(2): 157-166.

Ninomiya, Y., et al., Influence of coal particle size on particulate matter emission and its chemical species produced during coal combustion. Fuel processing technology, 2004. 85(8-10): 1065-1088.

Olson, R. M. and S. J. Wright, Essentials of engineering fluid mechanics. 1980: Harper & Row New York.

Onate, E., et al., A stabilized finite point method for analysis of fluid mechanics problems. Computer Methods in Applied Mechanics and Engineering, 1996. 139(1-4): 315-346.

Onozuka, M., et al. Dust removal system for fusion experimental reactors. 1995.

Onozuka, M., et al., Dust removal system using static electricity. Vacuum, 1996. 47(6-8): 541-544.

Ostro, B. D., Air pollution and health effects: a study of respiratory illness among children in Santiago, Chile. 1998: World Bank, Development Research Group, Public Economics.

Parn, H., Radial growth response of Scots pine to climate under dust pollution in Northeast Estonia. Water, Air, & Soil Pollution, 2003. 144(1): 343-361.

Pandey, D. D., C. S. Sinha, and M. G. Tiwari, Impact of coal dust pollution on biomass, chlorophyll and grain characteristics of rice. Biol. J, 1991. 3: 51-55.

Pargal, S. and D. Wheeler, Informal regulation of industrial pollution in developing countries: Evidence from Indonesia. Journal of political economy, 1996: 1314-1327.

Parthasarathy, S., et al., Effects of cement dust pollution on certain physical parameters of maize crop and soils. Indian Journal of Environmental Health, 1978. 17(2): 114-120.

Pedley, T. J., The fluid mechanics of large blood vessels. 1980: Cambridge Univ Pr.

Peyret, R. and T. D. Taylor, Computational methods for fluid flow. 1983: Springer-Verlag New York.

Pilcher, N. J., Cement dust pollution as a cause of sea turtle hatchling mortality at Ras Baridi, Saudi Arabia. Marine Pollution Bulletin, 1999. 38(11): 966-969.

Pirjola, L. and M. Kulmala, Development of particle size and composition distributions with a novel aerosol dynamics model. Tellus B, 2001. 53(4): 491-509.

Pironneau, O., On optimum design in fluid mechanics. Journal of Fluid Mechanics Digital Archive, 2006. 64(01): 97-110.

Pirumov, A. I., Dust Removal from Air. Stroiizdat, Moscow, 1981.

Pitz, M., et al., Change of the ambient particle size distribution in East Germany between 1993 and 1999. Atmospheric Environment, 2001. 35(25): 4357-4366.

Power, H. and L. C. Wrobel, Boundary integral methods in fluid mechanics. 1995: Computational Mechanics.

Prasad, M. S. V. and J. A. Inamdar, Effect of cement kiln dust pollution on black gram(Vigna mungo(L.) Hepper). Proc. Indian Acad. Sci.(Plant Sci.). 1990. 100(6): 435-443.

Prasad, M. S. V. and J. A. Inamdar, Effect of cement kiln dust pollution on groundnut(Arachis hypogaea). Indian botanical contactor, 1990. 7(4): 159-162.

Qian, R., Experimental study on experimental study on by surface electro-osmosis. 机械工程学报(英文版), 1999. 12(2).

Rae, S., Pneumoconiosis and coal dust exposure. British Medical Bulletin, 1971. 27(1): 53-58.

Ranade, M. B., Adhesion and removal of fine particles on surfaces. Aerosol Science and Technology, 1987. 7(2): 161-176.

Rao, C. M. and A. Narayanan, Growth of rice plants exposed to cement dust pollution. Journal of Research Angrau, 1998. 26(3-4): 11-14.

Raupach, M. R., Applying Lagrangian fluid mechanics to infer scalar source distributions from concentration profiles in plant canopies. Agricultural and Forest Meteorology, 1989. 47(2-4): 85-108.

Ravi, S. and D'Odorico, A field-scale analysis of the dependence of wind erosion threshold velocity on air humidity. Geophysical Research Letters, 2005. 32: L21404.

Roache, P. J., Computational fluid dynamics. Computational Fluid Dynamics, Albuquerque: Hermosa, 1976, 1976.

Rosin, P., E. Rammler, and W. Intelmann, Principles and limits of cyclone dust removal. Zeit. Ver. Deutscher Ing, 1932. 76: 433-437.

Rudenko, K. G. and A. V. Kalmykov, Dust removal and dust collection in processing mineral materials. Nedra, Moscow, 1971.

Salmon, R., Hamiltonian fluid mechanics. Annual Review of Fluid Mechanics, 1988. 20(1): 225-256.

Sam-Cwan, K., et al., Removal efficiencies of PCDDs/PCDFs by air pollution control devices in municipal solid waste incinerators. Chemosphere, 2001. 43(4-7): 773-776.

Sandu, A. and C. Borden, A framework for the numerical treatment of aerosol dynamics. Applied Numerical Mathematics, 2003. 45(4): 475-498.

Sankhla, S. K., et al., Effect of coal dust pollution on some plant species growing at Bajaj Nagar Udaipur. Advances in Environmental Research, 1982: 26-29.

Sartor, J. D., G. B. Boyd, and F. J. Agardy, Water pollution aspects of street surface contaminants. Journal (Water Pollution Control Federation), 1974: 458-467.

Satarin, V. I. and S. B. Perli, Movement and dust removal of gases in cement production. Gosstroiizdat, Moscow, 1960.

Saxena, S. C. and W. M. Swift, Dust removal from hot and compressed gas streams by fibrous-and granular-bed filters: A state of the art review. 1978, ANL/CEN/FE-77-9, Argonne National Lab., IL (USA).

Schlegel, D. J., D. Finkbeiner, and M. Davis, Maps of dust IR emission for use in estimation of reddening and CMBR foregrounds. Astrophysical Journal, 1998. 500: 525.

Schmidt, M. W. I., et al., Impact of brown coal dust on the organic matter in particle-size fractions of a Mollisol. Organic Geochemistry, 1996. 25(1-2): 29-39.

Scorer, R. S., Natural aerodynamics. 1958: Pergamon Press London.

Sedov, L. I., Two-dimensional problems in hydrodynamics and aerodynamics. Moscow, Izdatel' stvo Nauka, 1980. 448 In Russian., 1980.

Seigneur, C., et al., Simulation of aerosol dynamics: A comparative review of mathematical models. 1986, PB-87-176608/XAB, Systems Applications, Inc., San Rafael, CA (USA).

Serrin, J., Mathematical principles of classical fluid mechanics. Handbuch der Physik, 1959. 8(1): 125.

Sethian, J. A., Level set methods: Evolving interfaces in geometry, fluid mechanics, computer vision, and materials science. 1996: Cambridge University Press Cambridge.

Shankar, P. N. and M. D. Deshpande, Fluid mechanics in the driven cavity. Annual Review of Fluid Mechanics, 2000. 32(1): 93-136.

Sheldrick, B. H. and C. Wang, Particle size distribution. Soil sampling and methods of analysis, 1993: 499-511.

Shibata, H. and J. S. Winrich, Control of pollution when the offended defend themselves. Economica, 1983: 425-437.

Silver, K. and D. Hattis, Methodology for quantitative assessment of risks from chronic respiratory damage: Lung Function Decline and Associated Mortality from Coal Dust. 1991, PB-92-115658/XAB, Massachusetts Inst. of Tech., Cambridge, MA (United States). Center for Technology, Policy and Industrial Development.

Singh, S. N. and D. N. Rao, Growth of wheat plants exposed to cement dust pollution. Water, Air, & Soil Pollution, 1980. 14(1): 241-249.

Singh, S. N. and D. N. Rao, Certain responses of wheat plants to cement dust pollution. ENVIRON. POLLUT. SER. A, 1981. 24(1): 75-81.

Spencer, S. and R. Tinnin, Effects of coal dust on plant growth and species composition in an arid environment. Journal of Arid Environments, 1997. 37(3): 475-485.

Sporik, R., et al., Exposure to house-dust mite allergen (Der p I) and the development of asthma in childhood. A prospective study. 1990. 502-507.

Stark, S. B., Dust removal and gas cleaning in metallurgy. Metallurgiya, Moscow, 1977.

Sztyler, A., Relationship between spectral solar radiation extinction and dust pollution in the air of industrial and urban areas in Poland. Journal of aerosol science, 1992. 23(4): 407-413.

Tannehill, J. C., D. A. Anderson, and R. H. Pletcher, Computational fluid mechanics and heat transfer. 1997: Taylor & Francis Group.

Tegen, I. and A. A. Lacis, Modeling of particle size distribution and its influence on the radiative properties of mineral dust aerosol. Journal of Geophysical Research-Atmospheres, 1996. 101 (D14).

Theodore, L. and A. J. Buonicore, Industrial air pollution control equipment for particulates. 1976.

Thwaites, B., Incompressible aerodynamics. 1960: Clarendon Press.

Tietenberg, T. Information strategies for pollution control. 1997.

Tomb, T. F., J. E. Emmerling, and R. H. Kellner, Collection of airborne coal dust by water spray in a horizontal duct. American Industrial Hygiene Association journal, 1972. 33(11): 715.

Uzhov, V. N., et al., Dust Removal from Industrial Gases. Khimiya, Moscow, 1981: 392.

Vennard, J. K., Elementary fluid mechanics. 2008: ANGELL PR.

Wehner, B., et al., Variability of the aerosol number size distribution in Beijing, China: New particle formation, dust storms, and high continental background. Geophysical Research Letters, 2004. 31(22): L22108.

Weimin, C., et al., Dust-laying Method of Coal Seam Water Infusion on Fully-mechanized Caving Face. 2006.

Wen, C. S., The fundamentals of aerosol dynamics. 1996: World Scientific.

Whitby, E. R., et al., Modal aerosol dynamics modeling. 1991, PB-91-161729/XAB, Computer Sciences Corp., Research Triangle Park, NC (USA).

Wilkinson, W. L., Non-Newtonian fluids: fluid mechanics, mixing and heat transfer. 1960: Pergamon.

Wójcik, W., B. Jańczuk, and T. Biaropiotrowicz, The influence of an apolar collector on the contact angle, detachment force and work of adhesion to the coal surface in agglomeration flotation of a low rank coal. Fuel, 1990. 69(2): 207-210.

Wu, C. Y. and Biswas, Study of numerical diffusion in a discrete-sectional model and its application to aerosol dynamics simulation. Aerosol science and technology, 1998. 29(5): 359-378.

Wu, J. and R. C. Flagan, A discrete-sectional solution to the aerosol dynamic equation. Journal of colloid and interface science, 1988. 123(2): 339-352.

Xuan, J., Turbulence factors for threshold velocity and emission rate of atmospheric mineral dust. Atmospheric Environment, 2004. 38(12): 1777-1783.

Yih, C. S., Fluid mechanics. 1969: McGraw-Hill New York.

Yuan, S. W. and S. Wen, Foundations of fluid mechanics. 1967: Prentice-Hall Englewood Cliffs.

Zeller, H. W., Laboratory tests for selecting wetting agents for coal dust control. NTIS, SPRINGFIELD, VA(USA). 1983., 1983.

Zhang, X. X., R. Z. Gu, and Z. X. Chen, Dust removal by green areas in the residential quarters of Beijing. Journal of Beijing Forestry University, 1997. 19(4): 12-17.

Zhang, X. Y., et al., Sources of Asian dust and role of climate change versus desertification in Asian dust emission. Geophys. Res. Lett, 2003. 30(24): 2272.

Zhang, Y., et al., Simulation of aerosol dynamics: A comparative review of algorithms used in

air quality models. Aerosol Science and Technology, 1999. 31(6): 487-514.

Zhao, J., et al., Pressure Drop of Cross-flow Moving Granular Bed for Dust Removal. Journal of Chemical Engineering of Chinese Universities, 2003. 17(2): 216-220.

Zhenishek, N. N., Rotational Dust Removal. 1958, Moscow.

白莉. 矿物散料储运表层固化抑尘剂的研究，太原理工大学. 2008.

白莉，等. 矿物散料储运表面固化抑尘剂的研究及应用. 山西化工，2008,28(04): 19-22.

白向兵，等. 城市扬尘污染和抑尘剂研究现状及展望. 陕西理工学院学报(自然科学版), 2005,21(04):43-47.

薄以匀，吕琳. 我国的粉尘职业危害现状及预防对策. 中国安全科学学报，1998,8(04): 26-30.

常和平. 简谈预防筒仓粉尘爆炸. 粮食加工，1992,17(04):5.

陈爱英. 防风网的数值模拟，同济大学. 2007.

陈国金. 新型干式除尘器在立窑上的应用. 水泥技术，1997(06):50-52.

陈建华，詹水芬. 港口散货堆场防风网防尘技术研究和应用. 珠江水运，2008(03): 44-46.

陈凯，朱凤荣，钮珍南. 防风网作用效果的风洞实验评估. 北京大学学报(自然科学版), 2006,42(05):636-640.

陈维民,郝国安,徐莲. 离心力在惯性除尘器中的作用及应用. 矿业安全与环保，1996(05):19-23.

陈亚非,等. 输煤系统灰水分离式除尘器技术改造. 中国电力，2002,35(06):86-89.

陈云奇. 试论抑尘剂在公路施工中的应用. 中国高新技术企业，2008(09):144.

程健敏. 港口无组织粉尘排放源悬浮颗粒物采样技术. 交通环保，1990(Z2):42-46.

程健敏，周建安. 风障挡风防尘作用探讨. 交通环保，1998,19(04):36-38.

储春华. 基于 Ethernet 的洒水除尘及污水处理控制系统的设计与实现，武汉理工大学. 2006.

丛晓春，詹水芬，张光玉. 煤尘表面摩擦风速的计算方法. 煤炭学报，2008,33(03):314-317.

丛晓春，张旭. 风障外流场风速分布的预测. 同济大学学报(自然科学版), 2004,32(01):31-34.

代纪邦,等. 超细煤粉燃尽时间的计算和实验研究. 洁净煤技术，2007(03):53-56.

戴明新，刘长兵，白景峰. 专业煤港粉尘总量控制方法的研究. 交通环保，2003(01).

德国标准化学会. 灰尘爆炸的筒仓设计. 2005.

邓兴勇，凌志光，姜小敏. 固体粒子在直流式除尘器中湍流脉动的数值模拟. 工程热物理学报，2000(05).

杜翠凤，蔡嗣经，蒋仲安. YCH 抑尘剂抑制露天矿路面扬尘的实验研究. 北京科技大学学报，2007(S2).

樊保兴，袁庆勇. 仓泵进料口溢灰的处理措施. 水利电力机械，2003(01).

冯俊小,等. 粉煤粒度对其燃烧特性的影响. 北京科技大学学报，2001(05).

高晖，郭烈锦．除尘器袋室结构改进及内部气固两相流动特征分析．西安交通大学学报，2000(05)．

高晖，郭烈锦．下进风袋式除尘器内部气固两相流动数值模拟．化学工程，2001(05)．

宫丽虹，等．振动纤维栅除尘器中单纤维振动特性的研究．安全与环境学报，2001(06)．

顾飞，等．粒度组成对煤粉燃烧率的影响，2001 中国钢铁年会．2001．

顾强，等．提高文丘里水膜除尘器除尘效率可能途径探讨．洁净煤技术，1998(01)．

郭珊，等．煤炭港粉尘污染防治技术综述．水道港口，2006．27(001)：40-44．

国家质检总局．港口散粮装卸系统粉尘防爆安全规程．1999．

韩放．防冻抑尘剂防治矿山公路扬尘可行性试验．露天采矿技术，2003(03)．

韩放，朱吉茂，金龙哲．新型防冻抑尘剂性能研究．安全与环境工程，2003(04)．

韩娟娟，张丽丹，韩春英．新型丙烯酸酯抑尘剂的合成及应用性能．北京化工大学学报(自然科学版)，2007(S2)：23-28．

韩小岗，等．多管旋风子除尘器的改造．山东电力技术，2001(05)：25-29．

韩玉辰．浅谈粮食筒仓粉尘爆炸及其防治．水运工程，1991(03)：65-69．

何建国．煤尘防风网和防风堤．交通环保，1988(S1)：29-35．

赫尔特，弗哥尔，阿丹特．筒仓和容器中紊流度及粉尘浓度测定．中国安全科学学报，1995(03)：23-37．

胡鉴川．浅论粮食筒仓发生粉尘爆炸的原因和预防措施．粮食与饲料工业，1983(04)：19-23．

胡晋明．风障控制物料堆粉尘颗粒扬起的数值模拟及应用，东华大学．2004．

黄慧娟．保定常见绿化植物滞尘效应及尘污染对其光合特征的影响，河北农业大学．2008．

黄强．电厂煤仓间粉尘的综合治理．热力发电，2006(01)：45-52．

黄新发，韩道旺．长袋低压脉冲袋式除尘器在烧结厂的应用．武钢技术，2002(01)：55-61．

姜娜，雷廷武．水蚀风蚀交错带坡面土壤入渗特性的空间变异及其分形特征．土壤学报，2005．42(6)：904-908．

姜秀民，李巨斌，邱健荣．煤粉颗粒粒度对煤质分析特性与燃烧特性的影响．煤炭学报，1999(06)：60-63．

姜秀民，李巨斌，邱健荣．超细化煤粉燃烧特性的研究．中国电机工程学报，2000(06)：65-71．

金龙哲，杨继星，欧盛南．润湿型化学抑尘剂的试验研究．安全与环境学报，2007(06)：11-13．

金龙哲，等．露天矿公路防冻抑尘剂的研究．北京科技大学学报，2004(01)：21-23．

郎毅翔，张学军，王巍然．超声波在旋风除尘器中的应用研究．煤矿机械，2000(09)：33-36．

李恩科，任守国，于志玲．粮食粉尘的爆炸特性及在粮食中转筒仓防尘防爆中的应用分析．粮食与饲料工业，2002(07)：42-47．

李刚，等．旋风除尘器静动态强度分析．中国安全科学学报，1999(03)：4-8．

李刚,等. 港口散粮系统粉尘爆炸危险区域划分方法. 中国粉体技术, 2005(04):6-11.

李钢,等. 应用于沥青路面的化学抑尘剂效果试验. 城市管理与科技, 2005(04):16-20.

李宏剑. 挡风墙挡风抑尘效果数值模拟研究, 浙江大学. 2007.

李济吾,陈旺星,黄洪祥. 露天矿公路路面抑尘剂防尘试验研究. 有色金属(矿山部分), 1996(03):30-33.

李锦, 柳建龙. 改良 MPS 型抑尘剂在料堆防尘中的试验研究. 工业安全与防尘, 2000(01):6-7.

李满, 徐海宏, 舒新前. 化学抑尘剂在抑制煤尘中的应用探讨. 中国煤炭, 2007(08):10-11.

李敏. 长江港口装卸作业水泥粉尘对工人健康影响的预测. 职业与健康, 2004(02):27-28.

李明, 吴超. 粉尘点污染扩散模型的可视化研究. 环境科学与技术, 2006(11):20-21.

李少平. 库侧水泥散装除尘技术改造. 水泥技术, 2003(03):3-6.

李天宇, 毕经宝. 时间序列在秦皇岛港煤尘污染分析中的应用. 交通环保, 2003(04):30-31.

李学静. MGX 型旋风除尘器的设计和应用. 选煤技术, 2001(02):33-34.

李艳强, 吴超, 阳富强. 微颗粒在表面粘附的力学模型. 环境科学与技术, 2008. 31(1):8-11.

李玉江, 吕焕更. 在秦皇岛港 8、9 号煤码头设置防风网的论证研究. 交通环保, 1993(Z1):10-15.

李云涛. 不同配比高倍吸水树脂抑尘剂抑尘效果研究. 西部交通科技, 2008(02):29-31.

李赞和. 全国首次港口圆筒仓粉尘防爆技术座谈会在广州召开. 中国职业医学, 1983(01):20-23.

梁伍一, 谷孟涛. 燃煤电厂循环流化床锅炉渣库粉尘防治措施. 能源工程, 2008(06):5-7.

林刚. 华能北京热电厂输煤系统灰水分离除尘器的治理改造. 电站系统工程, 2001(06):11-15.

林官明, 叶文虎. 防风网泄流区湍流的子波分析. 北京大学学报(自然科学版), 2003(05):112-116.

林官明, 叶文虎, 刘宝章. 风洞模拟湍流边界层的子波分析. 中国环境科学, 2002(05):316-321.

林伍龙. 冲击水浴喷雾式除尘器的应用. 工业安全与环保, 2002(11):12-16.

刘长兵, 杨秀妍, 赵益栋. 专业煤港粉尘总量核查方法及控制软件的研究. 交通环保, 2004(02):9-11.

刘凤文. 化学抑尘剂在喷射混凝土综合降尘中的试验应用. 水力采煤与管道运输, 2008(02):4-7.

刘辉,等. 煤粉粒度对元宝山褐煤燃烧特性的影响. 哈尔滨工业大学学报, 2008(03):47-52.

刘林, 孙文学. 粮食筒仓粉尘爆炸与防治. 粮食流通技术, 1998(03):55-58.

刘清山，陈国栋，李刚. 港口粉尘爆炸危险区域划分方法研究. 安防科技，2004(08)：12-14.

刘清山，齐小宁. 港口散粮装卸设备粉尘防爆研究. 港口装卸，2004(04)：24-28.

刘树华. 林网下垫面稳定大气近地面层温、湿和风速廓线相似性及通量特征. 北京大学学报(自然科学版)，1993(01)：216-221.

刘现鹏，等. 秦皇岛港煤堆场防风网结构风振响应分析. 港工技术，2008(05)：30-31.

刘永德，张剑. 粮食立筒仓粉尘爆炸及防爆措施的探讨. 粮食流通技术，2002(04)50-56.

柳建龙，等. MPS型抑尘剂及其应用. 工业卫生与职业病，2000(02)：13-17.

柳静献，刘铁民，王金波. 尘肺危害的神经网络评价及预测研究. 中国安全科学学报，2001(02).

龙涛，周宝山. 电除尘器绝缘子的设计与选择. 水泥，2002(09)：15-19.

芦川. 武钢港务公司皮带运输中的粉尘治理，第四届中国金属学会青年学术年会. 2008：31-39.

吕庆新，等. 港口粉尘污染防治技术研究进展. 水道港口，2008(06)39-45.

马贺，毕经宝. 秦皇岛港煤尘布袋除尘器技术改造. 交通环保，2001(03)：47-50.

马贺，刘铁英. 秦皇岛港东港区煤尘污染与气象特征关系分析. 中国环境管理干部学院学报，2003(04)：21-25.

莫之平. 港口粮食装卸系统粉尘防爆主要设计因素. 港口装卸，2006(03)：32-35.

木下道明，等. 用降落伞式风障切断风流扑灭井下火灾. 矿业安全与环保，1992(01)：23-25.

慕仁，等. 粮食筒仓粉尘爆炸的安全措施. 工业安全与环保，1998(01)：12-17.

内藤道夫，唐惠芳. 谷物筒仓粉尘爆炸事故及其防止措施. 港工技术，1981(04)：19-21.

那琼. 尾矿库干滩防尘抑尘剂的试验研究. 金属矿山，2002(06)：23-25.

牛丽军. 大型钢结构给煤与储煤筒仓设计及相关问题研究，太原理工大学. 2008.

裴清清，张旭东，魏先勋. 三种型式的湿式除尘器性能对比试验. 环境科学学报，1997(01)：20-30.

彭小兰，吴超. 化学抑尘剂新进展研究. 中国安全生产科学技术，2005(05)：20-27.

祁有祥，等. 防风网防风效能初步研究. 水土保持研究，2007(01)：31-39.

齐述华，牛铮，王军邦，等. 1982～2001年间中国干旱发生时空特征的遥感分析. 土壤学报，2006. 43(3)：376-382.

邱冠周，胡岳华，王淀佐. 颗粒间相互作用与细粒浮选. 长沙：中南大学出版社，1993

冉景煜，等. 低压旋流雾化喷嘴对文丘里水膜除尘器喉部水雾均匀度及除尘效率的影响. 电站系统工程，2000(04)：31-35.

任晓华，等. BS-Ⅰ型乳液抑尘剂防治矿山运输路面扬尘. 环境科学，1992(04)：66-70.

沈恒根，等. 关于JB/T9054-2000标准《离心式除尘器》的编制说明. 建筑热能通风空调，2002(03)：25-29.

沈熹. 防风网防尘技术在露天煤堆场的应用研究现状及对发展我国防风网防尘技术的建议. 交通环保，1995，16(03)：22-25.

施春红，金龙哲，刘结友．新型防火抑尘剂的应用．煤炭学报，2007(06):12-16.

斯·阿丹特，等．港口散粮设备粉尘爆炸危险性分析及其防护．中国粉体技术，1999(02):17-23.

宋斐，纪宏舜，姜通海．文丘里湿式除尘器改造方案的研究与探讨．东北电力技术，1999(01):18-20.

孙广民，李培松，李津愚．XJF 型旋风除尘器的研究．工业安全与环保，2001(11):34-40.

孙慧平．除尘器滤袋更换周期确定新方法的探索．环境工程，2001(02):30-32.

孙金武，梁兵．淮阴发电厂 130t/h 锅炉水膜式除尘器烟气带水和效率低的原因分析及防改措施．锅炉技术，1997(07):40-43.

孙庆英．塔衣防风网．探矿工程(岩土钻掘工程)，1986(03):20-21.

孙世祥，范祥子，郭献涛．旋流冲击湿式脱硫除尘器在燃煤锅炉中的应用．能源环境保护，1998(04):36-38.

孙玉亭，等．防风网小气候效应的初步分析．中国农业气象，1985(04):41-43.

覃立香，朱瑞红，张华俊．CH 抑尘剂的性能与应用．中国职业安全卫生管理体系认证，2001(06):20-25.

覃立香，朱瑞红，张华俊．CH 抑尘剂的施工技术研究．国外建材科技，2002(04):32-38.

谭卓英，等．生态型抑尘剂的选择与实验模拟研究．环境科学学报，2005(05):5-9.

唐明友．锅炉麻石水膜除尘器的问题与改进．锅炉技术，1997(12):7-9.

田刚，等．施工工地出口附近道路交通扬尘排放特征研究．环境科学，2007. 28(011):2626-2629.

田园，等．除尘设备设计安装、运行维护及标准规范操作指南．长春：吉林音像出版社，2003.

汪建川，等．攀钢二期工程除尘器评价．工业安全与防尘，2000(09):23-28.

王磊．化学抑尘剂抑尘性能的动力法评价及新型润湿剂的研制，山东科技大学．2007.

汪一佛．采用抑尘剂、减少粉尘污染．山东建材，1998(04):31-33.

王宝章，等．煤炭装卸堆放起尘规律及煤尘扩散规律的研究．武汉理工大学学报(交通科学与工程版)，1985(04):40-43.

王春涛，林珍如．筒仓粉尘控制系统的设计与应用．粮食与饲料工业，1997(06):13-17.

王海宁．表面活性剂在渣油－水系抑尘剂中乳化机理分析．南方冶金学院学报，1995(04).

王海宁，等．高倍吸水树脂抑尘剂的研究．环境与开发，1997(04):20-24.

王海宁，邱贵钟．露天矿汽车运输路面抑尘剂研究．南方冶金学院学报，2003(05):7-9.

王慧，杨丽颖，李赛强．除尘器多目标优化设计建模．山东科学，1998(03):6-12.

王静．高倍吸水树脂抑尘剂在公路施工的应用分析．科技创新导报，2008(25):34-36.

王磊，等．化学抑尘剂进展研究．有色矿冶，2006(S1):20-25.

王树德．新型湿式旋流除尘器的试验研究．矿业安全与环保，2001(S1):51-56.

王献孚．大气粉尘污染扩散研究中的一些问题．武汉理工大学学报(交通科学与工程版)，1985(04):215-226.

王献孚，楼宇娟. 煤粉尘扩散规律及扩散系数. 流体力学实验与测量，1990(02):20-23.

王有清. 城市生活污水在港口除尘中的开发利用. 交通环保，2001(05):71-78.

王有清，刘铁英. 港口煤炭码头大气降尘与总量控制. 交通环保，2002(05):59-64.

王有清，刘铁英，孙淑红. 秦皇岛港开发利用油轮压舱水除尘的研究. 交通环保，2001(03):12-17.

王元战，等. 防风网结构设计研究综述. 港工技术，2008(03):14-19.

王允方. 筒仓粉尘防爆技术座谈会在黄埔召开. 交通环保，1983(02):13-20.

王允义. 港口煤粉尘防治技术发展趋势. 交通环保，1990(Z1):54-58.

王运雄，宋贤良. 浅谈港口散粮筒仓粉尘防爆技术措施. 粮食与油脂，2002(02):60-63.

魏光平，等. 国内外湿润型抑尘剂研究与应用. 中国矿业，2007(09):54-56.

吴超. 近十年世界抑尘剂成果评述. 金属矿山，1996(12):60-62.

吴超. 化学抑尘剂的基础研究及在矿山中的应用. 矿业快报，2001(12):1-3.

吴超，孟廷让，王坪龙，王海宁. 渣油－水乳化液作为路面抑尘剂的研究. 环境科学，1996(06):2136-2140.

吴维平. 中国沿海港口粉尘污染的防治现状与对策. 交通环保，1999(04):18-22.

吴炜平. 关于我国港口煤炭矿石粉尘防治现状与技术政策. 交通环保，1994(Z1):52-56.

向守泽. 喷淋旋流除尘器. 中国井矿盐，2001(04):21-23.

忻国梁. 进口沥青拌和机除尘器的改进. 筑路机械与施工机械化，2001(01):50-56.

交通行业标准. 港口粉尘浓度测定方法. 1990.

交通行业标准. 港口矿石粉尘浓度控制指标及测试方法. 2001.

交通行业标准. 交通行业职业技能要求. 港口. 第17部分. 港口除尘操作工. 2004.

肖敬斌. 大气污染物扩散稀释的计算机模拟研究，北京化工大学. 2004.

邢春生. 防止立筒仓粉尘爆炸. 食品科技，1983(03):20-24.

邢广龙. 颗粒层除尘器在冲天炉烟尘治理中的应用. 中国铸造装备与技术，2001(04):19-24.

熊辉. 湿式陶瓷除尘器的设计与开发. 环境与开发，1996(04):21-26.

熊辉. 一种新型的自激式除尘器的设计与开发. 南昌航空工业学院学报，1996(02):15-19.

熊辉. 冲击水浴除尘器密闭式水位控制箱的研制. 环境与开发，2001(01):31-36.

徐立成，董振民，周良成. 一种新型除尘器在梅山铁矿选厂的应用. 工业安全与环保，2001(06):60-63.

宣捷，俞学曾. 风障减少尘埃飞起的风洞模拟研究. 环境科学研究，1997(02):21-25.

禤国辉. 回转反吹布袋除尘器在水泥储库上的应用. 南方钢铁，1997(04):45-46.

薛兴华，等. 电厂煤粉粒度特征及其对煤粒燃烧的影响. 煤炭转化，2006(03):23-27.

杨丹. 露天堆煤场粉尘起尘及运移扩散规律研究，辽宁工程技术大学. 2007(02)21-25.

杨丹，王飒. 堆煤场煤尘起尘及其在大气中运移扩散的理论研究. 能源环境保护，2007(02):33-37.

姚玉红，毕经宝，张为民. 秦皇岛港贮煤场的生态恢复与煤尘防治. 交通环保，2003(06):69-73.

于明州，等．粉尘粒子运动扩散特性的大涡模拟研究．环境科学学报，2005(07)：214-219.

余新明，钟孝贤，梁国焕．湿式纤维栅除尘器在巷道掘进中的应用．工业安全与环保，1992(09):25-29.

俞学如．南京市主要绿化树种叶面滞尘特征及其与叶面结构的关系，南京林业大学．2008.

岳晓红．圆筒仓灰库的施工优化技术．华东交通大学学报，2002(03):13-18.

翟云波，等．锅炉水膜除尘器改造及赛姆洛图表的应用研究．环境污染治理技术与设备，2002(09):17-23.

赵军宝．仓壁柱承钢筒仓结构的试验研究，浙江大学．2007.

詹水芬，丛晓春．矿区防护林带动力效应的预测分析．煤炭学报，2008．33(09)：997-1001.

张春芳，等．FW-2000型智能灰位监测仪在电除尘器灰仓测量中的应用．水利电力机械，2004(05):33-36.

张光玉，等．秦皇岛港煤堆场防风网风洞试验研究．交通环保，2003,24(01):4-6.

张光玉，等．大型煤堆场防风网风洞试验研究．实验流体力学，2008(04):6-9.

张光玉，等．升降式移动防风网装置.专利，2006:20-23.

张光玉，詹水芬，赵宏鑫．防风板抑尘效果数值模拟与风洞实验对比研究．水道港口，2007．28(04)：26-28.

张华俊，等．路面抑尘剂综述．劳动保护科学技术，2000(06):6-7.

张景松．防止粉尘扩散的喷雾降尘方法及其喷嘴．1997:12-17.

张敬敏．小型袋式除尘器研究．淮海工学院学报，2002(03):41-45.

张力，等．文丘里水膜除尘器喉部水雾均匀度对其除尘效率影响的研究．发电设备，2001(02):2-7.

张力，等．旋流雾化水膜除尘器的研制．动力工程，2000(03):15-17.

张丽丹，等．氧化淀粉接枝水溶性固沙抑尘剂的性能研究．化工新型材料，2007(09)：28-31.

张连成．浅谈港口煤粉尘综合整治对策．交通环保，1988(06):22-23.

张培冀，尚军．天津港货场扬尘污染防控试验与探讨．水运工程，2007(03):47-52.

张向阳．带旋流板水膜除尘器在化工厂锅炉上的应用．湖南化工，1996(04):14-18.

张辛亥，等．煤低温氧化动力学参数与粒度关系实验研究．安徽理工大学学报(自然科学版)，2005(02):9-13.

张亚青，等．秦皇岛港防风网结构动力特性分析研究．水道港口，2008(04):6-9.

张亚青，等．港口煤炭堆场防风网防尘效果数值模拟研究．水道港口，2007．28(002)：136-139.

张友春．粮食立筒仓粉尘爆炸的原因及对策．粮食与饲料工业，2001(02):8-13.

章社生，卫加宁．粉尘在湍流中随机扩散预报模型．数理统计与应用概率，1995(04)：7-9.

赵海珍，梁学功，马爱进．防风网防尘技术及其在我国大型煤炭港口的应用与发展对策．

环境科学研究，2007(02):2560-2568.

赵仕琦，陈宝明. 煤堆场防风网防尘技术的数值模拟. 科技信息(学术研究)，2007(36):6-7.

赵星光，谭卓英. 露天矿山运输路面抑尘剂的研究与综述. 黄金，2005(09):6-8.

郑敬鹤,胡嘉宝. 自动力除尘器的研制. 钢铁，1996(08):47-52.

郑轶荣,等. 煤粉燃烧率与粒度组成的研究. 洁净煤技术，2005(02):3-7.

中国国家统计局. 中国环境保护总局，中国环境统计年鉴 2007. 2008,北京:中国统计出版社.

周玲，廖传华. 袋式除尘器在水泥工业中的应用状况及研究进展. 过滤与分离，2002(04):6-10.

周乃如，朱凤德. 筒仓积尘清扫系统的研究报告. 郑州工程学院学报，1988(02):46-49.

朱景韩,等. 静止煤贮存堆场的粉尘扩散规律研究. 交通环保，1986(Z1):35-38.

朱士芸，黄华荣. 泡沫除尘器的脱硫试验研究. 铁道劳动安全卫生与环保，1998(04):248-250.